Concerto pour nabla
analyse vectorielle et calcul infinitésimal

ナブラのための協奏曲

ベクトル解析と微分積分

太田 浩一 著
Koichi Ohta

共立出版

開演の前に

　3次元空間に，球や円柱やその他さまざまな形をした物体があり，その表面に垂直なベクトルや接線ベクトルや，その物体の表面積，曲率，体積，物体表面から流れ出る流束，その積分などを，日常的な経験に助けられて，直感的に把握することは難しくないだろう．ところが，空間が4次元，100万次元，無限次元となると，とたんに方向感覚を喪失し，直観に頼ることができず，5里霧中を彷徨ってしまう．ベクトル解析はそのような問題に簡単明瞭な解答を与える学問である．2次元と100万次元をほとんど同じに扱うことができるのは驚異だ．3次元以外は無用の長物と思うかもしれないが，次元を変えて初めて，3次元空間において自明だった事実の意味を理解できるようになる．2個のベクトルの掛け算で，ベクトルになる量がある，と問答無用，頭ごなしに教えられるのが普通だが，ベクトル積が存在するのは，私たちの3次元以外では7次元しかない．私たちは特別の空間の中に住んでいるのだ．

　ハミルトンは，妻と2人で，ダブリン郊外ロイアル運河沿いを歩いているとき，ベクトル積を発見し，ブルーム橋に公式を刻み付けた．空間が3次元ではなかったら，ハミルトンはベクトル積を発見できなかったことになる．ハミルトンは21歳で，トリニティーコレッジ天文学教授，王室天文学者，ダンシンク天文台所長に指名された．一方，ハミルトンに先駆けて（出版はわずかに後になったが），ベクトル積を発見したのがグラスマンである．グラスマンはハミルトンよりもはるか先に進んだn次元空間におけるベクトルを考察していた．グラスマンはシュテティーン（現在はポーランド領シュチェチン）のギムナジウム教師で，生涯大学に職を得るのぞみはかなえられなかった．家庭的に不幸で，晩年は酒に溺れたハミルトンと，外でビール一杯を飲んだこともない，よき家庭人だったグラスマン

との対比も興味深い．2人の数学者がベクトル積を発見した場所として，ブルーム橋と，シュチェチンのギムナジウム教授公舎の写真を挿入してある．第1章冒頭の写真は，女性数学者アニェージの住居があったモンテヴェッキア山頂からさらにマリーア聖所へ息を切らせて上った176段の階段だ．

　本書は，抽象的な概念や記法は極力避け，近代兵器に抗して，弓矢と石斧で闘うようなものだが，具体的なわかりやすい記述を目指した．証明は他書に頼らず，すべてやり直した．ベクトル内積の分配法則も，他書では一瞬に通り過ぎるところを，7転8倒の思いで証明してある．ガウス-ボネーの定理の証明は，直交座標を導入して楽をするのが常だが，うんざりするほど面倒な，直接的な方法を選んだ．数学は，手を振りまわす議論よりも，机にへばりついて失敗を繰りかえしながら計算する，面倒な方が面白い．道なき道を這いずり回りながら，茨をかきわけ，満身創痍で開けた土地に出たとき，まっすぐな自動車道を発見して，がっかりするより，充実感を感じるものだろう．ミンコフスキーは，4次元空間についての講演の中で，「物理学者は，すぐ近くですでに完成した数学者の快適な道が前に通じているのに，これらの概念を一部あらたに発見し，薄暗い原始林の中で苦労して道を切り開かなければならない」と言っているが，苦労して道を切り開くのが楽しいのである．ハミルトンのナブラ ∇ の2乗が n 次元曲線座標のベクトルに作用した結果は，内外のどの本にも書かれていないが，めまいを起こしながら導いてみた．

　1次元の微積分で主役を演じるのがライブニッツの微分演算子 $\frac{d}{dx}$ であるのに対し，ベクトル解析で主役を演じるのがナブラ ∇ だ．古代アッシリアの竪琴に起源がある用語である．ベクトル解析は電磁気学とともに発展したので，物理学者たちが命名した．第1章から第4章までが，協奏曲で言えば第1楽章アレグロ，デカルト座標における微積分が主題である．第3，第4章でおもむろに現れる ∇ は単なる微分演算子だが，なめらかな曲線座標に乗った ∇ は，第5，第6章，協奏曲第2楽章アンダンティーノで共変微分演算子の役を演じる．第7，第8章，協奏曲第3楽章ロンド-アレグロでは，曲面と微分形式でフィーネに向かう．アフィン接続と名を変えた ∇ の活躍する終楽章だ．

　開演を知らせるブザーが鳴っている．席に戻ることにしよう．

一般相対論100周年にあたって，著者

目次

開演の前に *i*

1 ベクトル *1*

1.1	ベクトル空間	*2*
1.2	座標空間	*3*
1.3	内積	*5*
1.4	正規直交完備系	*13*
1.5	正規直交系の計量	*16*
1.6	テンソル	*19*
1.7	ユークリッド空間	*22*
1.8	座標回転	*27*
1.9	ヒルベルト空間	*34*
1.10	4次元時空	*38*

2 ベクトルの外積 *43*

2.1	2次元外積	*44*
2.2	3次元ベクトル積	*46*
2.3	3次元ベクトル積の座標表示	*54*
2.4	擬スカラー, 擬ベクトル	*60*
2.5	4次元外積	*62*
2.6	n次元外積	*66*
2.7	7次元ベクトル積	*73*

3 ナブラ – ベクトルの微分 *86*

3.1	微分	*88*

目　次

| | 3.2 | 勾配 | 94 |
| | 3.3 | 発散密度と回転密度 | 98 |

4 ベクトルの積分　103

	4.1	線積分の基本定理	104
	4.2	体積積分と面積分	105
	4.3	勾配定理	108
	4.4	発散定理	111
	4.5	回転定理	114

5 曲線座標におけるベクトル　123

	5.1	基底	125
	5.2	双対基底	133
	5.3	反変ベクトルと共変ベクトル	140
	5.4	曲線座標における外積	143
	5.5	法線ベクトルと面積要素ベクトル	145
	5.6	クリストフェル記号	152
	5.7	座標変換	156
	5.8	正規直交曲線座標	163

6 曲線座標における微分と積分　168

	6.1	ナブラ	169
	6.2	曲線座標における発散密度	170
	6.3	ラプラース - ベルトラミ演算子	173
	6.4	曲線座標における回転密度	176
	6.5	曲線座標における曲線定理と勾配定理	180
	6.6	曲線座標における発散定理	183
	6.7	曲線座標における回転定理	184

6.8	ベクトルの平行移動	*186*
6.9	ベクトルの共変微分	*189*
6.10	測地線	*195*
6.11	空間曲線	*197*
6.12	リーマン曲率テンソル	*200*
6.13	ミンコフスキー空間	*208*
6.14	マクスウェル方程式	*210*

7 曲面上のベクトル *216*

7.1	自然基底と双対基底	*217*
7.2	第2, 第3基本形式	*219*
7.3	ガウス曲率	*223*
7.4	陰関数曲面	*230*
7.5	2次元の曲率スカラー	*234*
7.6	ガウスの定理―テオレマ・エグレギウム	*236*
7.7	ガウス - ボネーの定理	*243*

8 微分形式のベクトル *256*

8.1	微分形式	*257*
8.2	外微分	*266*
8.3	曲線座標における微分形式	*270*
8.4	正規直交曲線座標における微分形式	*276*
8.5	微分形式のマクスウェル方程式	*280*
8.6	微分形式の自然基底	*283*
8.7	座標変換	*294*
8.8	一般積分定理	*299*

索引 *303*

ベクトル

　スカラーは，はしごや階段を意味するラテン語スカーラエが語源である．フランス語では「スカレール」，イタリア語で「スカラ」で，聖なる階段スカラ・サンタはキリストが受難の日に上ったピラト邸の階段だ．英語では「スケイラー」で，スケイル，エスカレイターなどと同じ語源だが，日本ではドイツ語のスカラーが普及している．はしごから転じて，目盛りを意味するようになった．スカラーは目盛りだけで定義できる量である．気温は温度計の目盛りで計るからスカラー量である．

　風速は，大きさだけでなく，向きを持っている．このような量を**ベクトル**と言う．ベクトルは，ラテン語「ヴェクトー」，運ぶ，に由来し，ドイツ語で「ヴェクトル」，フランス語で「ヴェクトゥル」，英語で「ヴェクター」だが，日本語では

モンテヴェッキア，
マリーア聖所の階段

用語ベクトルが普及している．ベクトルについて記法は統一されていない．今日もっともよく使われるのは，**A**のように，太字で表す記法で，ヘヴィサイドに始まる．$\vec{A}$のように上に矢印を付けたり，太字を指定する校正記号に由来する$\underset{\sim}{A}$のように，下に波線を付ける記法もある．本章では，縦ベクトルと横ベクトルを区別するとき，ディラックの記法，**ケットベクトル**$|A\rangle$と**ブラベクトル**$\langle A|$を使う．有限次元ばかりではなく，無限次元のベクトルを表示することができ，複素数を含む場合にも便利である．有限次元で，座標の取り方に依存しないベクトルには**A**を使うことにしよう．

1.1 ベクトル空間

> **定義 1.1（ベクトル空間）** 次の性質を持つ要素（元）の集まりを**線形空間**と言う．要素をベクトル，線形空間を，**線形ベクトル空間**，**ベクトル空間**とも言う．「空間」という用語はまぎらわしいので，**線形多様体**とも呼ぶ．

1. ベクトル空間の中の任意のベクトル$|A\rangle$と$|B\rangle$に対して，その和$|A\rangle + |B\rangle$が同じ空間の中にあり，次の法則を満たす．
   (a) **交換法則** $|A\rangle + |B\rangle = |B\rangle + |A\rangle$．
   (b) **結合法則** $|A\rangle + (|B\rangle + |C\rangle) = (|A\rangle + |B\rangle) + |C\rangle$．
2. すべてのスカラーaとベクトル$|A\rangle$に対して，対応するベクトル$a|A\rangle$が存在し，次の法則を満たす．
   (a) **積の結合法則** $a(b|A\rangle) = (ab)|A\rangle$．
   (b) $1|A\rangle = |A\rangle$．
3. スカラーとベクトルのそれぞれの和について**分配法則**を満たす．
   (a) $a(|A\rangle + |B\rangle) = a|B\rangle + a|A\rangle$．
   (b) $(a + b)|A\rangle = a|A\rangle + b|A\rangle$．

> **系 1.2（零ベクトル）** すべての$|A\rangle$に対して
> $$|A\rangle + |0\rangle = |A\rangle$$
> となる**零ベクトル**$|0\rangle$が存在する．

証明 (2b) と (3b) によって

$$|A\rangle = 1|A\rangle = (1+0)|A\rangle = |A\rangle + 0|A\rangle$$

となるから零ベクトルを

$$|0\rangle = 0|A\rangle \tag{1.1}$$

によって定義すればよい. □

系 1.3 (逆ベクトル) すべてのベクトル $|A\rangle$ に対して,

$$|A\rangle + (-|A\rangle) = |0\rangle$$

を満たす**逆ベクトル** $-|A\rangle$ が存在する.

証明 (1.1) および (3b) を用いて

$$|0\rangle = 0|A\rangle = (1 + (-1))|A\rangle = |A\rangle + (-1)|A\rangle$$

となるから, 逆ベクトルを

$$-|A\rangle = (-1)|A\rangle$$

とすればよい. □

1.2 座標空間

2次元の**直交座標系**(デカルトの名を取って**カルテジアン, デカルト座標系**と呼ぶ)を考えよう. 平面上の 1 点 P は, x 座標と y 座標を指定すれば決まる. 座標の原点(**始点**)から P (**終点**)までの距離は, 大きさと向きを持つのでベクトルにほかならない. **距離ベクトル**をケットベクトルによって

$$|x\rangle = \begin{pmatrix} x \\ y \end{pmatrix}$$

のように表す. 任意の実数ベクトルは, 始点と, 大きさと, 向きを持つ量である. その始点を座標の原点に選ぶと, 終点は xy 平面上の位置を表す 1 組の数 A_x と A_y で指定することができる. 実数ベクトルは, 「矢印」によって視覚化できるが,

終点はベクトルに本質的ではなく，始点に 2 個の数を持つ量がベクトルである．距離ベクトルは，始点に，P における座標の値を与えた量である．始点を共有するベクトルの集合がベクトル空間である．

> **定義 1.4 (座標空間)** このベクトル空間を**座標空間**と呼ぶ．

ベクトルは
$$|A\rangle = \begin{pmatrix} A_x \\ A_y \end{pmatrix}$$
と書くことができる．2 個のベクトル $|A\rangle$ と $|B\rangle$ の和を
$$|A\rangle + |B\rangle = \begin{pmatrix} A_x + B_x \\ A_y + B_y \end{pmatrix}$$
とする．平行 4 辺形による加法則を表している（ステフィンにさかのぼる）．スカラー倍，零ベクトル，逆ベクトルは
$$a|A\rangle = \begin{pmatrix} aA_x \\ aA_y \end{pmatrix}, \qquad |0\rangle = \begin{pmatrix} 0 \\ 0 \end{pmatrix}, \qquad -|A\rangle = \begin{pmatrix} -A_x \\ -A_y \end{pmatrix}$$
とすればよい．

2 次元空間を任意の n 次元空間に拡張することは容易だろう．x 座標，y 座標という名の付け方は 3 次元の z 座標までを想定したもので，4 次元以上は困る．そこで，$x = x^1, y = x^2$ と書くことにする．上付き添字はべき乗とまぎらわしいので，リッチとレヴィ=チヴィタは上付き添字を $x^{(1)}, x^{(2)}$ のように表していた．n 次元空間において，直交座標軸を選び，成分を縦に並べて
$$|A\rangle = \begin{pmatrix} A^1 \\ A^2 \\ \vdots \\ A^n \end{pmatrix} \tag{1.2}$$
によってベクトルを表す．上付き添字で表す成分 A^i を**反変成分**と呼ぶ．

> **定義 1.5 (エルミート共役)** 行列のすべての成分をその**複素共役**で置きかえ，さらにそれを転置した行列を**エルミート共役**と言う．ケットベクトル $|A\rangle$ を縦ベクトル（列ベクトル）で表したのに対し，そのエルミート共役を**ブラベクトル** $\langle A|$ で表し，横ベクトル（行ベクトル）とする（ブラとケットは，括弧，ブラケットに由来する）．

$|A\rangle$ のエルミート共役は

$$(|A\rangle)^\dagger \equiv \langle A| = (\bar{A}^1\ \bar{A}^2\ \cdots\ \bar{A}^n)$$

になる．$\bar{A}^i$ は A^i の**複素共役**を表す．ここで，下付き添字を持つ A_i を

$$A_1 \equiv \bar{A}^1, \quad A_2 \equiv \bar{A}^2, \quad \cdots, \quad A_n \equiv \bar{A}^n \tag{1.3}$$

によって定義し，**共変成分**と呼ぶ．共変成分を横に並べて

$$\langle A| = (A_1\ A_2\ \cdots\ A_n) \tag{1.4}$$

と表記する．それぞれが異なったベクトル空間の要素である縦ベクトルと横ベクトルの和は無意味である．異なるといっても，ブラ $\langle A|$ とケット $|A\rangle$ の間には 1 対 1 の対応 (1.3) があるので，同じ記号 A で表す．ブラとケットは互いに**双対**の関係にあると言う．

1.3 内積

> **定義 1.6（内積）** 互いに双対の関係にあるベクトル空間を結びつけるのが内積である．2 個のベクトル $\langle A|$ と $|B\rangle$ からつくるスカラー量を，内積，あるいは**スカラー積**と言う．**エルミート積**とも言う．ディラックの記法では
>
> $$(|A\rangle)^\dagger \cdot |B\rangle = \langle A| \cdot |B\rangle = \langle A|B\rangle$$
>
> と書く．ドットを省くのが普通である．次のような性質を持つ複素スカラー量を内積と言う．

1. **分配法則** $\langle A| \cdot (|B\rangle + |C\rangle) = \langle A|B\rangle + \langle A|C\rangle$．
2. **結合法則** $\langle A| \cdot (a|B\rangle) = a\langle A|B\rangle$．
3. **エルミート性** $\langle A|B\rangle = \overline{\langle B|A\rangle}$．
4. **正定値性** $\langle A|A\rangle \geq 0$．$\langle A|A\rangle = 0$ になるのは $|A\rangle = |0\rangle$ の場合のみ．

演習 1.7 ブラベクトルについても，分配法則と結合法則

$$(\langle B| + \langle C|) \cdot |A\rangle = \langle B|A\rangle + \langle C|A\rangle, \qquad (\langle B|\bar{a}) \cdot |A\rangle = \bar{a}\langle B|A\rangle$$

が成り立つ．

証明 定義 1.6 の分配法則 1 と結合法則 2 の複素共役を取って

$$\overline{\langle A| \cdot (|B\rangle + |C\rangle)} = \overline{\langle A|B\rangle} + \overline{\langle A|C\rangle}, \qquad \overline{\langle A| \cdot (a|B\rangle)} = \bar{a}\overline{\langle A|B\rangle}$$

とし，エルミート性 3 を用いればよい． □

演習 1.8（**内積のエルミート性**）　内積のエルミート性 $\langle A|B\rangle = \overline{\langle B|A\rangle}$ を示せ．

証明　$\langle A|$ に (1.4)，$|B\rangle$ に (1.2) の表示を使えば

$$\langle A|B\rangle = (A_1\, A_2\, \cdots\, A_n) \begin{pmatrix} B^1 \\ B^2 \\ \vdots \\ B^n \end{pmatrix} = A_1 B^1 + A_2 B^2 + \cdots + A_n B^n \tag{1.5}$$

になる．エルミート性は

$$\langle A|B\rangle = \sum_{i=1}^{n} A_i B^i = \overline{\left(\sum_{i=1}^{n} \bar{A}_i \bar{B}^i\right)} = \overline{\left(\sum_{i=1}^{n} B_i A^i\right)} = \overline{\langle B|A\rangle}$$

である． □

定義 1.9（ノルム）　ベクトルの長さ，ノルムを

$$\|A\| = \sqrt{\langle A|A\rangle}$$

によって定義する．

$$\langle A|A\rangle = |A^1|^2 + |A^2|^2 + \cdots + |A^n|^2$$

は正定値である．**ピタゴラスの定理**を n 次元複素空間まで拡張したものだ．

定義 1.10（ベクトルの直交）　2 個のベクトル $|A\rangle$ と $|B\rangle$ の内積が

$$\langle A|B\rangle = 0$$

となるとき，$|A\rangle$ と $|B\rangle$ は**直交**すると言う．

定義 1.11（線形従属と線形独立） ベクトルの組 $|A_1\rangle, |A_2\rangle, \cdots, |A_m\rangle$ に対し，すべてが 0 ではない定数 $\alpha^1, \alpha^2, \cdots, \alpha^m$ が存在して，

$$|A_1\rangle\alpha^1 + |A_2\rangle\alpha^2 + \cdots + |A_m\rangle\alpha^m = \sum_{i=1}^{m} |A_i\rangle\alpha^i = 0 \tag{1.6}$$

が成り立つとき，このベクトルの組は**線形従属**（1 次従属）であると言う．例えば $\alpha^1 \neq 0$ であれば

$$|A_1\rangle = -\frac{1}{\alpha^1} \sum_{i=2}^{m} |A_i\rangle\alpha^i$$

となり，$|A_1\rangle$ は他のベクトルで表すことができるからである．(1.6) が成り立つのは $\alpha^1 = \alpha^2 = \cdots = \alpha^m = 0$ のときだけであるとき，このベクトルの組は**線形独立**（1 次独立）であると言う．独立なベクトルの個数の最大値が n のとき，**次元**は n であると言う．またいくらでも多くの独立なベクトルが存在するとき，**無限次元**であると言う．

定義 1.12（正規直交系） m 個のベクトルの組 $|e_1\rangle, |e_2\rangle, \cdots, |e_m\rangle$ が，異なるベクトルどうしは直交し，各ベクトルはノルムが 1 に規格化されているとき，この組を**正規直交系**と言う．$|e_1\rangle, |e_2\rangle, \cdots, |e_m\rangle$ のエルミート共役を $(|e_1\rangle)^\dagger \equiv \langle e^1|, (|e_2\rangle)^\dagger \equiv \langle e^2|, \cdots, (|e_m\rangle)^\dagger \equiv \langle e^m|$ によって表すと

$$\langle e^i | e_j \rangle = \delta^i_j = \begin{cases} 1 & (i = j) \\ 0 & (i \neq j) \end{cases}$$

を満たす．δ^i_j を**クロネッカーのデルタ記号**と言う．

演習 1.13 正規直交系は線形独立である．

証明 もし線形従属であれば，α^i をすべては 0 ではない定数として

$$\sum_{i=1}^{m} |e_i\rangle \alpha^i = 0$$

が成り立たなければならない．両辺と任意の $|e_j\rangle$ との内積を計算すると

$$\sum_{i=1}^m \langle e^j|e_i\rangle \alpha^i = \sum_{i=1}^m \delta_i^j \alpha^i = \alpha^j = 0$$

になり，α^j はすべて 0 であるから正規直交系は線形独立である． □

任意の 2 個のベクトル $|A_1\rangle$ と $|A_2\rangle$ は平面をつくる．この平面内で正規直交系をつくりたい．そこで $|A_1\rangle$ を規格化して

$$|e_1\rangle = \frac{1}{\|A_1\|}|A_1\rangle$$

をつくることができる．長さが 1 であることは

$$\langle e^1|e_1\rangle = \frac{1}{\|A_1\|^2}\langle A^1|A_1\rangle = 1$$

から明らかである．$|e_1\rangle$ に直交する単位ベクトルを $|e_2\rangle$ とする．$|A_2\rangle$ は

$$|A_2\rangle = \alpha^1|e_1\rangle + \alpha^2|e_2\rangle$$

のように，$|e_1\rangle$ 方向成分とそれに直交する $|e_2\rangle$ 方向成分に分解することができる．

定義 1.14 (射影) $|e_1\rangle$ 成分，$|e_2\rangle$ 成分をつくることを**射影**すると言う．

$|e_1\rangle$ と $|e_2\rangle$ の正規直交性によって

$$\alpha^1 = \langle e^1|A_2\rangle = \frac{1}{\|A_1\|}\langle A^1|A_2\rangle$$

が決まる．したがってベクトル $|A_2\rangle$ のベクトル $|A_1\rangle$ への射影は，向き $|e_1\rangle$ と大きさ $\langle e^1|A_2\rangle$ を持つから

$$\alpha^1|e_1\rangle = |e_1\rangle\langle e^1|A_2\rangle = \mathsf{P}_1|A_2\rangle, \qquad \mathsf{P}_1 \equiv |e_1\rangle\langle e^1|$$

になる．P_1 を**射影演算子**と言う．射影演算子は (1.11) で定義するダイアドの 1 種である．また直交成分 $|A_2'\rangle = \alpha^2|e_2\rangle$ は

$$|A_2'\rangle = |A_2\rangle - \mathsf{P}_1|A_2\rangle = \mathsf{Q}_1|A_2\rangle, \qquad \mathsf{Q}_1 = 1 - \mathsf{P}_1 = 1 - |e_1\rangle\langle e^1| \qquad (1.7)$$

によって与えられる．Q_1 は直交成分への射影演算子である．

演習 1.15 射影演算子は

$$\mathsf{P}_1^2 = \mathsf{P}_1, \qquad \mathsf{Q}_1^2 = \mathsf{Q}_1, \qquad \mathsf{P}_1\mathsf{Q}_1 = 0$$

を満たす.

証明 定義 $\mathsf{P}_1 = |e_1\rangle\langle e^1|$ によって

$$\mathsf{P}_1^2 = |e_1\rangle\langle e^1|e_1\rangle\langle e^1| = |e_1\rangle\langle e^1| = \mathsf{P}_1$$

が成り立つ. これを使うと

$$\mathsf{Q}_1^2 = (1-\mathsf{P}_1)^2 = 1 - 2\mathsf{P}_1 + \mathsf{P}_1^2 = 1 - \mathsf{P}_1 = \mathsf{Q}_1$$

が得られる. また

$$\mathsf{P}_1\mathsf{Q}_1 = \mathsf{P}_1(1-\mathsf{P}_1) = \mathsf{P}_1 - \mathsf{P}_1^2 = 0$$

になる. □

命題 1.16（鏡映変換） 2 次元平面の位置 (x,y) の y 軸についての鏡映は $(-x,y)$ である. ベクトル $|A_1\rangle$ に直交し，原点を通る直線に関して**鏡映変換**を考えよう. (x,y) を距離ベクトル $|x\rangle$ で表すと，鏡映点までの距離ベクトル $|x'\rangle$ は

$$|x'\rangle = |x\rangle - \frac{2}{\|A_1\|^2}|A_1\rangle\langle A^1|x\rangle$$

によって与えられる.

証明 $|x\rangle$ の $|A_1\rangle$ 方向成分は $\mathsf{P}_1|x\rangle$，直交成分は $\mathsf{Q}_1|x\rangle$ である. したがって鏡映点 $|x'\rangle$ は $|A_1\rangle$ 方向成分 $\mathsf{P}_1|x\rangle$ の向きを変えればよいので

$$|x'\rangle = -\mathsf{P}_1|x\rangle + \mathsf{Q}_1|x\rangle = |x\rangle - 2\mathsf{P}_1|x\rangle = |x\rangle - \frac{2}{\|A_1\|^2}|A_1\rangle\langle A^1|x\rangle$$

によって与えられる. □

命題 1.17（グラム-シュミットの直交化法） m 個の線形独立なベクトルの組 $|A_1\rangle, |A_2\rangle, \cdots, |A_m\rangle$ が与えられたとき，射影演算子を用いて正規直交系をつくることができる. **グラム-シュミットの直交化法**と言う.

証明 $|A_1\rangle$ に直交する (1.7) を規格化し

$$|e_2\rangle = \frac{1}{\|A_2'\|}|A_2'\rangle$$

とする．$|A_3\rangle$ の $|e_1\rangle$ および $|e_2\rangle$ への射影は，$\mathsf{P}_2 \equiv |e_2\rangle\langle e^2|$ として，

$$|e_1\rangle\langle e^1|A_3\rangle + |e_2\rangle\langle e^2|A_3\rangle = \mathsf{P}_1|A_3\rangle + \mathsf{P}_2|A_3\rangle$$

になる．$|A_3\rangle$ の $|e_1\rangle$ にも $|e_2\rangle$ にも直交する成分は

$$|A_3'\rangle = |A_3\rangle - \mathsf{P}_1|A_3\rangle - \mathsf{P}_2|A_3\rangle = |A_3\rangle - |e_1\rangle\langle e^1|A_3\rangle - |e_2\rangle\langle e^2|A_3\rangle$$

によって与えられる．以下同様にすればよい．グラム - シュミットの直交化法は次の手順で正規直交系をつくる．射影演算子 $\mathsf{P}_1, \mathsf{P}_2, \mathsf{P}_3, \cdots$ を順次定義し，

$$|e_1\rangle = \tfrac{1}{\|A_1\|}|A_1\rangle, \qquad |A_2'\rangle = |A_2\rangle - \mathsf{P}_1|A_2\rangle$$
$$|e_2\rangle = \tfrac{1}{\|A_2'\|}|A_2'\rangle, \qquad |A_3'\rangle = |A_3\rangle - \mathsf{P}_1|A_3\rangle - \mathsf{P}_2|A_3\rangle$$
$$|e_3\rangle = \tfrac{1}{\|A_3'\|}|A_3'\rangle, \qquad |A_4'\rangle = |A_4\rangle - \mathsf{P}_1|A_4\rangle - \mathsf{P}_2|A_4\rangle - \mathsf{P}_3|A_4\rangle$$
$$\vdots \qquad\qquad\qquad \vdots$$
$$|e_{m-1}\rangle = \tfrac{1}{\|A_{m-1}'\|}|A_{m-1}'\rangle, \quad |A_m'\rangle = |A_m\rangle - \mathsf{P}_1|A_m\rangle - \cdots - \mathsf{P}_{m-1}|A_m\rangle$$
$$|e_m\rangle = \tfrac{1}{\|A_m'\|}|A_m'\rangle$$

とすればよい．正規直交性 $\langle e^i|e_j\rangle = \delta^i_j$ を満たしていることは容易にわかる． $\square$

命題 1.18（シュヴァルツの不等式） 2 個のベクトル $|A\rangle$ と $|B\rangle$ に対し，シュヴァルツの不等式（コーシー - ブニャコフスキイ - シュヴァルツの不等式）

$$\|A\|\|B\| \geq |\langle A|B\rangle| \tag{1.8}$$

が成り立つ．等号が成り立つのは $|A\rangle$ と $|B\rangle$ が比例する場合である．

証明 グラム - シュミットの直交化法を用いて，$|B\rangle$ に直交するベクトル $|A'\rangle$ を $|A'\rangle = |A\rangle - \frac{1}{\|B\|^2}|B\rangle\langle B|A\rangle$ によってつくる．$|A\rangle$ のノルムを計算すると

$$\|A\|^2 = \langle A|A\rangle = \frac{1}{\|B\|^2}|\langle A|B\rangle|^2 + \langle A'|A'\rangle \geq \frac{1}{\|B\|^2}|\langle A|B\rangle|^2$$

になる．等号が成り立つのは $|A'\rangle = |0\rangle$，すなわち，$|A\rangle$ と $|B\rangle$ が比例する場合である．次のようにしてもよい．λ を任意の複素数として

$$\|A - \lambda B\|^2 = \|A\|^2 - \lambda\langle A|B\rangle - \bar{\lambda}\langle B|A\rangle + \bar{\lambda}\lambda\|B\|^2 \geq 0$$

が成り立つ．λ と $\bar{\lambda}$ は独立に変化させることができるから，両辺を λ と $\bar{\lambda}$ について微分し停留点を求めると，$\bar{\lambda} = \frac{\langle A|B\rangle}{\|B\|^2}$，$\lambda = \frac{\langle B|A\rangle}{\|B\|^2}$ になる．これを上の不等式に代入し，

$$\|A - \lambda B\|^2 = \|A'\|^2 = \|A\|^2 - \frac{|\langle A|B\rangle|^2}{\|B\|^2} \geq 0$$

が得られる．次のようにしても導くことができる．x を任意の実数として

$$\|A - xB\langle B|A\rangle\|^2 = \|A\|^2 - 2x|\langle A|B\rangle|^2 + x^2\|B\|^2|\langle A|B\rangle|^2 \geq 0$$

が成り立つ．x についての 2 次式が負にならないためには判別式が負，すなわち

$$|\langle A|B\rangle|^4 - \|A\|^2\|B\|^2|\langle A|B\rangle|^2 = |\langle A|B\rangle|^2(|\langle A|B\rangle|^2 - \|A\|^2\|B\|^2) \leq 0$$

が成り立たなければならないから与式を得る．　□

命題 1.19 (3 角不等式)　任意のベクトル $|A\rangle$ と $|B\rangle$ について，**3 角不等式**

$$\|A\| + \|B\| \geq \|A + B\| \tag{1.9}$$

が成り立つ．

証明　シュヴァルツの不等式 (1.8) を使うと

$$(\|A\| + \|B\|)^2 = \|A\|^2 + 2\|A\|\|B\| + \|B\|^2 \geq \|A\|^2 + 2|\langle A|B\rangle| + \|B\|^2$$

が得られる．

$$2|\langle A|B\rangle| \geq 2\mathrm{Re}\,\langle A|B\rangle = \langle A|B\rangle + \langle B|A\rangle$$

に注意すると

$$(\|A\| + \|B\|)^2 \geq \|A\|^2 + \langle A|B\rangle + \langle B|A\rangle + \|B\|^2 = \|A + B\|^2$$

が成り立つ．　□

問題 1.20 3角不等式

$$\bigl|\|A\| - \|B\|\bigr| \leq \|A - B\|$$

を証明せよ．

証明 3角不等式 (1.9) を利用すると，

$$\|A\| = \|A - B + B\| \leq \|A - B\| + \|B\|$$

により $\|A\| - \|B\| \leq \|A - B\|$ が成り立つ．同様に

$$\|B\| = \|B - A + A\| \leq \|B - A\| + \|A\| = \|A - B\| + \|A\|$$

すなわち $\|B\| - \|A\| \leq \|A - B\|$ が成り立つから与式が得られる． □

命題 1.21（ベッセルの不等式） 正規直交系 $|e_1\rangle, |e_2\rangle, \cdots, |e_m\rangle$ があるとき，任意のベクトル $|A\rangle$ との内積を $\alpha^i = \langle e^i | A \rangle$ として，**ベッセルの不等式**

$$\|A\|^2 \geq \sum_{i=1}^{m} |\alpha^i|^2$$

が成り立つ．

証明 すべての $|e_i\rangle$ に直交するベクトル

$$|A'\rangle = |A\rangle - \sum_{i=1}^{m} \mathsf{P}_i |A\rangle = |A\rangle - \sum_{i=1}^{m} |e_i\rangle\langle e^i|A\rangle = |A\rangle - \sum_{i=1}^{m} |e_i\rangle \alpha^i$$

を用いると，$\bar{\alpha}_i = \langle A | e_i \rangle = \overline{\langle e^i | A \rangle} = \bar{\alpha}^i$，$\langle e^i | e_j \rangle = \delta^i_j$ に注意し，

$$\|A'\|^2 = \Bigl(\langle A| - \sum_{i=1}^{m} \alpha_i \langle e^i|\Bigr)\Bigl(|A\rangle - \sum_{j=1}^{m} |e_j\rangle \alpha^j\Bigr)$$
$$= \langle A|A\rangle - 2\sum_{i=1}^{m} |\alpha^i|^2 + \sum_{i=1}^{m} |\alpha^i|^2 = \langle A|A\rangle - \sum_{i=1}^{m} |\alpha^i|^2 \geq 0$$

から題意が得られる．等号が成り立つのは $|A'\rangle = 0$ のときである． □

定義 1.22（完備） ベッセルの不等式で等号が成り立つとき，すなわち

$$|A\rangle = \sum_{i=1}^{m} |e_i\rangle \alpha^i = \sum_{i=1}^{m} |e_i\rangle\langle e^i|A\rangle = \sum_{i=1}^{m} \mathsf{P}_i |A\rangle \tag{1.10}$$

が成り立つとき，正規直交系は**完備**であると言い，それ以外の独立な単位ベクトルはない．n 次元では $m = n$ である．

1.4　正規直交完備系

定義 1.23（正規直交完備系）　定義 (1.10) より，正規直交系 $|e_i\rangle$ が完備である条件は

$$|e_1\rangle\langle e^1| + |e_2\rangle\langle e^2| + \cdots + |e_n\rangle\langle e^n| = \sum_{i=1}^{n} |e_i\rangle\langle e^i| = \sum_{i=1}^{n} \mathsf{P}_i = \mathsf{E}$$

である．基底は**正規直交完備系**をなす．

任意のベクトル $|A\rangle$ と $|B\rangle$ の**ダイアド**（グラスマンの**不定積**）は

$$|A\rangle\langle B| = \begin{pmatrix} A^1 \\ A^2 \\ \vdots \\ A^n \end{pmatrix} (B_1\ B_2\ \cdots\ B_n) = \begin{pmatrix} A^1 B_1 & A^1 B_2 & \cdots & A^1 B_n \\ A^2 B_1 & A^2 B_2 & \cdots & A^2 B_n \\ \vdots & \vdots & \ddots & \vdots \\ A^n B_1 & A^n B_2 & \cdots & A^n B_n \end{pmatrix} \tag{1.11}$$

によって定義する．射影演算子 P_i もダイアドで，$\mathsf{P}_1 = |e_1\rangle\langle e^1|$ の ij 成分は

$$(\mathsf{P}_1)^i{}_j = \langle e^i|e_1\rangle\langle e^1|e_j\rangle = \delta^i_1 \delta^1_j,$$

になる．その他も同様で，

$$\mathsf{P}_1 = \begin{pmatrix} 1 & 0 & \cdots & 0 \\ 0 & 0 & \cdots & 0 \\ \vdots & \vdots & \ddots & \vdots \\ 0 & 0 & \cdots & 0 \end{pmatrix},\ \mathsf{P}_2 = \begin{pmatrix} 0 & 0 & \cdots & 0 \\ 0 & 1 & \cdots & 0 \\ \vdots & \vdots & \ddots & \vdots \\ 0 & 0 & \cdots & 0 \end{pmatrix},\ \cdots,\ \mathsf{P}_n = \begin{pmatrix} 0 & 0 & \cdots & 0 \\ 0 & 0 & \cdots & 0 \\ \vdots & \vdots & \ddots & \vdots \\ 0 & 0 & \cdots & 1 \end{pmatrix}$$

である．ダイアドは**テンソル積**とも言う．E はダイアドの線形結合である．

ダイアドの線形結合を**ダイアディクス**と言う．ダイアディクス E は**単位行列**

$$\mathsf{P}_1 + \mathsf{P}_2 + \cdots + \mathsf{P}_n = \begin{pmatrix} 1 & 0 & \cdots & 0 \\ 0 & 1 & \cdots & 0 \\ \vdots & \vdots & \ddots & \vdots \\ 0 & 0 & \cdots & 1 \end{pmatrix} = (\delta^i_j) = \mathsf{E}$$

を意味する．単位行列の成分 E^i_j を δ^i_j と書くのだ．

$|e_1\rangle, |e_2\rangle, \cdots, |e_n\rangle$ を**自然基底**，$\langle e^1|, \langle e^2|, \cdots, \langle e^n|$ を**双対基底**と呼ぶ．正規直交基底に記号 e を用いるのは，グラスマンに由来し，ドイツ語で単位を意味するアインハイト (Einheit) の頭文字を表している．

命題 1.24 任意のケットベクトルは $|e_i\rangle$ を基底として

$$|A\rangle = |e_1\rangle A^1 + |e_2\rangle A^2 + \cdots + |e_n\rangle A^n = \sum_{i=1}^n |e_i\rangle A^i$$

ブラベクトルは $\langle e^i|$ を基底として

$$\langle A| = A_1 \langle e^1| + A_2 \langle e^2| + \cdots + A_n \langle e^n| = \sum_{i=1}^n A_i \langle e^i|$$

のように表すことができる．ベクトルの反変，共変成分は

$$A^i = \langle e^i|A\rangle, \qquad A_i = \langle A|e_i\rangle$$

によって与えられる．

証明 完備性を使うと

$$|A\rangle = \mathsf{E}|A\rangle = \sum_{i=1}^n |e_i\rangle\langle e^i|A\rangle, \qquad \langle A| = \langle A|\mathsf{E} = \sum_{i=1}^n \langle A|e_i\rangle\langle e^i|$$

になるから，正規直交性を用いて，

$$\langle e^i|A\rangle = \langle e^i| \cdot \sum_{j=1}^n A^j |e_j\rangle = \sum_{j=1}^n \langle e^i|e_j\rangle A^j = \sum_{j=1}^n \delta^i_j A^j = A^i$$

$$\langle A|e_i\rangle = \sum_{j=1}^n \langle e^j| A_j \cdot |e_i\rangle = \sum_{j=1}^n A_j \langle e^j|e_i\rangle = \sum_{j=1}^n A_j \delta^j_i = A_i$$

が得られる． □

1.4 正規直交完備系

命題 1.25（一意性） 正規直交完備系 $|e_1\rangle, |e_2\rangle, \cdots, |e_n\rangle$ による線形結合

$$|A\rangle = \sum_{i=1}^{n} |e_i\rangle \alpha^i$$

の成分 $\alpha^1, \alpha^2, \cdots, \alpha^n$ は一意的に決まる.

証明 別の線形結合

$$|A\rangle = \sum_{i=1}^{n} |e_i\rangle \beta^i$$

が存在するとしてみよう. 両者の差を計算すると

$$0 = \sum_{i=1}^{n} |e_i\rangle (\alpha^i - \beta^i)$$

が成り立つ. 基底は線形独立であるから $\alpha^i - \beta^i$ はすべて 0 でなければならない. すなわちベクトルの成分は一意的に決まる. □

命題 1.26（パルスヴァルの定理） 2 個のベクトル $|A\rangle$ と $|B\rangle$ の内積は

$$\langle A|B\rangle = \sum_{i=1}^{n} A_i B^i$$

になり, (1.5) に一致する.

証明 基底の完備性を用いると

$$\langle A|B\rangle = \langle A|\mathsf{E}|B\rangle = \sum_{i=1}^{n} \langle A|e_i\rangle \langle e^i|B\rangle = \sum_{i=1}^{n} A_i B^i$$

が得られる. また, 基底の正規直交性を用いると

$$\langle A|B\rangle = \sum_{i,j=1}^{n} A_i \langle e^i|e_j\rangle B^j = \sum_{i,j=1}^{n} A_i \delta^i_j B^j = \sum_{i=1}^{n} A_i B^i$$

になる. □

1.5　正規直交系の計量

命題 1.27（正規直交系の計量）　自然基底 $|e_i\rangle$ の転置を下付き添字で $\langle e_i|$, 双対基底 $\langle e^i|$ の転置を上付き添字で $|e^i\rangle$ とする．正規直交系では

$$\langle e_i | e_j \rangle = \delta_{ij}, \qquad \langle e^i | e^j \rangle = \delta^{ij}$$

が成り立つ．ここでクロネッカーのデルタ記号

$$\delta_{ij} = \delta^{ij} = \begin{cases} 1 & (i = j) \\ 0 & (i \neq j) \end{cases}$$

を定義した．δ^{ij} と δ_{ij} は，正規直交系の**計量テンソル**である．

証明　正規直交系の自然基底と双対基底は

$$|e_i\rangle = \begin{pmatrix} e_i^1 \\ e_i^2 \\ \vdots \\ e_i^n \end{pmatrix}, \qquad \langle e^i| = (e_1^i \; e_2^i \; \cdots \; e_n^i)$$

である．それらを転置した基底は

$$\langle e_i| = (e_i^1 \; e_i^2 \; \cdots \; e_i^n), \qquad |e^i\rangle = \begin{pmatrix} e_1^i \\ e_2^i \\ \vdots \\ e_n^i \end{pmatrix}$$

である．実数ベクトルの場合は

$$e_p^i = (|e^i\rangle)_p = (|e_i\rangle)^p = e_i^p \tag{1.12}$$

が成り立ち，$|e_i\rangle = |e^i\rangle$，$\langle e^i| = \langle e_i|$ になるので，$|e_i\rangle$ の正規直交性は与式を意味する．完備性は

$$\sum_{i=1}^n |e_i\rangle\langle e^i| = \sum_{i=1}^n |e^i\rangle\langle e_i| = \sum_{i,j=1}^n |e^i\rangle\delta_{ij}\langle e^j| = \sum_{i,j=1}^n |e_i\rangle\delta^{ij}\langle e_j| = \mathsf{E} \tag{1.13}$$

になる．正規直交系において単位行列は

$$\mathsf{E} = (\delta_j^i) = (\delta_{ij}) = (\delta^{ij})$$

を表す．δ^{ij} と δ_{ij} は，完備性によって，

$$\sum_{k=1}^n \delta^{ik}\delta_{kj} = \sum_{k=1}^n \langle e^i|e^k\rangle\langle e_k|e_j\rangle = \langle e^i|e_j\rangle = \delta^i_j$$

を満たし，互いに逆行列の関係にある． □

命題 1.28 クロネッカーのデルタ記号 δ^{ij} と δ_{ij} は自然基底と双対基底を

$$|e_i\rangle = \sum_{j=1}^n \delta_{ij}|e^j\rangle, \qquad |e^i\rangle = \sum_{j=1}^n \delta^{ij}|e_j\rangle$$

によって結びつけている．

証明 完備性 (1.13) を用いると

$$|e_i\rangle = \mathsf{E}|e_i\rangle = \sum_{j=1}^n |e^j\rangle\langle e_j|e_i\rangle = \sum_{j=1}^n |e^j\rangle\delta_{ji} = \sum_{j=1}^n \delta_{ij}|e^j\rangle$$
$$\langle e^i| = \langle e^i|\mathsf{E} = \sum_{j=1}^n \langle e^i|e^j\rangle\langle e_j| = \sum_{j=1}^n \delta^{ij}\langle e_j|$$

になる．δ^{ij} と δ_{ij} は，正規直交系において，添字を上げ下げする働きをする**計量テンソル**である． □

実数ベクトルの場合，$|A\rangle$，$\langle A|$ は

$$|A\rangle = |e^1\rangle A_1 + |e^2\rangle A_2 + \cdots + |e^n\rangle A_n = \sum_{i=1}^n |e^i\rangle A_i$$
$$\langle A| = A^1\langle e_1| + A^2\langle e_2| + \cdots + A^n\langle e_n| = \sum_{i=1}^n A^i\langle e_i|$$

のように表すことができる．したがって，内積について

$$\langle A|B\rangle = A^1 B_1 + A^2 B_2 + \cdots + A^n B_n$$
$$= A_1 B^1 + A_2 B^2 + \cdots + A_n B^n$$
$$= A^1 B^1 + A^2 B^2 + \cdots + A^n B^n$$

とすることもできる．全部で 4 種類の組み合わせがあり

$$\langle A|B\rangle = \sum_{i=1}^n A_i B^i = \sum_{i=1}^n A^i B_i = \sum_{i,j=1}^n \delta^{ij} A_i B_j = \sum_{i,j=1}^n \delta_{ij} A^i B^j$$

が得られる．また，ダイアドは，正規直交系では

$$|A\rangle\langle B| = (A^i B_j) = (A_i B^j) = (A_i B_j) = (A^i B^j)$$

のいずれも同じである．

命題 1.29 ベクトルの共変成分と反変成分は

$$A^i = \sum_{j=1}^{n} \delta^{ij} A_j, \qquad A_i = \sum_{j=1}^{n} \delta_{ij} A^j$$

によって結びついている．

証明 上で得られた結果を用いると

$$A^i = \langle e^i | A \rangle = \langle e^i | \cdot \sum_{j=1}^{n} A_j |e^j\rangle = \sum_{j=1}^{n} \langle e^i | e^j \rangle A_j = \sum_{j=1}^{n} \delta^{ij} A_j$$

$$A_i = \langle A | e_i \rangle = \sum_{j=1}^{n} \langle e_j | A^j \cdot | e_i \rangle = \sum_{j=1}^{n} A^j \langle e_j | e_i \rangle = \sum_{j=1}^{n} A^j \delta_{ji} = \sum_{j=1}^{n} \delta_{ij} A^j$$

になる．δ^{ij} と δ_{ij} が添字を上げ下げしている． □

定義 1.30（標準基底） デカルト座標系において，$x^1, x^2, \cdots, x^n$ 軸方向に，自然基底 $|e_1\rangle, |e_2\rangle, \cdots, |e_n\rangle$ を取ると基底は n 個の単位ベクトル

$$|e_1\rangle = \begin{pmatrix} 1 \\ 0 \\ \vdots \\ 0 \end{pmatrix}, \quad |e_2\rangle = \begin{pmatrix} 0 \\ 1 \\ \vdots \\ 0 \end{pmatrix}, \quad \cdots, \quad |e_n\rangle = \begin{pmatrix} 0 \\ 0 \\ \vdots \\ 1 \end{pmatrix}$$

になる．**標準基底**と言う．また双対基底はエルミート共役

$$\langle e^1 | = (1\, 0 \cdots 0), \quad \langle e^2 | = (0\, 1 \cdots 0), \quad \cdots, \quad \langle e^n | = (0\, 0 \cdots 1)$$

によって与えられる

任意のベクトルは標準基底でも，任意の正規直交基底でも表すことができる．標準基底を $|e_p\rangle$ によって表すと

$$|A\rangle = \sum_{p=1}^{n} |e_p\rangle A^p = \sum_{i=1}^{n} |e_i\rangle A^i$$

が成り立つ．したがって

$$A^p = \sum_{i=1}^n \langle e^p|e_i\rangle A^i = \sum_{i=1}^n e_i^p A^i$$

の関係がある．e_i^p は (1.12) で現れた $|e_i\rangle$ の p 成分である．

1.6 テンソル

添字が増えると，161 頁のように

$$\sum_{i,j,k,h,p,q=1}^n = \sum_{i=1}^n \sum_{j=1}^n \sum_{k=1}^n \sum_{h=1}^n \sum_{p=1}^n \sum_{q=1}^n$$

などに出会う．和の記号はわずらわしいので，上下に 1 度ずつ現れる添字（**ダミー添字**）について和を取る（**縮約**と言う）とき，和の記号を略す**アインシュタインの総和規約**を使うのが便利である．この総和規約では，基底の関係は

$$|e_i\rangle = \delta_{ij}|e^j\rangle, \qquad |e^i\rangle = \delta^{ij}|e_j\rangle$$

になる．

> **定義 1.31（ダイアディクス）**　ダイアド $|e_i\rangle\langle e_j|$, $|e^i\rangle\langle e^j|$, $|e_i\rangle\langle e^j|$, $|e^i\rangle\langle e_j|$ の線形結合によって表すことができる量がダイアディクスである．

ダイアディクス F は 4 通りの表示

$$\mathsf{F} = |e_i\rangle\langle e_j|F^{ij} = |e^i\rangle\langle e^j|F_{ij} = |e_i\rangle\langle e^j|F^i{}_j = |e^i\rangle\langle e_j|F_i{}^j$$

ができる．ダイアディクスは 2 階の**テンソル**で，$|e_i\rangle = \delta_{ik}|e^k\rangle$ などによって，

$$F_{ij} = \delta_{ik}\delta_{jh}F^{kh}, \quad F^i{}_j = \delta_{jk}F^{ik}, \quad F_i{}^j = \delta_{ik}F^{kj}$$

の関係がある．$F^i{}_j = \delta_{jk}F^{ik}$ と $F_j{}^i = \delta_{jk}F^{ki}$ は一般には異なり，F^{ik} が対称行列のときにのみ両者は一致する．δ^{ik} は対称行列なので $\delta^i{}_j$ と $\delta_j{}^i$ を区別しないで δ^i_j と書く．**反変テンソル** F^{ij}，**共変テンソル** F_{ij}，**混合テンソル** $F_i{}^j, F^i{}_j$ は

$$F^{ij} = \langle e^i|\mathsf{F}|e^j\rangle, \quad F_{ij} = \langle e_i|\mathsf{F}|e_j\rangle, \quad F^i{}_j = \langle e^i|\mathsf{F}|e_j\rangle, \quad F_i{}^j = \langle e_i|\mathsf{F}|e^j\rangle$$

によって計算する．

例題 1.32　ダイアディクス F とベクトル $|A\rangle$ との積は

$$\mathsf{F}|A\rangle = |e_i\rangle F^{ij} A_j = |e_i\rangle F^i{}_j A^j = |e^j\rangle F_i{}^j A_j = |e^j\rangle F_{ij} A^j$$

によって与えられる．$\mathsf{F}|A\rangle$ はベクトルになり，その成分

$$\langle e^i|\mathsf{F}|A\rangle = F^{ij} A_j = F^i{}_j A^j, \qquad \langle e_i|\mathsf{F}|A\rangle = F_i{}^j A_j = F_{ij} A^j \qquad (1.14)$$

は行列とベクトルの積の規則に従っている．

証明　最初の式は

$$\mathsf{F}|A\rangle = |e_i\rangle\langle e_j|F^{ij} \cdot |e^k\rangle A_k = |e_i\rangle F^{ij} \delta^k_j A_k = |e_i\rangle F^{ij} A_j$$

のように導くことができる．他も同様である．　□

例題 1.33　$|e_k\rangle\langle e^k|$ が単位行列 E になることを示せ．

証明　ダイアド $|e_k\rangle\langle e^k|$ の ij 成分は

$$\langle e^i|(|e_k\rangle\langle e^k|)|e_j\rangle = \langle e^i|e_k\rangle\langle e^k|e_j\rangle = \delta^i_k \delta^k_j = \delta^i_j = E^i_j$$

すなわち $|e_k\rangle\langle e^k| = \mathsf{E}$ になる．　□

例題 1.34（テンソルの積）　2個のテンソル F と G の積は

$$\begin{cases} (\mathsf{FG})^{ij} = F^{ik} G_k{}^j = F^i{}_k G^{kj} \\ (\mathsf{FG})^i{}_j = F^{ik} G_{kj} = F^i{}_k G^k{}_j \\ (\mathsf{FG})_i{}^j = F_{ik} G^{kj} = F_i{}^k G_k{}^j \\ (\mathsf{FG})_{ij} = F_{ik} G^k{}_j = F_i{}^k G_{kj} \end{cases}$$

によって与えられる．テンソルの積の成分は行列の積の規則に従っている．

証明　2個のテンソル $\mathsf{F} = |e_i\rangle\langle e_k|F^{ik}$ と $\mathsf{G} = |e^h\rangle\langle e_j|G_h{}^j$ の積は

$$\mathsf{FG} = |e_i\rangle\langle e_k|F^{ik} \cdot |e^h\rangle\langle e_j|G_h{}^j = |e_i\rangle F^{ik} \delta^h_k G_h{}^j \langle e_j| = |e_i\rangle\langle e_j|F^{ik} G_k{}^j$$

になり，最初の式を与えている．他の成分も同様である．　□

弾性体中に微小立方体を考えると，その場所における応力ベクトルは，1, 2, 3 方向の面でそれぞれ

$$\begin{cases} |F_1\rangle = |e^1\rangle\tau_{11} + |e^2\rangle\tau_{21} + |e^3\rangle\tau_{31} \\ |F_2\rangle = |e^1\rangle\tau_{12} + |e^2\rangle\tau_{22} + |e^3\rangle\tau_{32} \\ |F_3\rangle = |e^1\rangle\tau_{13} + |e^2\rangle\tau_{23} + |e^3\rangle\tau_{33} \end{cases}$$

になる．したがって

$$\langle e_i|F_j\rangle = \tau_{ij} = \langle e_i|\tau|e_j\rangle$$

が得られる．$|F_j\rangle = \tau|e_j\rangle$ はテンソル τ の j 成分，τ_{ij} は τ の ij 成分である．

定義 1.35 (コーシーの応力テンソル) τ をコーシーの応力テンソルと呼ぶ．

テンソルはフォークトが張力（応力．ドイツ語テンジオーン，英語テンション，フランス語タンション）からつくった用語である．ドイツ語テンゾル，英語テンサー，フランス語タンスルだ．

定義 1.36 (線形演算子) 演算子 F が

$$\mathsf{F}(a|A\rangle + b|B\rangle) = a\mathsf{F}|A\rangle + b\mathsf{F}|B\rangle$$

を満たすとき，F による変換を**線形変換（1 次変換，線形写像）**，F を**線形演算子**と言う．

例題 1.32 で示したように，$\mathsf{F}|A\rangle, \mathsf{F}|B\rangle$ は $|A\rangle, |B\rangle$ と同じベクトル空間の要素である．基底に線形演算子 F を作用させると，その結果は，基底の完備性を用いて，基底の線形結合

$$\begin{aligned} \mathsf{F}|e^j\rangle &= |e_i\rangle\langle e^i|\mathsf{F}|e^j\rangle = |e_i\rangle F^{ij}, & F^{ij} &= \langle e^i|\mathsf{F}|e^j\rangle \\ &= |e^i\rangle\langle e_i|\mathsf{F}|e^j\rangle = |e^i\rangle F_i{}^j, & F_i{}^j &= \langle e_i|\mathsf{F}|e^j\rangle \\ \mathsf{F}|e_j\rangle &= |e^i\rangle\langle e_i|\mathsf{F}|e_j\rangle = |e^i\rangle F_{ij}, & F_{ij} &= \langle e_i|\mathsf{F}|e_j\rangle \\ &= |e_i\rangle\langle e^i|\mathsf{F}|e_j\rangle = |e_i\rangle F^i{}_j, & F^i{}_j &= \langle e^i|\mathsf{F}|e_j\rangle \end{aligned}$$

になる．F の作用は，$F^{ij}, F_{ij}, F_i{}^j, F^i{}_j$ によって決まる．**恒等変換 E** はもっとも簡単な線形演算子である．F を任意のベクトル $|A\rangle$ に作用させベクトル $|A'\rangle$ に

なったとする．(1.14) によってベクトルの変換則は

$$A'^i = F^{ij} A_j = F^i{}_j A^j, \qquad A'_i = F_i{}^j A_j = F_{ij} A^j$$

になる．基底を固定してベクトルを変換する操作を**能動的変換**と言う．

例題 1.37　能動的変換の例として，2次元平面で，ベクトル $|A\rangle$ を角度 φ だけ回転させたとき，ベクトル成分の変換則を求めよ．

解　$A^1 = \|A\| \cos\theta, A^2 = \|A\| \sin\theta$ とすると変換則は

$$\begin{aligned} A'^1 &= \|A\| \cos(\theta + \varphi) = \cos\varphi A^1 - \sin\varphi A^2 \\ A'^2 &= \|A\| \sin(\theta + \varphi) = \sin\varphi A^1 + \cos\varphi A^2 \end{aligned} \quad (1.15)$$

によって与えられる．

$$|A'\rangle = \begin{pmatrix} A'^1 \\ A'^2 \end{pmatrix} = \mathsf{F} \begin{pmatrix} A^1 \\ A^2 \end{pmatrix} = \mathsf{F}|A\rangle, \qquad \mathsf{F} = (F^i{}_j) = \begin{pmatrix} \cos\varphi & -\sin\varphi \\ \sin\varphi & \cos\varphi \end{pmatrix}$$

のように表すことができる． □

1.7　ユークリッド空間

> **定義 1.38（内積空間）**　内積が定義された空間を**内積空間**，あるいは**計量ベクトル空間**と言う．実数ベクトルの内積空間を**ユークリッド空間**，複素数ベクトルの内積空間を**ユニタリ空間**と言う．内積が定義されていると距離も定義できるので，内積空間は**距離空間**でもある．

ユークリッド空間では，縦ベクトルと横ベクトルを区別するブラケット記法は必ずしも便利ではない．ベクトルを，縦横に関係なく，太字 $\mathbf{A}$ で表す記法も同時に使用することにしよう．ユークリッド空間ではエルミート共役 $\mathbf{A}^\dagger$ は $\mathbf{A}$ に等しい．基底も，縦横に関係なく，$\mathbf{e}_1, \mathbf{e}_2, \cdots, \mathbf{e}_n$ によって，エルミート共役を

$$\mathbf{e}_1^\dagger \equiv \mathbf{e}^1, \qquad \mathbf{e}_2^\dagger \equiv \mathbf{e}^2, \qquad \cdots, \qquad \mathbf{e}_n^\dagger \equiv \mathbf{e}^n$$

によって表す．命題 1.28 で与えたように，正規直交系では

$$\mathbf{e}_i = \delta_{ij} \mathbf{e}^j, \qquad \mathbf{e}^i = \delta^{ij} \mathbf{e}_j \quad (1.16)$$

の関係にある．すなわち $\mathbf{e}_1^\dagger = \mathbf{e}_1 = \mathbf{e}^1$ などが成り立つ．

1.7 ユークリッド空間

定義 1.39 (内積と正規直交性) ベクトル **A** と **B** の内積を，ギブズに由来するドット積 **A** $\cdot$ **B** によって表し，

$$\mathbf{A} \cdot \mathbf{B} = \langle A | B \rangle$$

とする．基底の正規直交性は

$$\mathbf{e}^i \cdot \mathbf{e}_j = \langle e^i | e_j \rangle = \delta^i_j$$

になる．

任意のベクトル **A** の $\mathbf{e}_i$ への射影は，**A** $\cdot \mathbf{e}_i$ によって表し，$A_i = \langle A | e_i \rangle$ と同じ値を持つ．すなわち

$$\mathbf{A} \cdot \mathbf{e}_i = \langle A | e_i \rangle = A_i$$

とする．同様に，**A** の $\mathbf{e}^i$ への射影 $\mathbf{e}^i \cdot \mathbf{A}$ は $A^i = \langle e^i | A \rangle$ と同じ値を持つ．すなわち

$$\mathbf{e}^i \cdot \mathbf{A} = \langle e^i | A \rangle = A^i$$

とする．

定義 1.40 (夾角) ベクトル **A** と **B** の内積は，θ を **A** と **B** の夾角として，

$$\mathbf{A} \cdot \mathbf{B} = \langle A | B \rangle = \|\mathbf{A}\| \|\mathbf{B}\| \cos\theta \tag{1.17}$$

である．座標の取り方に依存しない不変量である．

例題 1.41　3次元において (1.17) を確かめよ．

証明　基底 $\mathbf{e}_1, \mathbf{e}_2, \mathbf{e}_3$ への単位ベクトルの射影

$$l_A = \mathbf{e}_1 \cdot \frac{\mathbf{A}}{\|\mathbf{A}\|}, \qquad m_A = \mathbf{e}_2 \cdot \frac{\mathbf{A}}{\|\mathbf{A}\|}, \qquad n_A = \mathbf{e}_3 \cdot \frac{\mathbf{A}}{\|\mathbf{A}\|}$$

を**方向余弦**と言う．3次元における3辺の長さが $\|\mathbf{A}\|, \|\mathbf{B}\|, \|\mathbf{A}-\mathbf{B}\|$ の3角形で，$\|\mathbf{A}\|, \|\mathbf{B}\|$ の夾角を θ とすると，3角形の余弦法則によって

$$\|\mathbf{A}-\mathbf{B}\|^2 = \|\mathbf{A}\|^2 + \|\mathbf{B}\|^2 - 2\|\mathbf{A}\| \|\mathbf{B}\| \cos\theta$$

が成り立つ．3次元ベクトルを方向余弦 l_A, m_A, n_A で表すと

$$\mathbf{A} = \|\mathbf{A}\|(\mathbf{e}_1 l_A + \mathbf{e}_2 m_A + \mathbf{e}_3 n_A), \qquad \mathbf{B} = \|\mathbf{B}\|(\mathbf{e}_1 l_B + \mathbf{e}_2 m_B + \mathbf{e}_3 n_B)$$

になるから

$$\|\mathbf{A} - \mathbf{B}\|^2 = (\|\mathbf{A}\|l_A - \|\mathbf{B}\|l_B)^2 + (\|\mathbf{A}\|m_A - \|\mathbf{B}\|m_B)^2 + (\|\mathbf{A}\|n_A - \|\mathbf{B}\|n_B)^2$$
$$= \|\mathbf{A}\|^2 + \|\mathbf{B}\|^2 - 2\|\mathbf{A}\|\|\mathbf{B}\|(l_A l_B + m_A m_B + n_A n_B)$$

が成り立ち

$$\cos\theta = l_A l_B + m_A m_B + n_A n_B = \frac{\mathbf{A}\cdot\mathbf{B}}{\|\mathbf{A}\|\|\mathbf{B}\|} \tag{1.18}$$

すなわち (1.17) が得られる． □

n 次元では夾角 θ を

$$\cos\theta = \frac{\mathbf{A}\cdot\mathbf{B}}{\|\mathbf{A}\|\|\mathbf{B}\|} = \frac{A_1 B^1 + \cdots + A_n B^n}{\sqrt{|A^1|^2 + \cdots + |A^n|^2}\sqrt{|B^1|^2 + \cdots + |B^n|^2}}$$

によって定義する．1.8節で調べるように，ベクトルの長さも，内積も座標回転によって不変である．したがって $\mathbf{A}$ と $\mathbf{B}$ のなす角度 θ は座標回転によって不変である．

> **命題 1.42（内積の分配法則）** 2個のベクトルのなす角度の定義 1.40 は内積の分配法則
>
> $$\mathbf{A}\cdot(\mathbf{B}+\mathbf{C}) = \mathbf{A}\cdot\mathbf{B} + \mathbf{A}\cdot\mathbf{C}$$
>
> と矛盾しない．

証明 ベクトル $\mathbf{B}$ を，射影によって，$\mathbf{A}$ に平行な成分 $\mathbf{B}_\parallel$ と垂直な成分 $\mathbf{B}_\perp$ に分解する．$\|\mathbf{B}_\parallel\| = \|\mathbf{B}\|\cos\theta$ で，

$$\mathbf{A}\cdot\mathbf{B}_\parallel = \|\mathbf{A}\|\|\mathbf{B}_\parallel\| = \|\mathbf{A}\|\|\mathbf{B}\|\cos\theta = \mathbf{A}\cdot\mathbf{B}$$

になるので $\mathbf{A}\cdot\mathbf{B} = \mathbf{A}\cdot\mathbf{B}_\parallel$ である．同じように，ベクトル $\mathbf{C}$ を，$\mathbf{A}$ に平行な成分 $\mathbf{C}_\parallel$ と垂直な成分 $\mathbf{C}_\perp$ に分解すると $\mathbf{A}\cdot\mathbf{C} = \mathbf{A}\cdot\mathbf{C}_\parallel$ が成り立つ．また，$\mathbf{B}+\mathbf{C}$ を $\mathbf{A}$ に平行な成分と垂直な成分に分解すると

$$\mathbf{A}\cdot(\mathbf{B}+\mathbf{C}) = \mathbf{A}\cdot(\mathbf{B}_\parallel + \mathbf{C}_\parallel)$$

が得られる．$\mathbf{A} \cdot \mathbf{B}_{\|}$, $\mathbf{A} \cdot \mathbf{C}_{\|}$, $\mathbf{A} \cdot (\mathbf{B}_{\|} + \mathbf{C}_{\|})$ はそれぞれ $\mathbf{B}$, $\mathbf{C}$, $\mathbf{B} + \mathbf{C}$ の $\mathbf{A}$ への射影なので

$$\mathbf{A} \cdot \mathbf{B}_{\|} + \mathbf{A} \cdot \mathbf{C}_{\|} = \mathbf{A} \cdot (\mathbf{B}_{\|} + \mathbf{C}_{\|}) = \mathbf{A} \cdot (\mathbf{B} + \mathbf{C})$$

により分配法則を示すことができる．演習 2.18 では別の方法で証明する． □

> **定義 1.43（ダイアドと完備性）** ダイアドは $\mathbf{AB}$ によって表す．すなわち
>
> $$\mathbf{AB} = |A\rangle\langle B|$$
>
> とする．完備性は
>
> $$\mathbf{e}_i \mathbf{e}^i = \mathbf{e}_1 \mathbf{e}^1 + \mathbf{e}_2 \mathbf{e}^2 + \cdots + \mathbf{e}_n \mathbf{e}^n = |e_i\rangle\langle e^i| = \mathsf{E}$$
>
> になる．

正規直交完備基底による $\mathbf{A}$ の展開は

$$\begin{aligned}
\mathbf{A} &= \mathsf{E} \cdot \mathbf{A} = \mathbf{e}_i \mathbf{e}^i \cdot \mathbf{A} = \mathbf{e}_i A^i, & A^i &= \mathbf{e}^i \cdot \mathbf{A} = \langle e^i | A \rangle \\
&= \mathbf{A} \cdot \mathsf{E} = \mathbf{A} \cdot \mathbf{e}_i \mathbf{e}^i = A_i \mathbf{e}^i, & A_i &= \mathbf{A} \cdot \mathbf{e}_i = \langle A | e_i \rangle
\end{aligned} \quad (1.19)$$

によって与えられる．

$$\delta^i_j = \mathbf{e}^i \cdot \mathbf{e}_j = \langle e^i | e_j \rangle, \quad \delta_{ij} = \mathbf{e}_i \cdot \mathbf{e}_j = \langle e_i | e_j \rangle, \quad \delta^{ij} = \mathbf{e}^i \cdot \mathbf{e}^j = \langle e^i | e^j \rangle$$

を使うとドット積は

$$\mathbf{A} \cdot \mathbf{B} = \delta_{ij} A^i B^j = \delta^{ij} A_i B_j = A^i B_i = A_i B^i$$

のように 4 通りの書き方ができる．ノルムは $\|\mathbf{A}\|$ によって表し，

$$\|\mathbf{A}\|^2 = \mathbf{A} \cdot \mathbf{A} = \langle A | A \rangle = |A^1|^2 + |A^2|^2 + \cdots + |A^n|^2$$

になる．ダイアド $\mathbf{AB}$ も 4 通りに，

$$\mathbf{AB} = \mathbf{e}_i \mathbf{e}_j A^i B^j = \mathbf{e}^i \mathbf{e}^j A_i B_j = \mathbf{e}_i \mathbf{e}^j A^i B_j = \mathbf{e}^i \mathbf{e}_j A_i B^j$$

のように書くことができる．ダイアドの成分は

$$(\mathbf{AB})^{ij} = A^i B^j, \quad (\mathbf{AB})_{ij} = A_i B_j, \quad (\mathbf{AB})^i{}_j = A^i B_j, \quad (\mathbf{AB})_i{}^j = A_i B^j \quad (1.20)$$

になる. ダイアディクス F は 4 通りの表示

$$\mathsf{F} = \mathbf{e}_i \mathbf{e}_j F^{ij} = \mathbf{e}^i \mathbf{e}^j F_{ij} = \mathbf{e}_i \mathbf{e}^j F^i{}_j = \mathbf{e}^i \mathbf{e}_j F_i{}^j$$

ができる.

$$F^{ij} = \mathbf{e}^i \cdot \mathsf{F} \cdot \mathbf{e}^j, \quad F_{ij} = \mathbf{e}_i \cdot \mathsf{F} \cdot \mathbf{e}_j, \quad F^i{}_j = \mathbf{e}^i \cdot \mathsf{F} \cdot \mathbf{e}_j, \quad F_i{}^j = \mathbf{e}_i \cdot \mathsf{F} \cdot \mathbf{e}^j$$

によって計算する.

> **命題 1.44 (ユニタリ空間)** ユニタリ空間のシュヴァルツの不等式は
>
> $$\|\mathbf{A}^\dagger \cdot \mathbf{B}\|^2 \leq \|\mathbf{A}\| \|\mathbf{B}\|$$
>
> になる.

証明 ブラケット記法によるユニタリ空間(複素数ベクトル空間)についてはすでに述べた通りだが,座標に依存しない記法でも少し紹介しておこう. 複素数ベクトル $\mathbf{A} = A^i \mathbf{e}_i$ に対して, そのエルミート共役 $\mathbf{A}^\dagger$ は

$$\mathbf{A}^\dagger = \bar{A}^i \mathbf{e}_i^\dagger = A_i \mathbf{e}^i$$

になる. 内積のエルミート性は

$$\mathbf{A}^\dagger \cdot \mathbf{B} = \langle A|B \rangle = \overline{\langle B|A \rangle} = \overline{\mathbf{B}^\dagger \cdot \mathbf{A}}$$

である. ノルムは

$$\|\mathbf{A}\|^2 = \langle A|A \rangle = \mathbf{A}^\dagger \cdot \mathbf{A} = |A^1|^2 + |A^2|^2 + \cdots + |A^n|^2$$

によって与えられる. λ を任意の複素数として

$$\|\mathbf{A} - \lambda \mathbf{B}\|^2 = \|\mathbf{A}\|^2 - \lambda \mathbf{A}^\dagger \cdot \mathbf{B} - \bar{\lambda} \mathbf{B}^\dagger \cdot \mathbf{A} + \bar{\lambda}\lambda \|\mathbf{B}\|^2 \geq 0$$

が成り立つ. 両辺を λ と $\bar{\lambda}$ について微分して停留点を求めると

$$\bar{\lambda} = \frac{\mathbf{A}^\dagger \cdot \mathbf{B}}{\|\mathbf{B}\|^2}, \quad \lambda = \frac{\mathbf{B}^\dagger \cdot \mathbf{A}}{\|\mathbf{B}\|^2}$$

が得られる. これらをもとの不等式に代入し題意が得られる. □

1.8 座標回転

定理 1.45（直交変換） 直交基底は無数に選ぶことができる．$\mathbf{e}_i$ を回転させたベクトル $\mathbf{e}'_l$ も直交基底になる（もとの番号 i とあらたな番号 l は，同じ $1, 2, \cdots, n$ だが，別のものを指すので記号を変える）．正規直交系から正規直交系への基底回転は**直交変換**である．

証明 あらたな基底 $\mathbf{e}'_l$ は，完備性によって，もとの基底 $\mathbf{e}_i$ の線形結合

$$\mathbf{e}'_l = \mathsf{E} \cdot \mathbf{e}'_l = \mathbf{e}_i \mathbf{e}^i \cdot \mathbf{e}'_l = \mathbf{e}_i R^i_l, \qquad R^i_l \equiv \mathbf{e}^i \cdot \mathbf{e}'_l = \langle e^i | e'_l \rangle$$

になる．i と l は別の基底を指すので，行列 R^i_l は，定義 1.36 の意味でのテンソルではない．$R^i_l = \mathbf{e}^i \cdot \mathbf{e}'_l$ は $\mathbf{e}'_l$ をもとの基底に射影した方向余弦にほかならない．双対基底 $\mathbf{e}^i$ の変換は

$$\mathbf{e}'^l = \mathbf{e}'^l \cdot \mathsf{E} = \mathbf{e}'^l \cdot \mathbf{e}_i \mathbf{e}^i = \widehat{R}^l_i \mathbf{e}^i, \qquad \widehat{R}^l_i \equiv \mathbf{e}'^l \cdot \mathbf{e}_i = \langle e'^l | e_i \rangle$$

になる．ここで

$$\widehat{R}^l_i = \langle e_i | e'^l \rangle = \delta_{ij} \delta^{lm} \langle e^j | e'_m \rangle = \delta_{ij} \delta^{lm} R^j_m \tag{1.21}$$

は i 行 l 列成分 R^i_l を l 行 i 列に**転置**した行列成分である．すなわち $\widehat{\mathsf{R}} = {}^\mathsf{T}\mathsf{R}$ である．正規直交系から正規直交系への変換では，直交性

$$\delta^l_m = \langle e'^l | e'_m \rangle = \widehat{R}^l_i \langle e^i | e_j \rangle R^j_m = \widehat{R}^l_i \delta^i_j R^j_m = \widehat{R}^l_i R^i_m = (\widehat{\mathsf{R}}\mathsf{R})^l_m \tag{1.22}$$

すなわち $\widehat{\mathsf{R}}\mathsf{R} = \mathsf{E}$ が成り立たなければならない．この性質を持つ行列を**直交行列**と言う．**アフィン直交行列**，**デカルト行列**とも言う．$\widehat{\mathsf{R}}$ は R の逆行列になっている．したがって，$\mathsf{R}\widehat{\mathsf{R}} = \mathsf{E}$ が成り立つので完備性

$$(\mathsf{R}\widehat{\mathsf{R}})^i{}_j = R^i_l \widehat{R}^l_j = \delta^i_j \tag{1.23}$$

が得られる．これによって完備性が保たれ，

$$\mathbf{e}'_l \mathbf{e}'^l = |e'_l\rangle\langle e'^l| = |e_i\rangle R^i_l \widehat{R}^l_j \langle e^j| = |e_i\rangle \delta^i_j \langle e^j| = |e_i\rangle\langle e^i| = \mathbf{e}_i \mathbf{e}^i = \mathsf{E}$$

が成り立つ．基底の変換は

$$\mathbf{e}'_l = \mathbf{e}_i R^i_l, \qquad \mathbf{e}'^l = \widehat{R}^l_i \mathbf{e}^i \tag{1.24}$$

になる． □

問題 1.46 (**2 次元座標回転**)　2 次元平面で，基底を角度 φ だけ回転させたとき，基底，ベクトル成分の変換則を求めよ．

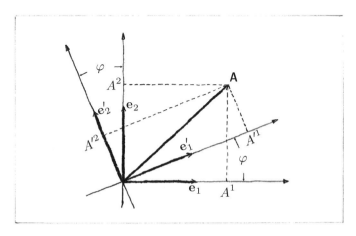

解　ベクトル **A** は，もとの基底 $\mathbf{e}_1, \mathbf{e}_2$ への射影 A^1, A^2 と，φ だけ回転させた基底 $\mathbf{e}'_1, \mathbf{e}'_2$ への射影 A'^1, A'^2 によって表すことができる．それらが

$$A'^1 = \cos\varphi A^1 + \sin\varphi A^2, \qquad A'^2 = -\sin\varphi A^1 + \cos\varphi A^2 \tag{1.25}$$

のように結びついていることは簡単な幾何学で容易にわかるだろう．(1.15) によって与えた能動的回転に比べ，回転角が逆符号になる．行列で表すと，R の転置行列，すなわち逆行列 $\widehat{\mathsf{R}}$ によって

$$|A'\rangle = \begin{pmatrix} A'^1 \\ A'^2 \end{pmatrix} = \widehat{\mathsf{R}}|A\rangle = \widehat{\mathsf{R}} \begin{pmatrix} A^1 \\ A^2 \end{pmatrix}, \qquad \widehat{\mathsf{R}} = \begin{pmatrix} \cos\varphi & \sin\varphi \\ -\sin\varphi & \cos\varphi \end{pmatrix}$$

の変換を受ける．これを A^1, A^2 について解けば

$$A^1 = A'^1 \cos\varphi - A'^2 \sin\varphi, \qquad A^2 = A'^1 \sin\varphi + A'^2 \cos\varphi$$

が得られる．ベクトル **A** は基底の取り方によらないから，

$$|A\rangle = |e_1\rangle A^1 + |e_2\rangle A^2 = |e'_1\rangle A'^1 + |e'_2\rangle A'^2$$

のように，2通りに表すことができる．最初の式に，上で得られた A^1, A^2 を代入し整理すると，

$$\begin{aligned}|A\rangle &= |e_1\rangle A^1 + |e_2\rangle A^2 \\ &= |e_1\rangle(A'^1\cos\varphi - A'^2\sin\varphi) + |e_2\rangle(A'^1\sin\varphi + A'^2\cos\varphi) \\ &= A'^1(|e_1\rangle\cos\varphi + |e_2\rangle\sin\varphi) + A'^2(-|e_1\rangle\sin\varphi + |e_2\rangle\cos\varphi)\end{aligned}$$

になるから，基底の変換則

$$|e_1'\rangle = |e_1\rangle\cos\varphi + |e_2\rangle\sin\varphi, \qquad |e_2'\rangle = -|e_1\rangle\sin\varphi + |e_2\rangle\cos\varphi$$

が得られる．同様にして

$$\langle A'| = (A_1'\ A_2') = \langle A|\mathsf{R} = (A_1\ A_2)\mathsf{R}, \qquad \mathsf{R} = \begin{pmatrix} \cos\varphi & -\sin\varphi \\ \sin\varphi & \cos\varphi \end{pmatrix} \tag{1.26}$$

になる．ベクトルを変化させず，基底の能動的変換によってベクトル成分が受ける変換を**受動的変換**と言う． □

問題 1.47 (**ベクトル成分の変換**)　直交変換を受けるベクトルを**アフィン直交ベクトル**，**デカルトベクトル**と呼ぶ．ベクトル成分の変換式は

$$A'^l = \widehat{R}^l_i A^i, \qquad A'_l = A_i R^i_l \tag{1.27}$$

になる．行列表示では，縦ベクトルの座標変換は

$$|A'\rangle = \begin{pmatrix} A'^1 \\ \vdots \\ A'^n \end{pmatrix} = \begin{pmatrix} \widehat{R}^1_1 & \cdots & \widehat{R}^1_n \\ \vdots & \ddots & \vdots \\ \widehat{R}^n_1 & \cdots & \widehat{R}^n_n \end{pmatrix} \begin{pmatrix} A^1 \\ \vdots \\ A^n \end{pmatrix} = \widehat{\mathsf{R}}|A\rangle$$

横ベクトルの座標変換は

$$\langle A'| = (A_1'\ \cdots\ A_n') = (A_1\ \cdots\ A_n) \begin{pmatrix} R^1_1 & \cdots & R^1_n \\ \vdots & \ddots & \vdots \\ R^n_1 & \cdots & R^n_n \end{pmatrix} = \langle A|\mathsf{R}$$

によって与えられる．

証明 ベクトルは，基底の変換によって変更を受けないから，

$$|A\rangle = |e_i\rangle A^i = |e'_l\rangle A'^l$$

が成り立たなければならない．(1.24) を用いて得られる基底の逆変換

$$|e'_l\rangle \widehat{R}^l_i = |e_j\rangle R^j_l \widehat{R}^l_i = |e_j\rangle \delta^j_i = |e_i\rangle$$

を代入すると，

$$|A\rangle = |e_i\rangle A^i = |e'_l\rangle \widehat{R}^l_i A^i = |e'_l\rangle A'^l$$

が成り立たなければならない．すなわち，$A'^l = \widehat{R}^l_i A^i$, (1.27) 第 1 式になる．同様に

$$\langle A| = A_i \langle e^i| = A_i R^i_l \langle e'^l| = A'_l \langle e'^l|$$

が成り立たなければならないから $A'_l = A_i R^i_l$, (1.27) 第 2 式が得られる．ベクトル成分 A_i は基底 $|e_i\rangle$ と同じ変換を受ける．$|e_i\rangle$ と同じ変換を受けるのが「**共変**」，逆行列（転置行列）によって，$|e_i\rangle$ と「反対」の変換を受けるのが「**反変**」の意味である．反変ベクトルは基底 $\langle e^i|$ と同じ変換を受ける．用語，共変と反変はシルヴェスターの命名だ． □

定義 1.48（距離ベクトル） 距離ベクトルは

$$\mathbf{x} = \mathbf{e}_1 x^1 + \mathbf{e}_2 x^2 + \cdots + \mathbf{e}_n x^n = \mathbf{e}_i x^i$$

によって定義する．

距離ベクトルの成分は

$$\mathbf{e}^i \cdot \mathbf{x} = \langle e^i|x\rangle = x^i$$

である．直交変換によって座標を変換し，

$$\mathbf{x} = x'^1 \mathbf{e}'_1 + x'^2 \mathbf{e}'_2 + \cdots + x'^n \mathbf{e}'_n$$

になったとすると，その成分は (1.27) 第 1 式による直交変換（座標変換）

$$x'^l = \widehat{R}^l_i x^i \tag{1.28}$$

を受ける．前述のように，ベクトルは始点によって定義する．基底も同じ始点で定義する．始点を共有するベクトルの集合がベクトル空間である．距離ベクトルの各成分は基底上の始点からの距離で，位置を表す媒介変数である．デカルト座標では x^i は媒介変数に等しいが，後に示すように，一般の曲線座標においては事情が異なる．例えば2次元平面で x^1, x^2 を**極座標** ρ, φ で表すと

$$x^1 = x = \rho\cos\varphi, \qquad x^2 = y = \rho\sin\varphi$$

になる．位置を表す媒介変数を $u^1 = \rho, u^2 = \varphi$ とすると，これらは距離ベクトル **x** の成分ではない．したがって u_1, u_2 を定義できないし，定義する必要もない．位置を表すには2個の媒介変数 u^1, u^2 で十分である．同じ理由で，デカルト座標でも位置を表すには x^1, x^2 で十分で，下付き添字は使わない．本書では，位置を表す媒介変数に下付き添字を使うことはない．

例題 1.49（逆回転）　逆回転によるベクトル成分の変換式は

$$A_i = A'_l \widehat{R}^l_i, \qquad A^i = R^i_l A'^l$$

によって与えられる．

証明　完備性 (1.23) を使って，逆変換

$$A'_l \widehat{R}^l_i = R^j_l \widehat{R}^l_i A_j = \delta^j_i A_j = A_i, \qquad R^i_l A'^l = R^i_l \widehat{R}^l_j A^j = \delta^i_j A^j = A^i$$

が得られる．これらによって，内積も逆回転で

$$A_i B^i = A'_l \widehat{R}^l_i R^i_m B'^m = A'_l \delta^l_m B'^m = A'_l B'^l$$

のように変化しない．　□

演習 1.50（テンソル成分の変換）　テンソル F は基底の回転によって不変だが，その成分は

$$F'^{lm} = \widehat{R}^l_i \widehat{R}^m_j F^{ij},\ F'_{lm} = F_{ij} R^i_l R^j_m,\ F'^l{}_m = \widehat{R}^l_i F^i{}_j R^j_m,\ F'_l{}^m = R^i_l F_i{}^j \widehat{R}^m_j$$

のように変換を受ける．(1.20) で与えたダイアド **AB** の反変成分 $A^i B^j$，共変成分 $A_i B_j$，混合成分 $A^i B_j, A_j B^i$ と同じ変換を受ける．

証明 F を回転させた基底に作用させると，もとの基底の完備性を用いて，

$$\mathsf{F}|e'^m\rangle = \mathsf{F}|e^j\rangle \widehat{R}_j^m = |e_i\rangle\langle e^i|\mathsf{F}|e^j\rangle \widehat{R}_j^m = |e_i\rangle F^{ij}\widehat{R}_j^m$$

になる．したがって，回転座標系におけるテンソル成分は

$$F'^{lm} = \langle e'^l|\mathsf{F}|e'^m\rangle = \langle e'^l|e_i\rangle F^{ij}\widehat{R}_j^m = \widehat{R}_i^l F^{ij}\widehat{R}_j^m$$

によって与えられる．他の成分も同様である． □

演習 1.51（**内積の回転不変性**）ベクトルの内積は，基底の回転によって不変である．

証明 $\mathbf{A}$ と $\mathbf{B}$ の内積 $\mathbf{A}\cdot\mathbf{B} = \langle A|B\rangle$ は，ベクトル成分の変換式により，

$$\langle A'|B'\rangle = A'_l B'^l = A_i R_l^i \widehat{R}_j^l B^j = A_i \delta_j^i B^j = A_i B^i = \langle A|B\rangle \tag{1.29}$$

となる．$\mathbf{A}\cdot\mathbf{B}$ は基底の選び方によらず同じ値を持つ． □

定義 1.52（**右手座標系，左手座標系**）$\widehat{\mathsf{R}}\mathsf{R} = \mathsf{E}$ の両辺の行列式を計算する．行列 R の行列式を $|\mathsf{R}|$ とすると，$|\widehat{\mathsf{R}}| = |\mathsf{R}|$ に注意し，

$$|\widehat{\mathsf{R}}\mathsf{R}| = |\widehat{\mathsf{R}}||\mathsf{R}| = |\mathsf{R}|^2 = 1$$

になるから

$$|\mathsf{R}| = \pm 1$$

である．$|\mathsf{R}| = 1$ は**右手座標系**，$|\mathsf{R}| = -1$ は**左手座標系**を意味する．それぞれ，右手と左手の親指，人差し指，中指が x 軸，y 軸，z 軸になる．x 軸を y 軸に回転させる場合，右まわしねじの進む方向が z 軸になるのが右手座標系である．x 軸を y 軸に回転させる向きが，時計の針の回転の向きと反対のときで，**正系**とも言う．時計の針の回転の向きのとき**負系**と言う．現代では右手座標系，**正直交行列** $|\mathsf{R}| = 1$ を選ぶのが普通だが，古い文献では断りなく左手座標系，**負直交行列** $|\mathsf{R}| = -1$ を使っている論文もあるので，注意が必要だ．

問題 1.53 2 次元において，直交行列の条件 (1.22) から変換行列 R を導け．

解 直交行列の条件は，重複する式を除くと

$$(R^1_1)^2 + (R^1_2)^2 = 1, \quad R^1_1 R^2_1 + R^1_2 R^2_2 = 0, \quad (R^2_1)^2 + (R^2_2)^2 = 1$$

の 3 個である．$\varphi = 0$ で恒等変換になり，(1.26) における φ と一致させると，第 1 式から $R^1_1 = \cos\varphi, R^1_2 = -\sin\varphi$ としてよい．これらを代入した第 2 式を第 3 式に代入すると，$R^2_2 = \pm\cos\varphi, R^2_1 = \pm\sin\varphi$ が得られる．複合同順で，右手座標系 $|\mathsf{R}| = 1$ を選べば $R^2_2 = \cos\varphi, R^2_1 = \sin\varphi$ になる． □

問題 1.54（鏡映変換） 命題 1.16 で与えた鏡映変換の変換行列を求めよ．

解 x^1 軸と $|e_1\rangle$ のなす角度を φ として

$$|e_1\rangle = \begin{pmatrix} \cos\varphi \\ \sin\varphi \end{pmatrix}, \quad |x\rangle = \begin{pmatrix} x \\ y \end{pmatrix}, \quad |x'\rangle = \begin{pmatrix} x' \\ y' \end{pmatrix}$$

とすると

$$|x'\rangle = |x\rangle - 2|e_1\rangle\langle e^1|x\rangle = \widehat{\mathsf{R}}|x\rangle$$

になる．変換行列は

$$\widehat{\mathsf{R}} = \begin{pmatrix} -\cos 2\varphi & -\sin 2\varphi \\ -\sin 2\varphi & \cos 2\varphi \end{pmatrix}$$

によって与えられる．その行列式は $|\widehat{\mathsf{R}}| = |\mathsf{R}| = -1$ で負直交行列である．変換行列を別の方法で求めよう．座標 $(x, y), (x', y')$ が φ だけ回転した座標系で $(\tilde{x}, \tilde{y}), (\tilde{x}', \tilde{y}')$ になったとすると，それらは

$$\begin{pmatrix} \tilde{x} \\ \tilde{y} \end{pmatrix} = \begin{pmatrix} \cos\varphi & \sin\varphi \\ -\sin\varphi & \cos\varphi \end{pmatrix} \begin{pmatrix} x \\ y \end{pmatrix}, \quad \begin{pmatrix} \tilde{x}' \\ \tilde{y}' \end{pmatrix} = \begin{pmatrix} \cos\varphi & \sin\varphi \\ -\sin\varphi & \cos\varphi \end{pmatrix} \begin{pmatrix} x' \\ y' \end{pmatrix}$$

によって変換される．鏡映変換は

$$\begin{pmatrix} \tilde{x}' \\ \tilde{y}' \end{pmatrix} = \begin{pmatrix} -1 & 0 \\ 0 & 1 \end{pmatrix} \begin{pmatrix} \tilde{x} \\ \tilde{y} \end{pmatrix}$$

である．したがって変換行列

$$\widehat{\mathsf{R}} = \begin{pmatrix} \cos\varphi & \sin\varphi \\ -\sin\varphi & \cos\varphi \end{pmatrix}^{-1} \begin{pmatrix} -1 & 0 \\ 0 & 1 \end{pmatrix} \begin{pmatrix} \cos\varphi & \sin\varphi \\ -\sin\varphi & \cos\varphi \end{pmatrix}$$

は上で与えた結果に一致する． □

命題 1.55（ユニタリ変換）　ユニタリ空間における回転では R は複素数行列で，

$$R^\dagger R = E$$

を満たす**ユニタリ変換**によって与えられる．

証明　$\mathbf{e}_i \cdot \mathbf{e}'^l$ は，内積のエルミート性によって，(1.21) のかわりに

$$\mathbf{e}_i \cdot \mathbf{e}'^l = \langle e_i | e'^l \rangle = \overline{\langle e'_l | e^i \rangle} = \overline{\mathbf{e}'_l \cdot \mathbf{e}^i}$$

になる．すなわち，R を転置し複素共役を取ったエルミート共役行列 $R^\dagger$ の成分になる．(1.22) は

$$\delta^l_m = \mathbf{e}'^l \cdot \mathbf{e}'_m = (R^\dagger R)^l{}_m$$

になる．R を**ユニタリ行列**と言う．　□

1.9　ヒルベルト空間

定義 1.56（ヒルベルト空間）　完備な内積空間を**ヒルベルト空間**と言う．これまで例にしてきたユークリッド空間もヒルベルト空間である．ヒルベルトは無限次元においてヒルベルト空間（フォン・ノイマンの命名）を発見した．ヒルベルト空間は n 次元ユークリッド空間を無限次元に拡張した概念である．

演習 1.57（**正規直交完備性**）　関数は無限の自由度を持つベクトルとみなせる．n 次元ユークリッド空間で，ベクトル $|A\rangle$ を n 個の基底 $|e_i\rangle$ で展開し，その展開係数を A^i と表すように，ヒルベルト空間のベクトル $|f\rangle$ を基底 $|x\rangle$ によって展開した

$$|f\rangle = \int_A^B dx |x\rangle f(x)$$

の展開係数が関数 $f(x)$ であると考えればよい．基底の正規直交完備性は

$$\langle x | x' \rangle = \delta(x - x'), \qquad \int_A^B dx |x\rangle\langle x| = 1 \tag{1.30}$$

と表すことができる．

証明 x 軸の A から B までを，幅 $h = \frac{B-A}{n}$ を持つ区間に n 等分すると，各区間は自然数 i で番号を付けることができる．

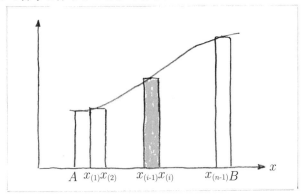

距離ベクトル
$$|x_{(i)}\rangle = \frac{1}{\sqrt{h}}|e_i\rangle$$
は $x_{(i)} = ih$ でのみ成分を持つ n 次元ベクトルである．ブラベクトルは
$$\langle x^{(i)}| = \frac{1}{\sqrt{h}}\langle e^i|$$
によって表す．$|x_{(i)}\rangle$ と $|x_{(j)}\rangle$ の内積は
$$\langle x^{(i)}|x_{(j)}\rangle = \frac{1}{h}\langle e^i|e_j\rangle = \frac{1}{h}\delta^i_j$$
になる．連続極限 $h \to 0$ を取ると，$x_{(i)}$ は連続変数 x になる．右辺は，x の関数として，(1.31) で定義する．幅が h で高さが $\frac{1}{h}$ の **矩形関数** $\Pi(x - x_{(j)} + \frac{1}{2}h)$ に置きかえることができる．連続極限で $x_{(j)}$ も連続変数 x' になるから，$\Pi(x - x_{(j)} + \frac{1}{2}h)$ はデルタ関数 $\delta(x - x')$ になる．

$$\langle x|x_{(j)}\rangle = \Pi(x - x_{(j)} + \tfrac{1}{2}h) \quad \longrightarrow \quad \langle x|x'\rangle = \delta(x - x')$$

は正規直交性，(1.30) 第1式を与える．一方，完備性は

$$\sum_{i=1}^{n}|x_{(i)}\rangle\langle x^{(i)}| = \frac{1}{h}|e_i\rangle\langle e^i| = \frac{1}{h}\mathsf{E}$$

である．連続極限 $h \to 0$ を取ると，

$$\sum_{i=1}^{n}h|x_{(i)}\rangle\langle x^{(i)}| = \mathsf{E} \quad \longrightarrow \quad \int_{A}^{B}\mathrm{d}x|x\rangle\langle x| = 1$$

は完備性，(1.30) 第2式を与える．完備性を使うと

$$|f\rangle = 1|f\rangle = \int_A^B \mathrm{d}x |x\rangle\langle x|f\rangle$$

になる．$|x\rangle$ との内積を取ると，正規直交性から

$$\langle x|f\rangle = \int_A^B \mathrm{d}x' \langle x|x'\rangle f(x') = \int_A^B \mathrm{d}x' \delta(x-x') f(x') = f(x)$$

が得られる．展開係数 $\langle x|f\rangle$ が関数 $f(x)$ である． □

定義 1.58（矩形関数とデルタ関数） Π の形をした矩形関数は

$$\Pi(x) = \begin{cases} \frac{1}{h} & |x| < \frac{1}{2}h \\ 0 & |x| > \frac{1}{2}h \end{cases} \tag{1.31}$$

によって定義する．$h \to 0$ の極限

$$\lim_{h \to 0} \Pi(x) = \delta(x)$$

をディラックのデルタ関数（ヘヴィサイドのインパルス関数）と呼ぶ．

デルタ関数は，通常の関数の範疇にはないので，シュワルツは**分布**と呼んだ．**一般化関数**，**超関数**とも呼ばれている．矩形関数の積分値は

$$\int_{-\infty}^{\infty} \mathrm{d}x \Pi(x) = 1$$

になり，h に依存しない．連続極限 $h \to 0$ を取ると，積分値は1のままで，$\Pi(x)$ はデルタ関数 $\delta(x)$ になる．その積分は

$$\int_{-\infty}^{\infty} \mathrm{d}x \delta(x) = 1$$

であり，任意の関数を乗じて積分すると

$$\int_{-\infty}^{\infty} \mathrm{d}x' \delta(x-x') f(x') = f(x)$$

になる性質を持っている．

1.9 ヒルベルト空間

演習 1.59 (パルスヴァルの定理)　パルスヴァルの定理

$$\langle f|g\rangle = \int_A^B \mathrm{d}x \bar{f}(x)g(x)$$

が成り立つ.

証明　完備性を使うと

$$\langle f|g\rangle = \int_A^B \mathrm{d}x \langle f|x\rangle\langle x|g\rangle = \int_A^B \mathrm{d}x \bar{f}(x)g(x)$$

が得られる.　□

演習 1.60 (ベッセルの不等式)　m 個の $|e_i\rangle$ からなる正規直交系があるとき，任意のベクトル $|f\rangle$ との内積を

$$\alpha^i = \langle e^i|f\rangle = \int_A^B \mathrm{d}x \langle e^i|x\rangle\langle x|f\rangle = \int_A^B \mathrm{d}x \bar{e}^i(x)f(x)$$

として，ベッセルの不等式

$$\|f\|^2 = \int_A^B \mathrm{d}x |f(x)|^2 \geq \sum_i |\alpha^i|^2$$

が成り立つ．等号が成り立つのは $|e_i\rangle$ が完備系であるときである.

証明　$\alpha_i = \langle f|e_i\rangle = \overline{\langle e^i|f\rangle} = \bar{\alpha}^i,\ \langle e^i|e_j\rangle = \delta^i_j$ に注意すると

$$(\langle f| - \alpha_i\langle e^i|)(|f\rangle - |e_j\rangle\alpha^j) = \langle f|f\rangle - \alpha_i\alpha^i - \alpha_j\alpha^j + \alpha_i\delta^i_j\alpha^j$$
$$= \langle f|f\rangle - \sum_i |\alpha^i|^2 \geq 0$$

から題意が得られる．等号が成り立つのは

$$|f\rangle = |e_i\rangle\alpha^i$$

が成り立つときである.　□

演習 1.61 (シュヴァルツの不等式)　任意のベクトル $|f\rangle$ と $|g\rangle$ が与えられたとき，ブニャコフスキイ-シュヴァルツの不等式

$$\int_A^B \mathrm{d}x |f(x)|^2 \int_A^B \mathrm{d}x |g(x)|^2 \geq \left|\int_A^B \mathrm{d}x \bar{f}(x)g(x)\right|^2$$

が成り立つ．等号が成り立つのは $f(x)$ が $g(x)$ の定数倍のときである.

証明 シュヴァルツの不等式 (1.8), すなわち $\|f\|\|g\| \geq |\langle f|g\rangle|$ において

$$\|f\|^2 = \int_A^B dx |f|^2, \quad \|g\|^2 = \int_A^B dx |g|^2, \quad \langle f|g\rangle = \int_A^B dx \bar{f}g$$

とすればよい. □

1.10 4次元時空

> **定義 1.62 (4次元時空)** ポアンカレーとミンコフスキーは,空間座標 x, y, z に加えて,時間 t を併せ,4次元の座標
>
> $$x^1 = x, \quad x^2 = y, \quad x^3 = z, \quad x^4 = \mathrm{i}t$$
>
> を持つ空間を考えた (光速度を1とする単位系を取る).

一定速度で運動する任意の座標系 (**慣性系**と呼ぶ) での4次元座標は

$$x'^1 = x', \quad x'^2 = y', \quad x'^3 = z', \quad x'^4 = \mathrm{i}t'$$

であるとする. **4次元時空**における4元距離ベクトル **x** のノルムは

$$\|\mathbf{x}\|^2 = (x^1)^2 + (x^2)^2 + (x^3)^2 + (x^4)^2 = (x'^1)^2 + (x'^2)^2 + (x'^3)^2 + (x'^4)^2$$

になる. すなわちベクトル **x** の長さは不変である. ユークリッド空間ではノルムは正定値だったが, 4次元時空におけるノルム

$$\|\mathbf{x}\|^2 = x^2 + y^2 + z^2 - t^2 = x'^2 + y'^2 + z'^2 - t'^2$$

の符号は定まらない. ベクトル **x** は, $\|\mathbf{x}\|^2$ の符号に応じて,

$$\|\mathbf{x}\|^2 \begin{cases} > 0 & \text{空間的ベクトル} \\ = 0 & \text{光的 (零) ベクトル} \\ < 0 & \text{時間的ベクトル} \end{cases}$$

になる. ユークリッド空間において零ベクトルはすべての成分が0を意味するが, 4次元時空では各成分は0にはならない. ミンコフスキーは4次元時空における粒子の経路を**世界線**と名づけた. ノルム0の経路を取るのが光子なので, 零ベク

トルを**光的ベクトル**と言う．それはアインシュタインの**光速度不変の原理**を表している．原点にある点光源から発した光は球面波となり，その波面は，時間 t が経過すると $x^2 + y^2 + z^2 = t^2$ を満たす球面上にある．一定速度で運動する任意の座標系でも $x'^2 + y'^2 + z'^2 = t'^2$ が成り立つ，というのが光速度不変の原理である．質量がある粒子は，光速度を超えることができないので，**時間的ベクトル**の経路を取る．

4次元空間で4元座標が $\Delta x, \Delta y, \Delta z, \Delta t$ だけ異なる位置の間の距離を Δs とすると

$$\Delta s^2 = -\Delta t^2 + \Delta x^2 + \Delta y^2 + \Delta z^2$$

である．虚数単位を使わない4元座標 $(x^0, x^1, x^2, x^3) = (t, x, y, z)$ を考えると

$$\Delta s^2 = -(\Delta x^0)^2 + (\Delta x^1)^2 + (\Delta x^2)^2 + (\Delta x^3)^2$$

になる．

定義 1.63（ミンコフスキー計量） ユークリッド空間では $\Delta s^2 = \delta_{ij} \Delta x^i \Delta x^j$ であったのに対し，ミンコフスキー空間では

$$\Delta s^2 = \eta_{ij} \Delta x^i \Delta x^j, \quad (\eta_{ij}) = (\eta^{ij}) = \begin{pmatrix} -1 & 0 & 0 & 0 \\ 0 & 1 & 0 & 0 \\ 0 & 0 & 1 & 0 \\ 0 & 0 & 0 & 1 \end{pmatrix} \quad (1.32)$$

に変更しなければならない．η_{ij} を**ミンコフスキー計量**と言う．

ユークリッド空間における反変基底 $\mathbf{e}^i = \delta^{ij} \mathbf{e}_j$ とは異なり，

$$\mathbf{e}^i = \eta^{ij} \mathbf{e}_j$$

とする．$\mathbf{e}^1, \mathbf{e}^2, \mathbf{e}^3$ は同じだが，$\mathbf{e}^0 = \eta^{00} \mathbf{e}_0 = -\mathbf{e}_0$ になり，

$$\mathbf{e}^i \cdot \mathbf{e}_j = \delta^i_j, \quad \mathbf{e}_i \cdot \mathbf{e}_j = \eta_{ij}, \quad \mathbf{e}^i \cdot \mathbf{e}^j = \eta^{ij}$$

を満たす．ここで用いたドット積はユークリッド空間における内積とは異なる．ミンコフスキー空間の任意のベクトル $\mathbf{A}$ は

$$\mathbf{A} = \mathbf{e}_i A^i = A_i \mathbf{e}^i, \quad A^i = \eta^{ij} A_j, \quad A_i = \eta_{ij} A^j$$

によって定義する．ドット積 $A^i \delta_{ij} B^j = A^i B_i$ は

$$\mathbf{A} \cdot \mathbf{B} = A^i \mathbf{e}_i \cdot \mathbf{e}_j B^j = A^i \eta_{ij} B^j = A^i B_i = A_i B^i$$

に変更しなければならない．ユークリッド空間においても，意図的に，上付き，下付きを区別していたので，すべての公式は，形式的には，ミンコフスキー空間においても同じ形で成り立つ．2 本の曲線のなす夾角も，(5.20) によって定義できるが，正定値ではないため，虚数になる場合がある．

定義 1.64（ローレンツ変換） ユークリッド空間で，正規直交系を別の正規直交系に変換するのが直交変換だった．ミンコフスキー空間で，η_{ij} を不変にする座標変換がローレンツ変換である．自然基底と双対基底の変換は

$$\begin{cases} \mathbf{e}'_l = \mathsf{E} \cdot \mathbf{e}'_l = \mathbf{e}_i \mathbf{e}^i \cdot \mathbf{e}'_l = \mathbf{e}_i L^i_l, & L^i_l \equiv \mathbf{e}^i \cdot \mathbf{e}'_l = \langle e^i | e'_l \rangle \\ \mathbf{e}'^l = \mathbf{e}'^l \cdot \mathsf{E} = \mathbf{e}'^l \cdot \mathbf{e}_i \mathbf{e}^i = \widehat{L}^l_i \mathbf{e}^i, & \widehat{L}^l_i \equiv \mathbf{e}'^l \cdot \mathbf{e}_i = \langle e'^l | e_i \rangle \end{cases}$$

によって与えられる．ここで

$$\widehat{L}^l_i = \mathbf{e}_i \cdot \mathbf{e}'^l = \eta_{ij} \eta^{lm} \mathbf{e}^j \cdot \mathbf{e}'_m = \eta_{ij} \eta^{lm} L^j_m$$

の関係がある．ベクトル成分の変換は

$$A'_l = A_i L^i_l, \qquad A'^l = \widehat{L}^l_i A^i$$

によって与えられる．η_{ij} の不変性は，ユークリッド空間の回転行列とは異なり，

$$\eta'_{lm} = \mathbf{e}'_l \cdot \mathbf{e}'_m = L^i_l \mathbf{e}_i \cdot \mathbf{e}_j L^j_m = L^i_l \eta_{ij} L^j_m = \eta_{lm} \qquad (1.33)$$

を意味する（$\eta_{ij} = \delta_{ij}$ のとき直交変換になる）．L がローレンツ変換になるための必要十分条件である．

例題 1.65 $\widehat{\mathsf{L}}$ は L の逆行列になる．

証明 L がローレンツ変換になるための条件式 (1.33) を用いて，

$$L^i_m \widehat{L}^l_i = L^i_m \eta_{ij} \eta^{lk} L^j_k = \eta_{mk} \eta^{lk} = \delta^l_m \qquad (1.34)$$

のように証明できる． □

命題 1.66 ローレンツ変換が, $x^1 = x, x^2 = y$ を変えず, $x^3 = z, x^0 = t$ のみを含む場合, 変換行列は

$$\mathsf{L} = \begin{pmatrix} \cosh\psi & 0 & 0 & \sinh\psi \\ 0 & 1 & 0 & 0 \\ 0 & 0 & 1 & 0 \\ \sinh\psi & 0 & 0 & \cosh\psi \end{pmatrix}, \quad \widehat{\mathsf{L}} = \begin{pmatrix} \cosh\psi & 0 & 0 & -\sinh\psi \\ 0 & 1 & 0 & 0 \\ 0 & 0 & 1 & 0 \\ -\sinh\psi & 0 & 0 & \cosh\psi \end{pmatrix} \quad (1.35)$$

になる.

証明 変換行列は

$$\mathsf{L} = \begin{pmatrix} L_0^0 & 0 & 0 & L_3^0 \\ 0 & 1 & 0 & 0 \\ 0 & 0 & 1 & 0 \\ L_0^3 & 0 & 0 & L_3^3 \end{pmatrix}$$

の形をしている. 条件 (1.34) は, 重複する式を除くと

$$(L_0^0)^2 - (L_0^3)^2 = 1, \quad L_0^0 L_3^0 - L_0^3 L_3^3 = 0, \quad -(L_3^0)^2 + (L_3^3)^2 = 1$$

の 3 個である. 第 1 式から $L_0^0 = \cosh\psi, L_0^3 = \sinh\psi$ として一般性を失わない ($\psi = 0$ で恒等変換になるように選んだ). 第 2 式を第 3 式に代入し, $\psi = 0$ で恒等変換になるように選べば $L_3^0 = \sinh\psi, L_3^3 = \cosh\psi$ になる. これにより与式が得られる. 座標の変換は $x'^l = \widehat{L}^l_i x^i$ である. z, t の変換は

$$z' = \widehat{L}^3_3 z + \widehat{L}^3_0 t = \cosh\psi\, z - \sinh\psi\, t$$
$$t' = \widehat{L}^0_3 z + \widehat{L}^0_0 t = -\sinh\psi\, z + \cosh\psi\, t$$

になる. z' をプライム (′) 系における静止点とすると, $dz' = 0$, すなわち

$$dz' = \left(\cosh\psi \frac{dz}{dt} - \sinh\psi\right) dt = 0, \quad \frac{dz}{dt} = \tanh\psi$$

が成り立つ. $\frac{dz}{dt}$ は, z, t 系から見た, z', t' 系における静止点の速度 v でなければならないから $\tanh\psi = v$, すなわち

$$\cosh\psi = \frac{1}{\sqrt{1-v^2}}, \quad \sinh\psi = \frac{v}{\sqrt{1-v^2}}$$

が得られる. ψ を**ラピディティ**と呼ぶ. 変換則は**ローレンツ変換**

$$z' = \gamma(z - vt), \quad t' = \gamma(t - vz), \quad \gamma = \frac{1}{\sqrt{1-v^2}}$$

である. γ を**ローレンツ因子**と呼ぶ. □

問題 1.67 空間の回転を含まないローレンツ変換行列は対称行列になる.

証明 命題 1.66 で与えたローレンツ変換では,速度ベクトルは z 方向を向いているので,座標は x,y 方向に変化せず,z 方向にローレンツ因子 γ だけローレンツ収縮を受ける.速度ベクトル **v** が任意の方向を向いているとき,座標は運動に直交する方向には変化せず,運動方向にローレンツ因子だけローレンツ収縮を受ける.距離ベクトルを **v** に平行な成分 $\mathbf{x}_\parallel$ と直交する成分 $\mathbf{x}_\perp$ に分解し,$v = \|\mathbf{v}\|$ とすると

$$\mathbf{x} = \mathbf{x}_\parallel + \mathbf{x}_\perp, \qquad \mathbf{x}_\parallel = \frac{\mathbf{v}\mathbf{v}\cdot\mathbf{x}}{v^2}, \qquad \mathbf{x}_\perp = \mathbf{x} - \mathbf{x}_\parallel = \mathbf{x} - \frac{\mathbf{v}\mathbf{v}\cdot\mathbf{x}}{v^2}$$

になる.ローレンツ変換は

$$\mathbf{x}' = \mathbf{x}_\perp + \gamma(\mathbf{x}_\parallel - \mathbf{v}t), \qquad t' = \gamma(t - \mathbf{v}\cdot\mathbf{x}_\parallel)$$

で与えられる.この式を

$$x'^l = \widehat{L}^l_i x^i$$

と比較し,ローレンツ変換行列

$$\widehat{\mathsf{L}} = \begin{pmatrix} \gamma & -\gamma v_x & -\gamma v_y & -\gamma v_z \\ -\gamma v_x & 1+\frac{\gamma-1}{v^2}v_x^2 & \frac{\gamma-1}{v^2}v_x v_y & \frac{\gamma-1}{v^2}v_x v_z \\ -\gamma v_y & \frac{\gamma-1}{v^2}v_y v_x & 1+\frac{\gamma-1}{v^2}v_y^2 & \frac{\gamma-1}{v^2}v_y v_z \\ -\gamma v_z & \frac{\gamma-1}{v^2}v_z v_x & \frac{\gamma-1}{v^2}v_z v_y & 1+\frac{\gamma-1}{v^2}v_z^2 \end{pmatrix}$$

を読み取ることができる.逆行列は

$$\mathsf{L} = \begin{pmatrix} \gamma & \gamma v_x & \gamma v_y & \gamma v_z \\ \gamma v_x & 1+\frac{\gamma-1}{v^2}v_x^2 & \frac{\gamma-1}{v^2}v_x v_y & \frac{\gamma-1}{v^2}v_x v_z \\ \gamma v_y & \frac{\gamma-1}{v^2}v_y v_x & 1+\frac{\gamma-1}{v^2}v_y^2 & \frac{\gamma-1}{v^2}v_y v_z \\ \gamma v_z & \frac{\gamma-1}{v^2}v_z v_x & \frac{\gamma-1}{v^2}v_z v_y & 1+\frac{\gamma-1}{v^2}v_z^2 \end{pmatrix}$$

になる.いずれも対称行列である. □

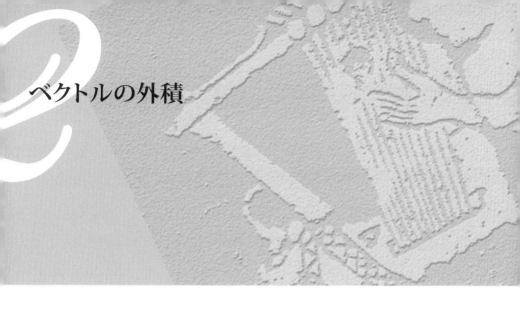

ベクトルの外積

2次元ベクトル **A** と **B** の内積は

$$\mathbf{A} \cdot \mathbf{B} = \delta^{ij} A_i B_j = A_1 B_1 + A_2 B_2$$

であった．容易に確かめることができるように，恒等式

$$(A_1 B_1 + A_2 B_2)^2 + (A_1 B_2 - A_2 B_1)^2 = (A_1^2 + A_2^2)(B_1^2 + B_2^2) \tag{2.1}$$

が成り立つ．左辺第1項は内積の2乗である．内積は (1.17) によって

$$\mathbf{A} \cdot \mathbf{B} = \|\mathbf{A}\| \|\mathbf{B}\| \cos \theta$$

と表すことができた．したがって，恒等式 (2.1) は

$$\|\mathbf{A}\|^2 \|\mathbf{B}\|^2 \cos^2 \theta + (A_1 B_2 - A_2 B_1)^2 = \|\mathbf{A}\|^2 \|\mathbf{B}\|^2$$

になる．すなわち

$$A_1 B_2 - A_2 B_1 = \|\mathbf{A}\| \|\mathbf{B}\| \sin \theta \tag{2.2}$$

が得られる．直角3角形において，直角をはさむ1辺の長さを内積 $A_1 B_1 + A_2 B_2$ とすると，未知の量 $A_1 B_2 - A_2 B_1$ は直角をはさむもう1辺の長さで，恒等式 (2.1) は，「直角3角形の斜辺の平方は，他の2辺の平方の和に等しい」という**ピタゴラスの定理**を表している．この $A_1 B_2 - A_2 B_1$ が2次元における**外積 $\mathbf{A} \times \mathbf{B}$** である．ピタゴラスの定理は

$$(\mathbf{A} \cdot \mathbf{B})^2 + (\mathbf{A} \times \mathbf{B})^2 = \|\mathbf{A}\|^2 \|\mathbf{B}\|^2$$

になる．あるいは

$$\mathbf{A} \cdot \mathbf{B} = \|\mathbf{A}\|\|\mathbf{B}\| \cos\theta, \qquad \mathbf{A} \times \mathbf{B} = \|\mathbf{A}\|\|\mathbf{B}\| \sin\theta$$

のように表すこともできる．$\|\mathbf{B}\|\cos\theta$ は $\mathbf{B}$ から $\mathbf{A}$ に下ろした垂線の足までの距離，$\|\mathbf{B}\|\sin\theta$ は垂線の長さである．

2.1 2次元外積

問題 2.1 2次元外積 $\mathbf{A} \times \mathbf{B}$ は，$\mathbf{A}$ と $\mathbf{B}$ がつくる平行4辺形の面積である．

証明 $\|\mathbf{A}\|$ は平行4辺形の1辺の長さ，$h = \|\mathbf{B}\|\sin\theta$ は平行4辺形の高さ，

$$\mathbf{A} \times \mathbf{B} = h\|\mathbf{A}\| = \|\mathbf{A}\|\|\mathbf{B}\| \sin\theta \tag{2.3}$$

は平行4辺形の面積である．$\mathbf{A}$ と $\mathbf{B}$ のなす角度 θ が $0 < \theta < \pi$ のときは $\mathbf{A} \times \mathbf{B} > 0$，$-\pi < \theta < 0$ のときは $\mathbf{A} \times \mathbf{B} < 0$ である．3角形の1辺，$\mathbf{A}$ 上を進むとき，左側に $\mathbf{B}$ を見れば $\theta > 0$ と定義すると，$\mathbf{A} \times \mathbf{B}$ は正で，右側に $\mathbf{B}$ を見れば $\theta < 0$ となり，$\mathbf{A} \times \mathbf{B}$ は負になる．2次元外積 $\mathbf{A} \times \mathbf{B}$ は符号付き面積（**有向面積**）である． □

問題 2.2 2次元基底 $\mathbf{e}_1, \mathbf{e}_2$ は $\mathbf{e}_i \times \mathbf{e}_j = \varepsilon_{ij}$ を満たす．$\varepsilon_{ij} = \varepsilon^{ij}$ は**置換記号**，2次元の**リッチ‐レヴィ＝チヴィタ記号**

$$\varepsilon_{ij} = \varepsilon^{ij} = \begin{cases} +1 & (ij) = (12) \\ -1 & (ij) = (21) \\ 0 & (ij) = (11), (22) \end{cases}$$

である．

証明 直交する単位ベクトルは正方形をつくり，その面積は1である．したがって，$\mathbf{e}_1 \times \mathbf{e}_2 = -\mathbf{e}_2 \times \mathbf{e}_1 = 1$ が成り立つ． □

演習 2.3（**2次元外積**） 2次元外積は行列式で表せば

$$\mathbf{A} \times \mathbf{B} = |\mathbf{AB}| = \varepsilon_{ij} A^i B^j = \begin{vmatrix} A^1 & B^1 \\ A^2 & B^2 \end{vmatrix} = \varepsilon^{ij} A_i B_j = \begin{vmatrix} A_1 & A_2 \\ B_1 & B_2 \end{vmatrix}$$

である．$|\mathbf{AB}|$ は $\mathbf{A}$ と $\mathbf{B}$ を並べた行列式を表す．縦ベクトル $|A\rangle, |B\rangle$ を横に並べたとしても，横ベクトル $\langle A|, \langle B|$ を縦に並べたとしてもよい．

証明 ベクトルを成分で表し，$\mathbf{A} = \mathbf{e}_i A^i = A_i \mathbf{e}^i$, $\mathbf{B} = \mathbf{e}_i B^i = B_i \mathbf{e}^i$ とすれば

$$\mathbf{A} \times \mathbf{B} = \mathbf{e}_i \times \mathbf{e}_j A^i B^j = \varepsilon_{ij} A^i B^j = A^1 B^2 - A^2 B^1$$
$$= A_i B_j \mathbf{e}^i \times \mathbf{e}^j = A_i B_j \varepsilon^{ij} = A_1 B_2 - A_2 B_1$$

が得られる．2次元では，任意のスカラーを $^\star F$ とすると，反変**反対称テンソル**（**交代テンソル**，**歪テンソル**）F^{ij} は 2 行 2 列の行列

$$(F^{ij}) = \begin{pmatrix} 0 & ^\star F \\ -^\star F & 0 \end{pmatrix} = (\varepsilon^{ij})\,^\star F$$

の形をしている．$\varepsilon^{ij} \varepsilon_{ij} = 2$ に注意すれば

$$^\star F = \tfrac{1}{2} \varepsilon_{ij} F^{ij}$$

と書くことができる．$\mathbf{A}$ と $\mathbf{B}$ からつくった反対称テンソルにあてはめると

$$^\star F = \tfrac{1}{2} \varepsilon_{ij}(A^i B^j - A^j B^i) = \varepsilon_{ij} A^i B^j \tag{2.4}$$

になる．共変反対称テンソル

$$(F_{ij}) = (\varepsilon_{ij})\,^\star F$$

からも外積を定義することができる．スカラー $^\star F$ は

$$^\star F = \tfrac{1}{2} \varepsilon^{ij}(A_i B_j - A_j B_i) = \varepsilon^{ij} A_i B_j$$

になる． □

演習 2.4 極座標を用いて (2.2) を確かめよ．

証明 2次元においてベクトルを極座標で表すと

$$A_1 = \|\mathbf{A}\| \cos \varphi_A, \ A_2 = \|\mathbf{A}\| \sin \varphi_A, \ B_1 = \|\mathbf{B}\| \cos \varphi_B, \ B_2 = \|\mathbf{B}\| \sin \varphi_B$$

である．外積 $A_1 B_2 - A_2 B_1$ は

$$\|\mathbf{A}\| \|\mathbf{B}\| (\cos \varphi_A \sin \varphi_B - \cos \varphi_A \sin \varphi_B) = \|\mathbf{A}\| \|\mathbf{B}\| \sin(\varphi_B - \varphi_A)$$

になるから，$\mathbf{A}$ と $\mathbf{B}$ のなす角度を $\theta = \varphi_B - \varphi_A$ とすると (2.2) を再現する． □

定義 2.5（一般化クロネカーのデルタ記号） 置換記号について，恒等式

$$\varepsilon_{ij}\varepsilon^{lm} = \delta_i^l \delta_j^m - \delta_j^l \delta_i^m = \begin{vmatrix} \delta_i^l & \delta_j^l \\ \delta_i^m & \delta_j^m \end{vmatrix} \tag{2.5}$$

が成り立つ．$i = j$ のときは，両辺がともに 0 になる．$i \neq j$ のときは，$i = l, j = m$ または $i = m, j = l$ のどちらかである．前者は $+1$，後者は -1 になる．そこで，

$$\delta_{ij}^{lm} = \delta_i^l \delta_j^m - \delta_j^l \delta_i^m \tag{2.6}$$

を定義し，**一般化クロネカーのデルタ記号**と呼ぶ．

ピタゴラスの定理の導出は，(2.5) を用いて，

$$(\mathbf{A} \times \mathbf{B})^2 = \varepsilon_{ij}\varepsilon^{lm} A^i B^j A_l B_m = \delta_{ij}^{lm} A^i B^j A_l B_m = \|\mathbf{A}\|^2 \|\mathbf{B}\|^2 - (\mathbf{A} \cdot \mathbf{B})^2$$

とすればよい．

2.2　3 次元ベクトル積

定義 2.6（3 次元外積） 3 次元ベクトル $\mathbf{A}$ と $\mathbf{B}$ の外積 $\mathbf{A} \times \mathbf{B}$ は，その大きさが $\mathbf{A}$ と $\mathbf{B}$ のつくる平行 4 辺形の面積に等しく，平行 4 辺形に垂直である．ベクトルとベクトルの積がベクトルになるという意味で**ベクトル積**と呼ぶ．$\mathbf{A}$ と $\mathbf{B}$ の夾角を θ とする．平行 4 辺形の底辺の長さを $\|\mathbf{A}\|$ とすると，$\|\mathbf{B}\| \sin\theta$ は底辺に垂直に測った平行 4 辺形の符号付き高さ（**有向線分**）なので，

$$S = \|\mathbf{A}\|\|\mathbf{B}\| \sin\theta \tag{2.7}$$

は平行 4 辺形の符号付き面積（**有向面積**），$\|\mathbf{A} \times \mathbf{B}\|$ が面積である．

命題 2.7（ベクトル積の分配法則） ベクトル積について分配法則

$$\mathbf{A} \times (\mathbf{B} + \mathbf{C}) = \mathbf{A} \times \mathbf{B} + \mathbf{A} \times \mathbf{C} \tag{2.8}$$

が成り立つ．

証明 ベクトル $\mathbf{B}$ を，射影によって，$\mathbf{A}$ に平行な成分 $\mathbf{B}_\parallel$ と垂直な成分 $\mathbf{B}_\perp$ に分解しよう．$\|\mathbf{B}_\perp\| = \|\mathbf{B}\|\sin\theta$ で，定義により，直交するベクトルのベクトル積のノルムは

$$\|\mathbf{A} \times \mathbf{B}_\perp\| = \|\mathbf{A}\|\|\mathbf{B}_\perp\| = \|\mathbf{A}\|\|\mathbf{B}\|\sin\theta = \|\mathbf{A} \times \mathbf{B}\|$$

になるので $\mathbf{A} \times \mathbf{B} = \mathbf{A} \times \mathbf{B}_\perp$ である．同じように，ベクトル $\mathbf{C}$ を，$\mathbf{A}$ に平行な成分 $\mathbf{C}_\parallel$ と垂直な成分 $\mathbf{C}_\perp$ に分解すると $\mathbf{A} \times \mathbf{C} = \mathbf{A} \times \mathbf{C}_\perp$ が成り立つ．また，$\mathbf{B} + \mathbf{C}$ を $\mathbf{A}$ に平行な成分と垂直な成分に分解すると

$$\mathbf{A} \times (\mathbf{B} + \mathbf{C}) = \mathbf{A} \times (\mathbf{B}_\perp + \mathbf{C}_\perp)$$

が得られる．$\mathbf{A} \times \mathbf{B}_\perp$，$\mathbf{A} \times \mathbf{C}_\perp$，$\mathbf{A} \times (\mathbf{B}_\perp + \mathbf{C}_\perp)$ はそれぞれ $\mathbf{B}$，$\mathbf{C}$，$\mathbf{B} + \mathbf{C}$ を $\mathbf{A}$ のまわりに直角だけ回転させて得られるので

$$\mathbf{A} \times \mathbf{B}_\perp + \mathbf{A} \times \mathbf{C}_\perp = \mathbf{A} \times (\mathbf{B}_\perp + \mathbf{C}_\perp) = \mathbf{A} \times (\mathbf{B} + \mathbf{C})$$

により分配法則を示すことができる．問題 2.19 で別の証明を与える． □

命題 2.8（ベクトル積の反可換性） ベクトル積は**反可換**

$$\mathbf{A} \times \mathbf{B} = -\mathbf{B} \times \mathbf{A}$$

で，交換法則を満たさない**非可換代数**である．

証明 問題 2.1 とまったく同じで，$\mathbf{A}$ 上を進むとき，左側に $\mathbf{B}$ を見れば $\theta > 0$ と定義すると，S は正で，右側に $\mathbf{B}$ を見れば $\theta < 0$ となり，S は負になる．したがって $\mathbf{A} \times \mathbf{B}$ と $\mathbf{B} \times \mathbf{A}$ は大きさが同じで向きが逆である．反可換性は

$$\mathbf{A} \times \mathbf{A} = -\mathbf{A} \times \mathbf{A} = 0 \tag{2.9}$$

を意味する．すなわち同じベクトルどうしのベクトル積は 0 である．それは $\theta = 0$ のとき $\mathbf{A} \times \mathbf{A} = 0$ になることから明らかである．逆に，ベクトル積の分配法則 (2.8) および (2.9) を用いて

$$0 = (\mathbf{A} + \mathbf{B}) \times (\mathbf{A} + \mathbf{B}) = \mathbf{A} \times \mathbf{A} + \mathbf{A} \times \mathbf{B} + \mathbf{B} \times \mathbf{A} + \mathbf{B} \times \mathbf{B}$$

からも反可換性を証明できる． □

例題 2.9（**ピタゴラスの定理**）　直交するベクトル **A** と **B** がつくる面積は長方形の面積 $\|\mathbf{A}\|\|\mathbf{B}\|$ に等しい．この事実からピタゴラスの定理を導け．

証明　**A** と **B** が直交しないとき，グラム - シュミットの直交化法を使って

$$\|\mathbf{A}\times\mathbf{B}\| = \left\|\mathbf{A}\times\left(\mathbf{B}-\frac{\mathbf{A}\cdot\mathbf{B}}{\|\mathbf{A}\|^2}\mathbf{A}\right)\right\|$$

を計算すればよい．直交するベクトルのつくる面積は長方形の面積であるから，

$$\|\mathbf{A}\|^2\left\|\mathbf{B}-\frac{\mathbf{A}\cdot\mathbf{B}}{\|\mathbf{A}\|^2}\mathbf{A}\right\|^2 = \|\mathbf{A}\|^2\left(\|\mathbf{B}\|^2-\frac{(\mathbf{A}\cdot\mathbf{B})^2}{\|\mathbf{A}\|^2}\right) = \|\mathbf{A}\|^2\|\mathbf{B}\|^2-(\mathbf{A}\cdot\mathbf{B})^2$$

になり，ピタゴラスの定理が得られた．　□

例題 2.10（**3 角形の正弦法則**）　3 角形 ABC の頂点角度を $\theta_A, \theta_B, \theta_C$，向かい合う辺の長さを A, B, C とすると

$$\frac{\sin\theta_A}{A} = \frac{\sin\theta_B}{B} = \frac{\sin\theta_C}{C} \tag{2.10}$$

が成り立つ．

証明　A, B, C に対応するベクトルを **A**, **B**, **C** とする．3 角形の面積ベクトルは

$$\mathbf{A}\times\mathbf{B} = \mathbf{B}\times\mathbf{C} = \mathbf{C}\times\mathbf{A}$$

の 3 通りに書くことができる．面積は

$$AB\sin\theta_C = BC\sin\theta_A = CA\sin\theta_B$$

になるから 3 角形の**正弦法則**が得られる．　□

命題 2.11（**ベクトル 3 重積**）　ベクトル 3 重積の公式

$$\mathbf{A}\times(\mathbf{B}\times\mathbf{C}) = \mathbf{B}\mathbf{A}\cdot\mathbf{C} - \mathbf{C}\mathbf{A}\cdot\mathbf{B} \tag{2.11}$$

が成り立つ．BAC-CAB 恒等式とも呼ぶ．

証明　**B**, **C**, **B** × **C** は線形独立なので **A** を

$$\mathbf{A} = \alpha^1\mathbf{B} + \alpha^2\mathbf{C} + \alpha^3\mathbf{B}\times\mathbf{C}$$

と表すことができる．そこでベクトル3重積は

$$A \times (B \times C) = \alpha^1 B \times (B \times C) + \alpha^2 C \times (B \times C)$$

になる．$B \times (B \times C)$ は B, C がつくる平面内にあり，$B, B \times C, B \times (B \times C)$ が直交系をつくっている．B と C のなす角度を θ とすると

$$\|B \times (B \times C)\| = \|B\|\|B \times C\| = \|B\|^2 \|C\| \sin\theta$$

である．$B \times (B \times C)$ を B, C 方向に平行な成分に分解すると

$$B \times (B \times C) = \|B\|^2 \|C\| \sin\theta \left(\cot\theta \frac{B}{\|B\|} - \frac{1}{\sin\theta} \frac{C}{\|C\|} \right) = B \cdot C B - \|B\|^2 C$$

が得られる．同様に $C \times (B \times C) = \|C\|^2 B - B \cdot C C$ が成り立つ．これらを使うと

$$A \times (B \times C) = B(\alpha^1 B + \alpha^2 C) \cdot C - C(\alpha^1 B + \alpha^2 C) \cdot B = B A \cdot C - C A \cdot B$$

となり (2.11) に帰着する． □

命題 2.12 (ヤコービ恒等式) ベクトル3重積に関してヤコービ恒等式

$$A \times (B \times C) + B \times (C \times A) + C \times (A \times B) = 0 \tag{2.12}$$

が成り立つ．

証明 (2.11) を使うと，左辺は

$$BA \cdot C - CA \cdot B + CB \cdot A - AB \cdot C + AC \cdot B - BC \cdot A = 0$$

になる． □

命題 2.13 (スカラー3重積) スカラー3重積（混合積）$A \cdot B \times C$ は

$$A \cdot B \times C = B \cdot C \times A = C \cdot A \times B \tag{2.13}$$

のように A, B, C を巡回的に入れかえても同じ値を持つ．A, B, C のうち，任意の2個のベクトルが等しいときスカラー3重積は 0 である．

証明 $\mathbf{A}$ は $\mathbf{A} \times \mathbf{C}$ に, $\mathbf{B}$ は $\mathbf{B} \times \mathbf{C}$ に, $\mathbf{A} + \mathbf{B}$ は $(\mathbf{A} + \mathbf{B}) \times \mathbf{C}$ に直交するので,

$$0 = (\mathbf{A} + \mathbf{B}) \cdot ((\mathbf{A} + \mathbf{B}) \times \mathbf{C}) = \mathbf{A} \cdot \mathbf{B} \times \mathbf{C} + \mathbf{B} \cdot \mathbf{A} \times \mathbf{C}$$

になり $\mathbf{A} \cdot \mathbf{B} \times \mathbf{C} = -\mathbf{B} \cdot \mathbf{A} \times \mathbf{C} = \mathbf{B} \cdot \mathbf{C} \times \mathbf{A}$ が得られる. 他も同様である. □

> **命題 2.14（法線ベクトル）** ベクトル $\mathbf{A}$ と $\mathbf{B}$ がつくる平面に垂直な単位ベクトル（法線ベクトル）を $\mathbf{n}$ とすると
>
> $$\mathbf{n} = \frac{\mathbf{A} \times \mathbf{B}}{\|\mathbf{A} \times \mathbf{B}\|}, \qquad \mathbf{A} \times \mathbf{B} = \|\mathbf{A} \times \mathbf{B}\|\mathbf{n} \tag{2.14}$$
>
> と書くことができる.

証明 $\mathbf{A}$ と $\mathbf{B}$ がつくる平面内のベクトルは $\mathbf{A}$ と $\mathbf{B}$ の線形結合である. $\mathbf{n}$ は単位ベクトルで, $\mathbf{A}$ にも $\mathbf{B}$ にも直交するからこの平面に垂直である. □

> **命題 2.15（平行 6 面体体積）** スカラー 3 重積 $\mathbf{A} \cdot \mathbf{B} \times \mathbf{C}$ は, $\mathbf{A}, \mathbf{B}, \mathbf{C}$ を 3 辺に持つ平行 6 面体の体積に等しい.

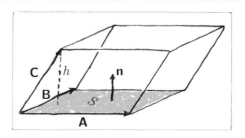

証明 (2.14) を用いると

$$\mathbf{A} \cdot \mathbf{B} \times \mathbf{C} = \mathbf{C} \cdot \mathbf{A} \times \mathbf{B} = \mathbf{C} \cdot \mathbf{n}\|\mathbf{A} \times \mathbf{B}\|$$

になる. $h = \mathbf{C} \cdot \mathbf{n}$ は, $\mathbf{A}$ と $\mathbf{B}$ がつくる平行 4 辺形の面積 $\|\mathbf{A} \times \mathbf{B}\|$ を底として, それに垂直に測った平行 6 面体の符号付き高さなので, スカラー 3 重積は平行 6 面体の符号付き体積（**有向体積**）V にほかならない. すなわち,

$$V = hS \tag{2.15}$$

が得られる. そのため, スカラー 3 重積を**箱積**とも言う. □

2.2 3次元ベクトル積

命題 2.16 ベクトル $\mathbf{A}, \mathbf{B}, \mathbf{C}, \mathbf{D}$ について,

$$(\mathbf{A} \times \mathbf{B}) \cdot (\mathbf{C} \times \mathbf{D}) = \mathbf{A} \cdot \mathbf{C}\, \mathbf{B} \cdot \mathbf{D} - \mathbf{A} \cdot \mathbf{D}\, \mathbf{B} \cdot \mathbf{C}$$
$$(\mathbf{A} \times \mathbf{B}) \times (\mathbf{C} \times \mathbf{D}) = |\mathbf{ABD}|\mathbf{C} - |\mathbf{ABC}|\mathbf{D} = |\mathbf{ACD}|\mathbf{B} - |\mathbf{BCD}|\mathbf{A} \quad (2.16)$$

が成り立つ. 第1式は3次元における**ビネ-コーシー恒等式** (2.58) である.

証明 第1式は,スカラー3重積とベクトル3重積の公式を使うと

$$(\mathbf{A} \times \mathbf{B}) \cdot (\mathbf{C} \times \mathbf{D}) = \mathbf{A} \cdot \mathbf{B} \times (\mathbf{C} \times \mathbf{D}) = \mathbf{A} \cdot (\mathbf{C}\mathbf{B} \cdot \mathbf{D} - \mathbf{D}\mathbf{B} \cdot \mathbf{C})$$

のように証明できる. 第2式はベクトル3重積の公式 (2.11) から明らかだ.

$$|\mathbf{ABC}|\mathbf{D} = |\mathbf{BCD}|\mathbf{A} - |\mathbf{ACD}|\mathbf{B} + |\mathbf{ABD}|\mathbf{C}$$

は, 3次元では4個のベクトルが線形独立になり得ないことを表している. □

例題 2.17 (2.7),すなわち $\|\mathbf{A} \times \mathbf{B}\|$ は $\mathbf{A}$ と $\mathbf{B}$ がつくる平行4辺形の面積であることを確かめよ.

証明 (2.16) 第1式,ビネ-コーシー恒等式を用いると,

$$\|\mathbf{A} \times \mathbf{B}\|^2 = \|\mathbf{A}\|^2\|\mathbf{B}\|^2 - (\mathbf{A} \cdot \mathbf{B})^2$$

になる. (1.17) によって $\mathbf{A} \cdot \mathbf{B} = \|\mathbf{A}\|\|\mathbf{B}\|\cos\theta$ と書くことができる. その結果

$$\|\mathbf{A} \times \mathbf{B}\|^2 = \|\mathbf{A}\|^2\|\mathbf{B}\|^2 \sin^2\theta$$

が得られる. □

演習 2.18 2個のベクトルのなす角度の定義 1.40 が内積の分配法則

$$\mathbf{A} \cdot (\mathbf{B} + \mathbf{C}) = \mathbf{A} \cdot \mathbf{B} + \mathbf{A} \cdot \mathbf{C}$$

と矛盾しないことを示せ.

証明 $\mathbf{A}$ と $\mathbf{D} \equiv \mathbf{B} + \mathbf{C}$ のなす角度を θ_{AD} によって表すと

$$\mathbf{A} \cdot (\mathbf{B} + \mathbf{C}) = \mathbf{A} \cdot \mathbf{D} = \|\mathbf{A}\|\|\mathbf{D}\|\cos\theta_{AD}$$

である．**B** と **D** のなす角度を θ_{BD}，**D** と **C** のなす角度を θ_{DC}，**B** と **C** のなす角度を θ_{BC} によって表し，$\theta_{BC} = \theta_{BD} + \theta_{DC}$ に注意して加法定理を使うと

$$\cos\theta_{AD} = \frac{\cos\theta_{AD}}{\sin\theta_{BC}}(\sin\theta_{BD}\cos\theta_{DC} + \sin\theta_{DC}\cos\theta_{BD})$$

が成り立つ．**A** と **B** のなす角度を θ_{AB} とする．**B** 上の単位長さを **D** に射影し，さらに **A** に射影すると，その長さは，

$$\cos\theta_{AD}\cos\theta_{BD} = \frac{\mathbf{A}\cdot\mathbf{D}\mathbf{B}\cdot\mathbf{D}}{\|\mathbf{A}\|\|\mathbf{B}\|\|\mathbf{D}\|^2} = \frac{\mathbf{A}\cdot\mathbf{B}\|\mathbf{D}\|^2 - \mathbf{A}\times\mathbf{D}\cdot\mathbf{B}\times\mathbf{D}}{\|\mathbf{A}\|\|\mathbf{B}\|\|\mathbf{D}\|^2}$$

になる．右辺でビネー-コーシー恒等式 (2.16) を使った．$\mathbf{A}\times\mathbf{D}$ と $\mathbf{B}\times\mathbf{D}$ のなす角度を θ とし，

$$\mathbf{A}\times\mathbf{D}\cdot\mathbf{B}\times\mathbf{D} = \|\mathbf{A}\|\|\mathbf{B}\|\|\mathbf{D}\|^2\sin\theta_{AD}\sin\theta_{BD}\cos\theta$$

に注意すると，

$$\cos\theta_{AD}\cos\theta_{BD} = \cos\theta_{AB} - \sin\theta_{AD}\sin\theta_{BD}\cos\theta$$

が得られる．同様に，**A** と **C** のなす角度を θ_{AC} とし，**C** 上の単位長さを **D** に射影し，さらに **A** に射影すると，その長さは，

$$\cos\theta_{AD}\cos\theta_{DC} = \frac{\mathbf{A}\cdot\mathbf{D}\mathbf{D}\cdot\mathbf{C}}{\|\mathbf{A}\|\|\mathbf{C}\|\|\mathbf{D}\|^2} = \frac{\mathbf{A}\cdot\mathbf{C}\|\mathbf{D}\|^2 + \mathbf{A}\times\mathbf{D}\cdot\mathbf{D}\times\mathbf{C}}{\|\mathbf{A}\|\|\mathbf{C}\|\|\mathbf{D}\|^2}$$

になる．$\mathbf{A}\times\mathbf{D}$ と $\mathbf{B}\times\mathbf{D}$ のなす角度 θ は，$\mathbf{A}\times\mathbf{D}$ と $\mathbf{B}\times\mathbf{C}$ のなす角度に等しく，$\mathbf{A}\times\mathbf{D}$ と $\mathbf{D}\times\mathbf{C}$ のなす角度に等しい．したがって

$$\cos\theta_{AD}\cos\theta_{DC} = \cos\theta_{AC} + \sin\theta_{AD}\sin\theta_{DC}\cos\theta$$

である．これらを使うと，$\cos\theta$ を含む項は相殺し，

$$\cos\theta_{AD} = \frac{\sin\theta_{DC}}{\sin\theta_{BC}}\cos\theta_{AB} + \frac{\sin\theta_{BD}}{\sin\theta_{BC}}\cos\theta_{AC}$$

が得られる．3 角形の正弦法則 (2.10)

$$\frac{\sin\theta_{BD}}{\|\mathbf{C}\|} = \frac{\sin\theta_{DC}}{\|\mathbf{B}\|} = \frac{\sin\theta_{BC}}{\|\mathbf{D}\|}$$

によって

$$\cos\theta_{AD} = \frac{\|\mathbf{B}\|}{\|\mathbf{D}\|}\cos\theta_{AB} + \frac{\|\mathbf{C}\|}{\|\mathbf{D}\|}\cos\theta_{AC}$$

になるから

$$\begin{aligned}\mathbf{A}\cdot\mathbf{D} &= \|\mathbf{A}\|\|\mathbf{D}\|\left(\frac{\|\mathbf{B}\|}{\|\mathbf{D}\|}\cos\theta_{AB} + \frac{\|\mathbf{C}\|}{\|\mathbf{D}\|}\cos\theta_{AC}\right)\\ &= \|\mathbf{A}\|\|\mathbf{B}\|\cos\theta_{AB} + \|\mathbf{A}\|\|\mathbf{C}\|\cos\theta_{AC}\\ &= \mathbf{A}\cdot\mathbf{B} + \mathbf{A}\cdot\mathbf{C}\end{aligned}$$

となり，分配法則を確かめることができた． □

問題 2.19 (ベクトル積の分配法則) ベクトル積についても分配法則 (2.8)

$$\mathbf{A}\times(\mathbf{B}+\mathbf{C}) = \mathbf{A}\times\mathbf{B} + \mathbf{A}\times\mathbf{C}$$

が成り立つことを示せ．

証明 $\mathbf{A}$ と $\mathbf{B}$ がつくる平面内で，$\mathbf{A}$ に垂直なベクトル

$$\mathbf{l} = \mathbf{n}_{AB}\times\mathbf{A}$$

を考えよう．$\mathbf{n}_{AB}$ は $\mathbf{A}$ と $\mathbf{B}$ がつくる平面の法線ベクトルである．$\mathbf{B}$, $\mathbf{C}$, $\mathbf{B}+\mathbf{C}$ を $\mathbf{l}$ に射影すると，内積の分配法則によって

$$\mathbf{l}\cdot\mathbf{B} + \mathbf{l}\cdot\mathbf{C} = \mathbf{l}\cdot(\mathbf{B}+\mathbf{C})$$

が成り立つ．対称性 (2.13) を用いると，$\mathbf{l}\cdot\mathbf{B} = \mathbf{n}_{AB}\times\mathbf{A}\cdot\mathbf{B} = \mathbf{n}_{AB}\cdot\mathbf{A}\times\mathbf{B}$ などが得られるから，

$$\mathbf{n}_{AB}\cdot\boldsymbol{\Delta} = 0, \qquad \boldsymbol{\Delta} \equiv \mathbf{A}\times(\mathbf{B}+\mathbf{C}) - \mathbf{A}\times\mathbf{B} - \mathbf{A}\times\mathbf{C}$$

のように書ける．同様にして $\mathbf{A}$ と $\mathbf{C}$ がつくる平面の法線ベクトルを $\mathbf{n}_{AC}$ とすると

$$\mathbf{n}_{AC}\cdot\boldsymbol{\Delta} = 0$$

も得られる．$\mathbf{A}$, $\mathbf{n}_{AB}$, $\mathbf{n}_{AC}$ は線形独立で，$\boldsymbol{\Delta}$ は，$\mathbf{A}$ に直交するから，$\mathbf{n}_{AB}$ と $\mathbf{n}_{AC}$ のつくる平面内にある．$\boldsymbol{\Delta}$ は $\mathbf{n}_{AB}$ と $\mathbf{n}_{AC}$ のいずれへの射影も 0 になるから $\boldsymbol{\Delta} = 0$, すなわち分配法則が得られる． □

2.3　3次元ベクトル積の座標表示

命題 2.20　自然基底 $\mathbf{e}_1, \mathbf{e}_2, \mathbf{e}_3$ のベクトル積は

$$\mathbf{e}_1 \times \mathbf{e}_2 = \mathbf{e}^3, \qquad \mathbf{e}_2 \times \mathbf{e}_3 = \mathbf{e}^1, \qquad \mathbf{e}_3 \times \mathbf{e}_1 = \mathbf{e}^2$$

を満たす．双対基底 $\mathbf{e}^1, \mathbf{e}^2, \mathbf{e}^3$ のベクトル積は

$$\mathbf{e}^1 \times \mathbf{e}^2 = \mathbf{e}_3, \qquad \mathbf{e}^2 \times \mathbf{e}^3 = \mathbf{e}_1, \qquad \mathbf{e}^3 \times \mathbf{e}^1 = \mathbf{e}_2$$

を満たす．3次元のリッチ-レヴィ=チヴィタ記号を使うと

$$\mathbf{e}_i \times \mathbf{e}_j = \varepsilon_{ijk}\mathbf{e}^k, \qquad \mathbf{e}^i \times \mathbf{e}^j = \varepsilon^{ijk}\mathbf{e}_k \tag{2.17}$$

と書くことができる．リッチ-レヴィ=チヴィタ記号は

$$\varepsilon_{ijk} = \varepsilon^{ijk} = \begin{cases} +1 & (ijk) \text{ は } (123) \text{ の偶順列} \\ -1 & (ijk) \text{ は } (123) \text{ の奇順列} \\ 0 & \text{その他} \end{cases}$$

すなわち $\varepsilon_{123} = \varepsilon_{231} = \varepsilon_{312} = 1$, $\varepsilon_{132} = \varepsilon_{213} = \varepsilon_{321} = -1$, その他は 0 である．

証明　$\mathbf{e}_1$ と $\mathbf{e}_2$ は直交しているので，$\mathbf{e}_1$ と $\mathbf{e}_2$ がつくる正方形の面積は 1 である．したがって，$\mathbf{e}_1 \times \mathbf{e}_2$ の大きさは 1 で，右手座標系では $\mathbf{e}^3$ の方向を持っている．すなわち $\mathbf{e}_1 \times \mathbf{e}_2 = \mathbf{e}^3$ が成り立つ．他も同様である．　□

演習 2.21　3次元ベクトル $\mathbf{A}$ と $\mathbf{B}$ のベクトル積は

$$\mathbf{A} \times \mathbf{B} = \varepsilon_{ijk}A^i B^j \mathbf{e}^k = \varepsilon^{ijk}A_i B_j \mathbf{e}_k$$

によって与えられる．行列式で表せば

$$\mathbf{A} \times \mathbf{B} = \begin{vmatrix} \mathbf{e}^1 & A^1 & B^1 \\ \mathbf{e}^2 & A^2 & B^2 \\ \mathbf{e}^3 & A^3 & B^3 \end{vmatrix} = \begin{vmatrix} \mathbf{e}_1 & A_1 & B_1 \\ \mathbf{e}_2 & A_2 & B_2 \\ \mathbf{e}_3 & A_3 & B_3 \end{vmatrix}$$

である．

証明 基底で展開し，$\mathbf{A} = \mathbf{e}_i A^i = A_i \mathbf{e}^i$，$\mathbf{B} = \mathbf{e}_j B^j = B_j \mathbf{e}^j$ とすると

$$\mathbf{A} \times \mathbf{B} = \mathbf{e}_i A^i \times \mathbf{e}_j B^j = \mathbf{e}_i \times \mathbf{e}_j A^i B^j = \varepsilon_{ijk} A^i B^j \mathbf{e}^k$$
$$= A_i \mathbf{e}^i \times B_j \mathbf{e}^j = \mathbf{e}^i \times \mathbf{e}^j A_i B_j = \varepsilon^{ijk} A_i B_j \mathbf{e}_k$$

になる．2 個のベクトルからベクトル

$$\mathbf{A} \times \mathbf{B} = \mathbf{e}^1 (A^2 B^3 - A^3 B^2) + \mathbf{e}^2 (A^3 B^1 - A^1 B^3) + \mathbf{e}^3 (A^1 B^2 - A^2 B^1)$$
$$= \mathbf{e}_1 (A_2 B_3 - A_3 B_2) + \mathbf{e}_2 (A_3 B_1 - A_1 B_3) + \mathbf{e}_3 (A_1 B_2 - A_2 B_1)$$

をつくったことになる．$\times$ の記法はギブズに由来し，ベクトル積を**クロス積**とも言う．行列式で表せば

$$\mathbf{A} \times \mathbf{B} = \mathbf{e}^1 \begin{vmatrix} A^2 & B^2 \\ A^3 & B^3 \end{vmatrix} - \mathbf{e}^2 \begin{vmatrix} A^1 & B^1 \\ A^3 & B^3 \end{vmatrix} + \mathbf{e}^3 \begin{vmatrix} A^1 & B^1 \\ A^2 & B^2 \end{vmatrix}$$
$$= \mathbf{e}_1 \begin{vmatrix} A_2 & B_2 \\ A_3 & B_3 \end{vmatrix} - \mathbf{e}_2 \begin{vmatrix} A_1 & B_1 \\ A_3 & B_3 \end{vmatrix} + \mathbf{e}_3 \begin{vmatrix} A_1 & B_1 \\ A_2 & B_2 \end{vmatrix}$$

になる． □

命題 2.22 3 次元において，ベクトル **A** と **B** からつくったベクトル積は反対称テンソルの成分である．

証明 3 次元において，任意の反変反対称テンソルは 3 個の独立成分

$$F^{12} = -F^{21}, \quad F^{23} = -F^{32}, \quad F^{31} = -F^{13}$$

しかない．反対称テンソルは任意のベクトル $^\star \mathbf{F}$ によって

$$(F^{ij}) = (\varepsilon^{ijk \star} F_k) = \begin{pmatrix} 0 & ^\star F_3 & -^\star F_2 \\ -^\star F_3 & 0 & ^\star F_1 \\ ^\star F_2 & -^\star F_1 & 0 \end{pmatrix} \tag{2.18}$$

と書くことができる．ベクトル **A** と **B** からつくった 0 でない成分

$$F^{23} = A^2 B^3 - A^3 B^2, \quad F^{31} = A^3 B^1 - A^1 B^3, \quad F^{12} = A^1 B^2 - A^2 B^1$$

を持つ反対称テンソル F^{ij} から定義した

$$^\star F_1 = A^2 B^3 - A^3 B^2, \quad ^\star F_2 = A^3 B^1 - A^1 B^3, \quad ^\star F_3 = A^1 B^2 - A^2 B^1$$

が外積である．n 次元空間で，2 個のベクトルからつくることができる反対称テンソルの独立な成分の数は $\frac{1}{2}n(n-1)$ で，それが n に等しいのは $n=3$ の場合だけである．そこで，3 次元の特殊事情として，上記 3 個を成分とするベクトルを考えることができる．同様に，共変反対称テンソル $F_{ij} = A_iB_j - A_jB_i$ からもベクトルをつくることができるので

$$\begin{cases} {}^\star F_k = \frac{1}{2}\varepsilon_{ijk}F^{ij} = \frac{1}{2}\varepsilon_{ijk}(A^iB^j - A^jB^i) = \varepsilon_{ijk}A^iB^j \\ {}^\star F^k = \frac{1}{2}\varepsilon^{ijk}F_{ij} = \frac{1}{2}\varepsilon^{ijk}(A_iB_j - A_jB_i) = \varepsilon^{ijk}A_iB_j \end{cases}$$

が得られる．${}^\star F_3 = A^1B^2 - A^2B^1$，${}^\star F^3 = A_1B_2 - A_2B_1$ は，3 軸に垂直な平面上の平行 4 辺形の符号付き面積である．一般に，${}^\star F_k, {}^\star F^k$ は，有向面積 $\mathbf{A} \times \mathbf{B}$ の k 軸に垂直な平面への射影

$$ {}^\star F_k = \mathbf{e}_k \cdot \mathbf{A} \times \mathbf{B}, \qquad {}^\star F^k = \mathbf{e}^k \cdot \mathbf{A} \times \mathbf{B} $$

で，ベクトル積は

$$ \mathbf{A} \times \mathbf{B} = \mathbf{e}^{k\,\star}F_k = \mathbf{e}_k{}^\star F^k = \|\mathbf{A} \times \mathbf{B}\|\mathbf{n} $$

によって与えられる． □

定義 2.23（一般化クロネッカーのデルタ記号） (2.6) で定義した一般化クロネッカーのデルタ記号は任意の個数の指標に拡張することができる．上下 3 指標の場合は

$$ \delta_{ijk}^{lmn} = \varepsilon_{ijk}\varepsilon^{lmn} = \delta_i^l\delta_{jk}^{mn} + \delta_j^l\delta_{ki}^{mn} + \delta_k^l\delta_{ij}^{mn} = \begin{vmatrix} \delta_i^l & \delta_j^l & \delta_k^l \\ \delta_i^m & \delta_j^m & \delta_k^m \\ \delta_i^n & \delta_j^n & \delta_k^n \end{vmatrix} \tag{2.19} $$

によって定義する．2 次元では lmn の中の 2 個，ijk の中の 2 個が等しくなるから一般化クロネッカーのデルタ記号は恒等的に 0 である．

演習 2.24 2 次元の公式 (2.5) と同じように，公式

$$ \varepsilon_{ijk}\varepsilon^{lmk} = \delta_{ij}^{lm} = \delta_i^l\delta_j^m - \delta_j^l\delta_i^m \tag{2.20} $$

を証明せよ．

証明 証明は (2.5) と同様で，k が共通なので，$i=l, j=m$ または $i=m, j=l$ のどちらかであることを使えばよい．(2.19) によれば

$$\delta_{ijk}^{lmn} = \delta_i^l(\delta_j^m\delta_k^n - \delta_j^n\delta_k^m) + \delta_j^l(\delta_k^m\delta_i^n - \delta_k^n\delta_i^m) + \delta_k^l(\delta_i^m\delta_j^n - \delta_i^n\delta_j^m)$$

になるから $k=n$ について縮約すると

$$\delta_{ijk}^{lmk} = \delta_i^l(3\delta_j^m - \delta_j^m) + \delta_j^l(\delta_i^m - 3\delta_i^m) + \delta_i^m\delta_j^l - \delta_i^l\delta_j^m = \delta_i^l\delta_j^m - \delta_j^l\delta_i^m$$

が得られる． □

演習 2.25 恒等式 (2.20) は

$$(\mathbf{e}_i \times \mathbf{e}_j) \cdot (\mathbf{e}^l \times \mathbf{e}^m) = \delta_i^l\delta_j^m - \delta_j^l\delta_i^m = \delta_{ij}^{lm} = \delta_{ijk}^{lmk}$$

を意味している．これを用いてベクトル3重積の公式 (2.11) および4個のベクトルを含む公式 (2.16) を証明せよ．

証明 ベクトル3重積はリッチ-レヴィ=チヴィタ記号を用いて

$$\mathbf{A} \times (\mathbf{B} \times \mathbf{C}) = \mathbf{e}^i \varepsilon_{ijk} A^j (\mathbf{B} \times \mathbf{C})^k = \mathbf{e}^i \varepsilon_{ijk} \varepsilon^{lmk} A^j B_l C_m$$

と書くことができる．公式 (2.20) を用いると

$$\mathbf{e}^i \varepsilon_{ijk} \varepsilon^{lmk} A^j B_l C_m = \mathbf{e}^i (\delta_i^l \delta_j^m - \delta_j^l \delta_i^m) A^j B_l C_m = \mathbf{B} \mathbf{A} \cdot \mathbf{C} - \mathbf{C} \mathbf{A} \cdot \mathbf{B}$$

が得られる．(2.16) 第1式，ビネー-コーシー恒等式は

$$(\mathbf{A} \times \mathbf{B}) \cdot (\mathbf{C} \times \mathbf{D}) = \varepsilon_{ijk} A^i B^j \varepsilon^{lmk} C_l D_m = (\delta_i^l \delta_j^m - \delta_j^l \delta_i^m) A^i B^j C_l D_m$$

となり，一目瞭然である □

定理 2.26 (ケイリー-ハミルトンの定理) (2.18) で与えたように，反対称行列 F はベクトル *F で表すことができる．反対称行列 F は恒等式

$$\mathbf{F}^3 = -\|{}^\star\mathbf{F}\|^2 \mathbf{F} \tag{2.21}$$

を満たす．

証明 まず F^2 を計算してみよう．(2.20) を用いると

$$\mathsf{F}^2 = \mathbf{e}_l F^{lk} F_{ki} \mathbf{e}^i = -\varepsilon^{lmk}\varepsilon_{ijk}{}^\star F_m {}^\star F^j \mathbf{e}_l \mathbf{e}^i = \mathbf{e}_l(-\|{}^\star\mathsf{F}\|^2 \delta_i^l + {}^\star F_i {}^\star F^l)\mathbf{e}^i$$

になる．これを用いて F^3 を計算すると，

$$\mathsf{F}^3 = \mathbf{e}_l(-\|{}^\star\mathsf{F}\|^2 \delta_i^l + {}^\star F_i {}^\star F^l)F^{im}\mathbf{e}_m = -\|{}^\star\mathsf{F}\|^2 \mathsf{F}$$

が得られる．途中で ${}^\star F_i F^{im} = {}^\star F_i {}^\star F_l \varepsilon^{iml} = 0$ を使った． □

例題 2.27 ダイアドとベクトルの内積と外積は

$$(\mathbf{AB}) \cdot \mathbf{C} = \mathbf{A}(\mathbf{B} \cdot \mathbf{C}), \qquad (\mathbf{AB}) \times \mathbf{C} = \mathbf{A}(\mathbf{B} \times \mathbf{C})$$

になることを示せ．

証明 第 1 式左辺は，

$$(\mathbf{AB}) \cdot \mathbf{C} = \mathbf{e}^i \mathbf{e}_j A_i B^j \cdot C_k \mathbf{e}^k = \mathbf{e}^i A_i B^j \delta_j^k C_k = \mathbf{e}^i A_i B^j C_j = \mathbf{A}(\mathbf{B} \cdot \mathbf{C})$$

になる．ダイアド $\mathbf{AB}$ とベクトル $\mathbf{C}$ の内積と，ベクトル $\mathbf{A}$ とスカラー $\mathbf{B} \cdot \mathbf{C}$ の積は同じになるので，いずれも $\mathbf{AB} \cdot \mathbf{C}$ と書いてよい．第 2 式左辺は，

$$(\mathbf{AB}) \times \mathbf{C} = \mathbf{e}^i \mathbf{e}^j A_i B_j \times C_k \mathbf{e}^k = \mathbf{e}^i \mathbf{e}_h \varepsilon^{jkh} A_i B_j C_k = \mathbf{A}(\mathbf{B} \times \mathbf{C})$$

になる．ダイアド $\mathbf{AB}$ とベクトル $\mathbf{C}$ とのクロス積は $\mathbf{A}$ と $\mathbf{B} \times \mathbf{C}$ からつくったダイアドになるのでいずれも $\mathbf{AB} \times \mathbf{C}$ と書くことができる． □

命題 2.28 (ロドリーグの回転公式) 基底 $\mathbf{e}_1, \mathbf{e}_2, \mathbf{e}_3$ を，それぞれを軸として，角度 $\varphi_1, \varphi_2, \varphi_3$ だけ回転させたとき，反対称行列

$$\Phi = (\Phi^{ij}) = (\varepsilon^{ijk}\varphi_k) = \begin{pmatrix} 0 & \varphi_3 & -\varphi_2 \\ -\varphi_3 & 0 & \varphi_1 \\ \varphi_2 & -\varphi_1 & 0 \end{pmatrix}$$

を用いると回転行列 $\widehat{\mathsf{R}}$ はロドリーグの回転公式

$$\widehat{\mathsf{R}} = \mathsf{E} + \frac{\sin\varphi}{\varphi}\Phi + \frac{1-\cos\varphi}{\varphi^2}\Phi^2$$

で与えられる．$\varphi = \|\boldsymbol{\varphi}\|$ である．

証明 微小角度 φ_3 の回転の場合は，(1.25) からわかるように，
$$A'^1 = A^1 + \varphi_3 A_2, \qquad A'^2 = -\varphi_3 A_1 + A^2$$
である．$\varphi_1, \varphi_2, \varphi_3$ が微小角度の場合，A^1, A^2, A^3 の変化は，
$$A'^1 = A^1 + \varphi_3 A_2 - \varphi_2 A_3, \; A'^2 = A^2 + \varphi_1 A_3 - \varphi_3 A_1, \; A'^3 = A^3 + \varphi_2 A_1 - \varphi_1 A_2$$
になる．反対称行列 Φ を用いれば
$$A'^l = A^l + \Phi^{li} A_i = (\mathsf{E} + \Phi)^{li} A_i$$
と書くことができる．$\varphi_1, \varphi_2, \varphi_3$ が有限の角度の場合は，それらを N 等分して微小変換の行列を N 乗し，N 無限大の極限を取れば
$$A'^l = \lim_{N \to \infty} \left\{ \left(\mathsf{E} + \frac{\Phi}{N} \right)^N \right\}^{li} A_i = (\mathrm{e}^\Phi)^{li} A_i = (\mathrm{e}^\Phi)^l{}_i A^i$$
が得られる．ここで指数関数の定義
$$\mathrm{e}^x = \lim_{N \to \infty} \left(1 + \frac{x}{N} \right)^N \tag{2.22}$$
を使った．マクローリンの定理 (3.1) によって展開すると
$$\mathrm{e}^\Phi = \mathsf{E} + \Phi + \frac{1}{2!} \Phi^2 + \frac{1}{3!} \Phi^3 + \cdots$$
である．ケイリー-ハミルトンの定理 (2.21) によって $\Phi^3 = -\varphi^2 \Phi$ が成り立つから，Φ について奇数，偶数次項ごとにまとめると
$$\widehat{\mathsf{R}} = \mathrm{e}^\Phi = \mathsf{E} + \frac{\sin \varphi}{\varphi} \Phi + \frac{1 - \cos \varphi}{\varphi^2} \Phi^2$$
が得られる．これを $\mathbf{A}$ に作用させると，右辺第 2 項は
$$\Phi \cdot \mathbf{A} = \mathbf{e}_l \varepsilon^{lij} \varphi_j A_i = -\boldsymbol{\varphi} \times \mathbf{A}$$
右辺第 3 項は
$$\Phi^2 \cdot \mathbf{A} = \mathbf{e}_l \Phi^{lj} \Phi_{ji} A^i = \mathbf{e}_l \Phi^{lj} \varepsilon_{jik} \varphi^k A^i$$
$$= -\mathbf{e}_l \Phi^{lj} (\boldsymbol{\varphi} \times \mathbf{A})_j = -\mathbf{e}_l \varepsilon^{ljk} \varphi_k (\boldsymbol{\varphi} \times \mathbf{A})_j = \boldsymbol{\varphi} \times (\boldsymbol{\varphi} \times \mathbf{A})$$
になるから，これらを使うと
$$\widehat{\mathsf{R}} \cdot \mathbf{A} = \mathrm{e}^\Phi \cdot \mathbf{A} = \mathbf{A} - \frac{\sin \varphi}{\varphi} \boldsymbol{\varphi} \times \mathbf{A} + \frac{1 - \cos \varphi}{\varphi^2} \boldsymbol{\varphi} \times (\boldsymbol{\varphi} \times \mathbf{A})$$
が得られる． □

命題 2.29 スカラー3重積は $\mathbf{A}, \mathbf{B}, \mathbf{C}$ の成分を並べた行列式

$$|\mathbf{ABC}| = \begin{vmatrix} A_1 & B_1 & C_1 \\ A_2 & B_2 & C_2 \\ A_3 & B_3 & C_3 \end{vmatrix} = \begin{vmatrix} A^1 & A^2 & A^3 \\ B^1 & B^2 & B^3 \\ C^1 & C^2 & C^3 \end{vmatrix}$$

に等しい（グラスマンの記法で $[\mathbf{A}, \mathbf{B}, \mathbf{C}]$ とも書く）.

証明 ベクトル積の定義 $\mathbf{B} \times \mathbf{C} = \varepsilon^{ijk} \mathbf{e}_i B_j C_k$ を用いれば

$$\mathbf{A} \cdot \mathbf{B} \times \mathbf{C} = \varepsilon^{ijk} A_i B_j C_k$$

$\mathbf{B} \times \mathbf{C} = \varepsilon_{ijk} \mathbf{e}^i B^j C^k$ を用いれば

$$\mathbf{A} \cdot \mathbf{B} \times \mathbf{C} = \varepsilon_{ijk} A^i B^j C^k$$

になる. (2.17) により $\mathbf{e}_j \times \mathbf{e}_k = \varepsilon_{jkh} \mathbf{e}^h$, $\mathbf{e}^j \times \mathbf{e}^k = \varepsilon^{jkh} \mathbf{e}_h$ を使うと，基底のスカラー3重積は

$$|\mathbf{e}_i \mathbf{e}_j \mathbf{e}_k| = \mathbf{e}_i \cdot \mathbf{e}_j \times \mathbf{e}_k = \varepsilon_{jkh} \mathbf{e}_i \cdot \mathbf{e}^h = \varepsilon_{jkh} \delta_i^h = \varepsilon_{ijk}$$
$$|\mathbf{e}^i \mathbf{e}^j \mathbf{e}^k| = \mathbf{e}^i \cdot \mathbf{e}^j \times \mathbf{e}^k = \varepsilon^{jkh} \mathbf{e}^i \cdot \mathbf{e}_h = \varepsilon^{jkh} \delta_h^i = \varepsilon^{ijk}$$

になる．これらを用いると

$$\mathbf{A} \cdot \mathbf{B} \times \mathbf{C} = \mathbf{e}_i \cdot \mathbf{e}_j \times \mathbf{e}_k A^i B^j C^k = \varepsilon_{ijk} A^i B^j C^k$$
$$= A_i B_j C_k \mathbf{e}^i \cdot \mathbf{e}^j \times \mathbf{e}^k = \varepsilon^{ijk} A_i B_j C_k$$

が得られる． □

2.4 擬スカラー，擬ベクトル

命題 2.30（擬スカラー） スカラー3重積 $^\star F = \mathbf{A} \cdot \mathbf{B} \times \mathbf{C}$ は基底回転に対して

$$^\star F' = |\mathsf{R}|^\star F$$

の変換を受ける．スカラー3重積は，右手座標系 $|\mathsf{R}| = 1$ ではスカラーと同じ変換を受けるが，左手座標系 $|\mathsf{R}| = -1$ では符号が変わる．一般に，回転に対して不変な量をスカラー，$|\mathsf{R}|$ を伴う量を**擬スカラー**と呼ぶ．スカラー3重積は擬スカラーである．

証明 スカラー3重積の変換は

$${}^\star F' = \varepsilon^{lmn} A'_l B'_m C'_n = A_i B_j C_k \varepsilon^{lmn} R^i_l R^j_m R^k_n = |\mathsf{R}|\varepsilon^{ijk} A_i B_j C_k = |\mathsf{R}|{}^\star F$$

になる．右辺で行列式の定義

$$\varepsilon^{ijk}|\mathsf{R}| = \varepsilon^{lmn} R^i_l R^j_m R^k_n \tag{2.23}$$

を使った． □

> **命題 2.31 (擬ベクトル)** ベクトル積 ${}^\star\mathbf{F} = \mathbf{A} \times \mathbf{B}$ は
>
> $${}^\star F'^l = |\mathsf{R}|\widehat{R}^l_i {}^\star F^i, \qquad {}^\star F'_l = |\mathsf{R}|{}^\star F_i R^i_l$$
>
> の変換を受ける．この変換を受ける量を，元来のベクトル (**極性ベクトル**) と区別して，**擬ベクトル** (コラーチェクは**軸性ベクトル**と名づけた) と呼ぶ．ベクトル積は擬ベクトルである．

証明 直交変換によってベクトル積は

$$\mathbf{A}' \times \mathbf{B}' = \varepsilon^{lmn} A'_l B'_m \mathbf{e}'_n = \varepsilon^{lmn} A_i B_j \mathbf{e}_k R^i_l R^j_m R^k_n$$

になる．ここで右辺に (2.23) を使うと，

$$\mathbf{A}' \times \mathbf{B}' = |\mathsf{R}|\varepsilon^{ijk} A_i B_j \mathbf{e}_k = |\mathsf{R}|\mathbf{A} \times \mathbf{B} \tag{2.24}$$

が得られる．したがってベクトル積は擬ベクトルで，共変，反変成分の変換式には $|\mathsf{R}|$ の因子が付随する． □

> **命題 2.32 (擬テンソル)** 例題 2.27 で現れた ${}^\star\mathbf{F} = \mathbf{AB} \times \mathbf{C}$ は
>
> $${}^\star F'^{lm} = |\mathsf{R}|\widehat{R}^l_i \widehat{R}^m_j {}^\star F^{ij}, \qquad {}^\star F'_{lm} = |\mathsf{R}|{}^\star F_{ij} R^i_l R^j_m$$
>
> の変換を受ける．この変換を受ける量を**擬テンソル**と言う．

証明 直交変換によって

$$\mathbf{A}'\mathbf{B}' \times \mathbf{C}' = \mathbf{e}'^l \mathbf{e}'_p \varepsilon^{mnp} A'_l B'_m C'_n = \mathbf{e}^q \mathbf{e}_h \varepsilon^{mnp} \widehat{R}^l_q R^h_p R^i_l R^j_m R^k_n A_i B_j C_k$$

$$= |\mathsf{R}|\mathbf{e}^i \mathbf{e}_h \varepsilon^{jkh} A_i B_j C_k = |\mathsf{R}|\mathbf{AB} \times \mathbf{C}$$

が得られる． □

問題 2.33 右手座標系で定義された基底 $\mathbf{e}_1, \mathbf{e}_2, \mathbf{e}_3$ は，直交変換によって

$$\mathbf{e}'_2 \times \mathbf{e}'_3 = |\mathsf{R}|\mathbf{e}'^1, \qquad \mathbf{e}'_3 \times \mathbf{e}'_1 = |\mathsf{R}|\mathbf{e}'^2, \qquad \mathbf{e}'_1 \times \mathbf{e}'_2 = |\mathsf{R}|\mathbf{e}'^3$$

を満たす．$|\mathsf{R}|$ の符号に従って，右手または左手座標基底になる．

証明 基底の変換式 (1.24) を使うと

$$\mathbf{e}'_l \times \mathbf{e}'_m = \mathbf{e}_i \times \mathbf{e}_j R^i_l R^j_m = R^k_n \widehat{R}^n_h \varepsilon_{ijk} \mathbf{e}^h R^i_l R^j_m = \varepsilon_{lmn} |\mathsf{R}| \widehat{R}^n_h \mathbf{e}^h = \varepsilon_{lmn} |\mathsf{R}| \mathbf{e}'^n$$

が得られる．最後に $\widehat{R}^n_h \mathbf{e}^h = \mathbf{e}'^n$ を使った． □

問題 2.34 (反転) ベクトル積は，すべての基底の符号を変える変換（**反転**と言う）$\mathbf{e}'_1 = -\mathbf{e}_1, \mathbf{e}'_2 = -\mathbf{e}_2, \mathbf{e}'_3 = -\mathbf{e}_3$ によって符号を変えない．

証明 任意のベクトルは $\mathbf{A} = \mathbf{e}_i A^i = -\mathbf{e}'_i A^i$ になるから $A'^i = -A^i$ によって符号を変える．この変換の行列は

$$\mathsf{R} = \widehat{\mathsf{R}} = \begin{pmatrix} -1 & 0 & 0 \\ 0 & -1 & 0 \\ 0 & 0 & -1 \end{pmatrix}$$

になるから $|\mathsf{R}| = -1$ である．ベクトル積の変換は

$$\mathbf{A}' \times \mathbf{B}' = |\mathsf{R}|\mathbf{e}_l \widehat{R}^l_i (\mathbf{A} \times \mathbf{B})^i = \mathbf{A} \times \mathbf{B}$$

になり，ベクトル積が符号を変えない擬ベクトルであることを表している． □

　私たちが住んでいる世界が空間3次元であるために，ベクトル積によってつくられる軸性ベクトル（擬ベクトル）と元来のベクトル（極性ベクトル）の区別がつかなくなっているが，数学的には別物である．速度ベクトルは，速度の大きさ，向きを表す本物のベクトルであるのに対し，角速度ベクトルは，大きさは回転の速さを表すが，その向きは回転面に垂直である．力とトルク，運動量と角運動量なども極性ベクトルと軸性ベクトルの違いがある．電場 $\mathbf{E}$ が極性ベクトルであるのに対し，磁場 $\mathbf{B}$ は軸性ベクトルである．

2.5　4次元外積

　3次元空間の復習をしてみよう．3次元空間の1個のベクトル $\mathbf{A}$ からは反対称テンソル F_{ij} をつくることができた．2個のベクトル $\mathbf{A}$ と $\mathbf{B}$ からは外積によって

ベクトル **A** × **B** をつくった.さらに 3 個のベクトル **A**, **B**, **C** からスカラー 3 重積をつくった.それらは

$$^\star F_{ij} = \varepsilon_{ijk} A^k, \quad ^\star F_i = \varepsilon_{ijk} A^j B^k, \quad ^\star F = \varepsilon_{ijk} A^i B^j C^k$$

によって与えられた.このような,ベクトル **A**, **B**, **C** から $^\star F, ^\star F_i, ^\star F_{ij}$ への変換を**双対写像**,**ホッジ双対**と言う.3 次元でベクトルから反対称テンソル,ベクトル積,スカラー 3 重積をつくる操作は双対写像を行うことだったのだ.2 次元の双対写像は

$$^\star F_i = \varepsilon_{ij} A^j, \quad ^\star F = \varepsilon_{ij} A^i B^j$$

で,$^\star F$ は 2 次元外積,スカラー 2 重積 (2.4) にほかならない.

定義 2.35(4 次元双対写像) 4 次元リッチ-レヴィ=チヴィタ記号を

$$\varepsilon_{ijlm} = \varepsilon^{ijlm} = \begin{cases} +1 & (ijlm) \text{ は } (1234) \text{ の偶順列} \\ -1 & (ijlm) \text{ は } (1234) \text{ の奇順列} \\ 0 & \text{その他} \end{cases}$$

によって定義しよう.ε_{ijlm} を用いると双対写像,ホッジ双対

$$\begin{cases} ^\star F_{ijl} = \varepsilon_{ijlm} A^m \\ ^\star F_{ij} = \varepsilon_{ijlm} A^l B^m \\ ^\star F_i = \varepsilon_{ijlm} A^j B^l C^m \\ ^\star F = \varepsilon_{ijlm} A^i B^j C^l D^m \end{cases}$$

をつくることができる.

2 番目は反対称テンソル

$$(^\star F_{ij}) = \begin{pmatrix} 0 & F_{12} & -F_{31} & F_{14} \\ -F_{12} & 0 & F_{23} & F_{24} \\ F_{31} & -F_{23} & 0 & F_{34} \\ -F_{14} & -F_{24} & -F_{14} & 0 \end{pmatrix} \qquad (2.25)$$

である．3 番目のベクトル $^\star F_i$ は，行列式

$$^\star\mathbf{F} = \begin{vmatrix} \mathbf{e}^1 & A^1 & B^1 & C^1 \\ \mathbf{e}^2 & A^2 & B^2 & C^2 \\ \mathbf{e}^3 & A^3 & B^3 & C^3 \\ \mathbf{e}^4 & A^4 & B^4 & C^4 \end{vmatrix}$$

を展開した式

$$^\star\mathbf{F} = \mathbf{e}^1 \begin{vmatrix} A^2 & B^2 & C^2 \\ A^3 & B^3 & C^3 \\ A^4 & B^4 & C^4 \end{vmatrix} - \mathbf{e}^2 \begin{vmatrix} A^1 & B^1 & C^1 \\ A^3 & B^3 & C^3 \\ A^4 & B^4 & C^4 \end{vmatrix} + \mathbf{e}^3 \begin{vmatrix} A^1 & B^1 & C^1 \\ A^2 & B^2 & C^2 \\ A^4 & B^4 & C^4 \end{vmatrix} - \mathbf{e}^4 \begin{vmatrix} A^1 & B^1 & C^1 \\ A^2 & B^2 & C^2 \\ A^3 & B^3 & C^3 \end{vmatrix}$$

の余因子である．ベクトル $^\star\mathbf{F}$ は $\mathbf{A}, \mathbf{B}, \mathbf{C}$ のいずれにも直交するので $\mathbf{A} \times \mathbf{B} \times \mathbf{C}$ と表記するにふさわしい量で，

$$^\star\mathbf{F} = \mathbf{A} \times \mathbf{B} \times \mathbf{C} = {}^\star F_i \mathbf{e}^i = \varepsilon_{ijlm} \mathbf{e}^i A^j B^l C^m$$

とする．最後のスカラー量はスカラー 4 重積

$$^\star F = \varepsilon_{ijlm} A^i B^j C^l D^m = |\mathbf{ABCD}|$$

にほかならない．

例題 2.36　(2.25) に現れた F_{ij} のすべてを列挙せよ．

解　$n=4$ のとき $\frac{1}{2}n(n-1) = 6$ である．独立成分は次の 6 個で

$$F_{23} = A^1 B^4 - A^4 B^1, \ F_{31} = A^2 B^4 - A^4 B^2, \ F_{12} = A^3 B^4 - A^4 B^3$$
$$F_{14} = A^2 B^3 - A^3 B^2, \ F_{24} = A^3 B^1 - A^1 B^3, \ F_{34} = A^1 B^2 - A^2 B^1$$

になる． □

問題 2.37　4 次元基底は

$$\mathbf{e}_2 \times \mathbf{e}_3 \times \mathbf{e}_4 = \mathbf{e}^1, \ \mathbf{e}_1 \times \mathbf{e}_3 \times \mathbf{e}_4 = -\mathbf{e}^2, \ \mathbf{e}_1 \times \mathbf{e}_2 \times \mathbf{e}_4 = \mathbf{e}^3, \ \mathbf{e}_1 \times \mathbf{e}_2 \times \mathbf{e}_3 = -\mathbf{e}^4$$
$$\mathbf{e}^2 \times \mathbf{e}^3 \times \mathbf{e}^4 = \mathbf{e}_1, \ \mathbf{e}^1 \times \mathbf{e}^3 \times \mathbf{e}^4 = -\mathbf{e}_2, \ \mathbf{e}^1 \times \mathbf{e}^2 \times \mathbf{e}^4 = \mathbf{e}_3, \ \mathbf{e}^1 \times \mathbf{e}^2 \times \mathbf{e}^3 = -\mathbf{e}_4$$

を満たす．

証明　$\mathbf{A}, \mathbf{B}, \mathbf{C}$ として $\mathbf{e}_1, \mathbf{e}_2, \mathbf{e}_3$ を採用すると $^\star\mathbf{F} = -\mathbf{e}^4$ になる．他も同様． □

2.5 4次元外積

命題 2.38 (平行 8 面体の体積) スカラー 4 重積 $|\mathbf{ABCD}|$ は $\mathbf{A},\mathbf{B},\mathbf{C},\mathbf{D}$ がつくる平行 8 面体の体積 $V_{(4)}$ である.

証明 4 次元空間の中の曲面は 3 次元だが, 4 次元空間の中の**超曲面**という意味で「面」と呼ぶことにする. $^\star\mathbf{F} = \mathbf{A} \times \mathbf{B} \times \mathbf{C}$ は $\mathbf{A},\mathbf{B},\mathbf{C}$ のいずれにも直交するから, これらベクトルに垂直な方向を x^4 軸に選ぶと,

$$^\star\mathbf{F} = -\mathbf{e}^4|\breve{\mathsf{A}}|$$

になる. ここで

$$|\breve{\mathsf{A}}| = \begin{vmatrix} A^1 & B^1 & C^1 \\ A^2 & B^2 & C^2 \\ A^3 & B^3 & C^3 \end{vmatrix}$$

は A から 4 行 4 列を除いた行列 $\breve{\mathsf{A}}$ の行列式で, 平行 6 面体の向きを持つ有向体積 $V_{(3)}^{123}$ である. $^\star\mathbf{F}$ と「面」内にはないベクトル $\mathbf{D}$ との内積を計算すると

$$\mathbf{D} \cdot {}^\star\mathbf{F} = -D^4|\breve{\mathsf{A}}| = -h_{(4)} V_{(3)}^{123}$$

になる.

$$h_{(4)} = D^4 = \mathbf{D} \cdot \mathbf{e}^4$$

は「面」から $\mathbf{D}$ までの向きを持つ高さであるから, 「面」の「有向面積」$V_{(3)}^{123}$ に高さを掛けた平行 8 面体の有向体積は

$$V_{(4)} = h_{(4)} V_{(3)}^{123} = -\mathbf{D} \cdot \mathbf{A} \times \mathbf{B} \times \mathbf{C} = |\mathbf{ABCD}| \tag{2.26}$$

である. 3 次元の (2.15) の拡張になっている. ここでは $\mathbf{A} \times \mathbf{B} \times \mathbf{C}$ が x^4 軸に垂直な「面」内にある場合を考えたが, 一般には $^\star\mathbf{F}$ を第 1 列で展開した

$$\mathbf{A} \times \mathbf{B} \times \mathbf{C} = \mathbf{e}^1 V_{(3)}^{234} - \mathbf{e}^2 V_{(3)}^{134} + \mathbf{e}^3 V_{(3)}^{124} - \mathbf{e}^4 V_{(3)}^{123}$$

になる. 体積 $V_{(4)}$ の x^1, x^2, x^3, x^4 軸に垂直な「面」への射影を

$$V_{(3)}^{234} = \begin{vmatrix} A^2 & B^2 & C^2 \\ A^3 & B^3 & C^3 \\ A^4 & B^4 & C^4 \end{vmatrix}, \quad V_{(3)}^{134} = \begin{vmatrix} A^1 & B^1 & C^1 \\ A^3 & B^3 & C^3 \\ A^4 & B^4 & C^4 \end{vmatrix}, \quad V_{(3)}^{124} = \begin{vmatrix} A^1 & B^1 & C^1 \\ A^2 & B^2 & C^2 \\ A^4 & B^4 & C^4 \end{vmatrix}$$

で表した. 「面積」すなわち 3 次元有向体積を表している. □

2.6 n 次元外積

定義 2.39 n 次元では n 個の添字を持つリッチ-レヴィ=チヴィタ記号を

$$\varepsilon_{i_1 i_2 \cdots i_n} = \varepsilon^{i_1 i_2 \cdots i_n} = \begin{cases} +1 & (i_1 i_2 \cdots i_n) \text{ は } (123 \cdots n) \text{ の偶順列} \\ -1 & (i_1 i_2 \cdots i_n) \text{ は } (123 \cdots n) \text{ の奇順列} \\ 0 & \text{その他} \end{cases} \tag{2.27}$$

によって定義しよう.n 指標一般化クロネカーのデルタ記号は

$$\delta^{l_1 l_2 \cdots l_n}_{i_1 i_2 \cdots i_n} = \varepsilon_{i_1 i_2 \cdots i_n} \varepsilon^{l_1 l_2 \cdots l_n} = \begin{vmatrix} \delta^{l_1}_{i_1} & \delta^{l_1}_{i_2} & \cdots & \delta^{l_1}_{i_n} \\ \delta^{l_2}_{i_1} & \delta^{l_2}_{i_2} & \cdots & \delta^{l_2}_{i_n} \\ \vdots & \vdots & \ddots & \vdots \\ \delta^{l_n}_{i_1} & \delta^{l_n}_{i_2} & \cdots & \delta^{l_n}_{i_n} \end{vmatrix}$$

によって定義する.3 次元と同様に

$$\delta^{p l_1 l_2 \cdots l_{n-1}}_{p i_1 i_2 \cdots i_{n-1}} = \varepsilon_{p i_1 i_2 \cdots i_{n-1}} \varepsilon^{p l_1 l_2 \cdots l_{n-1}} = \varepsilon_{i_1 i_2 \cdots i_{n-1}} \varepsilon^{l_1 l_2 \cdots l_{n-1}} = \delta^{l_1 l_2 \cdots l_{n-1}}_{i_1 i_2 \cdots i_{n-1}} \tag{2.28}$$

が成り立つ.

n 次元空間で n 個のベクトル $\mathbf{A}_1, \cdots, \mathbf{A}_n$ があるとき,これらから外積を構成することができる.$\mathbf{A}_i$ を基底で展開して

$$\mathbf{A}_i = \mathbf{e}_l A^l_i \tag{2.29}$$

とする.すなわち n 行 n 列の行列

$$\mathsf{A} = (A^l_i) = |\mathbf{A}_1 \cdots \mathbf{A}_n| = \begin{pmatrix} A^1_1 & \cdots & A^1_n \\ \vdots & \ddots & \vdots \\ A^n_1 & \cdots & A^n_n \end{pmatrix} \tag{2.30}$$

を考える.A の行列式は定義によって

$$|\mathsf{A}| = |A^l_i| = \begin{vmatrix} A^1_1 & \cdots & A^1_n \\ \vdots & \ddots & \vdots \\ A^n_1 & \cdots & A^n_n \end{vmatrix} = \varepsilon_{l_1 \cdots l_n} A^{l_1}_1 \cdots A^{l_n}_n$$

である.

定義 2.40 (双対写像) n 個のベクトルの中から m 個を用いる双対写像,ホッジ双対は

$$^\star F_{k_1\cdots k_{n-m}} = \varepsilon_{k_1\cdots k_{n-m}l_1\cdots l_m}F^{l_1\cdots l_n}, \quad F^{l_1\cdots l_n} = A_1^{l_1}\cdots A_m^{l_m} \quad (2.31)$$

によって定義する.

$m = 1, 2, \cdots, n-1, n$ について,それぞれ

$$\begin{cases} ^\star F_{k_1\cdots k_{n-1}} = \varepsilon_{k_1\cdots k_{n-1}l} & A_1^l \\ ^\star F_{k_1\cdots k_{n-2}} = \varepsilon_{k_1\cdots k_{n-2}l_1 l_2} & A_1^{l_1} A_2^{l_2} \\ \quad\vdots \\ ^\star F_k = \varepsilon_{kl_1\cdots l_{n-1}} & A_1^{l_1}\cdots A_{n-1}^{l_{n-1}} \\ ^\star F = \varepsilon_{l_1\cdots l_n} & A_1^{l_1}\cdots A_n^{l_n} \end{cases}$$

になる.各外積は,n 個から任意の m 個を取り出す選び方の数

$$\binom{n}{m} = \frac{n!}{m!(n-m)!}$$

だけの成分を持っている.$m = n-1$ の外積 $^\star F_k$ は,$\binom{n}{n-1} = n$ 個の成分を持つから,n 次元空間のベクトルである.$^\star F_k$ は行列式

$$^\star \mathbf{F} = \begin{vmatrix} \mathbf{e}^1 & A_1^1 & \cdots & A_{n-1}^1 \\ \vdots & \vdots & \ddots & \vdots \\ \mathbf{e}^n & A_1^n & \cdots & A_{n-1}^n \end{vmatrix} \quad (2.32)$$

の余因子である.すなわち,1 列 $\mathbf{e}^k$ についての余因子展開

$$^\star \mathbf{F} = \mathbf{e}^1 \Delta_1^1 + \mathbf{e}^2 \Delta_2^1 + \cdots + \mathbf{e}^n \Delta_n^1 = \mathbf{e}^k \Delta_k^1$$

において,余因子は

$$\Delta_k^1 = \varepsilon_{kl_1\cdots l_{n-1}} A_1^{l_1}\cdots A_{n-1}^{l_{n-1}} = {^\star F_k}$$

である.$(l_1\cdots l_{n-1})$ は k を除いた $(1\cdots k-1\, k+1\cdots n)$ の順列なので,

$$\varepsilon_{kl_1\cdots l_{n-1}} = (-1)^{k-1}\varepsilon_{l_1\cdots l_{n-1}} \quad (2.33)$$

が成り立つ．したがって，余因子は

$$\Delta_k^1 = {}^\star F_k = (-1)^{k-1}\varepsilon_{l_1\cdots l_{n-1}}A_1^{l_1}\cdots A_{n-1}^{l_{n-1}}$$

と書き直すことができる．k 行，1 列を除いた小行列式に $(-1)^{k+1} = (-1)^{k-1}$ を乗じた量になっている．これを使うと，${}^\star\mathbf{F}$ の余因子展開は，よく知られた

$$
{}^\star\mathbf{F} = \mathbf{e}^1 \begin{vmatrix} A_1^2 & \cdots & A_{n-1}^2 \\ \vdots & \ddots & \vdots \\ A_1^n & \cdots & A_{n-1}^n \end{vmatrix} + \cdots + (-1)^{n-1}\mathbf{e}^n \begin{vmatrix} A_1^1 & \cdots & A_{n-1}^1 \\ \vdots & \ddots & \vdots \\ A_1^{n-1} & \cdots & A_{n-1}^{n-1} \end{vmatrix}
$$

になる．

問題 2.41 n 次元基底は

$$
\left.\begin{aligned}
\mathbf{e}_1 \times \cdots \times \mathbf{e}_{k-1} \times \mathbf{e}_{k+1} \times \cdots \times \mathbf{e}_n &= (-1)^{k-1}\mathbf{e}^k \\
\mathbf{e}^1 \times \cdots \times \mathbf{e}^{k-1} \times \mathbf{e}^{k+1} \times \cdots \times \mathbf{e}^n &= (-1)^{k-1}\mathbf{e}_k
\end{aligned}\right\} \tag{2.34}
$$

を満たす．

証明 公式 (2.32) において，$\mathbf{A}_1,\cdots,\mathbf{A}_{n-1}$ として，自然基底 $\mathbf{e}_1,\cdots,\mathbf{e}_{n-1}$ を選ぶと，${}^\star\mathbf{F} = \mathbf{e}_1 \times \cdots \times \mathbf{e}_{n-1} = (-1)^{n-1}\mathbf{e}^n$ が得られる．他も同様． □

問題 2.42 ${}^\star\mathbf{F}$ は $\mathbf{A}_1,\cdots,\mathbf{A}_{n-1}$ のすべてに直交する．

証明 $\mathbf{A}_1,\cdots,\mathbf{A}_{n-1}$ の中の任意の $\mathbf{A}_k$ と ${}^\star\mathbf{F}$ の内積は

$$
\mathbf{A}_k \cdot {}^\star\mathbf{F} = \begin{vmatrix} A_k^1 & A_1^1 & \cdots & A_{n-1}^1 \\ \vdots & \vdots & \ddots & \vdots \\ A_k^n & A_1^n & \cdots & A_{n-1}^n \end{vmatrix}
$$

になる．行列式の 2 列が等しくなるので内積は 0 である． □

問題 2.43 n 次元空間で $\mathbf{A}_1,\cdots,\mathbf{A}_{n-1}$ が線形独立なベクトルであるとすると ${}^\star\mathbf{F},\mathbf{A}_1,\cdots,\mathbf{A}_{n-1}$ はこの順番で正系基底になる．

証明 ${}^\star\mathbf{F}$ のノルムは

$$
\|{}^\star\mathbf{F}\|^2 = \begin{vmatrix} {}^\star F^1 & A_1^1 & \cdots & A_{n-1}^1 \\ \vdots & \vdots & \ddots & \vdots \\ {}^\star F^n & A_1^n & \cdots & A_{n-1}^n \end{vmatrix}
$$

になるから，$^\star F, \mathbf{A}_1, \cdots, \mathbf{A}_{n-1}$ の順番で標準基底 $\mathbf{e}_1, \cdots, \mathbf{e}_n$ と同じ正系基底になる．3 次元では $\mathbf{A}_1 \times \mathbf{A}_2, \mathbf{A}_1, \mathbf{A}_2$ が右手座標系をつくる． □

定義 2.44 $p = n$ の外積は，$\binom{n}{n} = 1$ 個の成分しかなく，スカラー量である．$^\star F$ は行列 A の行列式，すなわち

$$^\star F = |\mathbf{A}_1 \cdots \mathbf{A}_n| = |\mathsf{A}| \tag{2.35}$$

である．

命題 2.46 で証明するが，3 次元でスカラー 3 重積が 3 個のベクトルのつくる平行 6 面体の体積を与えたように，$|\mathsf{A}|$ は n 次元空間の n 個のベクトルがつくる平行 $2n$ 面体の体積 $V_{(n)}$ を与える．$|\mathsf{A}|$ は，3 次元のスカラー 3 重積を n 次元に拡張したスカラー n 重積である．スカラー n 重積の変換は

$$^\star F' = \varepsilon_{l_1 \cdots l_n} A_1'^{l_1} \cdots A_n'^{l_n} = \varepsilon_{l_1 \cdots l_n} \widehat{R}_{i_1}^{l_1} \widehat{R}_{i_2}^{l_2} \cdots \widehat{R}_{i_n}^{l_n} A_1^{i_1} \cdots A_n^{i_n}$$
$$= \varepsilon_{i_1 \cdots i_n} |\mathsf{R}| A_1^{i_1} \cdots A_n^{i_n} = |\mathsf{R}| ^\star F$$

によって与えられる．$\mathbf{A}_1, \cdots, \mathbf{A}_n$ をそれぞれ (2.29) のように展開すると，平行 $2n$ 面体体積の向きは $|\mathsf{A}|$ の符号によって決まる．$(1 \cdots n)$ の任意の順列を $(i_1 \cdots i_n)$ とする．$\mathbf{A}_{i_1}, \cdots, \mathbf{A}_{i_n}$ がつくる体積 $V_{(n)}^{i_1 \cdots i_n}$ は，行列式の**反対称性（歪対称性）**から，

$$V_{(n)}^{i_1 \cdots i_n} = \varepsilon^{i_1 \cdots i_n} V_{(n)}^{1 \cdots n} = \varepsilon^{i_1 \cdots i_n} V_{(n)} \tag{2.36}$$

と書くことができる．

演習 2.45 行列 A から n 行 n 列を除いた $n-1$ 次元の行列を $\check{\mathsf{A}}$，その行列式を $|\check{\mathsf{A}}|$ とすると，2 次元の (2.3)，3 次元の (2.15)，4 次元の (2.26) を拡張した

$$|\mathsf{A}| = h_{(n)} |\check{\mathsf{A}}|$$

が成り立つ．$h_{(n)} = A_n^\perp = \mathbf{A}_n \cdot \mathbf{e}^n$ は「面」から $\mathbf{A}_n$ までの高さである．

証明 外積 $^\star \mathbf{F}$ は $\mathbf{A}_1, \cdots, \mathbf{A}_{n-1}$ のすべてに直交している．3 次元における 2 個のベクトルの外積が，その 2 個のベクトルがつくる平行 4 辺形に垂直なベクトルで

あったように，n 次元の外積 $^\star\mathsf{F}$ は $n-1$ 個のベクトル $\mathbf{A}_1, \cdots \mathbf{A}_{n-1}$ がつくる「面」に垂直なベクトルである．この垂直方向を x^n 軸に選ぶと，

$$^\star\mathsf{F} = \mathbf{A}_1 \times \cdots \times \mathbf{A}_{n-1} = (-1)^{n-1} \mathbf{e}^n |\check{\mathsf{A}}|$$

になる．$^\star\mathsf{F}$ と「面」内にはないベクトル $\mathbf{A}_n$ との内積は

$$\mathbf{A}_n \cdot {}^\star\mathsf{F} = \mathbf{A}_n \cdot \mathbf{A}_1 \times \cdots \times \mathbf{A}_{n-1} = (-1)^{n-1} A_n^\perp |\check{\mathsf{A}}| = (-1)^{n-1} h_{(n)} |\check{\mathsf{A}}|$$

になる．一方，

$$\mathbf{A}_n \cdot {}^\star\mathsf{F} = A_n^k {}^\star F_k = \varepsilon_{k l_1 \cdots l_{n-1}} A_n^k A_1^{l_1} \cdots A_{n-1}^{l_{n-1}} = (-1)^{n-1} |\mathsf{A}|$$

も成り立つから，与式が得られる．行列式で表せば

$$\mathbf{A}_n \cdot {}^\star\mathsf{F} = \begin{vmatrix} A_1^1 & A_1^1 & \cdots & A_{n-1}^1 \\ \vdots & \vdots & \ddots & \vdots \\ A_n^n & A_1^n & \cdots & A_{n-1}^n \end{vmatrix} = (-1)^{n-1} \begin{vmatrix} A_1^1 & \cdots & A_n^1 \\ \vdots & \ddots & \vdots \\ A_1^n & \cdots & A_n^n \end{vmatrix}$$

である．そこで，$|\mathsf{A}|$ が平行 $2n$ 面体の体積であるとすると，$|\check{\mathsf{A}}|$ は「面」の面積であると推測できるのである． □

命題 2.46（平行 $2n$ 面体の体積） n 次元空間のベクトル $\mathbf{A}_1, \cdots, \mathbf{A}_n$ が与えられたとき，n 個のベクトルの内積を成分とする対称行列（**グラム行列**）

$$\mathsf{G} = (G_{ij}) = \begin{pmatrix} \mathbf{A}_1 \cdot \mathbf{A}_1 & \cdots & \mathbf{A}_1 \cdot \mathbf{A}_n \\ \vdots & \ddots & \vdots \\ \mathbf{A}_n \cdot \mathbf{A}_1 & \cdots & \mathbf{A}_n \cdot \mathbf{A}_n \end{pmatrix}$$

を定義しよう．(2.30) で与えた行列 A との間に $|\mathsf{G}| = |\mathsf{A}|^2$ の関係がある．これらベクトルがつくる平行 $2n$ 面体の体積 $V_{(n)}$ は

$$V_{(n)} = \sqrt{|\mathsf{G}|} = |\mathsf{A}|$$

で与えられる．

証明 2 次元で 2 個のベクトル $\mathbf{A}$ と $\mathbf{B}$ のつくる平行 4 辺形の面積は，$\mathbf{A}$ の長さと，$\mathbf{B}$ から $\mathbf{A}$ に垂直におろした垂線の長さの積 (2.3) だった．3 次元で 3 個のベ

クトル $\mathbf{A}, \mathbf{B}, \mathbf{C}$ のつくる平行 6 面体の体積は，$\mathbf{A}$ と $\mathbf{B}$ のつくる平行 4 辺形の面積と，$\mathbf{C}$ から平行 4 辺形に垂直におろした垂線の長さとの積 (2.15) になっていた．4 次元 (2.26) でも事情は同じだった．n 次元のベクトル $\mathbf{A}_1, \cdots, \mathbf{A}_n$ がつくる平行 $2n$ 面体の体積 $V_{(n)}$ は，$\mathbf{A}_n$ から $n-1$ 次元空間の「面」におろした垂線の長さ $h_{(n)}$ とその「面積」$V_{(n-1)}$ との積

$$V_{(n)} = h_{(n)} V_{(n-1)} \tag{2.37}$$

になっているはずである．

数学的帰納法を使って証明しよう．$\mathbf{A}_n$ からおろした垂線が「面」と交わる点の位置（垂線の足）を $\mathbf{A}_n^{\|}$，垂線ベクトルを $\mathbf{A}_n^{\perp} = \mathbf{A}_n - \mathbf{A}_n^{\|}$ とする．すなわち

$$\mathbf{A}_n = \mathbf{A}_n^{\|} + \mathbf{A}_n^{\perp}$$

とする．垂線の長さは

$$\|\mathbf{A}_n^{\perp}\|^2 = \mathbf{A}_n^{\perp} \cdot \mathbf{A}_n^{\perp} = \mathbf{A}_n^{\perp} \cdot \mathbf{A}_n = h_{(n)}^2$$

でなければならない．また，$\mathbf{A}_n^{\|}$ は「面」の中にあるから，$\mathbf{A}_1, \cdots, \mathbf{A}_{n-1}$ の線形結合になっていなければならない．したがって

$$\mathbf{A}_n^{\|} = \sum_{i=1}^{n-1} \alpha^i \mathbf{A}_i \tag{2.38}$$

の形をしている．垂線ベクトル $\mathbf{A}_n^{\perp}$ は，すべての $\mathbf{A}_1, \cdots, \mathbf{A}_{n-1}$ に直交するためには，$j = 1, 2, \cdots, n-1$ に対して

$$\mathbf{A}_n^{\perp} \cdot \mathbf{A}_j = 0$$

を満たさなければならない．$h_{(n)}$ と係数 α^i を決める方程式は，グラム行列を使って，

$$G_{nn} - \sum_{i=1}^{n-1} \alpha^i G_{in} = h_{(n)}^2, \qquad G_{nj} - \sum_{i=1}^{n-1} \alpha^i G_{ij} = 0 \tag{2.39}$$

になる．$|\mathsf{G}|$ を余因子 Δ_n^i によって展開すると

$$|\mathsf{G}| = \Delta_n^1 G_{1n} + \Delta_n^2 G_{2n} + \cdots + \Delta_n^n G_{nn} = \sum_{i=1}^{n} \Delta_n^i G_{in}$$

である．G から n 行 n 列を除いた小行列 $\check{\mathsf{G}}$ の余因子 $\check{\Delta}^{ji}$ によって行列式 Δ_n^i を展開すると

$$\Delta_n^i = -\sum_{j=1}^{n-1} G_{nj}\check{\Delta}^{ji}$$

になる．$\mathbf{A}_n^{\parallel}$ が $n-1$ 次元空間の中にあるための条件第 2 式は $\check{\Delta}^{ji}$ によって解くことができ

$$\alpha^i = \frac{1}{|\check{\mathsf{G}}|}\sum_{j=1}^{n-1} G_{nj}\check{\Delta}^{ji} = -\frac{1}{|\check{\mathsf{G}}|}\Delta_n^i$$

が得られる．これを条件第 1 式に代入すれば

$$h_{(n)}^2 = \frac{1}{|\check{\mathsf{G}}|}\left(|\check{\mathsf{G}}|G_{nn} + \sum_{i=1}^{n-1}\Delta_n^i G_{in}\right) = \frac{|\mathsf{G}|}{|\check{\mathsf{G}}|}$$

である．したがって，行列 A から n 行 n 列を除いた行列を $\check{\mathsf{A}}$ とすると，

$$h_{(n)} = \sqrt{\frac{|\mathsf{G}|}{|\check{\mathsf{G}}|}} = \frac{|\mathsf{A}|}{|\check{\mathsf{A}}|}$$

になる．これを繰りかえし使えば

$$V_{(n)} = h_{(n)}V_{(n-1)} = h_{(n)}h_{(n-1)}V_{(n-2)} = \cdots$$
$$= h_{(n)}h_{(n-1)}\cdots h_{(3)}V_{(2)} = \frac{|\mathsf{A}|}{|\mathsf{A}|_{n=2}}V_{(2)}$$

になる．$V_{(2)} = |\mathsf{A}|_{n=2}$ が成り立っているので $V_{(n)} = |\mathsf{A}|$ が得られた． □

問題 2.47 上の演習結果をグラム行列式から直接証明せよ．

証明 グラム行列式の nj 成分は (2.38) を用いて

$$G_{nj} = \mathbf{A}_n^{\parallel} \cdot \mathbf{A}_j = \sum_{i=1}^{n-1}\alpha^i G_{ij}$$

になる．(2.39) 第 2 式に対応している．第 1 式に対応して，nn 成分は

$$G_{nn} = \|\mathbf{A}_n^{\parallel}\|^2 + \|\mathbf{A}_n^{\perp}\|^2 = \sum_{i,j=1}^{n-1}\alpha^i\alpha^j G_{ij} + \|\mathbf{A}_n^{\perp}\|^2$$

になる．行列式の性質を使って，グラム行列式の i 行に $-\alpha^i$ を乗じて n 行に加えると，nj 成分は，$j = n$ を除いて 0 になり，nn 成分は $\|\mathbf{A}_n^\perp\|^2$ になるから n 次元のグラム行列式は $n-1$ 次元のグラム行列式の $\|\mathbf{A}_n^\perp\|^2$ になり，

$$\frac{|\mathsf{G}|}{|\check{\mathsf{G}}|} = \|\mathbf{A}_n^\perp\|^2 = h_{(n)}^2$$

が得られた． □

2.7　7次元ベクトル積

2次元で2個のベクトルからつくった外積は擬スカラーだった．3次元以上の n 次元では，$n-1$ 個のベクトルから外積としてのベクトル ${}^\star\mathbf{F}$ をつくった．任意の n 次元で，2個のベクトルからベクトル積をつくることができるだろうか．答は「否」である．$n = 1, 3, 7$ のみが許されることは後に証明する．

定義 2.48 (n 次元ベクトル積)　2個の n 次元ベクトル $\mathbf{A}$ と $\mathbf{B}$ の外積 $\mathbf{A} \times \mathbf{B}$ は，n 次元ベクトルであること，$\mathbf{A}$ と $\mathbf{B}$ に直交すること，ピタゴラスの定理 $\|\mathbf{A} \times \mathbf{B}\|^2 = \|\mathbf{A}\|^2 \|\mathbf{B}\|^2 - (\mathbf{A} \cdot \mathbf{B})^2$ が成り立つことを公理として要請する．外積が n 次元ベクトルになることから，基底のベクトル積は

$$\mathbf{e}_i \times \mathbf{e}_j = f_{ijk}\mathbf{e}^k, \qquad f_{ijk} = \mathbf{e}_i \times \mathbf{e}_j \cdot \mathbf{e}_k \qquad (2.40)$$

のように書ける．$f_{ijk} = f^{ijk}$ を**構造定数**と言う．3次元の構造定数はリッチ-レヴィ=チヴィタ記号 $\varepsilon_{ijk} = \varepsilon^{ijk}$ だった．$\mathbf{A}$ と $\mathbf{B}$ の n 次元ベクトル積は

$$\mathbf{A} \times \mathbf{B} = f_{ijk} A^i B^j \mathbf{e}^k, \qquad (\mathbf{A} \times \mathbf{B})_k = f_{ijk} A^i B^j$$

になる．

演習 2.49 (構造定数の完全反対称性)　構造定数の完全反対称性を示せ．

証明　$\mathbf{A} + \mathbf{B}$ は $(\mathbf{A} + \mathbf{B}) \times \mathbf{C}$ に直交することから

$$0 = (\mathbf{A} + \mathbf{B}) \cdot (\mathbf{A} + \mathbf{B}) \times \mathbf{C} = \mathbf{A} \cdot \mathbf{B} \times \mathbf{C} + \mathbf{B} \cdot \mathbf{A} \times \mathbf{C}$$

が成り立たなければならない．すなわちスカラー3重積は

$$\mathbf{A} \cdot \mathbf{B} \times \mathbf{C} = \mathbf{B} \cdot \mathbf{C} \times \mathbf{A} = \mathbf{C} \cdot \mathbf{A} \times \mathbf{B} = f_{ijk} A^i B^j C^k$$

のように3次元と同じ対称性を持つ．そのため，f_{ijk} は完全反対称でなければならない． □

演習 2.50 3次元と同じように，
$$(\mathbf{A} \times \mathbf{B}) \times \mathbf{A} = \mathbf{A} \times (\mathbf{B} \times \mathbf{A}) = \|\mathbf{A}\|^2 \mathbf{B} - \mathbf{A} \cdot \mathbf{B}\mathbf{A} \tag{2.41}$$
が成り立つ．ここで **3重ベクトル積**
$$[\mathbf{ABC}] = \mathbf{A} \times (\mathbf{B} \times \mathbf{C}) - \mathbf{BA} \cdot \mathbf{C} + \mathbf{CA} \cdot \mathbf{B} \tag{2.42}$$
を定義すると $[\mathbf{ABA}] = 0$ である．

証明 3重ベクトル積のノルム $\|[\mathbf{ABA}]\|^2$ を計算すると
$$\|\mathbf{A} \times (\mathbf{B} \times \mathbf{A})\|^2 + \|\mathbf{A}\|^2(\|\mathbf{A}\|^2\|\mathbf{B}\|^2 - (\mathbf{A} \cdot \mathbf{B})^2) - 2\|\mathbf{A}\|^2(\mathbf{A} \times (\mathbf{B} \times \mathbf{A})) \cdot \mathbf{B}$$
である．ピタゴラスの定理により，第1項は
$$\|\mathbf{A} \times (\mathbf{B} \times \mathbf{A})\|^2 = \|\mathbf{A}\|^2\|\mathbf{A} \times \mathbf{B}\|^2 = \|\mathbf{A}\|^2(\|\mathbf{A}\|^2\|\mathbf{B}\|^2 - (\mathbf{A} \cdot \mathbf{B})^2)$$
第3項のスカラー3重積は
$$(\mathbf{A} \times (\mathbf{B} \times \mathbf{A})) \cdot \mathbf{B} = \|\mathbf{A} \times \mathbf{B}\|^2 = \|\mathbf{A}\|^2\|\mathbf{B}\|^2 - (\mathbf{A} \cdot \mathbf{B})^2$$
になるから $\|[\mathbf{ABA}]\|^2 = 0$，すなわち $[\mathbf{ABA}] = 0$ が得られる． □

演習 2.51 (**3重ベクトル積**) 3重ベクトル積 (2.42) は完全反対称である．

証明 反対称性 $[\mathbf{ABC}] = -[\mathbf{ACB}]$ は明らかだ．また，$[(\mathbf{A}+\mathbf{C})\mathbf{B}(\mathbf{A}+\mathbf{C})] = 0$ が成り立つので，$[\mathbf{ABA}] = [\mathbf{CBC}] = 0$ を利用すると，完全反対称性
$$[\mathbf{ABC}] = -[\mathbf{CBA}] = [\mathbf{CAB}] = -[\mathbf{BAC}] = [\mathbf{BCA}]$$
を導くことができる． □

問題 2.52 恒等式
$$(\mathbf{A} \times \mathbf{B}) \times \mathbf{C} + \mathbf{A} \times (\mathbf{B} \times \mathbf{C}) = 2\mathbf{A} \cdot \mathbf{C}\mathbf{B} - \mathbf{A} \cdot \mathbf{B}\mathbf{C} - \mathbf{B} \cdot \mathbf{C}\mathbf{A} \tag{2.43}$$
が成り立つ．

証明 対称性 $[\mathbf{ABC}] = [\mathbf{CAB}]$ から明らかである．両辺と $\mathbf{D}$ の内積を取ると

$$(\mathbf{A}\times\mathbf{B})\cdot(\mathbf{C}\times\mathbf{D})+(\mathbf{B}\times\mathbf{C})\cdot(\mathbf{D}\times\mathbf{A}) = 2\mathbf{A}\cdot\mathbf{CB}\cdot\mathbf{D}-\mathbf{A}\cdot\mathbf{BC}\cdot\mathbf{D}-\mathbf{B}\cdot\mathbf{CD}\cdot\mathbf{A} \quad (2.44)$$

になる．$\mathbf{C}=\mathbf{A}$ の場合には，(2.41) からも導けるように，

$$(\mathbf{A}\times\mathbf{B})\cdot(\mathbf{A}\times\mathbf{D}) = (\mathbf{A}\times\mathbf{B})\times\mathbf{A}\cdot\mathbf{D} = \|\mathbf{A}\|^2\mathbf{B}\cdot\mathbf{D}-\mathbf{A}\cdot\mathbf{BA}\cdot\mathbf{D}$$

となり，(2.16) 第1式，ビネーコーシー恒等式が成り立つ．さらに $\mathbf{B}=\mathbf{D}$ の場合にはピタゴラスの定理 $\|\mathbf{A}\times\mathbf{B}\|^2 = \|\mathbf{A}\|^2\|\mathbf{B}\|^2-(\mathbf{A}\cdot\mathbf{B})^2$ になる． □

問題 2.53 恒等式

$$\mathbf{A}\times(\mathbf{B}\times\mathbf{C})+\mathbf{B}\times(\mathbf{C}\times\mathbf{A})+\mathbf{C}\times(\mathbf{A}\times\mathbf{B}) = [\mathbf{ABC}]+[\mathbf{BCA}]+[\mathbf{ABC}] = 3[\mathbf{ABC}]$$

が成り立つ．したがって，3次元で与えたヤコービ恒等式 (2.12) は一般には成り立たない．

問題 2.54 任意のベクトル $\mathbf{A}, \mathbf{B}$ に対し，

$$(\mathbf{e}_i\times\mathbf{A})\cdot(\mathbf{e}^i\times\mathbf{B}) = (n-1)\mathbf{A}\cdot\mathbf{B} \quad (2.45)$$
$$(\mathbf{e}_i\times\mathbf{A})\times(\mathbf{e}^i\times\mathbf{B}) = -(n-4)\mathbf{A}\times\mathbf{B} \quad (2.46)$$

が成り立つ．

証明 (2.44) を使うと

$$(\mathbf{e}_i\times\mathbf{A})\cdot(\mathbf{e}^i\times\mathbf{B})+(\mathbf{A}\times\mathbf{e}^i)\cdot(\mathbf{B}\times\mathbf{e}_i) = 2(\mathbf{e}_i\times\mathbf{A})\cdot(\mathbf{e}^i\times\mathbf{B})$$
$$= 2\mathbf{e}_i\cdot\mathbf{e}^i\mathbf{A}\cdot\mathbf{B}-A_iB^i-A^iB_i = 2(n-1)\mathbf{A}\cdot\mathbf{B}$$

が得られる．$\mathbf{e}_i\times\mathbf{e}^i = \delta^{ij}f_{ijk}\mathbf{e}^k = 0$ を考慮し，(2.43) を使うと

$$(\mathbf{e}_i\times\mathbf{A})\times(\mathbf{e}^i\times\mathbf{B}) = -((\mathbf{e}_i\times\mathbf{A})\times\mathbf{e}^i)\times\mathbf{B}+2\mathbf{A}\times\mathbf{B}-\mathbf{B}\times\mathbf{A}$$

になる．さらに，右辺第1項は，(2.43) を使って

$$(\mathbf{e}_i\times\mathbf{A})\times\mathbf{e}^i+\mathbf{e}_i\times(\mathbf{A}\times\mathbf{e}^i) = 2(\mathbf{e}_i\times\mathbf{A})\times\mathbf{e}^i = 2\mathbf{e}_i\cdot\mathbf{e}^i\mathbf{A}-A_i\mathbf{e}^i-A^i\mathbf{e}_i$$

のように書き直すと，$(\mathbf{e}_i\times\mathbf{A})\times\mathbf{e}^i = (n-1)\mathbf{A}$ になり，

$$-(n-1)\mathbf{A}\times\mathbf{B}+2\mathbf{A}\times\mathbf{B}-\mathbf{B}\times\mathbf{A} = -(n-4)\mathbf{A}\times\mathbf{B}$$

によって与式が得られる． □

問題 2.55 基底について成り立つ恒等式

$$\mathbf{e}_i \times [\mathbf{e}_j\mathbf{e}_l\mathbf{e}_m] = \tfrac{1}{2}([\mathbf{e}_i\mathbf{e}_j\mathbf{e}_l \times \mathbf{e}_m] + [\mathbf{e}_i\mathbf{e}_l\mathbf{e}_m \times \mathbf{e}_j] + [\mathbf{e}_i\mathbf{e}_m\mathbf{e}_j \times \mathbf{e}_l]) \qquad (2.47)$$

を証明せよ．

証明 定義 (2.42) を使って左辺を書き直すと

$$3\mathbf{e}_i \times [\mathbf{e}_j\mathbf{e}_l\mathbf{e}_m] - [\mathbf{e}_i\mathbf{e}_j\mathbf{e}_l \times \mathbf{e}_m] - [\mathbf{e}_i\mathbf{e}_l\mathbf{e}_m \times \mathbf{e}_j] - [\mathbf{e}_i\mathbf{e}_m\mathbf{e}_j \times \mathbf{e}_l]$$
$$= \mathbf{e}_i \cdot \mathbf{e}_l \times \mathbf{e}_m \mathbf{e}_j - \mathbf{e}_i \cdot \mathbf{e}_j\mathbf{e}_l \times \mathbf{e}_m$$
$$+ \mathbf{e}_i \cdot \mathbf{e}_m \times \mathbf{e}_j\mathbf{e}_l - \mathbf{e}_i \cdot \mathbf{e}_l\mathbf{e}_m \times \mathbf{e}_j + \mathbf{e}_i \cdot \mathbf{e}_j \times \mathbf{e}_l\mathbf{e}_m - \mathbf{e}_i \cdot \mathbf{e}_m\mathbf{e}_j \times \mathbf{e}_l$$

になる．これを次のように並べかえよう．

$$\mathbf{e}_i \cdot \mathbf{e}_l \times \mathbf{e}_m\mathbf{e}_j - \tfrac{1}{2}\mathbf{e}_i \cdot \mathbf{e}_j\mathbf{e}_l \times \mathbf{e}_m - \mathbf{e}_i \times \mathbf{e}_j \cdot \mathbf{e}_m\mathbf{e}_l + \tfrac{1}{2}\mathbf{e}_i \times \mathbf{e}_j \cdot \mathbf{e}_l\mathbf{e}_m$$
$$+ (\mathbf{e}_i \cdot \mathbf{e}_l\mathbf{e}_j - \tfrac{1}{2}\mathbf{e}_i \cdot \mathbf{e}_j\mathbf{e}_l) \times \mathbf{e}_m - \mathbf{e}_i \cdot \mathbf{e}_m\mathbf{e}_j \times \mathbf{e}_l + \tfrac{1}{2}\mathbf{e}_i \cdot \mathbf{e}_j \times \mathbf{e}_l\mathbf{e}_m$$

とした上で，(2.42) を用いて，最初の 2 項を

$$\mathbf{e}_i \cdot \mathbf{e}_l \times \mathbf{e}_m\mathbf{e}_j - \tfrac{1}{2}\mathbf{e}_i \cdot \mathbf{e}_j\mathbf{e}_l \times \mathbf{e}_m$$
$$= \tfrac{1}{2}\mathbf{e}_i \times (\mathbf{e}_j \times (\mathbf{e}_l \times \mathbf{e}_m)) + \tfrac{1}{2}(\mathbf{e}_i \times \mathbf{e}_j) \times (\mathbf{e}_l \times \mathbf{e}_m) + \tfrac{1}{2}\mathbf{e}_j \cdot \mathbf{e}_l \times \mathbf{e}_m\mathbf{e}_i$$

に書きかえ，残り 3 組も同じ公式で書きかえれば，ほとんどの項が相殺し，残る

$$\tfrac{1}{2}\mathbf{e}_i \times (\mathbf{e}_j \times (\mathbf{e}_l \times \mathbf{e}_m) - (\mathbf{e}_j \times \mathbf{e}_l) \times \mathbf{e}_m - \mathbf{e}_l \cdot \mathbf{e}_m\mathbf{e}_j + \mathbf{e}_j \cdot \mathbf{e}_l\mathbf{e}_m)$$
$$= \mathbf{e}_i \times (\mathbf{e}_j \times (\mathbf{e}_l \times \mathbf{e}_m) - \mathbf{e}_j \cdot \mathbf{e}_m\mathbf{e}_l + \mathbf{e}_j \cdot \mathbf{e}_l\mathbf{e}_m) = \mathbf{e}_i \times [\mathbf{e}_j\mathbf{e}_l\mathbf{e}_m]$$

が与式になる． □

演習 2.56 3 次元の公式 (2.20) に対応し，

$$f_{ijk}f^{lmk} = g_{ij}^{lm} + \delta_{ij}^{lm} \qquad (2.48)$$

によって $g_{ij}^{lm} = g_{ijlm}$ を定義する．g_{ijlm} は完全反対称である．

証明 n 次元 3 重ベクトル積は

$$[\mathbf{ABC}] = (f_{ijk}f^{lmk} - \delta_{ij}^{lm})\mathbf{e}^i A^j B_l C_m = g_{ijlm}\mathbf{e}^i A^j B^l C^m$$

になる．同様にして

$$[\mathbf{ABC}] = g^{ijlm}\mathbf{e}_i A_j B_l C_m$$

になる. 基底を使うと

$$[\mathbf{e}_j\mathbf{e}_l\mathbf{e}_m] = g_{ijlm}\mathbf{e}^i, \qquad [\mathbf{e}^j\mathbf{e}^l\mathbf{e}^m] = g^{ijlm}\mathbf{e}_i$$

が成り立つ. スカラー3重積の対称性を使うと

$$\begin{aligned}g_{ijlm} &= \mathbf{e}_i \cdot [\mathbf{e}_j\mathbf{e}_l\mathbf{e}_m] = \mathbf{e}_i \cdot \mathbf{e}_j \times (\mathbf{e}_l \times \mathbf{e}_m) - \mathbf{e}_i \cdot (\mathbf{e}_l\mathbf{e}_j \cdot \mathbf{e}_m - \mathbf{e}_m\mathbf{e}_j \cdot \mathbf{e}_l) \\ &= (\mathbf{e}_i \times \mathbf{e}_j) \cdot (\mathbf{e}_l \times \mathbf{e}_m) - \mathbf{e}_i \cdot \mathbf{e}_l \mathbf{e}_j \cdot \mathbf{e}_m + \mathbf{e}_i \cdot \mathbf{e}_m \mathbf{e}_j \cdot \mathbf{e}_l\end{aligned}$$

になる. ij や lm の置換についての反対称性

$$g_{ijlm} = -g_{jilm} = -g_{ijml} = g_{jiml}$$

は明らかだ. 3重ベクトル積の完全反対称性により, jlm を偶置換すると1, 奇置換すると -1, その他は0である. g_{ijlm} は完全反対称性を持つ. □

例題 2.57 (ピタゴラスの定理) 公理として要請したピタゴラスの定理が成り立つことを確かめよ.

証明 $\mathbf{A} \times \mathbf{B}$ のノルム

$$\|\mathbf{A} \times \mathbf{B}\|^2 = (g_{ij}^{lm} + \delta_{ij}^{lm})A^i B^j A_l B_m = g_{ijlm}A^i B^j A^l B^m + \|\mathbf{A}\|^2\|\mathbf{B}\|^2 - (\mathbf{A} \cdot \mathbf{B})^2$$

において, 右辺第1項は, ダミー添字を付けかえると $g_{ljim}A^l B^j A^i B^m$ になるが, g_{ijlm} の完全反対称性により $g_{ijlm} = -g_{ljim}$ が成り立つからピタゴラスの定理が得られる. □

演習 2.58 g_{ijlm} に関する和則

$$g_{ijlm}g^{ijlm} = n(n-1)(n-3)$$

を証明せよ. これより, $g_{ijlm} = 0$ になるのは $1, 3$ 次元のみである.

証明 $g_{ijlm}g^{ijlm}$ は

$$\begin{aligned}[\mathbf{e}_j\mathbf{e}_l\mathbf{e}_m] \cdot [\mathbf{e}^j\mathbf{e}^l\mathbf{e}^m] &= \mathbf{e}_j \times (\mathbf{e}_l \times \mathbf{e}_m) \cdot \mathbf{e}^j \times (\mathbf{e}^l \times \mathbf{e}^m) \\ &\quad - 4\mathbf{e}_l \times \mathbf{e}_m \cdot \mathbf{e}^l \times \mathbf{e}^m + 2\mathbf{e}_l \cdot \mathbf{e}^l \mathbf{e}_m \cdot \mathbf{e}^m - 2\mathbf{e}_l \cdot \mathbf{e}^m \mathbf{e}^l \cdot \mathbf{e}_m\end{aligned}$$

になる. 恒等式 (2.45) を使うと, 第 1 項は $(n-1)\mathbf{e}_l \times \mathbf{e}_m \cdot \mathbf{e}^l \times \mathbf{e}^m$ になる. 再び (2.45) を使い,

$$\mathbf{e}_l \times \mathbf{e}_m \cdot \mathbf{e}^l \times \mathbf{e}^m = (n-1)\mathbf{e}_m \cdot \mathbf{e}^m = n(n-1) \tag{2.49}$$

を代入すると

$$[\mathbf{e}_j\mathbf{e}_l\mathbf{e}_m] \cdot [\mathbf{e}^j\mathbf{e}^l\mathbf{e}^m] = n(n-1)^2 - 4n(n-1) + 2n^2 - 2n = n(n-1)(n-3)$$

が得られる. □

演習 2.59　和則

$$(\mathbf{e}_i \times \mathbf{e}_j) \cdot (\mathbf{e}_l \times \mathbf{e}_m)(\mathbf{e}^j \times \mathbf{e}^l) \cdot (\mathbf{e}^m \times \mathbf{e}^i) = -n(n-1)(n-4) \tag{2.50}$$

$$(\mathbf{e}_i \times \mathbf{e}_j) \cdot (\mathbf{e}^j \times \mathbf{e}^l)(\mathbf{e}_l \times \mathbf{e}_m) \cdot (\mathbf{e}^m \times \mathbf{e}^i) = n(n-1)^2 \tag{2.51}$$

$$(\mathbf{e}_i \times \mathbf{e}_j) \times (\mathbf{e}^j \times \mathbf{e}^l) \cdot (\mathbf{e}_l \times \mathbf{e}_m) \times (\mathbf{e}^m \times \mathbf{e}^i) = -n(n-1)(n-4)^2 \tag{2.52}$$

を証明せよ.

証明　(2.50) 左辺は, スカラー 3 重積の対称性により

$$(\mathbf{e}_j \times (\mathbf{e}_l \times \mathbf{e}_m)) \cdot ((\mathbf{e}^j \times \mathbf{e}^l) \times \mathbf{e}^m) = (\mathbf{e}_j \times (\mathbf{e}_l \times \mathbf{e}_m)) \times (\mathbf{e}^j \times \mathbf{e}^l) \cdot \mathbf{e}^m$$

のように書き直せる. (2.46) を適用すると,

$$-(n-4)(\mathbf{e}_l \times \mathbf{e}_m) \times \mathbf{e}^l \cdot \mathbf{e}^m = -(n-4)\mathbf{e}_l \times \mathbf{e}_m \cdot \mathbf{e}^l \times \mathbf{e}^m$$

になる. (2.49) によって (2.50) が得られる. 同様に, (2.51) 左辺で (2.45) を使って書き直すと

$$(n-1)^2 \mathbf{e}_i \cdot \mathbf{e}^l \mathbf{e}_l \cdot \mathbf{e}^i = (n-1)^2 \mathbf{e}_l \cdot \mathbf{e}^l = n(n-1)^2$$

になる. また, (2.51) 左辺で (2.46) を使うと,

$$(n-4)^2 \mathbf{e}_i \times \mathbf{e}^l \cdot \mathbf{e}_l \times \mathbf{e}^i = -(n-1)(n-4)^2 \mathbf{e}^l \cdot \mathbf{e}_l = -n(n-1)(n-4)^2$$

が得られる. □

2.7　7次元ベクトル積

命題 2.60　ベクトル積を定義するためには，次元 n は

$$n(n-1)(n-3)(n-7) = 0 \tag{2.53}$$

を満たさなければならない (M. Rost, *Doc. Math.* **1**, 209-214, 1996)．ベクトル積を定義できるのは $n=1,3,7$ の場合だけである．

証明　和則 (2.52) は次のようにしても計算できる．

$$\alpha = \mathbf{e}_i \times \mathbf{e}_j, \quad \beta = \mathbf{e}^j \times \mathbf{e}^l, \quad \gamma = \mathbf{e}_l \times \mathbf{e}_m, \quad \delta = \mathbf{e}^m \times \mathbf{e}^i$$

のように略記すると，恒等式 (2.44) により

$$\alpha \times \beta \cdot \gamma \times \delta + \beta \times \gamma \cdot \delta \times \alpha = 2\alpha \cdot \gamma \beta \cdot \delta - \alpha \cdot \beta \gamma \cdot \delta - \beta \cdot \gamma \delta \cdot \alpha$$

が成り立つ．左辺の 2 項は，ダミー添字の入れかえによって，同じになる．また右辺の最後の 2 項も同じである．したがって，(2.52) は，(2.50) と (2.51) を用いて，

$$-n(n-1)(n-4) - n(n-1)^2 = -n(n-1)(2n-5)$$

になるから，これが (2.52) と両立するためにはロストの式 (2.53)

$$0 = -n(n-1)(2n-5) + n(n-1)(n-4)^2 = n(n-1)(n-3)(n-7)$$

が成り立たなければならない．　□

演習 2.61　和則

$$\sum_{i,j,l,m=1}^{n} \|\mathbf{e}_i \times [\mathbf{e}_j \mathbf{e}_l \mathbf{e}_m]\|^2 = n(n-1)^2(n-3) \tag{2.54}$$

$$\sum_{i,j,l,m=1}^{n} [\mathbf{e}_i \mathbf{e}_j \mathbf{e}_l \times \mathbf{e}_m] \cdot [\mathbf{e}_i \mathbf{e}_j \times \mathbf{e}_l \mathbf{e}_m] = -n(n-1)(n-3)(n-6) \tag{2.55}$$

$$\sum_{i,j,l,m=1}^{n} \|[\mathbf{e}_i \mathbf{e}_j \mathbf{e}_l \times \mathbf{e}_m]\|^2 = n(n-1)^2(n-3) \tag{2.56}$$

を証明せよ．

証明 ピタゴラスの定理を使うと，

$$\|\mathbf{e}_i \times [\mathbf{e}_j \mathbf{e}_l \mathbf{e}_m]\|^2 = \|\mathbf{e}_i\|^2 \|[\mathbf{e}_j \mathbf{e}_l \mathbf{e}_m]\|^2 - (\mathbf{e}_i \cdot [\mathbf{e}_j \mathbf{e}_l \mathbf{e}_m])^2$$

になるから，和則 (2.50) によって和則 (2.54),

$$\sum_{i,j,l,m=1}^{n} \|\mathbf{e}_i \times [\mathbf{e}_j \mathbf{e}_l \mathbf{e}_m]\|^2 = (n-1) \sum_{j,l,m=1}^{n} \|[\mathbf{e}_j \mathbf{e}_l \mathbf{e}_m]\|^2 = n(n-1)^2(n-3)$$

に帰着する．和則 (2.55) の証明も同様である．

$$\sum_{i=1}^{n} [\mathbf{e}_i \mathbf{e}_j \mathbf{e}_l \times \mathbf{e}_m] \cdot [\mathbf{e}_i \mathbf{e}_j \times \mathbf{e}_l \mathbf{e}_m]$$
$$= (n-5)\mathbf{e}_j \times (\mathbf{e}_l \times \mathbf{e}_m) \cdot (\mathbf{e}_j \times \mathbf{e}_l) \times \mathbf{e}_m - 2\mathbf{e}_j \cdot \mathbf{e}_m \mathbf{e}_j \cdot \mathbf{e}_l \times (\mathbf{e}_l \times \mathbf{e}_m)$$

において，右辺第1項は，(2.43) を使い，j について和を取ると，

$$(n-5) \sum_{j=1}^{n} \mathbf{e}_j \times (\mathbf{e}_l \times \mathbf{e}_m) \cdot (2\mathbf{e}_j \cdot \mathbf{e}_m \mathbf{e}_l - \mathbf{e}_j \cdot \mathbf{e}_l \mathbf{e}_m - \mathbf{e}_j \times (\mathbf{e}_l \times \mathbf{e}_m))$$
$$= -(n-4)(n-5)\|\mathbf{e}_l \times \mathbf{e}_m\|^2$$

になるから，

$$\sum_{i,j,l,m=1}^{n} [\mathbf{e}_i \mathbf{e}_j \mathbf{e}_l \times \mathbf{e}_m] \cdot [\mathbf{e}_i \mathbf{e}_j \times \mathbf{e}_l \mathbf{e}_m]$$
$$= (-(n-4)(n-5)+2) \sum_{l,m=1}^{n} \|\mathbf{e}_l \times \mathbf{e}_m\|^2 = -n(n-1)(n-3)(n-6)$$

によって和則 (2.55) が得られる．和則 (2.56) の証明もまったく同様である． □

命題 2.62 ロストの式 (2.60) は，恒等式 (2.47) の両辺のノルムについての和則が等しいことを利用することによっても導くことができる (Z. K. Silagadze, *J. Phys.* **A35**, 4949-4953, 2002).

証明 (2.47) 左辺ノルムの和則は (2.54) によって与えた．右辺ノルムの和則は

$$\frac{1}{4} \sum_{i,j,l,m=1}^{n} \|[\mathbf{e}_i \mathbf{e}_j \mathbf{e}_l \times \mathbf{e}_m] + [\mathbf{e}_i \mathbf{e}_l \mathbf{e}_m \times \mathbf{e}_j] + [\mathbf{e}_i \mathbf{e}_m \mathbf{e}_j \times \mathbf{e}_l]\|^2$$

を計算すればよい．2乗の3項を (2.56), 交差項を (2.55) によって計算すると

$$\tfrac{3}{4} n(n-1)^2(n-3) + \tfrac{3}{2} n(n-1)(n-3)(n-6) = \tfrac{3}{4} n(n-1)(n-3)(3n-13)$$

になる．これを (2.54) に等値すると

$$0 = -n(n-1)^2(n-3) + \tfrac{3}{4}n(n-1)(n-3)(3n-13) = \tfrac{5}{4}n(n-1)(n-3)(n-7)$$

が得られる． □

定義 2.63（4元数） 複素数 $p = a_0 + \mathrm{i}a_1$ と $q = b_0 + \mathrm{i}b_1$ の積は

$$pq = a_0 b_0 - a_1 b_1 + \mathrm{i}(a_0 b_1 + b_0 a_1)$$

になる．1次元におけるベクトルは実数にほかならず，内積は $a_1 b_1$，ベクトル積は 0 である．ハミルトンは，この複素数を拡張して，**4元数**

$$p = a_0 + a_1 \mathrm{i}_1 + a_2 \mathrm{i}_2 + a_3 \mathrm{i}_3$$

を考えた．a_0, a_1, a_2, a_3 は実数，$\mathrm{i}_1, \mathrm{i}_2, \mathrm{i}_3$ は

$$\mathrm{i}_1^2 = \mathrm{i}_2^2 = \mathrm{i}_3^2 = -1$$
$$\mathrm{i}_1 \mathrm{i}_2 = -\mathrm{i}_2 \mathrm{i}_1, \quad \mathrm{i}_2 \mathrm{i}_3 = -\mathrm{i}_3 \mathrm{i}_2, \quad \mathrm{i}_3 \mathrm{i}_1 = -\mathrm{i}_1 \mathrm{i}_3$$
$$\mathrm{i}_1 \mathrm{i}_2 = \mathrm{i}_3, \quad \mathrm{i}_2 \mathrm{i}_3 = \mathrm{i}_1, \quad \mathrm{i}_3 \mathrm{i}_1 = \mathrm{i}_2$$

を満たす単位である．3 を法として $\mathrm{i}_i \mathrm{i}_{i+1} = \mathrm{i}_{i+2}$ を満たす．

ハミルトンは a_0 をスカラー，残りをベクトルと呼んだ．4元数を発見したハミルトンは，興奮のあまり，ダブリン郊外のブルーム橋にこの公式を刻んだ．p と

ロイアル運河，
ブルーム橋

もう 1 個の 4 元数 $q = b_0 + b_1\mathrm{i}_1 + b_2\mathrm{i}_2 + b_3\mathrm{i}_3$ の積は

$$pq = a_0 b_0 - a_1 b_1 - a_2 b_2 - a_3 b_3$$
$$+ a_0(b_1\mathrm{i}_1 + b_2\mathrm{i}_2 + b_3\mathrm{i}_3) + b_0(a_1\mathrm{i}_1 + a_2\mathrm{i}_2 + a_3\mathrm{i}_3)$$
$$+ (a_2 b_3 - a_3 b_2)\mathrm{i}_1 + (a_3 b_1 - a_1 b_3)\mathrm{i}_2 + (a_1 b_2 - a_2 b_1)\mathrm{i}_3$$

になる．すなわち

$$pq = a_0 b_0 - \delta^{ij} a_i b_j + a_0 \delta^{ij} a_i \mathrm{i}_j + b_0 \delta^{ij} b_i \mathrm{i}_j + \varepsilon^{ijk} a_i b_j \mathrm{i}_k$$

が成り立つから，a_1, a_2, a_3 および b_1, b_2, b_3 を成分とするベクトルを $\mathbf{a}, \mathbf{b}$ とし，$\delta^{ij} a_i \mathrm{i}_j$, $\delta^{ij} b_i \mathrm{i}_j$ を $\mathbf{a}, \mathbf{b}$ と同一視して 4 元数を**合成代数** $p = (a_0, \mathbf{a})$, $q = (b_0, \mathbf{b})$ によって表す．$\varepsilon^{ijk} a_i b_j \mathrm{i}_k$ を $\mathbf{a} \times \mathbf{b} = \varepsilon^{ijk} a_i b_j \mathbf{e}_k$ と同一視すると

$$pq = (a_0, \mathbf{a})(b_0, \mathbf{b}) = (a_0 b_0 - \mathbf{a} \cdot \mathbf{b}, a_0 \mathbf{b} + b_0 \mathbf{a} + \mathbf{a} \times \mathbf{b}) \tag{2.57}$$

になる．p の共役 $\bar{p} = a_0 - a_1\mathrm{i}_1 - a_2\mathrm{i}_2 - a_3\mathrm{i}_3$ によってノルムを計算すると

$$\|p\|^2 = \bar{p}p = a_0^2 + a_1^2 + a_2^2 + a_3^2 = a_0^2 + \|\mathbf{a}\|^2$$

である．

定義 2.64 (8 元数) グレイヴズとケイリーは 4 元数を拡張して **8 元数**

$$p = a_0 + a_1\mathrm{i}_1 + a_2\mathrm{i}_2 + a_3\mathrm{i}_3 + a_4\mathrm{i}_4 + a_5\mathrm{i}_5 + a_6\mathrm{i}_6 + a_7\mathrm{i}_7$$

を発見した．ここで単位 $\mathrm{i}_1, \mathrm{i}_2, \cdots, \mathrm{i}_7$ は

$$\mathrm{i}_1^2 = \mathrm{i}_2^2 = \cdots = \mathrm{i}_7^2 = -1, \qquad \mathrm{i}_i \mathrm{i}_j = -\mathrm{i}_j \mathrm{i}_i$$

を満たす．7 を法として，$\mathrm{i}_i \mathrm{i}_{i+1} = \mathrm{i}_{i+3}$ によって単位を構成すると，

$$\mathrm{i}_1\mathrm{i}_2 = \mathrm{i}_4, \ \mathrm{i}_2\mathrm{i}_3 = \mathrm{i}_5, \ \mathrm{i}_3\mathrm{i}_4 = \mathrm{i}_6, \ \mathrm{i}_4\mathrm{i}_5 = \mathrm{i}_7, \ \mathrm{i}_5\mathrm{i}_6 = \mathrm{i}_1, \ \mathrm{i}_6\mathrm{i}_7 = \mathrm{i}_2, \ \mathrm{i}_7\mathrm{i}_1 = \mathrm{i}_3$$

になる．

$\mathrm{i}_i \mathrm{i}_j = \sum_{k=1}^{7} f_{ijk} \mathrm{i}_k$ は (2.40) で与えた $\mathbf{e}_i \times \mathbf{e}_j = f_{ijk} \mathbf{e}^k$ に対応させることができる．7 次元における構造定数で有限の値を持つのは

$$f_{124} = f_{235} = f_{346} = f_{457} = f_{561} = f_{672} = f_{713} = 1$$

と, 3 個の添字を置換したもの, (2.48) で定義した g_{ijlm} で有限の値を持つのは

$$g_{1263} = g_{1257} = g_{1453} = g_{1476} = g_{2437} = g_{2456} = g_{3675} = 1$$

と, 4 個の添字を置換したものである.

8 元数 $p = a_0 + a_1 \mathsf{i}_1 + \cdots + a_7 \mathsf{i}_7$ と $q = b_0 + b_1 \mathsf{i}_1 + \cdots + b_7 \mathsf{i}_7$ の積は

$$\begin{aligned} pq = {} & a_0 b_0 - a_1 b_1 - \cdots - a_7 b_7 \\ & + a_0(b_1 \mathsf{i}_1 + \cdots + b_7 \mathsf{i}_7) + b_0(a_1 \mathsf{i}_1 + \cdots + a_7 \mathsf{i}_7) \\ & + (a_2 b_4 - a_4 b_2 + a_5 b_6 - a_6 b_5 + a_3 b_7 - a_7 b_3) \mathsf{i}_1 \\ & + (a_3 b_5 - a_5 b_3 + a_6 b_7 - a_7 b_6 + a_4 b_1 - a_1 b_4) \mathsf{i}_2 \\ & + (a_4 b_6 - a_6 b_4 + a_7 b_1 - a_1 b_7 + a_5 b_2 - a_2 b_5) \mathsf{i}_3 \\ & + (a_5 b_7 - a_7 b_5 + a_1 b_2 - a_2 b_1 + a_6 b_3 - a_3 b_6) \mathsf{i}_4 \\ & + (a_6 b_1 - a_1 b_6 + a_2 b_3 - a_3 b_2 + a_7 b_4 - a_4 b_7) \mathsf{i}_5 \\ & + (a_7 b_2 - a_2 b_7 + a_3 b_4 - a_4 b_3 + a_1 b_5 - a_5 b_1) \mathsf{i}_6 \\ & + (a_1 b_3 - a_3 b_1 + a_4 b_5 - a_5 b_4 + a_2 b_6 - a_6 b_2) \mathsf{i}_7 \end{aligned}$$

になる. 4 元数と同じ形 (2.57) になるから, 7 次元における内積 $\mathbf{a} \cdot \mathbf{b}$ とベクトル積 $\mathbf{a} \times \mathbf{b}$ を定義している.

> **定理 2.65 (フルヴィッツの定理)** $n + 1$ 個の実数からなる組 $a_0, a_1, \cdots, a_n$ および $b_0, b_1, \cdots, b_n$ に対し, $c_0, c_1, \cdots, c_n$ を a_j と b_k の双 1 次形式として,
>
> $$(a_0^2 + a_1^2 + \cdots + a_n^2)(b_0^2 + b_1^2 + \cdots + b_n^2) = c_0^2 + c_1^2 + \cdots + c_n^2$$
>
> が恒等的に成り立つのは実数, 複素数, 4 元数, 8 元数のときだけである. これを**フルヴィッツの定理**と言う.

証明 実数の場合は, $a_0^2 b_0^2 = (a_0 b_0)^2$ により, $c_0 = a_0 b_0$ とすれば自明である. ベクトル部分がある場合は, pq のノルムは

$$\begin{aligned} \|pq\|^2 = {} & (a_0 b_0 - \mathbf{a} \cdot \mathbf{b})^2 + \|a_0 \mathbf{b} + b_0 \mathbf{a} + \mathbf{a} \times \mathbf{b}\|^2 \\ = {} & (a_0^2 + \|\mathbf{a}\|^2)(b_0^2 + \|\mathbf{b}\|^2) \\ & + 2(a_0 \mathbf{b} + b_0 \mathbf{a}) \cdot \mathbf{a} \times \mathbf{b} + \|\mathbf{a} \times \mathbf{b}\|^2 - \|\mathbf{a}\|^2 \|\mathbf{b}\|^2 + (\mathbf{a} \cdot \mathbf{b})^2 \end{aligned}$$

になる. $\mathbf{a}$ と $\mathbf{b}$ に直交すること, ピタゴラスの定理 $\|\mathbf{a} \times \mathbf{b}\|^2 = \|\mathbf{a}\|^2 \|\mathbf{b}\|^2 - (\mathbf{a} \cdot \mathbf{b})^2$ を満たすことを要請することによってベクトル積 $\mathbf{a} \times \mathbf{b}$ を定義した. 命題 2.60 に

よって，$n = 1, 3, 7$ でしかベクトル積を定義できない．それらをベクトル部分とする複素数，4元数，8元数において，

$$\|pq\|^2 = (a_0^2 + \|\mathbf{a}\|^2)(b_0^2 + \|\mathbf{b}\|^2) = \|p\|^2 \|q\|^2$$

になりフルヴィッツの定理が得られる．$n = 1$ については本章冒頭の (2.1) で与えた．

$$c_0 = a_0 b_0 - a_1 b_1, \qquad c_1 = a_0 b_1 + a_1 b_0$$

とすると，

$$(a_0^2 + a_1^2)(b_0^2 + b_1^2) = (a_0 b_0 - a_1 b_1)^2 + (a_0 b_1 + a_1 b_0)^2 = c_0^2 + c_1^2$$

が成り立っている．複素数，1次元の自明なベクトル積の根拠であり，2次元外積の根拠でもある．$n = 3$ については，

$$\begin{aligned}
c_0 &= a_0 b_0 - a_1 b_1 - a_2 b_2 - a_3 b_3 \\
c_1 &= a_0 b_1 + a_1 b_0 + a_2 b_3 - a_3 b_2 \\
c_2 &= a_0 b_2 + a_2 b_0 + a_3 b_1 - a_1 b_3 \\
c_3 &= a_0 b_3 + a_3 b_0 + a_1 b_2 - a_2 b_1
\end{aligned}$$

とすれば，

$$(a_0^2 + a_1^2 + a_2^2 + a_3^2)(b_0^2 + b_1^2 + b_2^2 + b_3^2) = c_0^2 + c_1^2 + c_2^2 + c_3^2$$

が成り立つ（**オイラーの 4 平方定理**）．$n = 7$ については，c_i を

$$\begin{aligned}
c_0 &= a_0 b_0 - a_1 b_1 - a_2 b_2 - a_3 b_3 - a_4 b_4 - a_5 b_5 - a_6 b_6 - a_7 b_7 \\
c_1 &= a_0 b_1 + a_1 b_0 + a_2 b_4 - a_4 b_2 + a_3 b_7 - a_7 b_3 + a_5 b_6 - a_6 b_5 \\
c_2 &= a_0 b_2 + a_2 b_0 + a_3 b_5 - a_5 b_3 + a_4 b_1 - a_1 b_4 + a_6 b_7 - a_7 b_6 \\
c_3 &= a_0 b_3 + a_3 b_0 + a_4 b_6 - a_6 b_4 + a_5 b_2 - a_2 b_5 + a_7 b_1 - a_1 b_7 \\
c_4 &= a_0 b_4 + a_4 b_0 + a_5 b_7 - a_7 b_5 + a_6 b_3 - a_3 b_6 + a_1 b_2 - a_2 b_1 \\
c_5 &= a_0 b_5 + a_5 b_0 + a_6 b_1 - a_1 b_6 + a_7 b_4 - a_4 b_7 + a_2 b_3 - a_3 b_2 \\
c_6 &= a_0 b_6 + a_6 b_0 + a_7 b_2 - a_2 b_7 + a_1 b_5 - a_5 b_1 + a_3 b_4 - a_4 b_3 \\
c_7 &= a_0 b_7 + a_7 b_0 + a_1 b_3 - a_3 b_1 + a_2 b_6 - a_6 b_2 + a_4 b_5 - a_5 b_4
\end{aligned}$$

によって定義すれば

$$(a_0^2 + a_1^2 + \cdots + a_7^2)(b_0^2 + b_1^2 + \cdots + b_7^2) = c_0^2 + c_1^2 + \cdots + c_7^2$$

が恒等的に成り立つ（**デーエンの 8 平方定理**）． □

2.7 7次元ベクトル積

例題 2.66 7次元スカラー3重積 $f^{ijk}A_iB_jC_k$ は

$$\begin{aligned}
\mathbf{A} \times \mathbf{B} \cdot \mathbf{C} = &(A_2B_4 - A_4B_2 + A_5B_6 - A_6B_5 + A_3B_7 - A_7B_3)C_1 \\
&+ (A_3B_5 - A_5B_3 + A_6B_7 - A_7B_6 + A_4B_1 - A_1B_4)C_2 \\
&+ (A_4B_6 - A_6B_4 + A_7B_1 - A_1B_7 + A_5B_2 - A_2B_5)C_3 \\
&+ (A_5B_7 - A_7B_5 + A_1B_2 - A_2B_1 + A_6B_3 - A_3B_6)C_4 \\
&+ (A_6B_1 - A_1B_6 + A_2B_3 - A_3B_2 + A_7B_4 - A_4B_7)C_5 \\
&+ (A_7B_2 - A_2B_7 + A_3B_4 - A_4B_3 + A_1B_5 - A_5B_1)C_6 \\
&+ (A_1B_3 - A_3B_1 + A_4B_5 - A_5B_4 + A_2B_6 - A_6B_2)C_7
\end{aligned}$$

によって与えられることを示せ．$\mathbf{B} \times \mathbf{C} \cdot \mathbf{A}, \mathbf{C} \times \mathbf{A} \cdot \mathbf{B}$ に等しいことを確かめよ．

定理 2.67 n 次元ベクトル $\mathbf{A}, \mathbf{B}, \mathbf{C}, \mathbf{D}$ が与えられたとき，ビネ - コーシー恒等式とラグランジュ恒等式

$$\sum_{i<j=1}^{n} (A_iB_j - A_jB_i)(C_iD_j - C_jD_i) = \mathbf{A}\cdot\mathbf{C}\,\mathbf{B}\cdot\mathbf{D} - \mathbf{A}\cdot\mathbf{D}\,\mathbf{B}\cdot\mathbf{C} \quad (2.58)$$

$$\sum_{i<j=1}^{n} (A_iB_j - A_jB_i)^2 = \|\mathbf{A}\|^2\|\mathbf{B}\|^2 - (\mathbf{A}\cdot\mathbf{B})^2 \quad (2.59)$$

が成り立つ．

証明 ビネ - コーシー恒等式は $\mathbf{A} = \mathbf{C}, \mathbf{B} = \mathbf{D}$ でラグランジュ恒等式になる．(2.58) 左辺を分解すると

$$\sum_{i<j=1}^{n} (A_iC_iB_jD_j + A_jC_jB_iD_i) - \sum_{i<j=1}^{n} (A_iD_iB_jC_j + A_jD_jB_iC_i)$$

になるから，両辺に

$$0 = \sum_{i=1}^{n} A_iC_iB_iD_i - \sum_{i=1}^{n} A_iD_iB_iC_i$$

を加えてまとめれば (2.58) 右辺になる．2 次元外積と，1, 3, 7 次元ベクトル積に対しては，$\|\mathbf{A} \times \mathbf{B}\|^2 = \|\mathbf{A}\|^2\|\mathbf{B}\|^2 - (\mathbf{A}\cdot\mathbf{B})^2$，すなわちピタゴラスの定理が成り立つ．それは，

$$\|\mathbf{A} \times \mathbf{B}\|^2 = \sum_{i<j=1}^{n} (A_iB_j - A_jB_i)^2$$

が成り立つことを意味する．任意の次元では，問題 8.12 で示すように，右辺はウェッジ積のノルムを表している．2 次元外積はウェッジ積に属する． □

3 ナブラ
—ベクトルの微分

　場所によって決まる量を「**場**」と言う．英語で「フィールド」，ドイツ語で「フェルト」，フランス語で「シャン」，イタリア語で「カンポ」だ．いずれも畑や野原を表す日常用語だ．気温も，場所によって異なるスカラー量なので「**スカラー場**」の1種である．風速は，向きを持つベクトル量なので「**ベクトル場**」の1種である．本章の目的は，このような場の量，多変数関数の微分を調べることである．

　多変数関数に入る前に1変数関数について復習しておこう．1変数関数 $f(x)$ が与えられ，x において関数値が知られているとき，微小な h だけ離れた点 $x+h$ での関数値の変化分は，テイラーの定理を用いて，近似的に

$$f(x+h) - f(x) \cong hf'(x)$$

で与えられる．ここで $f'(x)$ は**導関数**（**微分係数**）

$$f'(x) = \lim_{h \to 0} \frac{f(x+h) - f(x)}{h}$$

を表す．導関数を f' と表したのはラグランジュである（ニュートンは $\dot{f}$ と表していた）．ライプニッツの記号法 d は比較にならないほど優れている．導関数は，

$$\frac{\mathrm{d}f}{\mathrm{d}x} = \frac{\mathrm{d}}{\mathrm{d}x}f$$

のように，関数 f に微分演算子 $\frac{\mathrm{d}}{\mathrm{d}x}$ を作用させた結果とみなすことができる．1次元の微分演算子 $\frac{\mathrm{d}}{\mathrm{d}x}$ を多次元に拡張した演算子が**ナブラ** ∇ である．最初にハミルトンが導入したときは記号 ◁ を使っていた．マクスウェルはデルタを逆に読ん

で「アトレッド」と命名し，親友テイトの助手で，後にオリエント言語学者になったロバートソン・スミスが，アッシリアの竪琴ナブラを使うことを提案した．旧約聖書サムエル記にはヘブライ語の竪琴ネベルが出てくる．同じ語源なのだろう．マクスウェルはその後も「空間変分」を考えている．

> **定理 3.1 (テイラーの定理)** テイラーの定理は
> $$f(x+h) = f(x) + h\frac{\mathrm{d}}{\mathrm{d}x}f(x) + \frac{h^2}{2!}\frac{\mathrm{d}^2}{\mathrm{d}x^2}f(x) + \cdots = \sum_{n=0}^{\infty} \frac{h^n}{n!}\frac{\mathrm{d}^n}{\mathrm{d}x^n}f(x)$$
> である．ここで
> $$\frac{\mathrm{d}^n}{\mathrm{d}x^n} = \left(\frac{\mathrm{d}}{\mathrm{d}x}\right)^n$$
> を表す．
> $$(\mathrm{d}x)^n = \mathrm{d}x^n$$
> と書くのは昔からのしきたりである．とくに，$x=0$ における展開
> $$f(h) = \sum_{n=0}^{\infty} \frac{h^n}{n!}\frac{\mathrm{d}^n f(x)}{\mathrm{d}x^n}\bigg|_{x=0} \tag{3.1}$$
> をマクローリンの定理と言う．

問題 3.2 (テイラー級数)　テイラー級数は

$$f(x+h) = \mathrm{e}^{h\frac{\mathrm{d}}{\mathrm{d}x}} f(x) \tag{3.2}$$

と書くことができる．

証明　指数関数のマクローリン級数

$$\mathrm{e}^x = 1 + x + \frac{x^2}{2!} + \cdots = \sum_{n=0}^{\infty} \frac{x^n}{n!}$$

を使うと

$$f(x+h) = \sum_{n=0}^{\infty} \frac{1}{n!}\left(h\frac{\mathrm{d}}{\mathrm{d}x}\right)^n f(x) = \mathrm{e}^{h\frac{\mathrm{d}}{\mathrm{d}x}} f(x)$$

が得られる．$\mathrm{e}^{h\frac{\mathrm{d}}{\mathrm{d}x}}$ は**移動演算子**である．　　□

3.1 微分

定義 3.3（微分） x において定義した h についての 1 次関数

$$F(h) = f'(x)h$$

を**微分**と言う．

$$\lim_{h \to 0} \frac{f(x+h) - f(x) - F(h)}{h} = 0$$

によって定義する．dx を座標とすれば，$F(dx)$ を df と記す．

dx は，すべてが 1 次関数で済ませることができる局所的な場所での座標であり，

$$df = f'(x)dx$$

は，変数 dx と関数値 df の線形関係を表すだけで，大局的な 1 次関数と区別してこう書く．演算子 d を太字で **d** とする記法もある．

$$df = dx \frac{df}{dx} = dx \frac{d}{dx} f$$

は，微分 dx を分母の dx で打ち消した形になっている．日本語では用語「微分」はあいまいに使われているが，導関数デリヴァティヴと微分ディファレンシャルは用語としても区別すべきだ．$\frac{df}{dx}$ は $\frac{f(x+h)-f(x)}{h}$ の極限値なので，微分 dx を h の無限小量と勘違いしやすいが，それでは $dx = 0$ になってしまう．dx は局所的な座標の役割をする有限の量である．

定義 3.4（偏導関数） 偏導関数（偏微分係数）は

$$\begin{cases} \dfrac{\partial f(x^1, x^2)}{\partial x^1} = \lim_{h \to 0} \dfrac{f(x^1+h, x^2) - f(x^1, x^2)}{h} \\ \dfrac{\partial f(x^1, x^2)}{\partial x^2} = \lim_{h \to 0} \dfrac{f(x^1, x^2+h) - f(x^1, x^2)}{h} \end{cases}$$

によって定義する．

2 変数関数 $f(x^1, x^2)$ の場合は，x^1, x^2 において関数値が知られているとき，微小な量 h^1, h^2 だけ離れた点 $x^1 + h^1, x^2 + h^2$ での関数値変化分は，x^1 と x^2 のそ

れぞれにテイラーの定理を用いて，近似的に

$$f(x^1+h^1, x^2+h^2) - f(x^1, x^2) \cong h^1 \frac{\partial f(x^1, x^2)}{\partial x^1} + h^2 \frac{\partial f(x^1, x^2)}{\partial x^2}$$

で与えられる．

> **定義 3.5（微分）** 平面上の点 x^1, x^2 において，2 変数関数 f の偏導関数が与えられているとき，h^1, h^2 についての 1 次関数
>
> $$F(h^1, h^2) = h^1 \frac{\partial f}{\partial x^1} + h^2 \frac{\partial f}{\partial x^2}$$
>
> を微分と定義する．変数として $\mathrm{d}x^1, \mathrm{d}x^2$ を取り，関数値 $F(\mathrm{d}x^1, \mathrm{d}x^2)$ を
>
> $$\mathrm{d}f = \mathrm{d}x^1 \frac{\partial f}{\partial x^1} + \mathrm{d}x^2 \frac{\partial f}{\partial x^2}$$
>
> と書く．n 変数についても同様で，n 変数関数 f の微分は
>
> $$F(h^1, \cdots, h^n) = h^1 \frac{\partial f}{\partial x^1} + \cdots + h^n \frac{\partial f}{\partial x^n} \tag{3.3}$$
>
> によって与えられる．変数として $\mathrm{d}x^1, \cdots, \mathrm{d}x^n$ を取ると，微分は
>
> $$\mathrm{d}f = \mathrm{d}x^1 \frac{\partial f}{\partial x^1} + \cdots + \mathrm{d}x^n \frac{\partial f}{\partial x^n} = \mathrm{d}x^i \frac{\partial f}{\partial x^i}$$
>
> になる．偏導関数は
>
> $$\frac{\partial f(x^1, \cdots, x^n)}{\partial x^i} = \lim_{h \to 0} \frac{f(x^1, \cdots, x^{i-1}, x^i+h, x^{i+1}, \cdots, x^n) - f(x^1, \cdots, x^n)}{h}$$
>
> によって定義する．
>
> $$\frac{\partial f(\mathbf{x})}{\partial x^i} = \lim_{h \to 0} \frac{f(\mathbf{x} + h\mathbf{e}_i) - f(\mathbf{x})}{h}$$
>
> と書くこともできる．

3 次元空間において，$x^3 = 0$ は $x^1 x^2$ 平面を表す．$(x^1)^2 + (x^2)^2 + (x^3)^2 - 1 = 0$ によって単位球面を表す．一般に

$$f(x^1, x^2, x^3) = 0$$

は 3 次元空間の曲面を表す．このような曲面を**陰関数曲面**と言う (7.4 節)．この方程式を x^3 について解いて

$$x^3 = u(x^1, x^2)$$

とすることを可能にするのが**陰関数定理**である．

> **定理 3.6 (陰関数定理)** 3 変数関数 $f(x^1, x^2, x^3)$ が空間のある点で微分可能であるとする．その点を原点に選び，そこでの $f(x^1, x^2, x^3)$ の偏導関数を
>
> $$\frac{\partial f}{\partial x^1}, \quad \frac{\partial f}{\partial x^2}, \quad \frac{\partial f}{\partial x^3}$$
>
> とする．$\frac{\partial f}{\partial x^3} \neq 0$ であれば微分可能な陰関数 $u(x^1, x^2)$ が局所的に存在し，その偏導関数は
>
> $$\frac{\partial u}{\partial x^1} = -\left(\frac{\partial f}{\partial x^3}\right)^{-1} \frac{\partial f}{\partial x^1}, \quad \frac{\partial u}{\partial x^2} = -\left(\frac{\partial f}{\partial x^3}\right)^{-1} \frac{\partial f}{\partial x^2} \quad (3.4)$$
>
> で与えられる．

証明 $f(x^1, x^2, x^3) = 0$ の微分は

$$df = dx^1 \frac{\partial f}{\partial x^1} + dx^2 \frac{\partial f}{\partial x^2} + dx^3 \frac{\partial f}{\partial x^3} = 0$$

である．$f(x^1, x^2, x^3) = 0$ を線形化した方程式なので，局所的に 1 次関数として解くことができる．x^3 について解くと，

$$x^3 = u(x^1, x^2) = -\frac{x^1 \frac{\partial f}{\partial x^1} + x^2 \frac{\partial f}{\partial x^2}}{\frac{\partial f}{\partial x^3}} + 定数$$

になる．これを x^1 および x^2 について微分すれば題意が得られる． □

演習 3.7 (3.4) で与えた陰関数定理は容易に一般化することができる．n 個の変数 $x^1, x^2, \cdots, x^n$ に対して m 個の条件式

$$f^1(x^1, x^2, \cdots, x^n, u^1, u^2, \cdots, u^m) = 0$$
$$f^2(x^1, x^2, \cdots, x^n, u^1, u^2, \cdots, u^m) = 0$$
$$\vdots$$
$$f^m(x^1, x^2, \cdots, x^n, u^1, u^2, \cdots, u^m) = 0$$

を課して，$u^1, u^2, \cdots, u^m$ を $x^1, x^2, \cdots, x^n$ の陰関数として与えるとき，

$$\begin{pmatrix} \frac{\partial u^1}{\partial x^1} & \cdots & \frac{\partial u^1}{\partial x^n} \\ \vdots & \ddots & \vdots \\ \frac{\partial u^m}{\partial x^1} & \cdots & \frac{\partial u^m}{\partial x^n} \end{pmatrix} = -\begin{pmatrix} \frac{\partial f^1}{\partial u^1} & \cdots & \frac{\partial f^1}{\partial u^m} \\ \vdots & \ddots & \vdots \\ \frac{\partial f^m}{\partial u^1} & \cdots & \frac{\partial f^m}{\partial u^m} \end{pmatrix}^{-1} \begin{pmatrix} \frac{\partial f^1}{\partial x^1} & \cdots & \frac{\partial f^1}{\partial x^n} \\ \vdots & \ddots & \vdots \\ \frac{\partial f^m}{\partial x^1} & \cdots & \frac{\partial f^m}{\partial x^n} \end{pmatrix}$$

が成り立つ．ここで現れた m 行 m 列の係数行列

$$\begin{pmatrix} \frac{\partial f^1}{\partial u^1} & \cdots & \frac{\partial f^1}{\partial u^m} \\ \vdots & \ddots & \vdots \\ \frac{\partial f^m}{\partial u^1} & \cdots & \frac{\partial f^m}{\partial u^m} \end{pmatrix} \equiv \frac{\partial(f^1, \cdots, f^m)}{\partial(u^1, \cdots, u^m)}$$

を**ヤコービ行列**（英語でジャコビアン）と言う．ヤコービ行列の逆行列が存在することがこの定理の成り立つ条件である．定理 3.6 で取りあげた例では，

$$\left(\frac{\partial u}{\partial x^1} \quad \frac{\partial u}{\partial x^2} \right) = -\left(\frac{\partial f}{\partial u} \right)^{-1} \left(\frac{\partial f}{\partial x^1} \quad \frac{\partial f}{\partial x^2} \right)$$

になる．

証明 条件式 f^i を x^j について微分すると，連鎖法則 (3.5) を用いて

$$\frac{\partial f^i}{\partial x^j} + \frac{\partial f^i}{\partial u^k}\frac{\partial u^k}{\partial x^j} = 0$$

が得られる．行列で表すと

$$\begin{pmatrix} \frac{\partial f^1}{\partial x^1} & \cdots & \frac{\partial f^1}{\partial x^n} \\ \vdots & \ddots & \vdots \\ \frac{\partial f^m}{\partial x^1} & \cdots & \frac{\partial f^m}{\partial x^n} \end{pmatrix} + \begin{pmatrix} \frac{\partial f^1}{\partial u^1} & \cdots & \frac{\partial f^1}{\partial u^m} \\ \vdots & \ddots & \vdots \\ \frac{\partial f^m}{\partial u^1} & \cdots & \frac{\partial f^m}{\partial u^m} \end{pmatrix} \begin{pmatrix} \frac{\partial u^1}{\partial x^1} & \cdots & \frac{\partial u^1}{\partial x^n} \\ \vdots & \ddots & \vdots \\ \frac{\partial u^m}{\partial x^1} & \cdots & \frac{\partial u^m}{\partial x^n} \end{pmatrix} = 0$$

になる．これを解けば与式になる． □

定理 3.8（連鎖法則） 関数 f は u^k の関数であり，u^k は x^j の関数であるとき，

$$\frac{\partial f}{\partial x^j} = \frac{\partial f}{\partial u^1}\frac{\partial u^1}{\partial x^j} + \frac{\partial f}{\partial u^2}\frac{\partial u^2}{\partial x^j} + \cdots + \frac{\partial f}{\partial u^n}\frac{\partial u^n}{\partial x^j} = \frac{\partial f}{\partial u^k}\frac{\partial u^k}{\partial x^j} \tag{3.5}$$

が成り立つ．**連鎖法則**．チェインルールと言う．

証明 f が x の関数で，x が u の関数であるとき

$$\frac{\mathrm{d}f}{\mathrm{d}u} = \frac{\mathrm{d}f}{\mathrm{d}x}\frac{\mathrm{d}x}{\mathrm{d}u}$$

が成り立つ．同様に，f が u^1, u^2 の関数で，u^1, u^2 が x^1, x^2 の関数であるとき

$$\frac{\partial f}{\partial x^1} = \frac{\partial f}{\partial u^1}\frac{\partial u^1}{\partial x^1} + \frac{\partial f}{\partial u^2}\frac{\partial u^2}{\partial x^1}, \qquad \frac{\partial f}{\partial x^2} = \frac{\partial f}{\partial u^1}\frac{\partial u^1}{\partial x^2} + \frac{\partial f}{\partial u^2}\frac{\partial u^2}{\partial x^2}$$

が成り立つ．m 変数でも同様である． □

定義 3.9（線要素ベクトル） 距離ベクトル

$$\mathbf{x} = \mathbf{e}_i x^i$$

は，座標の原点に始点を持つベクトルで，その成分は，座標の回転によって (1.28) と同じ直交変換

$$x'^l = \widehat{R}^l_i x^i$$

を受ける．位置 $x^1, x^2, \cdots, x^n$ において定義する $\mathbf{x}$ の微分

$$\mathrm{d}\mathbf{x} = \mathbf{e}_1 \mathrm{d}x^1 + \mathbf{e}_2 \mathrm{d}x^2 + \cdots + \mathbf{e}_n \mathrm{d}x^n = \mathbf{e}_i \mathrm{d}x^i$$

はその点を始点とするベクトルで，**線要素ベクトル**，その大きさ $\mathrm{d}s$ を**線要素**と言う．線要素ベクトルは，$\widehat{R}^l_i$ が定数であることを考慮して，x^i と同じ直交変換

$$\mathrm{d}x'^l = \widehat{R}^l_i \mathrm{d}x^i, \qquad \widehat{R}^l_i = \frac{\partial x'^l}{\partial x^i}$$

を受ける．

演習 3.10（積分分母） 2 変数 x^1, x^2 について

$$F = A_1 \mathrm{d}x^1 + A_2 \mathrm{d}x^2 \tag{3.6}$$

を**プファフ形式**，

$$F = A_1 \mathrm{d}x^1 + A_2 \mathrm{d}x^2 = 0 \tag{3.7}$$

を**プファフ方程式**と言う．一般に F は微分ではないが，適当な関数 $\lambda(x^1, x^2)$ を選んで F を微分にすることができる．λ を**積分分母**と呼ぶ．

証明 プファフ方程式 (3.7) は

$$\frac{\mathrm{d}x^2}{\mathrm{d}x^1} = -\frac{A_1}{A_2}$$

のように常備分方程式になる. x^2 は x^1 の関数として解くことができる. 解は陰関数の形

$$f(x^1, x^2) = 0$$

に書くことができる. これは2次元空間における曲線を表している. この両辺を微分すると

$$\mathrm{d}f = \mathrm{d}x^1 \frac{\partial f}{\partial x^1} + \mathrm{d}x^2 \frac{\partial f}{\partial x^2} = 0$$

が得られる. プファフ方程式 (3.7) と比較し, $\mathrm{d}f$ は座標に依存するある因子 λ によって

$$\mathrm{d}f = \frac{F}{\lambda} = \frac{1}{\lambda}(A_1 \mathrm{d}x^1 + A_2 \mathrm{d}x^2)$$

と書くことができる. □

> **定理 3.11 (カラテオドリの定理)** 3次元以上では一般には積分分母は存在しない. 空間内の点 P の近傍すべてで, プファフ方程式
>
> $$F = A_1 \mathrm{d}x^1 + A_2 \mathrm{d}x^2 + \cdots + A_n \mathrm{d}x^n = 0$$
>
> を満たす曲線によって P と結びつくことができない点が存在するとき, プファフ形式は積分分母を持つ. **カラテオドリの定理**と言う.

証明 積分分母が必ず存在する2次元では, 空間内の1点 P の任意の近傍で, 解曲線によって P と結ぶことができない点 P′ が存在する. 3次元でプファフ方程式

$$F = A_1 \mathrm{d}x^1 + A_2 \mathrm{d}x^2 + A_3 \mathrm{d}x^3 = 0$$

を考えよう. ベクトル記法では

$$\mathbf{A} \cdot \mathrm{d}\mathbf{x} = 0$$

と書くことができる. 与えられたベクトル **A** に対し, 微分 d**x** は **A** に直交する面内にあることを表している. すなわち, d**x** は空間の各点で **A** に直交する方向を与

えている．したがって，プファフ方程式の解は曲線（解曲線）を与える．空間内に任意に選んだ点 P_0 を始点として，プファフ方程式によって決まる曲線に沿って進み，空間内の点 P に到達したとしよう．P を通って x^3 軸に平行な直線 L を引く．L 上の別の点を P' とする．P' は P_0 からの解曲線によって到達することができない．P_0 から P を経て P' に至る経路を考えると，P から P' への微分 $A_3 dx^3$ は解曲線にはならないからである（一般性を失わず $A_3 \neq 0$ とする）．これによって，L 上では P だけが P_0 から解曲線によって到達することができる点である．L 上で解曲線によって到達できる点はただ一つである．同様にして，x^2, x^3 面上の異なる点を通る x^3 軸に平行な直線上では P_0 から解曲線によって到達することができる点がただ一つ存在する．P_0 から解曲線によって到達することができる点の集合は 2 次元曲面を形成する．別の始点から到達できる点は異なる曲面上にある．これら曲面は交わることがない．交わることがあるとすると，交差線上の点を始点として，L 上で P と P' が異なる解曲線に沿って到達できることになってしまう．こうして決まる曲面を

$$f(x^1, x^2, x^3) = 0$$

によって表すと微分

$$df = dx^1 \frac{\partial f}{\partial x^1} + dx^2 \frac{\partial f}{\partial x^2} + dx^3 \frac{\partial f}{\partial x^1} = 0$$

が得られる．df と F は比例しなければならない．比例係数 $\lambda(x^1, x^2, x^3)$ が積分分母で，

$$df = \frac{F}{\lambda} = \frac{1}{\lambda}(A_1 dx^1 + A_2 dx^2 + A_3 dx^3)$$

と書くことができる．n 次元では任意の点 P_0 から到達できる点は $n-1$ 次元部分空間上にあり，積分分母の存在を証明することができる． □

3.2 勾配

(3.3) で与えた微分は，任意の方向 **h** についての偏導関数

$$F(\mathbf{h}) = \lim_{t \to 0} \frac{f(\mathbf{x}+t\mathbf{h}) - f(\mathbf{x})}{t} = h^1 \frac{\partial f}{\partial x^1} + h^2 \frac{\partial f}{\partial x^2} + \cdots + h^n \frac{\partial f}{\partial x^n}$$

によって定義することもできる．これを**方向微分**と言うが，偏導関数としても定義できるので**方向導関数**とも言う．方向微分の定義は

$$\lim_{t \to 0} \frac{f(\mathbf{x} + t\mathbf{h}) - f(\mathbf{x}) - tF(\mathbf{h})}{t} = 0$$

とすることができる．

> **定義 3.12 (ナブラ)** n 成分を持つベクトル演算子ナブラ
>
> $$\boldsymbol{\nabla} = \mathbf{e}^1 \frac{\partial}{\partial x^1} + \mathbf{e}^2 \frac{\partial}{\partial x^2} + \cdots + \mathbf{e}^n \frac{\partial}{\partial x^n} = \mathbf{e}^i \frac{\partial}{\partial x^i}$$
>
> を定義すると，f の微分は，$\mathbf{h}$ と $\boldsymbol{\nabla} f$ との内積を使って
>
> $$F(\mathbf{h}) = \left(h^1 \frac{\partial}{\partial x^1} + h^2 \frac{\partial}{\partial x^2} + \cdots + h^n \frac{\partial}{\partial x^n} \right) f = \mathbf{h} \cdot \boldsymbol{\nabla} f$$
>
> と書くことができる．$\mathbf{h}$ 方向の微分演算子
>
> $$\boldsymbol{\nabla}_{\mathbf{h}} = \mathbf{h} \cdot \boldsymbol{\nabla} = h^i \nabla_i = h^i \frac{\partial}{\partial x^i} \tag{3.8}$$
>
> を**方向微分演算子**と言う．$\mathbf{h}$ として $\mathrm{d}\mathbf{x}$ を採用すれば
>
> $$\mathrm{d}f = \left(\mathrm{d}x^1 \frac{\partial}{\partial x^1} + \mathrm{d}x^2 \frac{\partial}{\partial x^2} + \cdots + \mathrm{d}x^n \frac{\partial}{\partial x^n} \right) f = \mathrm{d}\mathbf{x} \cdot \boldsymbol{\nabla} f$$
>
> と書くことができる．また，ベクトル $\boldsymbol{\nabla} f$ を f の**勾配**と呼ぶ．

問題 3.13 (方向微分演算子) (3.8) で定義した方向微分演算子は

$$\boldsymbol{\nabla}_{f\mathbf{h}+g\mathbf{k}} = f \boldsymbol{\nabla}_{\mathbf{h}} + g \boldsymbol{\nabla}_{\mathbf{k}}, \qquad \boldsymbol{\nabla}_{\mathbf{h}}(f\mathbf{A}) = (\boldsymbol{\nabla}_{\mathbf{h}} f)\mathbf{A} + f \boldsymbol{\nabla}_{\mathbf{h}} \mathbf{A}$$

を満たす．

証明 第1式を満たすことは

$$\boldsymbol{\nabla}_{f\mathbf{h}+g\mathbf{k}} = (fh^i + gk^i)\nabla_i = f \boldsymbol{\nabla}_{\mathbf{h}} + g \boldsymbol{\nabla}_{\mathbf{k}}$$

によって明らかである．第2式は

$$\boldsymbol{\nabla}_{\mathbf{h}}(f\mathbf{A}) = (h^i \nabla_i f)\mathbf{A} + f h^i \nabla_i \mathbf{A} = (\boldsymbol{\nabla}_{\mathbf{h}} f)\mathbf{A} + f \boldsymbol{\nabla}_{\mathbf{h}} \mathbf{A}$$

によって満たされている． □

演習 3.14　勾配 ∇f は f の傾きが最大になる方向を向いている.

証明　任意の方向を向く定数ベクトルを $\mathbf{h}$ とすると，方向導関数は $\mathbf{h} \cdot \nabla f$ である．シュヴァルツの不等式 (1.8) によって

$$|\mathbf{h} \cdot \nabla f| \leq \|\mathbf{h}\| \|\nabla f\|$$

が得られる．等式が成り立つのは $\mathbf{h}$ が ∇f の方向を向くとき，すなわち

$$\frac{\mathbf{h}}{\|\mathbf{h}\|} = \frac{\nabla f}{\|\nabla f\|}$$

のときである．□

問題 3.15　(3.2) を n 次元に拡張した

$$f(\mathbf{x} + \mathbf{h}) = e^{\mathbf{h} \cdot \nabla} f(\mathbf{x})$$

を証明せよ．$\mathbf{h}$ は n 次元定数ベクトル．

証明　$\mathbf{h}$ が小さいときはテイラーの定理によって

$$f(\mathbf{x} + \mathbf{h}) = (1 + \mathbf{h} \cdot \nabla) f(\mathbf{x})$$

である．$\mathbf{h}$ が有限のときは，$\mathbf{h}$ を N 等分して上式を N 回適用し，(2.22) で与えた公式を使って，N 無限大の極限を取れば

$$\lim_{N \to \infty} \left(1 + \frac{1}{N} \mathbf{h} \cdot \nabla\right)^N = e^{\mathbf{h} \cdot \nabla}$$

が得られる．□

> **命題 3.16（共変微分演算子）**　ナブラの共変成分，共変微分演算子
>
> $$\mathbf{e}_i \cdot \nabla = \frac{\partial}{\partial x^i}$$
>
> は，座標軸の回転に対して，共変ベクトル成分として振る舞う．

証明　基底 $\mathbf{e}_i$ の変換 (1.24) を用いると，

$$\frac{\partial}{\partial x'^l} = \mathbf{e}'_l \cdot \nabla = R_l^i \mathbf{e}_i \cdot \nabla = R_l^i \frac{\partial}{\partial x^i} \tag{3.9}$$

になる．したがって，座標変換におけるベクトルの成分の振る舞いを決める (1.27) から $\frac{\partial}{\partial x^i}$ が共変ベクトルと同じ変換を受けることがわかる． □

問題 3.17（勾配の変換性）　勾配

$$\boldsymbol{\nabla} f = \mathbf{e}^1 \frac{\partial f}{\partial x^1} + \mathbf{e}^2 \frac{\partial f}{\partial x^2} + \cdots + \mathbf{e}^n \frac{\partial f}{\partial x^n} = \mathbf{e}^i \frac{\partial f}{\partial x^i}$$

はベクトルとして変換する．

証明　座標の回転に対して値を変えないのがスカラー関数である．もとの座標の関数を $f(x^1, \cdots, x^n)$，新しい座標系での関数を $f'(x'^1, \cdots, x'^n)$ とすると

$$f'(x'^1, \cdots, x'^n) = f(x^1, \cdots, x^n)$$

を満たすことがスカラー関数の定義である．そこで，新しい座標系での導関数を計算すると，(3.9) を用いて，

$$\frac{\partial}{\partial x'^l} f'(x'^1, \cdots, x'^n) = \frac{\partial}{\partial x'^l} f(x^1, \cdots, x^n) = R^i_l \frac{\partial}{\partial x^i} f(x^1, \cdots, x^n)$$

が得られる． □

任意のベクトルは (1.19) で与えたように

$$\mathbf{A} = A_i \mathbf{e}^i = \mathbf{e}_i A^i$$

の2通りの書き方ができる．

定義 3.18（反変微分演算子）　ナブラは

$$\boldsymbol{\nabla} = \mathbf{e}^i \frac{\partial}{\partial x^i} = \mathbf{e}_i \delta^{ij} \frac{\partial}{\partial x^j}$$

の2通りに書くことができる．$\delta^{ij} \frac{\partial}{\partial x^j}$ は**反変微分演算子**である．

x^i は位置を表す媒介変数なので下付き添字を使わないことに注意しよう．共変微分演算子では

$$\frac{\partial \mathbf{x}}{\partial x^i} = \frac{\partial}{\partial x^i}(\mathbf{e}_j x^j) = \mathbf{e}_j \frac{\partial x^j}{\partial x^i} = \mathbf{e}_j \delta^j_i = \mathbf{e}_i$$

が成り立つ．これを基底 $\mathbf{e}_i$ の定義とすることもできる．実際，5.1 節で示すように，曲線座標ではこれが**自然基底**の定義である．一方，反変微分演算子を使うと

$$\boldsymbol{\nabla} x^i = \mathbf{e}_j \delta^{jk} \frac{\partial x^i}{\partial x^k} = \mathbf{e}_j \delta^{jk} \delta^i_k = \delta^{ji} \mathbf{e}_j = \mathbf{e}^i \qquad (3.10)$$

が**双対基底**である．

問題 3.19 $\delta^{ij} \frac{\partial}{\partial x^j}$ は，座標軸の回転に対して，反変成分として振る舞う．

証明 (3.9) および (1.21) を用いると

$$\delta^{lm} \frac{\partial}{\partial x'^m} = \delta^{lm} R^j_m \frac{\partial}{\partial x^j} = \delta^{lm} \delta_{km} \delta^{ij} \widehat{R}^k_i \frac{\partial}{\partial x^j} = \widehat{R}^l_i \delta^{ij} \frac{\partial}{\partial x^j}$$

が成り立つ． □

3.3 発散密度と回転密度

ベクトルの性質を持つ $\boldsymbol{\nabla} = \mathbf{e}^j \frac{\partial}{\partial x^j}$ を，ドット積として，任意のベクトル $\mathbf{A} = \mathbf{e}_i A^i$ に作用させると，

$$\boldsymbol{\nabla} \cdot \mathbf{A} = \mathbf{e}^j \frac{\partial}{\partial x^j} \cdot (\mathbf{e}_i A^i) = \mathbf{e}^j \cdot \mathbf{e}_i \frac{\partial A^i}{\partial x^j} = \delta^j_i \frac{\partial A^i}{\partial x^j} = \frac{\partial A^i}{\partial x^i}$$

になる．基底 $\mathbf{e}_i$ は定数ベクトルであることを使った．$\boldsymbol{\nabla} \cdot \mathbf{A}$ は座標の取り方に依存しないスカラー量である．

> **定義 3.20（発散密度）** 発散密度は
>
> $$\boldsymbol{\nabla} \cdot \mathbf{A} = \frac{\partial A^1}{\partial x^1} + \frac{\partial A^2}{\partial x^2} + \cdots + \frac{\partial A^n}{\partial x^n} = \frac{\partial A^i}{\partial x^i}$$
>
> によって定義する．

ベクトルの性質を持つ $\boldsymbol{\nabla} = \mathbf{e}^i \frac{\partial}{\partial x^i}$ を，クロス積として，任意のベクトル $\mathbf{A} = A_j \mathbf{e}^j$ に作用させると，

$$\boldsymbol{\nabla} \times \mathbf{A} = \mathbf{e}^i \frac{\partial}{\partial x^i} \times (A_j \mathbf{e}^j) = \mathbf{e}^i \times \mathbf{e}^j \frac{\partial A_j}{\partial x^i} = \varepsilon^{ijk} \frac{\partial A_j}{\partial x^i} \mathbf{e}_k$$

になる．座標の取り方に依存しないベクトル量である．

3.3 発散密度と回転密度

定義 3.21（回転密度） 回転密度は

$$\nabla \times \mathbf{A} = \mathbf{e}_1\left(\frac{\partial A_3}{\partial x^2} - \frac{\partial A_2}{\partial x^3}\right) + \mathbf{e}_2\left(\frac{\partial A_1}{\partial x^3} - \frac{\partial A_3}{\partial x^1}\right) + \mathbf{e}_3\left(\frac{\partial A_2}{\partial x^1} - \frac{\partial A_1}{\partial x^2}\right)$$

によって定義する．あるいは，行列式によって

$$\nabla \times \mathbf{A} = \varepsilon^{ijk}\frac{\partial A_j}{\partial x^i}\mathbf{e}_k = \begin{vmatrix} \mathbf{e}_1 & \frac{\partial}{\partial x^1} & A_1 \\ \mathbf{e}_2 & \frac{\partial}{\partial x^2} & A_2 \\ \mathbf{e}_3 & \frac{\partial}{\partial x^3} & A_3 \end{vmatrix}$$

と書くことができる．

演習 3.22 発散密度と回転密度は

$$\nabla \cdot \mathbf{A} = [\nabla_i, A^i], \qquad \nabla \times \mathbf{A} = \varepsilon^{ijk}[\nabla_i, A_j]\mathbf{e}_k$$

と表すことができる．ここで

$$[U, V] = UV - VU \tag{3.11}$$

は**交換子（リー積）**を表す．

証明 微分演算子 $\nabla_i = \frac{\partial}{\partial x^i}$ と任意のベクトル成分 A^j の積は

$$\nabla_i A^j = \frac{\partial A^j}{\partial x^i} + A^j \nabla_i$$

になる．すなわち

$$[\nabla_i, A^j] = \frac{\partial A^j}{\partial x^i}$$

が得られる．両辺を $i = j$ について和を取れば発散密度が得られる．同様に

$$[\nabla_i, A_j] = \frac{\partial A_j}{\partial x^i}$$

を用いれば回転密度が得られる． □

問題 3.23 発散密度はスカラー，回転密度はベクトルである．

証明 発散密度がスカラーであることは,内積が回転不変であることを示す (1.29) と同じで,変換係数が位置座標に依存しないことに注意すると,

$$\frac{\partial A'^l}{\partial x'^l} = R^i_l \frac{\partial}{\partial x^i}(\widehat{R}^l_j A^j) = \frac{\partial}{\partial x^i}(R^i_l \widehat{R}^l_j A^j) = \frac{\partial}{\partial x^i}(\delta^i_j A^j) = \frac{\partial A^i}{\partial x^i}$$

のように証明できる.回転密度がベクトルである証明は,ベクトル積がベクトルとして振る舞うことを示した (2.24) と同様である.直交変換によって

$$\boldsymbol{\nabla}' \times \mathbf{A}' = \varepsilon^{lmn} \frac{\partial A'_m}{\partial x'^l} \mathbf{e}'_n = \varepsilon^{lmn} \frac{\partial A_j}{\partial x^i} \mathbf{e}_k R^i_l R^j_m R^k_n$$

になる.(2.23) を使うと,

$$\boldsymbol{\nabla}' \times \mathbf{A}' = |\mathsf{R}| \varepsilon^{ijk} \frac{\partial A_j}{\partial x^i} \mathbf{e}_k = |\mathsf{R}| \boldsymbol{\nabla} \times \mathbf{A}$$

が得られる.回転密度はベクトル(擬ベクトル)として変換している. □

例題 3.24 $\boldsymbol{\nabla} \cdot \mathbf{x} = n$ および $\boldsymbol{\nabla} \times \mathbf{x} = 0$ を示せ.

定義 3.25(ラプラース演算子) $\boldsymbol{\nabla}$ のノルムに相当する演算子は

$$\nabla^2 \equiv \boldsymbol{\nabla} \cdot \boldsymbol{\nabla} = \mathbf{e}^i \frac{\partial}{\partial x^i} \cdot \left(\mathbf{e}^j \frac{\partial}{\partial x^j} \right) = \mathbf{e}^i \cdot \mathbf{e}^j \frac{\partial^2}{\partial x^i \partial x^j} = \delta^{ij} \frac{\partial^2}{\partial x^i \partial x^j}$$

になる.n 次元空間の**ラプラース演算子**は

$$\nabla^2 \equiv \boldsymbol{\nabla} \cdot \boldsymbol{\nabla} = \frac{\partial^2}{(\partial x^1)^2} + \frac{\partial^2}{(\partial x^2)^2} + \cdots + \frac{\partial^2}{(\partial x^n)^2}$$

によって定義する.

例題 3.26 $\boldsymbol{\nabla} \times \boldsymbol{\nabla} f = 0$ および $\boldsymbol{\nabla} \cdot \boldsymbol{\nabla} \times \mathbf{A} = 0$ を示せ.

証明 第1式の k 成分および第2式はそれぞれ

$$\boldsymbol{\nabla} \times \boldsymbol{\nabla} f = \varepsilon^{ijk} \frac{\partial^2 f}{\partial x^i \partial x^j} \mathbf{e}_k = \varepsilon^{jik} \frac{\partial^2 f}{\partial x^j \partial x^i} \mathbf{e}_k = -\varepsilon^{ijk} \frac{\partial^2 f}{\partial x^j \partial x^i} \mathbf{e}_k = 0$$

$$\boldsymbol{\nabla} \cdot \boldsymbol{\nabla} \times \mathbf{A} = \varepsilon^{ijk} \frac{\partial^2 A_k}{\partial x^i \partial x^j} = \varepsilon^{jik} \frac{\partial^2 A_k}{\partial x^j \partial x^i} = -\varepsilon^{ijk} \frac{\partial^2 A_k}{\partial x^j \partial x^i} = 0$$

になる.いずれも,ダミー添字 ij を入れかえ,$\varepsilon^{jik} = -\varepsilon^{ijk}$ および偏微分の順序を入れかえるヤングの定理 (3.12) によって

$$\frac{\partial^2 f}{\partial x^j \partial x^i} = \frac{\partial^2 f}{\partial x^i \partial x^j}, \qquad \frac{\partial^2 A_k}{\partial x^j \partial x^i} = \frac{\partial^2 A_k}{\partial x^i \partial x^j}$$

を使った．第2式は $\nabla \cdot \nabla \times \mathbf{A} = \nabla \times \nabla \cdot \mathbf{A} = 0$ を意味する．勾配 ∇f, 発散密度 $\nabla \cdot \mathbf{A}$, 回転密度 $\nabla \times \mathbf{A}$ はギブズの記法である．これらを

$$\operatorname{grad} f, \quad \operatorname{div} \mathbf{A}, \quad \operatorname{rot} \mathbf{A} = \operatorname{curl} \mathbf{A}$$

とする記法も広く使われているが，推薦できない．このような記法は，定義をいちいち記憶しておかなければならず，演算の結果がスカラー量になるのか，ベクトル量になるのかも見ただけではわからない．$\operatorname{rot} \operatorname{grad} f$ や $\operatorname{div} \operatorname{rot} \mathbf{A}$ がなにを意味するかすぐにはわからないが，$\nabla \times \nabla f$ や $\nabla \cdot \nabla \times \mathbf{A}$ と書けば，いずれも 0 であることが一目瞭然だ．ギブズの記法がもっとも合理的だろう． □

定理 3.27（ヤングの定理） 多変数関数 $f(x,y)$ が連続微分可能であるとき，ヤングの定理

$$\frac{\partial^2 f}{\partial y \partial x} = \frac{\partial^2 f}{\partial x \partial y} \tag{3.12}$$

が成り立つ．この関係式をクレローの定理，シュヴァルツの積分可能条件，あるいはマクスウェルの関係式とも呼ぶ．

演習 3.28 ベクトル $\mathbf{A}, \mathbf{B}$ に対し，∇ を含むスカラー 3 重積およびベクトル 3 重積の公式

$$\left. \begin{array}{l} \nabla \cdot (\mathbf{A} \times \mathbf{B}) = \mathbf{B} \cdot \nabla \times \mathbf{A} - \mathbf{A} \cdot \nabla \times \mathbf{B} \\ \mathbf{A} \times (\nabla \times \mathbf{B}) = (\nabla \mathbf{B}) \cdot \mathbf{A} - \mathbf{A} \cdot \nabla \mathbf{B} \\ (\mathbf{A} \times \nabla) \times \mathbf{B} = (\nabla \mathbf{B}) \cdot \mathbf{A} - \mathbf{A} \nabla \cdot \mathbf{B} \\ \nabla \times (\mathbf{A} \times \mathbf{B}) = \mathbf{B} \cdot \nabla \mathbf{A} + \mathbf{A} \nabla \cdot \mathbf{B} - \mathbf{B} \nabla \cdot \mathbf{A} - \mathbf{A} \cdot \nabla \mathbf{B} \end{array} \right\} \tag{3.13}$$

を証明せよ．$(\nabla \mathbf{B}) \cdot \mathbf{A}$ は，ダイアド $\nabla \mathbf{B}$ と $\mathbf{A}$ のドット積を意味する．∇ は $\mathbf{B}$ にのみ作用する．$\mathbf{A} \cdot \nabla \mathbf{B}$ は $\mathbf{A}$ とダイアド $\nabla \mathbf{B}$ のドット積と考えてもよいし，内積 $\mathbf{A} \cdot \nabla$ と $\mathbf{B}$ の積と考えてもよい．

証明 第 1 式左辺を成分で表すと

$$\varepsilon^{ijk} \frac{\partial}{\partial x^i}(A_j B_k) = \varepsilon^{ijk}\left(\frac{\partial A_j}{\partial x^i} B_k + A_j \frac{\partial B_k}{\partial x^i}\right) = B_k (\nabla \times \mathbf{A})^k - A_j (\nabla \times \mathbf{B})^j$$

になる．第 2 式左辺を，公式 (2.20) を用いて計算すると，

$$\mathbf{A} \times (\nabla \times \mathbf{B}) = \mathbf{e}^i \varepsilon_{ijk} \varepsilon^{lmk} A^j \frac{\partial B_m}{\partial x^l} = \mathbf{e}^i \frac{\partial B_j}{\partial x^i} A^j - \mathbf{e}^i A^j \frac{\partial B_i}{\partial x^j}$$

になる．$\mathbf{A} = \mathbf{B}$ の場合は

$$\mathbf{A} \times (\nabla \times \mathbf{A}) = \mathbf{e}^i \frac{\partial A_j}{\partial x^i} A^j - \mathbf{e}^i A^j \frac{\partial A_i}{\partial x^j} = \tfrac{1}{2} \nabla \|\mathbf{A}\|^2 - \mathbf{A} \cdot \nabla \mathbf{A}$$

が得られる．第3式左辺を，公式 (2.20) を用いて計算すると，

$$\begin{aligned}
(\mathbf{A} \times \nabla) \times \mathbf{B} &= -\mathbf{e}^i \varepsilon_{ijk} \varepsilon^{lmk} A_l \frac{\partial B^j}{\partial x^m} \\
&= -\mathbf{e}^i A_i \frac{\partial B^j}{\partial x^j} + \mathbf{e}^i \frac{\partial B^j}{\partial x^i} A_j
\end{aligned}$$

になる．第4式左辺を計算すると

$$\begin{aligned}
\nabla \times (\mathbf{A} \times \mathbf{B}) &= \mathbf{e}^i \varepsilon_{ijk} \varepsilon^{lmk} \delta^{jh} \frac{\partial}{\partial x^h} (A_l B_m) \\
&= \mathbf{e}^i \delta^{mh} \frac{\partial}{\partial x^h} (A_i B_m) - \mathbf{e}^i \delta^{lh} \frac{\partial}{\partial x^h} (A_l B_i) \\
&= \frac{\partial}{\partial x^h} (\mathbf{A} B^h - A^h \mathbf{B}) \\
&= B^h \frac{\partial \mathbf{A}}{\partial x^h} + \mathbf{A} \frac{\partial B^h}{\partial x^h} - \mathbf{B} \frac{\partial A^h}{\partial x^h} - A^h \frac{\partial \mathbf{B}}{\partial x^h}
\end{aligned}$$

になる． □

問題 3.29 ∇ を2個含む恒等式

$$\nabla \times (\nabla \times \mathbf{A}) = \nabla \nabla \cdot \mathbf{A} - \nabla \cdot \nabla \mathbf{A} \tag{3.14}$$

を証明せよ．

証明 左辺を計算すると

$$\begin{aligned}
\nabla \times (\nabla \times \mathbf{A}) &= \mathbf{e}_m \delta^{mh} \frac{\partial}{\partial x^h} \times \mathbf{e}_k \varepsilon^{ijk} \frac{\partial A_j}{\partial x^i} \\
&= \delta^{mh} \mathbf{e}^l \varepsilon_{lmk} \varepsilon^{ijk} \frac{\partial^2 A_j}{\partial x^h \partial x^i} \\
&= (\mathbf{e}^i \delta^{jh} - \mathbf{e}^j \delta^{ih}) \frac{\partial^2 A_j}{\partial x^h \partial x^i} \\
&= \nabla \frac{\partial A^h}{\partial x^h} - \delta^{jh} \frac{\partial^2 \mathbf{A}}{\partial x^j \partial x^h}
\end{aligned}$$

のように証明できる． □

ベクトルの積分

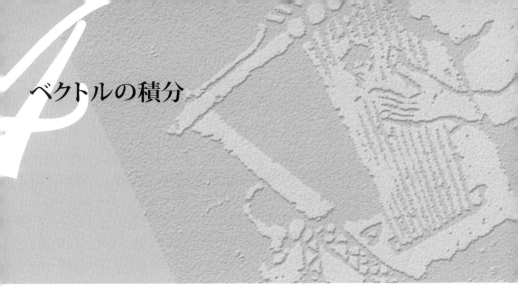

微分と積分が逆演算であるというのが微積分の基本定理

$$\int_A^B \mathrm{d}x f'(x) = f(B) - f(A) \tag{4.1}$$

である．導関数の積分値は，積分途中の導関数の値にかかわりなく，もとの関数の端の値だけで決まるというものである．A と B の間を幅 h で N 等分し，等分点を $x_{(0)} = A, x_{(1)}, x_{(2)}, \cdots, x_{(N)} = B$ として右辺を書き直すと

$$f(B) - f(A) = f(x_{(N)}) - f(x_{(N-1)}) \\ + f(x_{(N-1)}) - f(x_{(N-2)}) + \cdots + f(x_{(1)}) - f(x_{(0)})$$

になる．途中の等分点における関数値はすべて相殺して，端点における関数値のみが残る．ここで差分を

$$f(x_{(i)}) - f(x_{(i-1)}) = h f'(x_{(i)})$$

に置きかえると

$$f(B) - f(A) = h f'(x_{(N)}) + h f'(x_{(N-1)}) + \cdots + h f'(x_{(1)}) = \sum_{i=1}^N h f'(x_{(i)})$$

になるから，連続極限 $h \to 0$ を取ると微積分の基本定理 (4.1) が得られる．ベクトルの積分定理は，この基本定理を多変数積分に一般化したものである．

- 多変数関数の導関数を，ある曲線で積分すると，その曲線の端点における関数値の差になる．

- 多変数関数の導関数を，ある体積で積分すると，その体積を囲む**閉曲面**上の積分になる．
- 多変数関数の導関数を，ある面積で積分すると，その面積を囲む**閉曲線**上の積分になる．

これらはすべて同じことを述べているので，8.8節では一般定理としてまとめるが，本章では具体的な例を取り上げていこう．

4.1　線積分の基本定理

微積分の基本定理 (4.1) を n 次元空間の任意の2点間の**経路積分**に拡張した定理が**曲線定理**である．A から B までの経路上の点 **x** を媒介変数 s で指定すると，

$$\mathbf{x} = \mathbf{e}_1 x^1(s) + \mathbf{e}_2 x^2(s) + \cdots + \mathbf{e}_n x^n(s)$$

は s の関数である．A から B まで，無数に考えられるどの経路に沿って積分しても次の曲線定理が成り立つ．

> **定理 4.1（曲線定理）**　任意のスカラー関数 f について曲線定理
>
> $$\int_A^B d\mathbf{x} \cdot \boldsymbol{\nabla} f = \int_A^B dx^i \nabla_i f = f(B) - f(A)$$
>
> が成り立つ．曲線定理を**線積分の基本定理**とも言う．

証明　$f(\mathbf{x}(s))$ は，s の関数 $f(s)$ になるから，

$$\begin{aligned}
d\mathbf{x} \cdot \boldsymbol{\nabla} f &= dx^1 \frac{\partial f}{\partial x^1} + dx^2 \frac{\partial f}{\partial x^2} + \cdots + dx^n \frac{\partial f}{\partial x^n} \\
&= ds \left(\frac{dx^1}{ds} \frac{\partial f}{\partial x^1} + \frac{dx^2}{ds} \frac{\partial f}{\partial x^2} + \cdots + \frac{dx^n}{ds} \frac{\partial f}{\partial x^n} \right) = ds f'(s)
\end{aligned}$$

である．1次元の微積分の基本定理をそのまま使って

$$\int_A^B d\mathbf{x} \cdot \boldsymbol{\nabla} f = \int_A^B ds f'(s) = f(B) - f(A)$$

が得られる．　□

4.2 体積積分と面積分

定義 4.2 (体積要素) 3次元体積を,豆腐を切るようにさいの目切りにして,座標 x^1, x^2, x^3 から,それぞれ x^1, x^2, x^3 軸方向に,dx^1, dx^2, dx^3 の長さを持つ直方体の形をした**体積要素**

$$dV = dx^1 dx^2 dx^3$$

に分割し,それらを加えれば体積積分することができる.n 次元では

$$dV_{(n)} = dx^1 \cdots dx^n \tag{4.2}$$

が体積要素である.(2.36) と同じように,有向体積要素

$$dV_{(n)}^{i_1 \cdots i_n} = \varepsilon^{i_1 \cdots i_n} dx^1 \cdots dx^n = \varepsilon^{i_1 \cdots i_n} dV_{(n)} \tag{4.3}$$

を定義することができる.$(i_1 \cdots i_n)$ は $(1 \cdots n)$ の任意の順列である.

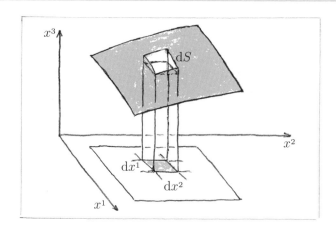

3次元で,$x^1 x^2$ 平面に垂直,x^1, x^2 軸方向に幅 dx^1, dx^2 を持つ角柱と曲面との交差面を**面積要素** dS,その法線ベクトルを **n** とする.面積要素は,$x^1 x^3$ 面に平行なベクトル **v**$_1$ と $x^2 x^3$ 面に平行なベクトル **v**$_2$ によってつくられる平行4辺形である.陰関数定理 3.6 に基づき,$x^3 = h(x^1, x^2)$ によって曲面の位置を表す

と，ケットベクトルは

$$|v_1\rangle = \begin{pmatrix} dx^1 \\ 0 \\ \frac{\partial h}{\partial x^1}dx^1 \end{pmatrix}, \quad |v_2\rangle = \begin{pmatrix} 0 \\ dx^2 \\ \frac{\partial h}{\partial x^2}dx^2 \end{pmatrix}$$

である．面積要素ベクトルの第3成分は

$$n_3 dS = (\mathbf{v}_1 \times \mathbf{v}_2)_3 = dx^1 dx^2$$

になる．dS は $dx^1 dx^2$ の法線ベクトル $\mathbf{e}^3$ と，方向余弦 n_3 だけ傾いていることを表している．曲面上の積分は $x^1 x^2$ 平面上の積分になる．

定義 4.3 (3次元面積要素) 3次元面積要素は

$$n_i dS = \tfrac{1}{2}\varepsilon_{ijk} dS^{jk} \tag{4.4}$$

によって与えられる．$dS^{jk} = -dS^{kj}$ は**有向面積要素**で，

$$dS^{23} = dx^2 dx^3, \quad dS^{31} = dx^3 dx^1, \quad dS^{12} = dx^1 dx^2$$

によって定義する．

n 次元でも同様である．$x^1, \cdots, x^{n-1}$ 軸方向に，幅 $dx^1, \cdots, dx^{n-1}$ を持つ，x^n 軸に平行な角柱と曲面との交差面積 $dV_{(n-1)}$ は，$n-1$ 個のベクトル $\mathbf{v}_1, \cdots, \mathbf{v}_{n-1}$ がつくっているとする．$x^n = h(x^1, \cdots, x^{n-1})$ によって曲面の位置を表すと，

$$|v_1\rangle = \begin{pmatrix} dx^1 \\ 0 \\ \vdots \\ 0 \\ \frac{\partial h}{\partial x^1}dx^1 \end{pmatrix}, |v_2\rangle = \begin{pmatrix} 0 \\ dx^2 \\ \vdots \\ 0 \\ \frac{\partial h}{\partial x^2}dx^2 \end{pmatrix}, \cdots, |v_{n-1}\rangle = \begin{pmatrix} 0 \\ 0 \\ \vdots \\ dx^{n-1} \\ \frac{\partial h}{\partial x^{n-1}}dx^{n-1} \end{pmatrix}$$

である．面積要素ベクトルの n 成分は

$$\begin{aligned}n_n dV_{(n-1)} &= (-1)^{n-1}(\mathbf{v}_1 \times \cdots \times \mathbf{v}_{n-1})_n \\ &= (-1)^{n-1}\varepsilon_{n1\cdots n-1} dx^1 \cdots dx^{n-1} = dx^1 \cdots dx^{n-1}\end{aligned} \tag{4.5}$$

になる．同様にして，$x^1,\cdots,x^{i-1},x^{i+1},\cdots,x^n$ 軸方向に，x^i 軸に平行な，幅 $\mathrm{d}x^1,\cdots,\mathrm{d}x^{i-1},\mathrm{d}x^{i+1},\cdots,\mathrm{d}x^n$ を持つ角柱と曲面との交差面積 $\mathrm{d}V_{(n-1)}$ は，$n-1$ 個のベクトル $\mathbf{v}_1,\cdots,\mathbf{v}_{i-1},\mathbf{v}_{i+1},\cdots,\mathbf{v}_n$ がつくっているとする．曲面の位置を $x^i = h(x^1,\cdots,x^{i-1},x^{i+1},\cdots,x^n)$ とすると，面積要素ベクトルの i 成分は

$$n_i \mathrm{d}V_{(n-1)} = (-1)^{i-1}(\mathbf{v}_1 \times \cdots \times \mathbf{v}_{i-1} \times \mathbf{v}_{i+1} \times \cdots \times \mathbf{v}_n)_i$$
$$= (-1)^{i-1}\varepsilon_{i1\cdots i-1\,i+1\cdots n}\mathrm{d}x^1\cdots \mathrm{d}x^{i-1}\mathrm{d}x^{i+1}\cdots \mathrm{d}x^n$$

になる．ここで，$(-1)^{i-1}\varepsilon_{i1\cdots i-1\,i+1\cdots n} = 1$ である．また，(2.33) から

$$(-1)^{i-1}\varepsilon_{i1\cdots i-1\,i+1\cdots n} = \varepsilon_{1\cdots i-1\,i+1\cdots n} = 1$$

によって確かめることができる．$1\cdots n$ から i を除いた $1\cdots i-1\,i+1\cdots n$ のリッチ-レヴィ=チヴィタ記号は $\varepsilon_{1\cdots i-1\,i+1\cdots n} = 1$ によって定義するからである（行列式の余因子展開を思い出してほしい）．

定義 4.4（n 次元面積要素） $(i_1\cdots i_{n-1})$ を $(1\cdots i-1\,i+1\cdots n)$ の順列として，n 次元面積要素は

$$n_i \mathrm{d}V_{(n-1)} = \mathrm{d}x^1\cdots \mathrm{d}x^{i-1}\mathrm{d}x^{i+1}\cdots \mathrm{d}x^n$$
$$= \frac{1}{(n-1)!}\varepsilon_{ii_1\cdots i_{n-1}}\mathrm{d}V_{(n-1)}^{i_1\cdots i_{n-1}}$$

によって与えられる．$\mathrm{d}V_{(n-1)}$ の法線ベクトル $\mathbf{n}$ は，角柱の断面積

$$\mathrm{d}x^1\cdots \mathrm{d}x^{i-1}\mathrm{d}x^{i+1}\cdots \mathrm{d}x^n$$

の法線ベクトル $\mathbf{e}^i$ と，方向余弦 n_i だけ傾いていることを表している．ここで有向面積要素

$$\mathrm{d}V_{(n-1)}^{i_1\cdots i_{n-1}} = (-1)^{i-1}\varepsilon^{i_1\cdots i_{n-1}}\mathrm{d}x^1\cdots \mathrm{d}x^{i-1}\mathrm{d}x^{i+1}\cdots \mathrm{d}x^n$$

を定義した．

3 次元空間で公式 (4.5) を確かめることができる．$i = 2$ の面積要素は

$$n_2 \mathrm{d}S = \varepsilon_{213}\mathrm{d}S^{13} = -(-1)^{2-1}\varepsilon^{13}\mathrm{d}x^1 \mathrm{d}x^3 = \mathrm{d}x^3 \mathrm{d}x^1$$

である．ここで $\varepsilon^{13} = -\varepsilon^{31} = 1$ を使った．$i = 1, 3$ も同様である．

4.3 勾配定理

勾配の体積積分を表面積分に変えるのが**勾配定理**である（曲線定理を勾配定理と呼ぶこともあるので注意）．2次元において，勾配の面積分を閉曲線上の線積分に変える次の (4.6) が積分の基本定理で，任意の次元に拡張できる．

定理 4.5（2 次元勾配定理） 2 次元平面で，関数 f の勾配の面積分はそれを囲む閉曲線上の**線積分**に等しく

$$\int dx^1 dx^2 \frac{\partial f}{\partial x^1} = \oint dx^2 f, \qquad \int dx^1 dx^2 \frac{\partial f}{\partial x^2} = -\oint dx^1 f \qquad (4.6)$$

が成り立つ．閉曲線に垂直な法線ベクトル成分 n_1, n_2 によって

$$dx^2 = \frac{dx^2}{ds} ds = n_1 ds, \qquad dx^1 = \frac{dx^1}{ds} ds = -n_2 ds$$

のように書き直せば

$$\int dx^1 dx^2 \frac{\partial f}{\partial x^i} = \oint ds\, n_i f, \qquad \int dx^1 dx^2\, \boldsymbol{\nabla} f = \oint ds\, \mathbf{n} f \qquad (4.7)$$

が成り立つ．$\oint$ は，閉曲線，閉曲面など，**閉領域**の積分を表す．

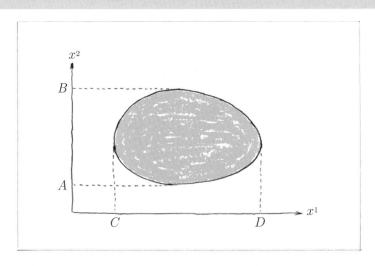

証明 $x^1 x^2$ 平面内での領域が，端点 $x^2 = A$ から $x^2 = B$ まで，領域の右を通る経路と，B から A まで，領域の左を通る経路に囲まれているとしよう．それぞ

れの経路は関数 $b(x^2)$ と $a(x^2)$ によって表されているとする．任意の関数 f の**面積分**

$$\int_A^B dx^2 \int_{a(x^2)}^{b(x^2)} dx^1 \frac{\partial f}{\partial x^1} = \int_A^B dx^2 \left(f|_{x^1=b(x^2)} - f|_{x^1=a(x^2)} \right)$$

において，右辺第 2 項の x^2 積分の向きを逆にすれば，経路積分の向き（反時計回り）と同じになるから，面積分は 1 周積分

$$\int_A^B dx^2 f|_{x^1=b(x^2)} + \int_B^A dx^2 f|_{x^1=a(x^2)} = \oint dx^2 f$$

になる．同様に，面積分領域は，端点 $x^1 = C$ から $x^1 = D$ まで，領域の下を通る経路と，D から C まで，領域の上を通る経路に囲まれているとしよう．それぞれの経路は関数 $c(x^1)$ と $d(x^1)$ によって表されているとする．面積分

$$\int_C^D dx^1 \int_{c(x^1)}^{d(x^1)} dx^2 \frac{\partial f}{\partial x^2} = \int_C^D dx^1 \left(f|_{x^2=d(x^1)} - f|_{x^2=c(x^1)} \right)$$

において，右辺第 1 項の x^1 積分の向きを逆にすれば，経路積分の向きと同じになるから，面積分は 1 周積分

$$-\int_D^C dx^1 f|_{x^2=d(x^1)} - \int_C^D dx^1 f|_{x^2=c(x^1)} = -\oint dx^1 f$$

である． □

定理 4.6（勾配定理） 3 次元で，関数 f の勾配の体積積分は，閉曲面上の面積分に等しく，

$$\int dV \boldsymbol{\nabla} f = \oint dS \boldsymbol{n} f \tag{4.8}$$

が成り立つ．

証明 体積要素 $\Delta V = h^1 h^2 h^3$ の 6 個の面上で表面積分を計算すると，

$$\oint dS \boldsymbol{n} f = \mathbf{e}^1 h^2 h^3 \left(f|_{x^1+h^1} - f|_{x^1} \right)$$
$$+ \mathbf{e}^2 h^3 h^1 \left(f|_{x^2+h^2} - f|_{x^2} \right) + \mathbf{e}^3 h^1 h^2 \left(f|_{x^3+h^3} - f|_{x^3} \right)$$
$$= h^1 h^2 h^3 \left(\mathbf{e}^1 \frac{\partial f}{\partial x^1} + \mathbf{e}^2 \frac{\partial f}{\partial x^2} + \mathbf{e}^3 \frac{\partial f}{\partial x^3} \right) \tag{4.9}$$

になる．各体積要素からの寄与を加えると，右辺の面積分項は，互いに接する体積要素どうしで積分値が同じで，法線ベクトルが逆向きなので相殺し合う．積分の寄与として残るのは隣りあう体積要素がない閉曲面上の面積分だけである．よって勾配定理が得られる．n 次元においてもほとんど同じで，$h^1, h^2, \cdots, h^n$ の長さを持つ体積要素の面積分は

$$
\begin{aligned}
\oint dV_{(n-1)} \mathbf{n} f &= \mathbf{e}^1 h^2 \cdots h^n \left(f|_{x^1+h^1} - f|_{x^1} \right) \\
&\quad + \mathbf{e}^2 h^1 h^3 \cdots h^n \left(f|_{x^2+h^2} - f|_{x^2} \right) \\
&\quad + \cdots + \mathbf{e}^n h^1 \cdots h^{n-1} \left(f|_{x^n+h^n} - f|_{x^n} \right) \\
&= h^1 \cdots h^n \left(\mathbf{e}^1 \frac{\partial f}{\partial x^1} + \mathbf{e}^2 \frac{\partial f}{\partial x^2} + \cdots + \mathbf{e}^n \frac{\partial f}{\partial x^n} \right)
\end{aligned}
$$

になり

$$
\int dV_{(n)} \boldsymbol{\nabla} f = \oint dV_{(n-1)} \mathbf{n} f, \qquad \int dV_{(n)} \frac{\partial f}{\partial x^i} = \oint dV_{(n-1)} n_i f
$$

が成り立つ．この定理は各成分

$$
\int dV_{(n)} \frac{\partial f}{\partial x^i} = \oint dV_{(n-1)} n_i f \tag{4.10}
$$

について成り立つ．すなわち微分と積分を含む演算子として

$$
\int dV_{(n)} \frac{\partial}{\partial x^i} = \oint dV_{(n-1)} n_i, \qquad \int dV_{(n)} \boldsymbol{\nabla} = \oint dV_{(n-1)} \mathbf{n}
$$

が成り立つことを意味する．発散定理もこの演算子としての恒等式から直ちに導くことができる．発散定理よりもこの勾配定理の方がより基本的である．□

演習 4.7（**勾配**）　勾配は次のように積分によって定義することができる．任意の微小な閉曲面における関数 f の面積分密度を勾配とする．すなわち

$$
\boldsymbol{\nabla} f = \lim_{\Delta V \to 0} \frac{\oint dS \mathbf{n} f}{\Delta V}
$$

が座標の取り方によらない勾配の定義である．

証明　(4.9) の両辺を ΔV で割り算して $\Delta V \to 0$ の極限を取ると

$$
\lim_{\Delta V \to 0} \frac{\oint dS \mathbf{n} f}{\Delta V} = \mathbf{e}^1 \frac{\partial f}{\partial x^1} + \mathbf{e}^2 \frac{\partial f}{\partial x^2} + \mathbf{e}^3 \frac{\partial f}{\partial x^3}
$$

が得られる．□

4.4 発散定理

定理 4.8 (平面のガウスの定理) 2次元のベクトル **A** に対し,

$$\int dS \boldsymbol{\nabla} \cdot \mathbf{A} = \oint ds \mathbf{n} \cdot \mathbf{A} \tag{4.11}$$

が成り立つ. **平面のガウスの定理**と言う.

証明 勾配定理 (4.7) において, $i=1$ に対し $f=A^1$, $i=2$ に対し $f=A^2$ を適用し和を取ると

$$\int dS \boldsymbol{\nabla} \cdot \mathbf{A} = \int dS \left(\frac{\partial A^1}{\partial x^1} + \frac{\partial A^2}{\partial x^2} \right) = \oint ds (n_1 A^1 + n_2 A^2) = \oint ds \mathbf{n} \cdot \mathbf{A}$$

になり, 平面のガウスの定理が得られる. □

定理 4.9 (発散定理) ベクトル場 **A** の発散密度の体積積分はその体積を流れ出る全流束 (**発散**)

$$\Phi = \oint dS \mathbf{n} \cdot \mathbf{A}$$

に等しい. すなわち**発散定理**

$$\int dV \boldsymbol{\nabla} \cdot \mathbf{A} = \oint dS \mathbf{n} \cdot \mathbf{A} \tag{4.12}$$

が成り立つ. 発散定理は**グリーンの補題**, **ガウスの定理**, **オストログラツキイの定理**とも呼ばれているが, オストログラツキイの論文が最初である. オストログラツキイは定理 (4.8) から発散定理を導いた. n 次元の発散定理は

$$\int dV_{(n)} \boldsymbol{\nabla} \cdot \mathbf{A} = \oint dV_{(n-1)} \mathbf{n} \cdot \mathbf{A} \tag{4.13}$$

になる.

証明 勾配定理 (4.10) から発散定理を導くのは容易である.

$$\int dV_{(n)} \boldsymbol{\nabla} \cdot \mathbf{A} = \int dV_{(n)} \frac{\partial A^i}{\partial x^i} = \oint dV_{(n-1)} n_i A^i = \oint dV_{(n-1)} \mathbf{n} \cdot \mathbf{A}$$

から明らかである. 発散定理は, 勾配定理, 3次元の (4.8), n 次元の (4.10) によって容易に導くことができた. それらがより基本的な定理であり, 発散定理は,

ベクトルの各成分をこの関数に適用したに過ぎない．発散定理は発散密度としての特別な性質を使っていない． □

> **定義 4.10（発散密度）** $\nabla \cdot \mathbf{A}$ は，単位体積あたりの発散，発散密度
> $$\nabla \cdot \mathbf{A} = \lim_{\Delta V \to 0} \frac{\oint \mathrm{d}S \mathbf{n} \cdot \mathbf{A}}{\Delta V} \tag{4.14}$$
> によって定義する．発散は全流束を表し，積分量であるのに対し，発散密度は場の量で，密度が本来の意味であるから，発散と発散密度は用語の上でも区別しなければならない．

演習 4.11 定義 (4.14) が
$$\nabla \cdot \mathbf{A} = \frac{\partial A^1}{\partial x^1} + \frac{\partial A^2}{\partial x^2} + \frac{\partial A^3}{\partial x^3}$$
と一致することを示せ．

証明 $\mathbf{A} \cdot \mathbf{n}\mathrm{d}S$ は，ベクトル量 $\mathbf{A}$ が，面積要素 $\mathrm{d}S$ を通過する**流束**を表す．発散 $\oint \mathrm{d}S \mathbf{n} \cdot \mathbf{A}$ は閉曲面から流出する全流束である．体積要素 $\Delta V = h^1 h^2 h^3$ について成り立つ (4.9) は
$$\oint \mathrm{d}S n_i f = \Delta V \frac{\partial f}{\partial x^i}$$
を意味する．$f = A^i$ を適用して i について和を取ると
$$\oint \mathrm{d}S (n_1 A^1 + n_2 A^2 + n_3 A^3) = \Delta V \left(\frac{\partial A^1}{\partial x^1} + \frac{\partial A^2}{\partial x^2} + \frac{\partial A^3}{\partial x^3} \right)$$
になる．体積要素 ΔV で割り $\Delta V \to 0$ の極限を取ると (4.14) が得られる． □

演習 4.12（ラプラース演算子） 関数 f に対するラプラース演算子の作用は
$$\nabla^2 f = \lim_{\Delta V \to 0} \frac{\oint \mathrm{d}S \mathbf{n} \cdot \nabla f}{\Delta V}$$
によって定義できる．

証明 発散密度の積分による定義に $\mathbf{A} = \nabla f$ を適用すると
$$\lim_{\Delta V \to 0} \frac{\oint \mathrm{d}S \mathbf{n} \cdot \nabla f}{\Delta V} = \lim_{\Delta V \to 0} \frac{\int \mathrm{d}V \nabla \cdot \nabla f}{\Delta V} = \nabla^2 f$$
になる．ここで発散定理を使った． □

定理 4.13（グリーンの定理） 任意の関数 f と g に対し，グリーンの定理（第 1 恒等式と第 2 恒等式）

$$\begin{cases} \oint dS\mathbf{n} \cdot f\boldsymbol{\nabla}g = \int dV(f\nabla^2 g + \boldsymbol{\nabla}f \cdot \boldsymbol{\nabla}g) \\ \oint dS\mathbf{n} \cdot (f\boldsymbol{\nabla}g - g\boldsymbol{\nabla}f) = \int dV(f\nabla^2 g - g\nabla^2 f) \end{cases}$$

が成り立つ．

証明 関数 $f\boldsymbol{\nabla}g$ に対し，発散定理を適用すると，第 1 恒等式

$$\oint dS\mathbf{n} \cdot f\boldsymbol{\nabla}g = \int dV\boldsymbol{\nabla} \cdot (f\boldsymbol{\nabla}g) = \int dV(f\nabla^2 g + \boldsymbol{\nabla}f \cdot \boldsymbol{\nabla}g)$$

が得られる．f と g を入れかえ差を取ると第 2 恒等式が得られる． □

命題 4.14 発散定理からグリーンの定理を導いたが，グリーンの定理から発散定理を導くこともできる．グリーンの定理と発散定理は同等である．

証明 グリーンの第 1 恒等式は，$\boldsymbol{\nabla}g$ を任意のベクトル $\mathbf{A}$ に置きかえても成り立つ（$\boldsymbol{\nabla}g$ としての性質を使っていない）．すなわち

$$\oint dS\mathbf{n} \cdot f\mathbf{A} = \int dV(f\boldsymbol{\nabla} \cdot \mathbf{A} + \boldsymbol{\nabla}f \cdot \mathbf{A})$$

が成り立つ．この式で $f = 1$ のとき発散定理になる． □

定理 4.15 $n-1$ 個の添字を持つ $F_{i_1 \cdots i_{n-1}}$ について，積分定理

$$\int dV_{(n)} \varepsilon^{ii_1 \cdots i_{n-1}} \frac{\partial F_{i_1 \cdots i_{n-1}}}{\partial x^i} = \oint dV_{(n-1)} n_i \varepsilon^{ii_1 \cdots i_{n-1}} F_{i_1 \cdots i_{n-1}} \quad (4.15)$$

が成り立つ．(4.3) で定義した $dV_{(n)}^{ii_1 \cdots i_{n-1}} = \varepsilon^{ii_1 \cdots i_{n-1}} dV_{(n)}$ を用いると

$$\int dV_{(n)}^{ii_1 \cdots i_{n-1}} \frac{\partial F_{i_1 \cdots i_{n-1}}}{\partial x^i} = \oint dV_{(n-1)}^{i_1 \cdots i_{n-1}} F_{i_1 \cdots i_{n-1}} \quad (4.16)$$

と書くことができる．

証明 (4.15) は，定理 (4.10) において，$f = \varepsilon^{ii_1\cdots i_{n-1}}F_{i_1\cdots i_{n-1}}$ とすれば直ちに得られる．(4.5) から

$$n_i\varepsilon^{ii_1\cdots i_{n-1}}\mathrm{d}V_{(n-1)} = \frac{1}{(n-1)!}\varepsilon^{ii_1\cdots i_{n-1}}\varepsilon_{ij_1\cdots j_{n-1}}\mathrm{d}V_{(n-1)}^{j_1\cdots j_{n-1}}$$
$$= \frac{1}{(n-1)!}\varepsilon^{i_1\cdots i_{n-1}}\varepsilon_{j_1\cdots j_{n-1}}\mathrm{d}V_{(n-1)}^{j_1\cdots j_{n-1}} = \mathrm{d}V_{(n-1)}^{i_1\cdots i_{n-1}}$$

になり (4.16) が得られる．$F_{i_1\cdots i_{n-1}}$ が，関数 A^j によって

$$F_{i_1\cdots i_{n-1}} = \varepsilon_{ji_1\cdots i_{n-1}}A^j$$

の形をしているとき，(4.15) に代入し，$\varepsilon^{ii_1\cdots i_{n-1}}\varepsilon_{ji_1\cdots i_{n-1}} = (n-1)!\delta^i_j$ に注意すると，

$$(n-1)!\int \mathrm{d}V_{(n)}\frac{\partial A^i}{\partial x^i} = \oint \mathrm{d}V_{(n-1)}^{i_1\cdots i_{n-1}}\varepsilon_{ii_1\cdots i_{n-1}}A^i = (n-1)!\oint \mathrm{d}V_{(n-1)}n_i A^i$$

になるから n 次元の発散定理 (4.13) が得られる． □

4.5 回転定理

> **定理 4.16（リーマンの積分定理）** 2 次元のベクトル場 **A** に対し，リーマンの積分定理（グリーンの積分定理）
>
> $$\int \mathrm{d}S\boldsymbol{\nabla}\times\mathbf{A} = \oint \mathrm{d}\mathbf{x}\cdot\mathbf{A} \tag{4.17}$$
>
> が成り立つ．

証明 平面のガウスの定理の証明で得られた (4.6) において，第 1 式で f を A_2 に，第 2 式で f を A_1 に置きかえ差を取れば

$$\int \mathrm{d}S\boldsymbol{\nabla}\times\mathbf{A} = \int \mathrm{d}S\left(\frac{\partial A_2}{\partial x^1} - \frac{\partial A_1}{\partial x^2}\right) = \oint (A_1\mathrm{d}x^1 + A_2\mathrm{d}x^2) = \oint \mathrm{d}\mathbf{x}\cdot\mathbf{A}$$

が得られる．リーマンの学生ハンケルはこの積分定理を用いて 3 次元の回転定理を証明した． □

> **定理 4.17** 3 次元で，関数 f に対して
>
> $$\int \mathrm{d}S\mathbf{n}\times\boldsymbol{\nabla}f = \oint \mathrm{d}\mathbf{x}f \tag{4.18}$$
>
> が成り立つ．

証明 $\mathbf{x}$ を始点とする 2 つの線要素ベクトル $\mathbf{h}_1$ と $\mathbf{h}_2$ を 2 辺に持つ平行 4 辺形を考えよう．面積要素ベクトルは $\mathbf{n}\Delta S = \mathbf{h}_1 \times \mathbf{h}_2$ である．この面積要素上で $\mathbf{n} \times \boldsymbol{\nabla} f$ の面積分は

$$\mathbf{n} \times \boldsymbol{\nabla} f \Delta S = (\mathbf{h}_1 \times \mathbf{h}_2) \times \boldsymbol{\nabla} f = \mathbf{h}_2 \mathbf{h}_1 \cdot \boldsymbol{\nabla} f - \mathbf{h}_1 \mathbf{h}_2 \cdot \boldsymbol{\nabla} f$$

である．この式にテイラー展開による

$$f(\mathbf{x}+\mathbf{h}_1) - f(\mathbf{x}) = \mathbf{h}_1 \cdot \boldsymbol{\nabla} f(\mathbf{x}), \quad f(\mathbf{x}+\mathbf{h}_2) - f(\mathbf{x}) = \mathbf{h}_2 \cdot \boldsymbol{\nabla} f(\mathbf{x})$$

を代入し整理すると

$$f(\mathbf{x})\mathbf{h}_1 + f(\mathbf{x}+\mathbf{h}_1)\mathbf{h}_2 - f(\mathbf{x}+\mathbf{h}_2)\mathbf{h}_1 - f(\mathbf{x})\mathbf{h}_2$$

は，面積要素の 4 辺を回る経路上の線積分にほかならない．任意の面積 S を碁盤の目のように面積要素 ΔS に分割すると，S 上の面積分は，面積要素上の積分を加えたものである．それらをすべての面積要素について加えると，辺を共有する隣の面積要素では，共有辺の積分値は，積分方向が逆なので，相殺し合う．積分値として生き残るのは，共有する辺を持たない周上での線積分だけである．演習 7.26 では別の証明も行う．(4.18) の各成分は

$$\int dS (\mathbf{n} \times \boldsymbol{\nabla})^i f = \oint dx^i f \tag{4.19}$$

である．すなわち微分と積分を含む演算子として

$$\int dS (\mathbf{n} \times \boldsymbol{\nabla})^i = \oint dx^i, \quad \int dS\, \mathbf{n} \times \boldsymbol{\nabla} = \oint d\mathbf{x}$$

が成り立つことを意味する．回転定理もこの演算子としての恒等式から直ちに導くことができる． □

定義 4.18 (回転) 面積分

$$\boldsymbol{\Omega} = \oint dS\, \mathbf{n} \times \mathbf{A}$$

を**回転**と言う．

問題 4.19 半径 a の剛体球が，中心を通る軸のまわりに，角速度 $\boldsymbol{\omega}$ で回転するとき，回転は

$$\boldsymbol{\Omega} = 2\boldsymbol{\omega}V, \qquad V = \frac{4\pi}{3}a^3$$

である．単位体積あたりの回転（回転密度）は角速度の 2 倍になる．

証明 球面上の点 $\mathbf{x}$ の速度は $\mathbf{v} = \boldsymbol{\omega} \times \mathbf{x}$ によって与えられるから被積分関数は

$$\mathbf{n} \times \mathbf{v} = \boldsymbol{\omega}\mathbf{n} \cdot \mathbf{x} - \mathbf{x}\mathbf{n} \cdot \boldsymbol{\omega} = \mathbf{e}_i n_j \omega_k (\delta^{ki} x^j - \delta^{kj} x^i)$$

になる．回転軸を $\mathbf{e}_3$ に選び，球の中心を原点にして，

$$\mathbf{n} \times \mathbf{v} = \omega_3(-n_3 x^1 \mathbf{e}_1 - n_3 x^2 \mathbf{e}_2 + (n_1 x^1 + n_2 x^2)\mathbf{e}_3)$$

を球面上で積分する．$n_i = \frac{1}{a}\delta_{ij}x^j$ に注意すると，対称性により，1, 2 成分は 0，$\oint \mathrm{d}S n_1 x^1 = \oint \mathrm{d}S n_2 x^2 = \frac{1}{3a}\oint \mathrm{d}S \|\mathbf{x}\|^2 = \frac{4\pi}{3}a^3$ になるから，

$$\Omega^3 = \omega_3 \oint \mathrm{d}S(n_1 x^1 + n_2 x^2) = 2\omega_3 \frac{4\pi}{3}a^3$$

が得られる． □

定理 4.20 回転密度の体積積分も面積分になる．積分定理

$$\int \mathrm{d}V \boldsymbol{\nabla} \times \mathbf{A} = \oint \mathrm{d}S \mathbf{n} \times \mathbf{A} \tag{4.20}$$

が成り立つ．

証明 定理 (4.10) を用いると左辺は

$$\int \mathrm{d}V \boldsymbol{\nabla} \times \mathbf{A} = \varepsilon^{ijk} \mathbf{e}_k \int \mathrm{d}V \frac{\partial A_j}{\partial x^i} = \varepsilon^{ijk} \mathbf{e}_k \oint \mathrm{d}S n_i A_j = \oint \mathrm{d}S \mathbf{n} \times \mathbf{A}$$

になり積分定理が得られる． □

定理 4.21 (回転定理) 任意の面上で，回転密度 $\boldsymbol{\nabla} \times \mathbf{A}$ の法線成分を積分すると，その積分値は，**循環**，すなわち，面を取り巻く平曲線上での $\mathbf{A}$ の線積分

$$\int \mathrm{d}S \mathbf{n} \cdot \boldsymbol{\nabla} \times \mathbf{A} = \Gamma = \oint \mathrm{d}\mathbf{x} \cdot \mathbf{A} \tag{4.21}$$

に等しい．

回転定理は**ストウクスの定理**として広く知られているが，この定理が現れたのはストウクス宛のケルヴィン卿の手紙の追伸の中である．ストウクスはマクスウェルが受験したケンブリッジ大学数学試験に問題として出題した．この定理を最初に印刷公表したのはハンケルである．

証明 左辺の面積分に (4.19) を適用すると

$$\int \mathrm{d}S \mathbf{n} \cdot \nabla \times \mathbf{A} = \int \mathrm{d}S \mathbf{n} \times \nabla \cdot \mathbf{A} = \int \mathrm{d}S (\mathbf{n} \times \nabla)^i A_i = \oint \mathrm{d}x^i A_i$$

になり回転定理が得られる．回転密度の特別な性質には依存せず，定理 (4.19) が基本的に重要であることがわかる．定理 (4.18) の証明と同じように回転定理を証明してみよう．同じ面積要素上で $\mathbf{n} \cdot \nabla \times \mathbf{A}$ の面積分は

$$\Delta S \mathbf{n} \cdot \nabla \times \mathbf{A} = \mathbf{h}_1 \times \mathbf{h}_2 \cdot \nabla \times \mathbf{A} = \mathbf{h}_1 \cdot \nabla \mathbf{A} \cdot \mathbf{h}_2 - \mathbf{h}_2 \cdot \nabla \mathbf{A} \cdot \mathbf{h}_1$$

になる．この式にテイラー展開による

$$\mathbf{A}(\mathbf{x} + \mathbf{h}_1) - \mathbf{A}(\mathbf{x}) = \mathbf{h}_1 \cdot \nabla \mathbf{A}(\mathbf{x}), \quad \mathbf{A}(\mathbf{x} + \mathbf{h}_2) - \mathbf{A}(\mathbf{x}) = \mathbf{h}_2 \cdot \nabla \mathbf{A}(\mathbf{x})$$

を代入し整理すると

$$\mathbf{A}(\mathbf{x}) \cdot \mathbf{h}_1 + \mathbf{A}(\mathbf{x} + \mathbf{h}_1) \cdot \mathbf{h}_2 - \mathbf{A}(\mathbf{x} + \mathbf{h}_2) \cdot \mathbf{h}_1 - \mathbf{A}(\mathbf{x}) \cdot \mathbf{h}_2$$

は，面積要素の 4 辺を回る経路上の線積分にほかならない．すなわち

$$\Delta S \mathbf{n} \cdot \nabla \times \mathbf{A} = \oint \mathrm{d}S \mathbf{n} \times \mathbf{A} \tag{4.22}$$

になる．面積要素についての積分を加えると，周上の線積分のみが残り回転定理になる．　□

定義 4.22（回転密度） (4.22) から，回転密度を

$$\mathbf{n} \cdot \nabla \times \mathbf{A} = \lim_{\Delta S \to 0} \frac{\oint \mathrm{d}\mathbf{x} \cdot \mathbf{A}}{\Delta S} \tag{4.23}$$

によって定義することができる．回転密度の法線方向成分は単位面積あたりの循環である．

積分定理 (4.20) を用いると,

$$\lim_{\Delta V \to 0} \frac{\oint \mathrm{d}S \mathbf{n} \times \mathbf{A}}{\Delta V} = \lim_{\Delta V \to 0} \frac{\int \mathrm{d}V \nabla \times \mathbf{A}}{\Delta V} = \nabla \times \mathbf{A}$$

になるから, 回転密度を

$$\nabla \times \mathbf{A} = \lim_{\Delta V \to 0} \frac{\oint \mathrm{d}S \mathbf{n} \times \mathbf{A}}{\Delta V}$$

によって定義することもできる. 回転密度は単位体積あたりの回転である. 循環や回転が積分量であるのに対し, 回転密度は場の量で, 用語を区別すべきである. 流体力学では速度ベクトル $\mathbf{v}$ の回転密度 $\nabla \times \mathbf{v}$ を**渦度**と呼んでいる.

定理 4.23 (n 次元回転定理) n 次元空間における閉曲線上の線積分は, それが囲む 2 次元曲面上の積分になる. すなわち回転定理

$$\oint \mathrm{d}x^j A_j = \int \mathrm{d}S^{ij} \left(\frac{\partial A_j}{\partial x^i} - \frac{\partial A_i}{\partial x^j} \right) \tag{4.24}$$

が成り立つ.

$$\mathrm{d}S^{ij} = \tfrac{1}{2} \mathrm{d}u^1 \mathrm{d}u^2 \left(\frac{\partial x^i}{\partial u^1} \frac{\partial x^j}{\partial u^2} - \frac{\partial x^i}{\partial u^2} \frac{\partial x^j}{\partial u^1} \right)$$

は有向面積要素である.

証明 n 次元空間における 2 次元曲面上の座標を u^1, u^2 とし, リーマンの積分定理 (4.17) を用いると, 経路積分は面積分になり,

$$\begin{aligned}
\oint \mathrm{d}x^j A_j &= \oint \left(\frac{\partial x^j}{\partial u^1} \mathrm{d}u^1 + \frac{\partial x^j}{\partial u^2} \mathrm{d}u^2 \right) A_j \\
&= \int \mathrm{d}u^1 \mathrm{d}u^2 \left\{ \frac{\partial}{\partial u^1} \left(A_j \frac{\partial x^j}{\partial u^2} \right) - \frac{\partial}{\partial u^2} \left(A_j \frac{\partial x^j}{\partial u^1} \right) \right\} \\
&= \int \mathrm{d}u^1 \mathrm{d}u^2 \left(\frac{\partial A_j}{\partial u^1} \frac{\partial x^j}{\partial u^2} - \frac{\partial A_j}{\partial u^2} \frac{\partial x^j}{\partial u^1} \right) \\
&= \int \mathrm{d}u^1 \mathrm{d}u^2 \frac{\partial A_j}{\partial x^i} \left(\frac{\partial x^i}{\partial u^1} \frac{\partial x^j}{\partial u^2} - \frac{\partial x^i}{\partial u^2} \frac{\partial x^j}{\partial u^1} \right) = \int \mathrm{d}S^{ij} \left(\frac{\partial A_j}{\partial x^i} - \frac{\partial A_i}{\partial x^j} \right)
\end{aligned}$$

が与式になる. 3 次元では $\mathrm{d}S^{ij} = \varepsilon^{ijk} n_k \mathrm{d}S$ により,

$$\oint \mathrm{d}x^j A_j = \varepsilon^{ijk} \int \mathrm{d}S n_k \frac{\partial A_j}{\partial x^i} = \int \mathrm{d}S \mathbf{n} \cdot \nabla \times \mathbf{A}$$

に帰着する. □

4.5 回転定理

定理 4.24（ポアンカレ補題） n 次元でベクトル場 A_j が任意の閉曲線について

$$\oint dx^j A_j = 0$$

が成り立つとき A_j を**保存場**と言う．A_j が保存場であるとき

$$\frac{\partial A_j}{\partial x^i} = \frac{\partial A_i}{\partial x^j} \tag{4.25}$$

が成り立つ．これを**ポアンカレ補題**と呼ぶ．

証明 2次元のベクトル場 **A** に対し，リーマンの積分定理 (4.17) を使うと

$$\oint d\mathbf{x} \cdot \mathbf{A} = \int dS \boldsymbol{\nabla} \times \mathbf{A} = \int dS \left(\frac{\partial A_2}{\partial x^1} - \frac{\partial A_1}{\partial x^2} \right) = 0$$

により

$$\frac{\partial A_2}{\partial x^1} = \frac{\partial A_1}{\partial x^2}$$

を満たすとき **A** の閉曲線積分は 0 である．3次元のベクトル場 **A** に対しては，3次元では回転定理 (4.21) を使うと，$\boldsymbol{\nabla} \times \mathbf{A} = 0$，すなわち

$$\frac{\partial A_3}{\partial x^2} = \frac{\partial A_2}{\partial x^3}, \quad \frac{\partial A_1}{\partial x^3} = \frac{\partial A_3}{\partial x^1}, \quad \frac{\partial A_2}{\partial x^1} = \frac{\partial A_1}{\partial x^2}$$

が保存場の条件である．n 次元では (4.24) により明らかである． □

定理 4.25（ポアンカレ補題の逆） **A** が保存場であることは **A** がスカラー関数 f によって

$$\mathbf{A} = \boldsymbol{\nabla} f, \qquad A_j = \frac{\partial f}{\partial x^j}$$

のように書けることと同等である．これを「**ポアンカレ補題の逆**」と言う．このとき $-f$ を**スカラーポテンシャル**と呼ぶ．

証明 n 次元空間の2点を A, B とすると，これらを通過する任意の閉曲線積分が

$$\oint dx^j A_j = \int_A^B dx^j A_j + \int_B^A dx^j A_j = 0$$

を満たすことは，A から B への線積分が経路に依存しないことを意味する．任意の位置 **x** から **x**′ までの保存場の線積分は，経路によらないから，**x**′ のスカラー関

数である．それを $f(\mathbf{x}')$ とすると，$\mathbf{x}$ で $f(\mathbf{x})$ であるから，

$$\int_{\mathbf{x}}^{\mathbf{x}'} \mathrm{d}x^j A_j = f(\mathbf{x}') - f(\mathbf{x})$$

になる．$\mathbf{x}' = \mathbf{x} + \mathrm{d}\mathbf{x}$ として両辺をテイラー展開すると

$$\mathrm{d}x^j A_j = \mathrm{d}x^j \nabla_j f$$

が得られる．すなわち

$$A_j = \nabla_j f = \frac{\partial f}{\partial x^j}$$

である．積分媒介変数を導入する**柱体構成法**によっても証明できる．f として

$$f(\mathbf{x}) = \int_0^1 \mathrm{d}t\mathbf{x} \cdot \mathbf{A}(t\mathbf{x})$$

を構成する．両辺を x^i について微分し，

$$\frac{\partial f(\mathbf{x})}{\partial x^i} = \int_0^1 \mathrm{d}t \left(A_i(t\mathbf{x}) + tx^j \frac{\partial A_j}{\partial x^i} \Big|_{t\mathbf{x}} \right)$$

にポアンカレ補題 (4.25) を代入すると

$$\frac{\partial f(\mathbf{x})}{\partial x^i} = \int_0^1 \mathrm{d}t \left(A_i(t\mathbf{x}) + tx^j \frac{\partial A_i}{\partial x^j} \Big|_{t\mathbf{x}} \right) = \int_0^1 \mathrm{d}t \frac{\mathrm{d}}{\mathrm{d}t}(tA_i(t\mathbf{x})) = A_i(\mathbf{x})$$

が得られる．逆に，$A_j = \nabla_j f$ であればポアンカレ補題

$$\frac{\partial A_j}{\partial x^i} = \frac{\partial^2 f}{\partial x^i \partial x^j} = \frac{\partial^2 f}{\partial x^j \partial x^i} = \frac{\partial A_i}{\partial x^j}$$

を満たすことは明らかである． □

定理 4.26（ベクトルポテンシャル） 3次元ベクトル場 $\mathbf{B}$ が

$$\nabla \cdot \mathbf{B} = 0$$

を満たすとき

$$\mathbf{B} = \nabla \times \mathbf{A}$$

を満たすベクトル場 $\mathbf{A}$ が存在する．これもポアンカレ補題の逆である．$\mathbf{A}$ を**ベクトルポテンシャル**と呼ぶ．

証明 ベクトルポテンシャルは一意には決まらない．Λ を任意のスカラー関数として変換（**ゲージ変換**）
$$\mathbf{A}' = \mathbf{A} + \nabla\Lambda$$
をしても
$$\nabla \times \mathbf{A}' = \nabla \times \mathbf{A} + \nabla \times \nabla\Lambda = \mathbf{B}$$
となって $\mathbf{B}$ は変化しない．$\mathbf{A}$ を**ゲージ場**と呼ぶ．1 例として

$$\begin{cases} A_1(\mathbf{x}) = \int_0^1 dt\, x^3 B^2(x^1, x^2, tx^3) - \int_0^1 dt\, x^2 B^3(x^1, tx^2, 0) \\ A_2(\mathbf{x}) = -\int_0^1 dt\, x^3 B^1(x^1, x^2, tx^3) \\ A_3(\mathbf{x}) = 0 \end{cases}$$

を選ぶと，

$$\frac{\partial A_3(\mathbf{x})}{\partial x^2} - \frac{\partial A_2(\mathbf{x})}{\partial x^3} = \int_0^1 dt \left(B^1(x^1, x^2, tx^3) + tx^3 \frac{\partial B^1}{\partial x^3}\Big|_{x^1, x^2, tx^3} \right)$$
$$= \int_0^1 dt \frac{d}{dt}(tB^1(x^1, x^2, tx^3)) = B^1(\mathbf{x})$$

になり B^1 を再現する．B^2 も同様である．B^3 は，$\nabla \cdot \mathbf{B} = 0$ を使うと，

$$\frac{\partial A_2(\mathbf{x})}{\partial x^1} - \frac{\partial A_1(\mathbf{x})}{\partial x^2} = \int_0^1 dt\, x^3 \frac{\partial B^3}{\partial x^3}\Big|_{x^1, x^2, tx^3} + \int_0^1 dt \frac{d}{dt}(tB^3(x^1, tx^2, 0))$$
$$= \int_0^1 dt \frac{d}{dt} B^3(x^1, x^2, tx^3) + B^3(x^1, x^2, 0)$$
$$= B^3(\mathbf{x})$$

によって再現される．
$$\mathbf{A}(\mathbf{x}) = \int_0^1 dt\, \mathbf{B}(t\mathbf{x}) \times t\mathbf{x}$$
のようにつくることもできる．

$$\frac{\partial A_3(\mathbf{x})}{\partial x^2} - \frac{\partial A_2(\mathbf{x})}{\partial x^3} = \int_0^1 dt\, t \Big\{ 2B^1(t\mathbf{x}) \\ - tx^1\left(\frac{\partial B^2}{\partial x^2} + \frac{\partial B^3}{\partial x^3}\right)\Big|_{t\mathbf{x}} + tx^2 \frac{\partial B^1}{\partial x^2}\Big|_{t\mathbf{x}} + tx^3 \frac{\partial B^1}{\partial x^3}\Big|_{t\mathbf{x}} \Big\}$$

において $\nabla\cdot\mathbf{B}=0$ を使うと

$$\frac{\partial A_3(\mathbf{x})}{\partial x^2}-\frac{\partial A_2(\mathbf{x})}{\partial x^3}=\int_0^1 dt\left(2tB^1(t\mathbf{x})+t^2 x^i\frac{\partial B^1}{\partial x^i}\Big|_{t\mathbf{x}}\right)$$
$$=\int_0^1 dt\frac{d}{dt}(t^2 B^1(t\mathbf{x}))=B^1(\mathbf{x})$$

になり B^1 を再現する．B^2, B^3 も同様である． □

> **定理 4.27 (テイト-マコーレイの定理)** 任意の3次元ベクトル $\mathbf{A}$ に対し，テイト-マコーレイの定理
> $$\int dS(\mathbf{n}\times\boldsymbol{\nabla})\times\mathbf{A}=\oint d\mathbf{x}\times\mathbf{A} \tag{4.26}$$
> が成り立つ．

証明 左辺の面積分に (4.19) を適用すると

$$\varepsilon_{ijk}\mathbf{e}^k\int dS(\mathbf{n}\times\boldsymbol{\nabla})^i A^j=\varepsilon_{ijk}\mathbf{e}^k\oint dx^i A^j=\oint d\mathbf{x}\times\mathbf{A}$$

が得られる． □

問題 4.28 平面上の任意の閉曲線1周積分は閉曲線が囲む面積 S の2倍になる．すなわち

$$\mathbf{n}S=\tfrac{1}{2}\oint \mathbf{x}\times d\mathbf{x} \tag{4.27}$$

が成り立つ．$\mathbf{n}$ は面積の法線ベクトルである．

証明 右辺にテイト-マコーレイの定理 (4.26) を適用すると

$$\tfrac{1}{2}\oint \mathbf{x}\times d\mathbf{x}=-\tfrac{1}{2}\int dS(\mathbf{n}\times\boldsymbol{\nabla})\times\mathbf{x}$$

になる．右辺で (3.13) 第3公式を適用し，(3.24) より $\boldsymbol{\nabla}\cdot\mathbf{x}=3$, および，(3.10) より $\boldsymbol{\nabla}x^i=\mathbf{e}^i$ を用いて得られる $n_i\boldsymbol{\nabla}x^i=n_i\mathbf{e}^i=\mathbf{n}$ を使うと

$$\tfrac{1}{2}\int dS(\mathbf{n}\boldsymbol{\nabla}\cdot\mathbf{x}-n_i\boldsymbol{\nabla}x^i)=\mathbf{n}\int dS=\mathbf{n}S$$

が得られる． □

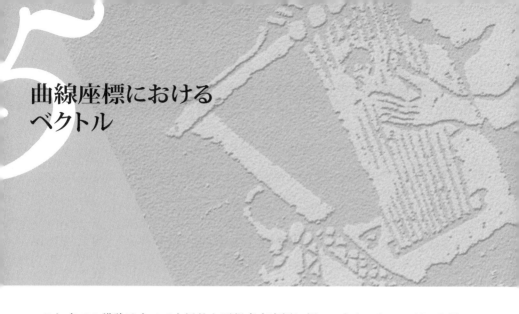

曲線座標における
ベクトル

　これまでの議論はすべて大局的な正規直交座標に頼ってきた．ところが，実際のところ，私たちが現実に使う座標系は大局的な座標系ではない．東京の数学者が机上の紙に x 軸と y 軸を描き，それに垂直に z 軸を取ったとする．この座標系が通用するのはこの数学者のいる近くだけだ．パリの数学者が机上の紙に x 軸と y 軸を描き，それに垂直に z 軸を取ったとすると，それらは東京の数学者の x, y, z 軸とは別物である．地表のある点で，x, y, z 軸を描くということは，厳密に言うと，その地点での地表の 2 本の **接線ベクトル**（接ベクトル）に沿って引いた 2 直線を x 軸と y 軸に選び，それに垂直に z 軸を選んでいることになる．このような座標系を **動座標系** と言う．

　球座標 を用いて空間の位置を表そう．球座標は，原点からの **動径** r，**天頂角**（**極角**）θ および **方位角** φ で表す．z 軸からの距離は $\rho = r\sin\theta$ だから，座標は

$$x = r\sin\theta\cos\varphi, \qquad y = r\sin\theta\sin\varphi, \qquad z = r\cos\theta$$

と表すことができる．地球の中心を原点に選ぶなら，$\frac{1}{2}\pi - \theta$ は緯度，φ は経度を表す．パリは $\theta = 42°, \varphi = 2°$，東京は $\theta = 55°, \varphi = 139°$ だ．各点は，θ, φ を一定にして，r が原点から伸びていく r 曲線，r, φ を一定にして θ が増加する θ 曲線，r, θ を一定にして φ が増加する φ 曲線の交点になっている．このような曲線を **座標曲線** と呼ぶ．各座標曲線の 3 個の接線ベクトル

$$\mathbf{a}_1 = \frac{\partial \mathbf{x}}{\partial r}, \quad \mathbf{a}_2 = \frac{\partial \mathbf{x}}{\partial \theta}, \quad \mathbf{a}_3 = \frac{\partial \mathbf{x}}{\partial \varphi}$$

は線形独立なので，局所的な座標系として採用することができる．場所によって異なる基底を**動基底**と言う．$\mathbf{a}_1, \mathbf{a}_2, \mathbf{a}_3$ を**自然基底**と呼ぶ．この自然基底がつくるベクトル空間を**接空間（接ベクトル空間）**と呼ぶ．

動基底の選び方は自然基底だけではない．r 曲線に沿う r の勾配ベクトル，θ 曲線に沿う θ の勾配ベクトル，φ 曲線に沿う φ の勾配ベクトル

$$\mathbf{a}^1 = \boldsymbol{\nabla} r, \qquad \mathbf{a}^2 = \boldsymbol{\nabla} \theta, \qquad \mathbf{a}^3 = \boldsymbol{\nabla} \varphi$$

も線形独立である．$\mathbf{a}^1, \mathbf{a}^2, \mathbf{a}^3$ を**双対基底（逆基底，余ベクトル）**と呼ぶ．双対基底がつくるベクトル空間を**余接空間（余接ベクトル空間）**と呼ぶ．

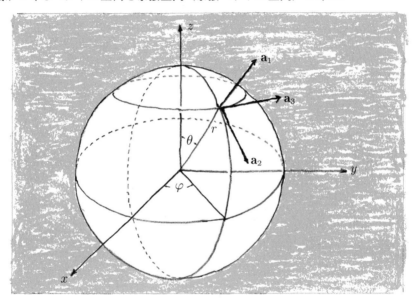

後で示すように，自然基底と双対基底の間には

$$\mathbf{a}^i \cdot \mathbf{a}_j = \delta^i_j$$

の関係がある．このとき2組の基底は互いに**双対**であると言う．また，余接空間は接空間の**双対空間**であると言う．任意のベクトルは自然基底でも双対基底でも表すことができる．それにもかかわらず，両方を使うことによって見通しのよい記述が可能になる．

5.1 基底

> **定義 5.1 (接線ベクトル)** 曲線上の位置 $\mathbf{x}$ は，曲線上のある位置から測った弧長 s によって決まる．s と $s+h$ における位置の差は，h が小さいとき，曲線の接線の方向を持つベクトルである．そこで
>
> $$\mathbf{t} = \lim_{h \to 0} \frac{\mathbf{x}(s+h) - \mathbf{x}(s)}{h} = \frac{d\mathbf{x}}{ds} \tag{5.1}$$
>
> を接線ベクトルと言う．

$d\mathbf{x}$ は曲線上の微分，ds はその大きさである．$\mathbf{t}$ は接線の方向を持つ単位ベクトル（接線ベクトル）で，そのノルムは

$$\|\mathbf{t}\|^2 = \frac{d\mathbf{x} \cdot d\mathbf{x}}{ds^2} = 1$$

になる．

> **定義 5.2 (2次元自然基底)** 2次元曲線座標を u^1, u^2 とすると
>
> $$\mathbf{a}_1 = \frac{\partial \mathbf{x}}{\partial u^1}, \qquad \mathbf{a}_2 = \frac{\partial \mathbf{x}}{\partial u^2}$$
>
> を**基底**，あるいは**自然基底**と呼ぶ．

2次元座標 x^1, x^2 を曲線座標 u^1, u^2 で表してみよう．u^1, u^2 はベクトルの成分ではないが，6.1 節で示すように，微分 du^1, du^2 が反変ベクトル成分になるので，上付き添字で表す習慣がある．x^1, x^2 は

$$x^1 = x^1(u^1, u^2), \qquad x^2 = x^2(u^1, u^2)$$

のように u^1, u^2 の関数になる．デカルト座標では任意の線要素ベクトルを

$$d\mathbf{x} = \mathbf{e}_1 dx^1 + \mathbf{e}_2 dx^2$$

と表した．x^1 と x^2 は，それぞれ u^1 と u^2 の関数なので，微分は

$$dx^1 = \frac{\partial x^1}{\partial u^1} du^1 + \frac{\partial x^1}{\partial u^2} du^2, \qquad dx^2 = \frac{\partial x^2}{\partial u^1} du^1 + \frac{\partial x^2}{\partial u^2} du^2$$

である.ベクトル表記では

$$d\mathbf{x} = \frac{\partial \mathbf{x}}{\partial u^1} du^1 + \frac{\partial \mathbf{x}}{\partial u^2} du^2 = \mathbf{a}_1 du^1 + \mathbf{a}_2 du^2 \tag{5.2}$$

になる.ここで現れたベクトル $\mathbf{a}_1, \mathbf{a}_2$ は u^1 曲線と u^2 曲線の接線ベクトルにほかならない.これら接線ベクトル $\mathbf{a}_1, \mathbf{a}_2$ はユークリッド空間のベクトルなので,その p 成分 a_i^p は,正規直交基底 $\mathbf{e}^p$ を用いて

$$a_i^p \equiv \langle e^p | a_i \rangle = \mathbf{e}^p \cdot \mathbf{a}_i = \frac{\partial x^p}{\partial u^i}$$

になる. i は曲線座標,p は正規直交座標の番号で,両者が混在するときは,曲線座標の番号を h, i, j, k, l, m, n,正規直交座標の番号を p, q, r, s, t によって区別しよう.$a_i^p = \frac{\partial x^p}{\partial u^i}$ は (3.7) で定義したヤコービ行列の p 行 i 列成分である.ケットベクトルで表すと

$$|a_1\rangle = \begin{pmatrix} a_1^1 \\ a_1^2 \end{pmatrix} = \begin{pmatrix} \frac{\partial x^1}{\partial u^1} \\ \frac{\partial x^2}{\partial u^1} \end{pmatrix}, \quad |a_2\rangle = \begin{pmatrix} a_2^1 \\ a_2^2 \end{pmatrix} = \begin{pmatrix} \frac{\partial x^1}{\partial u^2} \\ \frac{\partial x^2}{\partial u^2} \end{pmatrix}$$

である.自然基底成分を並べた

$$\mathsf{a} = (\mathbf{a}_1 \mathbf{a}_2) = \begin{pmatrix} a_1^1 & a_2^1 \\ a_1^2 & a_2^2 \end{pmatrix} = \begin{pmatrix} \frac{\partial x^1}{\partial u^1} & \frac{\partial x^1}{\partial u^2} \\ \frac{\partial x^2}{\partial u^1} & \frac{\partial x^2}{\partial u^2} \end{pmatrix} = \frac{\partial(x^1, x^2)}{\partial(u^1, u^2)} = \mathsf{J}$$

がヤコービ行列である.偏微分記号 ∂ が一般に使われるようになったのは 19 世紀末だが,ヤコービは 19 世紀半ばに現代の記法を使っていた.ヤコービ行列は多変数関数の微分係数にほかならない.

定義 5.3 (リーマン計量) 一般に自然基底 $\mathbf{a}_1$ と $\mathbf{a}_2$ は互いに直交しない.すなわち $\mathbf{a}_1 \cdot \mathbf{a}_2 = 0$ は成り立たない.$d\mathbf{x}$ の長さの 2 乗(線要素の 2 乗)

$$ds^2 = \|d\mathbf{x}\|^2 = (dx^1)^2 + (dx^2)^2$$
$$= g_{11}(du^1)^2 + g_{12}du^1 du^2 + g_{21}du^2 du^1 + g_{22}(du^2)^2$$

を**リーマン計量**,**計量形式**,あるいは**基本形式**と呼ぶ.

ここで

$$g_{11} = \|\mathbf{a}_1\|^2, \qquad g_{12} = \mathbf{a}_1 \cdot \mathbf{a}_2 = g_{21}, \qquad g_{22} = \|\mathbf{a}_2\|^2$$

を定義した．基底によってつくったグラム行列

$$\mathrm{g} = (g_{ij}) = (\mathbf{a}_i \cdot \mathbf{a}_j) = \begin{pmatrix} \mathbf{a}_1 \cdot \mathbf{a}_1 & \mathbf{a}_1 \cdot \mathbf{a}_2 \\ \mathbf{a}_2 \cdot \mathbf{a}_1 & \mathbf{a}_2 \cdot \mathbf{a}_2 \end{pmatrix} = \begin{pmatrix} g_{11} & g_{12} \\ g_{21} & g_{22} \end{pmatrix} \tag{5.3}$$

を**計量テンソル**，あるいは**基本テンソル**と呼ぶ．

命題 5.4（2次元面積要素） $\mathbf{a}_1, \mathbf{a}_2$ は接線ベクトルなので，(5.2) で加えた2個のベクトル $\mathbf{a}_1 du^1, \mathbf{a}_2 du^2$ は，u^1, u^2 をそれぞれ du^1, du^2 だけ変化させたときの x の変化である．これら2個のベクトルがつくる平行4辺形の面積要素は $dS = \sqrt{g} du^1 du^2$ になる．

証明 問題 2.1 の結果を用いて

$$dS = (\mathbf{a}_1 du^1) \times (\mathbf{a}_2 du^2) = \mathbf{a}_1 \times \mathbf{a}_2 du^1 du^2 = |\mathsf{J}| du^1 du^2$$

になる．ここで

$$|\mathsf{J}| = |\mathbf{a}| = |\mathbf{a}_1 \mathbf{a}_2| = \begin{vmatrix} \frac{\partial x^1}{\partial u^1} & \frac{\partial x^1}{\partial u^2} \\ \frac{\partial x^2}{\partial u^1} & \frac{\partial x^2}{\partial u^2} \end{vmatrix} = \left| \frac{\partial(x^1, x^2)}{\partial(u^1, u^2)} \right|$$

は**ヤコービ行列式（関数行列式）**である．計量テンソル (5.3) の行列式は

$$g = |g_{ij}| = \begin{vmatrix} a_1^1 & a_1^2 \\ a_2^1 & a_2^2 \end{vmatrix} \begin{vmatrix} a_1^1 & a_2^1 \\ a_1^2 & a_2^2 \end{vmatrix} = |\mathsf{J}|^2$$

すなわち $|\mathsf{J}| = \sqrt{g}$ である． □

例題 5.5 放物線座標 σ, τ では

$$x = \sigma\tau, \qquad y = -\frac{1}{2}(\sigma^2 - \tau^2)$$

になる．σ, τ の自然基底と計量テンソルを計算せよ．

解 自然基底

$$|a_1\rangle = \begin{pmatrix} \frac{\partial x}{\partial \sigma} \\ \frac{\partial y}{\partial \sigma} \end{pmatrix} = \begin{pmatrix} \tau \\ -\sigma \end{pmatrix}, \quad |a_2\rangle = \begin{pmatrix} \frac{\partial x}{\partial \tau} \\ \frac{\partial y}{\partial \tau} \end{pmatrix} = \begin{pmatrix} \sigma \\ \tau \end{pmatrix}$$

は直交基底になり，自然基底成分を並べたヤコービ行列は

$$\mathsf{J} = \frac{\partial(x,y)}{\partial(\sigma,\tau)} = \begin{pmatrix} \tau & \sigma \\ -\sigma & \tau \end{pmatrix}$$

になる．基本形式（線要素の2乗）と計量テンソルは

$$ds^2 = (\sigma^2 + \tau^2)(d\sigma^2 + d\tau^2), \qquad \mathsf{g} = (g_{ij}) = (\sigma^2 + \tau^2)\begin{pmatrix} 1 & 0 \\ 0 & 1 \end{pmatrix}$$

である．$g = (\sigma^2 + \tau^2)^2$, $|\mathsf{J}| = \sigma^2 + \tau^2$ になるから面積要素は

$$dS = (\sigma^2 + \tau^2)d\sigma d\tau$$

で与えられる． □

例題 5.6 双極座標 ξ, η では

$$x = \frac{\sinh\xi}{\cosh\xi - \cos\eta}, \qquad y = \frac{\sin\eta}{\cosh\xi - \cos\eta}$$

の関係がある．双極座標 ξ, η の自然基底と計量テンソルを計算せよ．

解 自然基底は

$$|a_1\rangle = \begin{pmatrix} \frac{\partial x}{\partial \xi} \\ \frac{\partial y}{\partial \xi} \end{pmatrix} = \frac{1}{(\cosh\xi - \cos\eta)^2}\begin{pmatrix} 1 - \cosh\xi\cos\eta \\ -\sinh\xi\sin\eta \end{pmatrix}$$

$$|a_2\rangle = \begin{pmatrix} \frac{\partial x}{\partial \eta} \\ \frac{\partial y}{\partial \eta} \end{pmatrix} = \frac{1}{(\cosh\xi - \cos\eta)^2}\begin{pmatrix} -\sinh\xi\sin\eta \\ -1 + \cosh\xi\cos\eta \end{pmatrix}$$

成分を並べたヤコービ行列は

$$\mathsf{J} = \frac{\partial(x,y)}{\partial(\xi,\eta)} = \frac{1}{(\cosh\xi - \cos\eta)^2}\begin{pmatrix} 1 - \cosh\xi\cos\eta & -\sinh\xi\sin\eta \\ -\sinh\xi\sin\eta & -1 + \cosh\xi\cos\eta \end{pmatrix}$$

になる．基本形式と計量テンソルは

$$ds^2 = \frac{d\xi^2 + d\eta^2}{(\cosh\xi - \cos\eta)^2}, \qquad \mathsf{g} = (g_{ij}) = \frac{1}{(\cosh\xi - \cos\eta)^2}\begin{pmatrix} 1 & 0 \\ 0 & 1 \end{pmatrix}$$

である．$g = (\cosh\xi - \cos\eta)^{-4}$, $|\mathsf{J}| = (\cosh\xi - \cos\eta)^{-2}$ より，面積要素は

$$dS = \frac{d\xi d\eta}{(\cosh\xi - \cos\eta)^2}$$

になる． □

例題 5.7 2次元極座標の自然基底と計量テンソルを計算せよ．

解 2次元極座標では，位置座標 $x^1 = x, x^2 = y$ を，原点からの距離 $u^1 = \rho$ と x^1 軸から測った角度 $u^2 = \varphi$ で表す．直交座標 x, y と極座標 ρ, φ の間には

$$x = \rho \cos\varphi, \qquad y = \rho \sin\varphi$$

の関係がある．ρ 曲線と φ 曲線の接線ベクトルはそれぞれ

$$\mathbf{a}_1 = \frac{\partial \mathbf{x}}{\partial \rho} = \mathbf{e}_1 \cos\varphi + \mathbf{e}_2 \sin\varphi, \qquad \mathbf{a}_2 = \frac{\partial \mathbf{x}}{\partial \varphi} = -\mathbf{e}_1 \rho \sin\varphi + \mathbf{e}_2 \rho \cos\varphi$$

になる．ケットベクトルは

$$|a_1\rangle = \begin{pmatrix} \frac{\partial x}{\partial \rho} \\ \frac{\partial y}{\partial \rho} \end{pmatrix} = \begin{pmatrix} \cos\varphi \\ \sin\varphi \end{pmatrix}, \quad |a_2\rangle = \begin{pmatrix} \frac{\partial x}{\partial \varphi} \\ \frac{\partial y}{\partial \varphi} \end{pmatrix} = \begin{pmatrix} -\rho \sin\varphi \\ \rho \cos\varphi \end{pmatrix}$$

になる．自然基底成分を並べたヤコービ行列は，

$$\mathsf{J} = (\mathbf{a}_1 \mathbf{a}_2) = \frac{\partial(x,y)}{\partial(\rho,\varphi)} = \begin{pmatrix} \cos\varphi & -\rho\sin\varphi \\ \sin\varphi & \rho\cos\varphi \end{pmatrix}$$

である．基本形式と計量テンソルは

$$\mathrm{d}s^2 = \mathrm{d}\rho^2 + \rho^2 \mathrm{d}\varphi^2, \qquad \mathsf{g} = (g_{ij}) = \begin{pmatrix} 1 & 0 \\ 0 & \rho^2 \end{pmatrix}$$

で，計量テンソルの行列式は $g = \rho^2$, $|\mathsf{J}| = \rho$ である．面積要素 $\mathrm{d}S = \rho \mathrm{d}\rho \mathrm{d}\varphi$ は ρ, φ 方向に $\mathrm{d}\rho, \rho \mathrm{d}\varphi$ の長さを持つ平行4辺形の面積である．□

定義 5.8（n 次元自然基底） 2次元座標を n 次元座標 $u^1, u^2, \cdots, u^n$ に拡張することは容易だろう．自然基底は n 個の接線ベクトル

$$\mathbf{a}_1 = \frac{\partial \mathbf{x}}{\partial u^1}, \quad \mathbf{a}_2 = \frac{\partial \mathbf{x}}{\partial u^2}, \quad \cdots, \quad \mathbf{a}_n = \frac{\partial \mathbf{x}}{\partial u^n}$$

である．

正規直交座標の基底 $\mathbf{e}_p$ との関係は，連鎖法則 (3.5) を用いて，

$$\mathbf{a}_i = \frac{\partial \mathbf{x}}{\partial u^i} = \frac{\partial \mathbf{x}}{\partial x^p} \frac{\partial x^p}{\partial u^i} = \mathbf{e}_p a_i^p, \qquad a_i^p \equiv \langle e^p | a_i \rangle = \mathbf{e}^p \cdot \mathbf{a}_i = \frac{\partial x^p}{\partial u^i}$$

である．ケットベクトルは

$$|a_1\rangle = \begin{pmatrix} \frac{\partial x^1}{\partial u^1} \\ \frac{\partial x^2}{\partial u^1} \\ \vdots \\ \frac{\partial x^n}{\partial u^1} \end{pmatrix}, \quad |a_2\rangle = \begin{pmatrix} \frac{\partial x^1}{\partial u^2} \\ \frac{\partial x^2}{\partial u^2} \\ \vdots \\ \frac{\partial x^n}{\partial u^2} \end{pmatrix}, \quad \cdots, \quad |a_n\rangle = \begin{pmatrix} \frac{\partial x^1}{\partial u^n} \\ \frac{\partial x^2}{\partial u^n} \\ \vdots \\ \frac{\partial x^n}{\partial u^n} \end{pmatrix}$$

になる．a_i^p は $\mathbf{a}_i$ の p 成分で，ヤコービ行列

$$\mathsf{a} = (\mathbf{a}_1 \cdots \mathbf{a}_n) = \begin{pmatrix} \frac{\partial x^1}{\partial u^1} & \frac{\partial x^1}{\partial u^2} & \cdots & \frac{\partial x^1}{\partial u^n} \\ \frac{\partial x^2}{\partial u^1} & \frac{\partial x^2}{\partial u^2} & \cdots & \frac{\partial x^2}{\partial u^n} \\ \vdots & \vdots & \ddots & \vdots \\ \frac{\partial x^n}{\partial u^1} & \frac{\partial x^n}{\partial u^2} & \cdots & \frac{\partial x^n}{\partial u^n} \end{pmatrix} = \frac{\partial(x^1, x^2, \cdots, x^n)}{\partial(u^1, u^2, \cdots, u^n)} = \mathsf{J}$$

の p 行 i 列成分である．線要素ベクトルは

$$d\mathbf{x} = \mathbf{a}_1 du^1 + \mathbf{a}_2 du^2 + \cdots + \mathbf{a}_n du^n = \mathbf{a}_i du^i \tag{5.4}$$

になる．線要素ベクトルの反変成分は

$$dx^p = \frac{\partial x^p}{\partial u^i} du^i = a_i^p du^i \tag{5.5}$$

と書くことができる．du^i は**基底1形式**をなす．基本形式は

$$ds^2 = \delta_{pq} dx^p dx^q = (dx^1)^2 + (dx^2)^2 + \cdots + (dx^n)^2 = g_{ij} du^i du^j$$

計量テンソル成分は

$$g_{ij} = \mathbf{a}_i \cdot \mathbf{a}_j = \frac{\partial \mathbf{x}}{\partial u^i} \cdot \frac{\partial \mathbf{x}}{\partial u^j} = \mathbf{e}_p \cdot \mathbf{e}_q \frac{\partial x^p}{\partial u^i} \frac{\partial x^q}{\partial u^j} = \delta_{pq} \frac{\partial x^p}{\partial u^i} \frac{\partial x^q}{\partial u^j} = \delta_{pq} a_i^p a_j^q$$

である．

命題 5.9 (n 次元体積要素)　n 次元空間の体積要素 $dV_{(n)}$ は

$$dV_{(n)} = dx^1 \cdots dx^n = |\mathsf{J}| du^1 \cdots du^n = \sqrt{g} du^1 \cdots du^n \tag{5.6}$$

になる．

証明 n 次元空間の体積要素は，(4.2) で与えたように，$dx^1, \cdots, dx^n$ を辺の長さとする正 $2n$ 面体の体積 $dx^1 \cdots dx^n$ である．曲線座標では，n 個のベクトル $\mathbf{a}_1 du^1, \cdots, \mathbf{a}_n du^n$ がつくる平行 $2n$ 面体の体積で，(5.5) を使うと，

$$dx^1 \cdots dx^n = a^1_{i_1} \cdots a^n_{i_n} du^{i_1} \cdots du^{i_n}$$
$$= a^1_{i_1} \cdots a^n_{i_n} \varepsilon^{i_1 \cdots i_n} du^1 \cdots du^n = |\mathsf{a}| du^1 du^2 \cdots du^n$$

になり，与式が得られる．

$$|\mathsf{a}| = |\mathbf{a}_1 \cdots \mathbf{a}_n| = \begin{vmatrix} \frac{\partial x^1}{\partial u^1} & \frac{\partial x^1}{\partial u^2} & \cdots & \frac{\partial x^1}{\partial u^n} \\ \frac{\partial x^2}{\partial u^1} & \frac{\partial x^2}{\partial u^2} & \cdots & \frac{\partial x^2}{\partial u^n} \\ \vdots & \vdots & \ddots & \vdots \\ \frac{\partial x^n}{\partial u^1} & \frac{\partial x^n}{\partial u^2} & \cdots & \frac{\partial x^n}{\partial u^n} \end{vmatrix} = \left| \frac{\partial(x^1, x^2, \cdots, x^n)}{\partial(u^1, u^2, \cdots, u^n)} \right| = |\mathsf{J}|$$

はヤコビ行列式にほかならない．計量テンソルの行列式を $g = |g_{ij}|$ とすると，(5.3) から $g = |\mathsf{J}|^2$，すなわち $|\mathsf{J}| = \sqrt{g}$ である．$(1 \cdots n)$ の任意の順列を $(i_1 \cdots i_n)$ とする．$\mathbf{a}_{i_1} du^{i_1}, \cdots, \mathbf{a}_{i_n} du^{i_n}$ がつくる体積要素は

$$dV^{i_1 \cdots i_n}_{(n)} = \varepsilon^{i_1 \cdots i_n} dV_{(n)}$$

になる．3 次元では $dV^{ijk} = \varepsilon^{ijk} dV$，$dV = \sqrt{g} du^1 du^2 du^3$，$\sqrt{g} = \mathbf{a}_1 \cdot \mathbf{a}_2 \times \mathbf{a}_3$ になる． $\square$

例題 5.10 3 次元円柱座標の自然基底，計量を求めよ．

解 2 次元極座標 $u^1 = \rho$，$u^2 = \varphi$ に座標 $u^3 = z$ を加えた円柱座標における自然基底は

$$\mathbf{a}_1 = \mathbf{e}_1 \cos\varphi + \mathbf{e}_2 \sin\varphi, \quad \mathbf{a}_2 = -\mathbf{e}_1 \rho \sin\varphi + \mathbf{e}_2 \rho \cos\varphi, \quad \mathbf{a}_3 = \mathbf{e}_3$$

である．ケットベクトルは

$$|a_1\rangle = \begin{pmatrix} \cos\varphi \\ \sin\varphi \\ 0 \end{pmatrix}, \quad |a_2\rangle = \begin{pmatrix} -\rho\sin\varphi \\ \rho\cos\varphi \\ 0 \end{pmatrix}, \quad |a_3\rangle = \begin{pmatrix} 0 \\ 0 \\ 1 \end{pmatrix},$$

自然基底成分を並べたヤコビ行列 $\mathsf{J} = (\mathbf{a}_1 \mathbf{a}_2 \mathbf{a}_3)$ は

$$\mathsf{J} = \frac{\partial(x, y, z)}{\partial(\rho, \varphi, z)} = \begin{pmatrix} \cos\varphi & -\rho\sin\varphi & 0 \\ \sin\varphi & \rho\cos\varphi & 0 \\ 0 & 0 & 1 \end{pmatrix} \tag{5.7}$$

になる．基本形式と計量テンソルは

$$ds^2 = d\rho^2 + \rho^2 d\varphi^2 + dz^2, \qquad \mathbf{g} = (g_{ij}) = \begin{pmatrix} 1 & 0 & 0 \\ 0 & \rho^2 & 0 \\ 0 & 0 & 1 \end{pmatrix}$$

である． □

例題 5.11 3次元球座標の自然基底，計量を求めよ．

解 自然基底は

$$\begin{cases} \mathbf{a}_1 = \mathbf{e}_1 \sin\theta \cos\varphi + \mathbf{e}_2 \sin\theta \sin\varphi + \mathbf{e}_3 \cos\theta \\ \mathbf{a}_2 = \mathbf{e}_1 r \cos\theta \cos\varphi + \mathbf{e}_2 r \cos\theta \sin\varphi - \mathbf{e}_3 r \sin\theta \\ \mathbf{a}_3 = -\mathbf{e}_1 r \sin\theta \sin\varphi + \mathbf{e}_2 r \sin\theta \cos\varphi \end{cases}$$

である．ケットベクトルは

$$|a_1\rangle = \begin{pmatrix} \sin\theta\cos\varphi \\ \sin\theta\sin\varphi \\ \cos\theta \end{pmatrix}, |a_2\rangle = \begin{pmatrix} r\cos\theta\cos\varphi \\ r\cos\theta\sin\varphi \\ -r\sin\theta \end{pmatrix}, |a_3\rangle = \begin{pmatrix} -r\sin\theta\sin\varphi \\ r\sin\theta\cos\varphi \\ 0 \end{pmatrix}$$

自然基底成分を並べたヤコビ行列 $\mathsf{J} = (\mathbf{a}_1 \mathbf{a}_2 \mathbf{a}_3)$ は

$$\mathsf{J} = \frac{\partial(x,y,z)}{\partial(r,\theta,\varphi)} = \begin{pmatrix} \sin\theta\cos\varphi & r\cos\theta\cos\varphi & -r\sin\theta\sin\varphi \\ \sin\theta\sin\varphi & r\cos\theta\sin\varphi & r\sin\theta\cos\varphi \\ \cos\theta & -r\sin\theta & 0 \end{pmatrix} \qquad (5.8)$$

によって与えられる．基本形式と計量テンソルは

$$ds^2 = dr^2 + r^2 d\theta^2 + r^2 \sin^2\theta d\varphi^2, \qquad \mathbf{g} = (g_{ij}) = \begin{pmatrix} 1 & 0 & 0 \\ 0 & r^2 & 0 \\ 0 & 0 & r^2 \sin^2\theta \end{pmatrix}$$

になる． □

例題 5.12 n 次元直交座標は球座標 $r, \theta_1, \cdots, \theta_{n-1}$ によって

$$\begin{cases} x^1 = r\sin\theta_1 \sin\theta_2 \cdots \sin\theta_{n-2} \cos\theta_{n-1} \\ x^2 = r\sin\theta_1 \sin\theta_2 \cdots \sin\theta_{n-2} \sin\theta_{n-1} \\ x^3 = r\sin\theta_1 \sin\theta_2 \cdots \cos\theta_{n-2} \\ \quad \vdots \\ x^{n-1} = r\sin\theta_1 \cos\theta_2 \\ x^n = r\cos\theta_1 \end{cases}$$

のように表すことができる．ヤコビ行列式，計量テンソルを求めよ．

解 自然基底成分を並べたヤコビ行列式 $|\mathbf{J}|$ は

$$|\mathbf{J}| = \begin{vmatrix} s_1 s_2 \cdots s_{n-2} c_{n-1} & rc_1 s_2 \cdots s_{n-2} c_{n-1} & \cdots & -rs_1 s_2 \cdots s_{n-2} s_{n-1} \\ s_1 s_2 \cdots s_{n-2} s_{n-1} & rc_1 s_2 \cdots s_{n-2} s_{n-1} & \cdots & rs_1 s_2 \cdots s_{n-2} c_{n-1} \\ s_1 s_2 \cdots c_{n-2} & rc_1 s_2 \cdots c_{n-2} & \cdots & 0 \\ \vdots & \vdots & \ddots & \vdots \\ s_1 c_2 & rc_1 c_2 & \cdots & 0 \\ c_1 & -rs_1 & \cdots & 0 \end{vmatrix}$$

によって与えられる．ここで，$s_i = \sin\theta_i, c_i = \cos\theta_i$ と略記した．r をくくりだし，第1列をすべて1にし，各行から次の行を引き算して計算すると，

$$|\mathbf{J}| = (-1)^{\frac{1}{2}n(n-1)+1} r^{n-1} \sin^{n-2}\theta_1 \sin^{n-3}\theta_2 \cdots \sin\theta_{n-2}$$

になる．計量テンソルは

$$\mathbf{g} = (g_{ij}) = \begin{pmatrix} 1 & 0 & 0 & \cdots & 0 \\ 0 & r^2 & 0 & \cdots & 0 \\ 0 & 0 & r^2 \sin^2\theta_1 & \cdots & 0 \\ \vdots & \vdots & \vdots & \ddots & \vdots \\ 0 & 0 & 0 & \cdots & r^2 \sin^2\theta_1 \cdots \sin^2\theta_{n-2} \end{pmatrix}$$

基本形式は

$$\mathrm{d}s^2 = \mathrm{d}r^2 + r^2(\mathrm{d}\theta_1^2 + \sin^2\theta_1(\mathrm{d}\theta_2^2 + \sin^2\theta_2(\mathrm{d}\theta_3^2 + \sin^2\theta_3(\mathrm{d}\theta_4^2 + \cdots))))$$

である． □

5.2 双対基底

> **定義 5.13（2次元双対基底）** 自然基底 $\mathbf{a}_1, \mathbf{a}_2$ に直交する勾配ベクトル
>
> $$\mathbf{a}^1 = \nabla u^1, \quad \mathbf{a}^2 = \nabla u^2$$
>
> を**双対基底**と言う．$\mathbf{a}^i$ は
>
> $$\mathbf{a}^i \cdot \mathbf{a}_j = \delta^i_j$$
>
> を満たし，$\mathbf{a}_i$ の双対写像になっている．

$\mathbf{a}^i$ と正規直交基底 $\mathbf{e}^p$ との関係は，$\boldsymbol{\nabla} = \mathbf{e}^p \frac{\partial}{\partial x^p}$ を用いて，

$$\mathbf{a}^i = \boldsymbol{\nabla} u^i = \mathbf{e}^p \frac{\partial u^i}{\partial x^p} = \widehat{a}^i_p \mathbf{e}^p$$

である．$\mathbf{a}^i$ の p 成分

$$\widehat{a}^i_p \equiv \langle e_p | a^i \rangle = \mathbf{e}_p \cdot \mathbf{a}^i = \frac{\partial u^i}{\partial x^p}$$

は，双対基底成分を並べた行列

$$\widehat{\mathsf{a}} = (\mathbf{a}^1 \mathbf{a}^2) = \begin{pmatrix} \frac{\partial u^1}{\partial x^1} & \frac{\partial u^1}{\partial x^2} \\ \frac{\partial u^2}{\partial x^1} & \frac{\partial u^2}{\partial x^2} \end{pmatrix} = \frac{\partial(u^1, u^2)}{\partial(x^1, x^2)} = \widehat{\mathsf{J}}$$

の i 行 p 列成分である．$\mathbf{a}^i$ と $\mathbf{a}_j$ の直交性は，連鎖法則 (3.5) を用いて，

$$\mathbf{a}^i \cdot \mathbf{a}_j = \widehat{a}^i_p \mathbf{e}^p \cdot \mathbf{e}_q a^q_j = \widehat{a}^i_p \delta^p_q a^q_j = \widehat{a}^i_p a^p_j = \frac{\partial u^i}{\partial x^p} \frac{\partial x^p}{\partial u^j} = \delta^i_j$$

のように証明できる．$\widehat{\mathsf{J}}$ は，J と逆の関係にある．$\mathbf{a}^i$ と $\mathbf{a}_j$ の直交性によって

$$\widehat{\mathsf{a}}\mathsf{a} = \widehat{\mathsf{J}}\mathsf{J} = \mathsf{E}$$

が成り立っている．この関係は

$$\frac{\partial(u^1, u^2)}{\partial(x^1, x^2)} \frac{\partial(x^1, x^2)}{\partial(u^1, u^2)} = \mathsf{E}$$

というヤコービ行列の恒等式として表すことができる．また，完備性

$$\mathbf{a}_i \mathbf{a}^i = \mathbf{e}_p a^p_i \widehat{a}^i_q \mathbf{e}^q = \mathbf{e}_p \frac{\partial x^p}{\partial u^i} \frac{\partial u^i}{\partial x^q} \mathbf{e}^q = \mathbf{e}_p \delta^p_q \mathbf{e}^q = \mathbf{e}_p \mathbf{e}^p = \mathsf{E}$$

が成り立つ．反変計量テンソルをグラム行列

$$\widehat{\mathsf{g}} = \begin{pmatrix} g^{11} & g^{12} \\ g^{21} & g^{22} \end{pmatrix} = \begin{pmatrix} \mathbf{a}^1 \cdot \mathbf{a}^1 & \mathbf{a}^1 \cdot \mathbf{a}^2 \\ \mathbf{a}^2 \cdot \mathbf{a}^1 & \mathbf{a}^2 \cdot \mathbf{a}^2 \end{pmatrix}$$

によって定義することができる．

例題 5.14 例題 5.5 で与えた放物線座標において双対基底と計量テンソルを計算せよ．

解 放物線座標 σ, τ は直交座標 x, y によって

$$\sigma^2 = \sqrt{x^2+y^2} - y, \qquad \tau^2 = \sqrt{x^2+y^2} + y$$

になる．双対基底は

$$\langle a^1| = \begin{pmatrix} \frac{\partial \sigma}{\partial x} & \frac{\partial \sigma}{\partial y} \end{pmatrix} = \frac{1}{2\sigma}\left(\frac{x}{\sqrt{x^2+y^2}} \quad \frac{y}{\sqrt{x^2+y^2}} - 1 \right) = \frac{1}{\sigma^2+\tau^2}(\tau \ -\sigma)$$

$$\langle a^2| = \begin{pmatrix} \frac{\partial \tau}{\partial x} & \frac{\partial \tau}{\partial y} \end{pmatrix} = \frac{1}{2\tau}\left(\frac{x}{\sqrt{x^2+y^2}} \quad \frac{y}{\sqrt{x^2+y^2}} + 1 \right) = \frac{1}{\sigma^2+\tau^2}(\sigma \ \tau)$$

になり，双対基底成分を並べたヤコービ行列および計量テンソルは

$$\widehat{\mathrm{J}} = \frac{\partial(\sigma,\tau)}{\partial(x,y)} = \frac{1}{\sigma^2+\tau^2}\begin{pmatrix} \tau & -\sigma \\ \sigma & \tau \end{pmatrix}, \qquad \widehat{\mathrm{g}} = \frac{1}{\sigma^2+\tau^2}\begin{pmatrix} 1 & 0 \\ 0 & 1 \end{pmatrix}$$

である． □

例題 5.15 例題 5.6 で与えた双極座標の双対基底と計量テンソルを計算せよ．

解 双極座標 ξ, η を直交座標 x, y の関数として解くと

$$\xi = \coth^{-1}\frac{x^2+y^2+1}{2x}, \qquad \eta = \cot^{-1}\frac{x^2+y^2-1}{2y}$$

になる．双対基底は

$$\langle a^1| = \begin{pmatrix} \frac{\partial \xi}{\partial x} & \frac{\partial \xi}{\partial y} \end{pmatrix} = -\sinh^2 \xi \left(\frac{x^2-y^2-1}{2x^2} \quad \frac{y}{x} \right)$$

$$\langle a^2| = \begin{pmatrix} \frac{\partial \eta}{\partial x} & \frac{\partial \eta}{\partial y} \end{pmatrix} = -\sin^2 \eta \left(\frac{x}{y} \quad \frac{y^2-x^2+1}{2y^2} \right)$$

になり，双対基底成分を並べたヤコービ行列は

$$\widehat{\mathrm{J}} = \frac{\partial(\xi,\eta)}{\partial(x,y)} = \begin{pmatrix} 1-\cosh\xi\cos\eta & -\sinh\xi\sin\eta \\ -\sinh\xi\sin\eta & -1+\cosh\xi\cos\eta \end{pmatrix}$$

になる．計量テンソルは

$$\widehat{\mathrm{g}} = (g^{ij}) = (\cosh\xi - \cos\eta)^2 \begin{pmatrix} 1 & 0 \\ 0 & 1 \end{pmatrix}$$

である． □

例題 5.16 2 次元極座標における双対基底と計量テンソルを求めよ．

解 $u^1 = \rho, u^2 = \varphi$ を $x^1 = x, x^2 = y$ で表すと

$$\rho = \sqrt{x^2 + y^2}, \qquad \varphi = \tan^{-1}\frac{y}{x}$$

になる．これを用いて，双対基底は

$$\begin{cases} \mathbf{a}^1 = \boldsymbol{\nabla}\rho = \mathbf{e}^1 \dfrac{x}{\sqrt{x^2 + y^2}} + \mathbf{e}^2 \dfrac{y}{\sqrt{x^2 + y^2}} \\ \mathbf{a}^2 = \boldsymbol{\nabla}\varphi = -\mathbf{e}^1 \dfrac{y}{x^2 + y^2} + \mathbf{e}^2 \dfrac{x}{x^2 + y^2} \end{cases}$$

によって与えられる．これら双対基底は極座標で表すと

$$\mathbf{a}^1 = \mathbf{e}^1 \cos\varphi + \mathbf{e}^2 \sin\varphi, \qquad \mathbf{a}^2 = -\mathbf{e}^1 \frac{1}{\rho}\sin\varphi + \mathbf{e}^2 \frac{1}{\rho}\cos\varphi$$

である．ブラベクトルは

$$\langle a^1| = (\cos\varphi \ \ \sin\varphi), \quad \langle a^2| = (-\tfrac{1}{\rho}\sin\varphi \ \ \tfrac{1}{\rho}\cos\varphi)$$

ヤコービ行列は

$$\widehat{\mathsf{J}} = \frac{\partial(\rho,\varphi)}{\partial(x,y)} = \begin{pmatrix} \frac{x}{\sqrt{x^2+y^2}} & \frac{y}{\sqrt{x^2+y^2}} \\ -\frac{y}{x^2+y^2} & \frac{x}{x^2+y^2} \end{pmatrix} = \begin{pmatrix} \cos\varphi & \sin\varphi \\ -\frac{1}{\rho}\sin\varphi & \frac{1}{\rho}\cos\varphi \end{pmatrix}$$

になる．計量テンソルは

$$\widehat{\mathsf{g}} = \begin{pmatrix} 1 & 0 \\ 0 & \frac{1}{\rho^2} \end{pmatrix}$$

である． □

定義 5.17（n 次元双対基底） n 次元双対基底は

$$\mathbf{a}^1 = \boldsymbol{\nabla}u^1, \quad \mathbf{a}^2 = \boldsymbol{\nabla}u^2, \quad \cdots, \quad \mathbf{a}^n = \boldsymbol{\nabla}u^n$$

によって定義する．

ブラベクトルは

$$\langle a^1| = \begin{pmatrix} \frac{\partial u^1}{\partial x^1} & \frac{\partial u^1}{\partial x^2} & \cdots & \frac{\partial u^1}{\partial x^n} \end{pmatrix}$$

$$\langle a^2| = \begin{pmatrix} \frac{\partial u^2}{\partial x^1} & \frac{\partial u^2}{\partial x^2} & \cdots & \frac{\partial u^2}{\partial x^n} \end{pmatrix}$$

$$\vdots$$

$$\langle a^n| = \begin{pmatrix} \frac{\partial u^n}{\partial x^1} & \frac{\partial u^n}{\partial x^2} & \cdots & \frac{\partial u^n}{\partial x^n} \end{pmatrix}$$

になる．$\mathbf{a}^i$ の p 成分 $\widehat{a}^i_p = \langle e_p | a^i \rangle = \mathbf{e}_p \cdot \mathbf{a}^i = \frac{\partial u^i}{\partial x^p}$ は双対基底成分を並べた行列

$$\widehat{\mathsf{a}} = (\mathbf{a}^1 \mathbf{a}^2 \cdots \mathbf{a}^n) = \begin{pmatrix} \frac{\partial u^1}{\partial x^1} & \frac{\partial u^1}{\partial x^2} & \cdots & \frac{\partial u^1}{\partial x^n} \\ \frac{\partial u^2}{\partial x^1} & \frac{\partial u^2}{\partial x^2} & \cdots & \frac{\partial u^2}{\partial x^n} \\ \vdots & \vdots & \ddots & \vdots \\ \frac{\partial u^n}{\partial x^1} & \frac{\partial u^n}{\partial x^2} & \cdots & \frac{\partial u^n}{\partial x^n} \end{pmatrix} = \frac{\partial(u^1, u^2, \cdots, u^n)}{\partial(x^1, x^2, \cdots, x^n)} = \widehat{\mathsf{J}}$$

の i 行 p 列成分である．$\mathbf{a}^i$ と $\mathbf{a}_j$ の直交性

$$\mathbf{a}^i \cdot \mathbf{a}_j = \delta^i_j \tag{5.9}$$

の証明は 2 次元と同じである．$\mathbf{a}^i$ と $\mathbf{a}_j$ の直交性によって

$$\widehat{\mathsf{a}} \mathsf{a} = \widehat{\mathsf{J}} \mathsf{J} = \mathsf{E} = \frac{\partial(u^1, u^2, \cdots, u^n)}{\partial(x^1, x^2, \cdots, x^n)} \frac{\partial(x^1, x^2, \cdots, x^n)}{\partial(u^1, u^2, \cdots, u^n)} = \mathsf{E}$$

が成り立っている．また，完備性

$$\mathbf{a}_i \mathbf{a}^i = \mathsf{E} \tag{5.10}$$

の証明も 2 次元と同じである．

命題 5.18（反変計量テンソル） 反変計量テンソルは，双対基底を用いて，

$$g^{ij} = \mathbf{a}^i \cdot \mathbf{a}^j \tag{5.11}$$

によって定義する．グラム行列

$$\widehat{\mathsf{g}} = (g^{ij}) = (\mathbf{a}^i \cdot \mathbf{a}^j)$$

は共変計量テンソル $\mathsf{g} = (g_{ij})$ の逆行列で，基底は

$$\mathbf{a}_i = g_{ij} \mathbf{a}^j, \qquad \mathbf{a}^i = g^{ij} \mathbf{a}_j \tag{5.12}$$

によって結びついている．対応する正規直交座標の (1.16) と比較せよ．

証明 g_{ik} と g^{kj} を掛け算して k について和を取り，完備性 (5.10) を使うと

$$g_{ik} g^{kj} = \mathbf{a}_i \cdot \mathbf{a}_k \mathbf{a}^k \cdot \mathbf{a}^j = \mathbf{a}_i \cdot \mathsf{E} \cdot \mathbf{a}^j = \mathbf{a}_i \cdot \mathbf{a}^j = \delta^j_i$$

すなわち $g\widehat{g} = \mathsf{E}$ になる．完備性によって
$$\mathbf{a}_i = \mathbf{a}_i \cdot \mathsf{E} = \mathbf{a}_i \cdot \mathbf{a}_j \, \mathbf{a}^j = g_{ij}\mathbf{a}^j$$
が得られる．また，
$$\mathbf{a}^i = \mathsf{E} \cdot \mathbf{a}^i = \mathbf{a}_j \, \mathbf{a}^j \cdot \mathbf{a}^i = \mathbf{a}_j g^{ji} = g^{ij}\mathbf{a}_j$$
が得られる． □

例題 5.19 3次元円柱座標の双対基底，計量を求めよ．

解 円柱座標 $u^1 = \rho,\ u^2 = \varphi,\ u^3 = z$ において双対基底は
$$\begin{cases} \mathbf{a}^1 = \mathbf{e}^1 \dfrac{x}{\sqrt{x^2+y^2}} + \mathbf{e}^2 \dfrac{y}{\sqrt{x^2+y^2}} \\ \mathbf{a}^2 = -\mathbf{e}^1 \dfrac{y}{x^2+y^2} + \mathbf{e}^2 \dfrac{x}{x^2+y^2} \\ \mathbf{a}^3 = \mathbf{e}^3 \end{cases}$$
によって与えられる．極座標で表すと
$$\mathbf{a}^1 = \mathbf{e}^1 \cos\varphi + \mathbf{e}^2 \sin\varphi, \quad \mathbf{a}^2 = -\mathbf{e}^1 \frac{1}{\rho}\sin\varphi + \mathbf{e}^2 \frac{1}{\rho}\cos\varphi, \quad \mathbf{a}^3 = \mathbf{e}^3$$
である．ブラベクトルは
$$\langle a^1| = (\cos\varphi \ \ \sin\varphi \ \ 0), \quad \langle a^2| = (-\tfrac{1}{\rho}\sin\varphi \ \ \tfrac{1}{\rho}\cos\varphi \ \ 0), \quad \langle a^3| = (0 \ \ 0 \ \ 1)$$
ヤコービ行列は
$$\widehat{\mathsf{J}} = \begin{pmatrix} \dfrac{x}{\sqrt{x^2+y^2}} & \dfrac{y}{\sqrt{x^2+y^2}} & 0 \\ -\dfrac{y}{x^2+y^2} & \dfrac{x}{x^2+y^2} & 0 \\ 0 & 0 & 1 \end{pmatrix}$$
になる．極座標で表すと
$$\widehat{\mathsf{J}} = \frac{\partial(\rho,\varphi,z)}{\partial(x,y,z)} = \begin{pmatrix} \cos\varphi & \sin\varphi & 0 \\ -\frac{1}{\rho}\sin\varphi & \frac{1}{\rho}\cos\varphi & 0 \\ 0 & 0 & 1 \end{pmatrix} \tag{5.13}$$
が得られる．計量テンソルは
$$\widehat{\mathsf{g}} = (g^{ij}) = \begin{pmatrix} 1 & 0 & 0 \\ 0 & \frac{1}{\rho^2} & 0 \\ 0 & 0 & 1 \end{pmatrix} \tag{5.14}$$
である． □

例題 5.20 3次元球座標の双対基底，計量を求めよ．

解 $u^1 = r, u^2 = \theta, u^3 = \varphi$ を $x^1 = x, x^2 = y, x^3 = z$ で表すと

$$r = \sqrt{x^2 + y^2 + z^2}, \quad \theta = \cos^{-1}\frac{z}{r}, \quad \varphi = \tan^{-1}\frac{y}{x}$$

である．これらを微分すると双対基底

$$\begin{cases} \mathbf{a}^1 = \mathbf{e}_1 \frac{x}{r} + \mathbf{e}_2 \frac{y}{r} + \mathbf{e}_3 \frac{z}{r} \\ \mathbf{a}^2 = \mathbf{e}_1 \frac{xz}{r^2\sqrt{x^2+y^2}} + \mathbf{e}_2 \frac{yz}{r^2\sqrt{x^2+y^2}} - \mathbf{e}_3 \frac{x^2+y^2}{r^2\sqrt{x^2+y^2}} \\ \mathbf{a}^3 = -\mathbf{e}_1 \frac{y}{x^2+y^2} + \mathbf{e}_2 \frac{x}{x^2+y^2} \end{cases}$$

が得られる．球座標で表すと

$$\begin{cases} \mathbf{a}^1 = \mathbf{e}_1 \sin\theta\cos\varphi + \mathbf{e}_2 \sin\theta\sin\varphi + \mathbf{e}_3 \cos\theta \\ \mathbf{a}^2 = \mathbf{e}_1 \frac{1}{r}\cos\theta\cos\varphi + \mathbf{e}_2 \frac{1}{r}\cos\theta\sin\varphi - \mathbf{e}_3 \frac{1}{r}\sin\theta \\ \mathbf{a}^3 = -\mathbf{e}_1 \frac{1}{r}\frac{\sin\varphi}{\sin\theta} + \mathbf{e}_2 \frac{1}{r}\frac{\cos\varphi}{\sin\theta} \end{cases}$$

になる．ブラベクトルは

$$\begin{aligned} \langle a^1| &= (\sin\theta\cos\varphi \quad \sin\theta\sin\varphi \quad \cos\theta) \\ \langle a^2| &= (\tfrac{1}{r}\cos\theta\cos\varphi \quad \tfrac{1}{r}\cos\theta\sin\varphi \quad -\tfrac{1}{r}\sin\theta) \\ \langle a^3| &= (-\tfrac{1}{r}\tfrac{\sin\varphi}{\sin\theta} \quad \tfrac{1}{r}\tfrac{\cos\varphi}{\sin\theta} \quad 0) \end{aligned}$$

双対基底成分を並べたヤコービ行列は

$$\widehat{\mathsf{J}} = \frac{\partial(r,\theta,\varphi)}{\partial(x,y,z)} = \begin{pmatrix} \sin\theta\cos\varphi & \sin\theta\sin\varphi & \cos\theta \\ \frac{1}{r}\cos\theta\cos\varphi & \frac{1}{r}\cos\theta\sin\varphi & -\frac{1}{r}\sin\theta \\ -\frac{1}{r}\frac{\sin\varphi}{\sin\theta} & \frac{1}{r}\frac{\cos\varphi}{\sin\theta} & 0 \end{pmatrix} \tag{5.15}$$

によって与えられる．計量テンソルは

$$\widehat{\mathsf{g}} = (g^{ij}) = \begin{pmatrix} 1 & 0 & 0 \\ 0 & \frac{1}{r^2} & 0 \\ 0 & 0 & \frac{1}{r^2\sin^2\theta} \end{pmatrix} \tag{5.16}$$

になる． □

5.3 反変ベクトルと共変ベクトル

定義 5.21（反変ベクトルと共変ベクトル） 基底の完備性を用いると，任意のベクトル場は自然基底によって

$$\mathbf{A} = \mathsf{E} \cdot \mathbf{A} = \mathbf{a}_i \mathbf{a}^i \cdot \mathbf{A} = \mathbf{a}_i A^i = \mathbf{a}_1 A^1 + \mathbf{a}_2 A^2 + \cdots + \mathbf{a}_n A^n$$

になる．展開係数 A^i は，$\mathbf{a}^i$ と $\mathbf{a}_j$ の直交性によって

$$\mathbf{a}^i \cdot \mathbf{A} = \mathbf{a}^i \cdot \mathbf{a}_j A^j = \delta^i_j A^j = A^i$$

になり，**反変ベクトル**と呼ぶ．双対基底を基底に選ぶと

$$\mathbf{A} = \mathbf{A} \cdot \mathsf{E} = \mathbf{A} \cdot \mathbf{a}_i \mathbf{a}^i = A_i \mathbf{a}^i = A_1 \mathbf{a}^1 + A_2 \mathbf{a}^2 + \cdots + A_n \mathbf{a}^n$$

と表すこともできる．

$$\mathbf{A} \cdot \mathbf{a}_i = A_j \mathbf{a}^j \cdot \mathbf{a}_i = A_j \delta^j_i = A_i$$

を**共変ベクトル**と呼ぶ（リッチとレヴィ゠チヴィタはこれらベクトルをそれぞれ反変系，共変系と呼んだ）．共変ベクトルと反変ベクトルには

$$A_i = \mathbf{a}_i \cdot \mathbf{A} = g_{ij} \mathbf{a}^j \cdot \mathbf{A} = g_{ij} A^j, \qquad A^i = \mathbf{A} \cdot \mathbf{a}^i = g^{ij} \mathbf{A} \cdot \mathbf{a}_j = g^{ij} A_j$$

の関係がある．「計量テンソルは添字を上げ下げする．」正規直交座標で計量テンソルは $g_{ij} = \delta_{ij}$, $g^{ij} = \delta^{ij}$ だった．

ベクトル $\mathbf{A} = \mathbf{a}_i A^i = A_i \mathbf{a}^i$ と $\mathbf{B} = \mathbf{a}_j B^j = B_j \mathbf{a}^j$ の内積は

$$\mathbf{A} \cdot \mathbf{B} = g_{ij} A^i B^j = g^{ij} A_i B_j = A_i B^i = A^i B_i$$

の 4 種類の書き方ができる．(5.4) の両辺と $\mathbf{a}^i$ との内積を計算すると

$$\mathbf{a}^i \cdot \mathrm{d}\mathbf{x} = \mathbf{a}^i \cdot \mathbf{a}_j \mathrm{d}u^j = \delta^i_j \mathrm{d}u^j = \mathrm{d}u^i \tag{5.17}$$

になる．座標 u^i の微分 $\mathrm{d}u^i$ は線要素ベクトル $\mathrm{d}\mathbf{x}$ の反変成分という明瞭な意味を持つ．一方，$\mathrm{d}\mathbf{x}$ の共変成分は

$$\mathbf{a}_i \cdot \mathrm{d}\mathbf{x} = \mathbf{a}_i \cdot \mathbf{a}_j \mathrm{d}u^j = g_{ij} \mathrm{d}u^j$$

になり，微分にはならない．座標 $u^1, u^2, \cdots, u^n$ はベクトルの成分ではないので，添字を下げることはできない．座標としては，$u^1, u^2, \cdots, u^n$ をまとめて u，$u^1 + du^1, u^2 + du^2, \cdots, u^n + du^n$ をまとめて $u + du$ と書く．位置ベクトルは $\mathbf{x} + d\mathbf{x}$ と書くが，$d\mathbf{x} = \mathbf{a}_i du^i$ であるのに対し，$\mathbf{x} = \mathbf{a}_i u^i$ と書くことができないことに注意．

例題 5.22 2次元極座標で，任意のベクトルの反変，共変成分を求めよ．

解 例題 5.7 で求めた自然基底ヤコービ行列 J，例題 5.16 で求めた双対基底ヤコービ行列 $\hat{\mathsf{J}}$ を用いると，任意のベクトルの反変，共変成分は

$$\left.\begin{aligned} A^1 &= A_x \cos\varphi + A_y \sin\varphi, \quad A^2 = -A_x \frac{1}{\rho}\sin\varphi + A_y \frac{1}{\rho}\cos\varphi \\ A_1 &= A_x \cos\varphi + A_y \sin\varphi, \quad A_2 = -A_x \rho\sin\varphi + A_y \rho\cos\varphi \end{aligned}\right\} \quad (5.18)$$

になる．A_x, A_y はデカルト座標におけるベクトル成分である．ノルムは

$$\|\mathbf{A}\|^2 = (A^1)^2 + \rho^2(A^2)^2 = A_1^2 + \frac{1}{\rho^2}A_2^2 = A_x^2 + A_y^2$$

である．□

例題 5.23 3次元円柱座標で，任意のベクトルの反変，共変成分を求めよ．

解 デカルト座標成分を A_x, A_y, A_z とし，例題 5.10, 5.19 で与えたヤコービ行列を用いると，反変，共変成分は

$$\left.\begin{aligned} A^1 &= A_x \cos\varphi + A_y \sin\varphi, \quad A^2 = -A_x \frac{1}{\rho}\sin\varphi + A_y \frac{1}{\rho}\cos\varphi, \quad A^3 = A_z \\ A_1 &= A_x \cos\varphi + A_y \sin\varphi, \quad A_2 = -A_x \rho\sin\varphi + A_y \rho\cos\varphi, \quad A_3 = A_z \end{aligned}\right\}$$

になる．A_x, A_y, A_z はデカルト座標におけるベクトル成分である．ノルムは

$$\|\mathbf{A}\|^2 = (A^1)^2 + \rho^2(A^2)^2 + (A^3)^2 = A_1^2 + \frac{1}{\rho^2}A_2^2 + A_3^2 = A_x^2 + A_y^2 + A_z^2$$

である．□

例題 5.24 3次元球座標で，任意のベクトルの共変，反変成分を求めよ．

解 例題 5.11, 5.20 で与えたヤコービ行列を用いると，反変成分は

$$\left.\begin{aligned} A^1 &= A_x \sin\theta\cos\varphi + A_y \sin\theta\sin\varphi + A_z \cos\theta \\ A^2 &= A_x \frac{1}{r}\cos\theta\cos\varphi + A_y \frac{1}{r}\cos\theta\sin\varphi - A_z \frac{1}{r}\sin\theta \\ A^3 &= -A_x \frac{1}{r}\frac{\sin\varphi}{\sin\theta} + A_y \frac{1}{r}\frac{\cos\varphi}{\sin\theta} \end{aligned}\right\} \quad (5.19)$$

になる．ノルムは

$$\|\mathbf{A}\|^2 = (A^1)^2 + r^2(A^2)^2 + r^2\sin^2\theta(A^3)^2 = A_x^2 + A_y^2 + A_z^2$$

である．共変成分は

$$\begin{cases} A_1 = A_x \sin\theta\cos\varphi + A_y \sin\theta\sin\varphi + A_z\cos\theta \\ A_2 = A_x r\cos\theta\cos\varphi + A_y r\cos\theta\sin\varphi - A_z\frac{1}{r}\sin\theta \\ A_3 = -A_x r\sin\theta\sin\varphi + A_y r\sin\theta\cos\varphi \end{cases}$$

になる．ノルムは

$$\|\mathbf{A}\|^2 = A_1^2 + \frac{1}{r^2}A_2^2 + \frac{1}{r^2\sin^2\theta}A_3^2 = A_x^2 + A_y^2 + A_z^2$$

である． □

定義 5.25（夾角） 任意の座標において交わる 2 本の曲線のなす角度は，ベルトラミに従って，次のように定義する．交点の座標を u, 1 本の曲線上の点を $u+\delta u$, もう 1 本の曲線上の点を $u+\delta v$ とする．$\delta\mathbf{x} = \mathbf{a}_i\delta u^i, \delta\mathbf{y} = \mathbf{a}_i\delta v^i$ とすると，

$$\|\delta\mathbf{x}\|^2 = g_{ij}\delta u^i\delta u^j, \qquad \|\delta\mathbf{y}\|^2 = g_{ij}\delta v^i\delta v^j$$
$$\|\delta\mathbf{x}-\delta\mathbf{y}\|^2 = g_{ij}(\delta u^i - \delta v^i)(\delta u^j - \delta v^j)$$

である．公式 (1.18) を適用すると，2 本の曲線のなす角度 θ は

$$\begin{aligned}\cos\theta &= \lim_{\delta u,\delta v\to 0}\frac{\|\delta\mathbf{x}\|^2 + \|\delta\mathbf{y}\|^2 - \|\delta\mathbf{x}-\delta\mathbf{y}\|^2}{2\|\delta\mathbf{x}\|\|\delta\mathbf{y}\|} \\ &= \lim_{\delta u,\delta v\to 0}\frac{g_{ij}\delta u^i\delta v^j}{\sqrt{g_{ij}\delta u^i\delta u^j}\sqrt{g_{ij}\delta v^i\delta v^j}}\end{aligned} \qquad (5.20)$$

によって定義することができる．

問題 5.26 3 角不等式 (1.9) が成り立つのは計量が正定値の場合である．

証明 $\mathbf{U}, \mathbf{V}$ を任意の単位ベクトル，λ を任意の実数として，g_{ij} の正定値性から，

$$(\mathbf{U}-\lambda\mathbf{V})\cdot(\mathbf{U}-\lambda\mathbf{V}) = 1 - (\mathbf{U}\cdot\mathbf{V})^2 + (\lambda - \mathbf{U}\cdot\mathbf{V})^2 \geq 0$$

が成り立つ．$\lambda = \mathbf{U}\cdot\mathbf{V}$ を選ぶと $|\mathbf{U}\cdot\mathbf{V}| \leq 1$ が得られる． □

5.4 曲線座標における外積

命題 5.27 2 次元で基底の外積は

$$\mathbf{a}_1 \times \mathbf{a}_2 = \sqrt{g}, \qquad \mathbf{a}^1 \times \mathbf{a}^2 = \frac{1}{\sqrt{g}}$$

となる．すなわち

$$\mathbf{a}_i \times \mathbf{a}_j = \sqrt{g}\varepsilon_{ij}, \qquad \mathbf{a}^i \times \mathbf{a}^j = \frac{1}{\sqrt{g}}\varepsilon^{ij} \tag{5.21}$$

が成り立つ．

証明 2 次元で外積は $\mathbf{a}_i \times \mathbf{a}_j = \varepsilon_{pq} a_i^p a_j^q$ である．これより

$$\mathbf{a}_1 \times \mathbf{a}_2 = |\mathbf{a}_1 \mathbf{a}_2| = a_1^1 a_2^2 - a_1^2 a_2^1 = \begin{vmatrix} a_1^1 & a_2^1 \\ a_1^2 & a_2^2 \end{vmatrix} = \sqrt{g}$$

が得られる．同様に，$\mathbf{a}^1 \times \mathbf{a}^2 = |\mathbf{a}^1 \mathbf{a}^2| = \frac{1}{\sqrt{g}}$ が得られる． □

命題 5.28 3 次元では

$$\left.\begin{array}{lll}\mathbf{a}_1 \times \mathbf{a}_2 = \sqrt{g}\mathbf{a}^3, & \mathbf{a}_2 \times \mathbf{a}_3 = \sqrt{g}\mathbf{a}^1, & \mathbf{a}_3 \times \mathbf{a}_1 = \sqrt{g}\mathbf{a}^2 \\ \mathbf{a}^1 \times \mathbf{a}^2 = \frac{1}{\sqrt{g}}\mathbf{a}_3, & \mathbf{a}^2 \times \mathbf{a}^3 = \frac{1}{\sqrt{g}}\mathbf{a}_1, & \mathbf{a}^3 \times \mathbf{a}^1 = \frac{1}{\sqrt{g}}\mathbf{a}_2 \end{array}\right\} \tag{5.22}$$

となる．すなわち

$$\mathbf{a}_i \times \mathbf{a}_j = \sqrt{g}\varepsilon_{ijk}\mathbf{a}^k, \qquad \mathbf{a}^i \times \mathbf{a}^j = \frac{1}{\sqrt{g}}\varepsilon^{ijk}\mathbf{a}_k \tag{5.23}$$

が成り立つ．$\mathbf{a}^1, \mathbf{a}^2, \mathbf{a}^3$ は $\mathbf{a}_1, \mathbf{a}_2, \mathbf{a}_3$ の双対写像である．

証明 3 次元では $\mathbf{a}_1 \times \mathbf{a}_2$ は $\mathbf{a}_1, \mathbf{a}_2$ に直交するから $\mathbf{a}^3$ に比例する．一方，

$$|\mathbf{a}_1 \mathbf{a}_2 \mathbf{a}_3| = \mathbf{a}_1 \times \mathbf{a}_2 \cdot \mathbf{a}_3 = \sqrt{g}$$

を満たすから与式が得られる．同様に，$\mathbf{a}^1 \times \mathbf{a}^2$ は $\mathbf{a}_3$ に比例し，

$$|\mathbf{a}^1 \mathbf{a}^2 \mathbf{a}^3| = \mathbf{a}^1 \times \mathbf{a}^2 \cdot \mathbf{a}^3 = \frac{1}{\sqrt{g}}$$

を満たすから与式が得られる．いずれの式も，123 を巡回的に入れかえて成り立つことは明らかだ． □

命題 5.29 任意の 3 次元ベクトル $\mathbf{A}, \mathbf{B}$ のベクトル積は

$$\mathbf{A} \times \mathbf{B} = \sqrt{g}\varepsilon_{ijk}A^i B^j \mathbf{a}^k = \frac{1}{\sqrt{g}}\varepsilon^{ijk}A_i B_j \mathbf{a}_k \tag{5.24}$$

によって与えられる．

証明 $\mathbf{A} = \mathbf{a}_i A^i, \mathbf{B} = \mathbf{a}_j B^j$，または $\mathbf{A} = A_i \mathbf{a}^i, \mathbf{B} = B_j \mathbf{a}^j$ を用いると

$$\mathbf{A} \times \mathbf{B} = \mathbf{a}_i \times \mathbf{a}_j A^i B^j = \sqrt{g}\varepsilon_{ijk}A^i B^j \mathbf{a}^k$$
$$= A_i B_j \mathbf{a}^i \times \mathbf{a}^j = \frac{1}{\sqrt{g}}\varepsilon^{ijk}A_i B_j \mathbf{a}_k$$

が得られる． □

命題 5.30（n 次元基底の外積） n 次元では

$$\left.\begin{array}{l} \mathbf{a}_1 \times \cdots \times \mathbf{a}_{k-1} \times \mathbf{a}_{k+1} \times \cdots \times \mathbf{a}_n = \sqrt{g}(-1)^{k-1}\mathbf{a}^k \\ \mathbf{a}^1 \times \cdots \times \mathbf{a}^{k-1} \times \mathbf{a}^{k+1} \times \cdots \times \mathbf{a}^n = \frac{1}{\sqrt{g}}(-1)^{k-1}\mathbf{a}_k \end{array}\right\} \tag{5.25}$$

が成り立つ．

証明 n 次元では $\mathbf{a}_1 \times \cdots \times \mathbf{a}_{k-1} \times \mathbf{a}_{k+1} \times \cdots \times \mathbf{a}_n$ は，双対写像によって，$\mathbf{a}_1, \cdots, \mathbf{a}_n$ の中から $\mathbf{a}_k$ を除いてつくるので，$\mathbf{a}_k$ 以外のすべての基底に直交し，$\mathbf{a}^k$ に比例する．$\mathbf{a}_k$ との内積を計算すると

$$\mathbf{a}_k \cdot \mathbf{a}_1 \times \cdots \times \mathbf{a}_{k-1} \times \mathbf{a}_{k+1} \times \cdots \times \mathbf{a}_n = (-1)^{k-1}|\mathbf{a}_1 \cdots \mathbf{a}_n| = (-1)^{k-1}\sqrt{g}$$

になるから比例係数が決まる．$\mathbf{a}^1 \times \cdots \times \mathbf{a}^{k-1} \times \mathbf{a}^{k+1} \times \cdots \times \mathbf{a}^n$ は，$\mathbf{a}^k$ 以外のすべての基底に直交し，$\mathbf{a}_k$ に比例する．$\mathbf{a}^k$ との内積は

$$\mathbf{a}^k \cdot \mathbf{a}^1 \times \cdots \times \mathbf{a}^{k-1} \times \mathbf{a}^{k+1} \times \cdots \times \mathbf{a}^n = (-1)^{k-1}|\mathbf{a}^1 \cdots \mathbf{a}^n| = (-1)^{k-1}\frac{1}{\sqrt{g}}$$

になるから比例係数が決まり，与式が得られる． □

命題 5.31 任意の n 次元ベクトル $\mathbf{A}_1, \cdots, \mathbf{A}_{n-1}$ の外積は

$$\mathbf{A}_1 \times \cdots \times \mathbf{A}_{n-1} = \sqrt{g}\varepsilon_{kl_1\cdots l_{n-1}}A_1^{l_1}\cdots A_{n-1}^{l_{n-1}}\mathbf{a}^k$$
$$= \frac{1}{\sqrt{g}}\varepsilon^{kl_1\cdots l_{n-1}}A_{1l_1}\cdots A_{n-1 l_{n-1}}\mathbf{a}_k$$

によって与えられる．

証明 $\mathbf{A}_1 = \mathbf{a}_{l_1} A_1^{l_1}, \cdots, \mathbf{A}_{n-1} = \mathbf{a}_{l_{n-1}} A_{n-1}^{l_{n-1}}$ を用いると

$$\mathbf{A}_1 \times \cdots \times \mathbf{A}_{n-1} = \mathbf{a}_{l_1} \times \cdots \times \mathbf{a}_{l_{n-1}} A_1^{l_1} \cdots A_{n-1}^{l_{n-1}}$$
$$= (-1)^{k-1} \varepsilon_{kl_1 \cdots l_{n-1}} \mathbf{a}_1 \times \cdots \times \mathbf{a}_{k-1} \times \mathbf{a}_{k+1} \times \cdots \times \mathbf{a}_n A_1^{l_1} \cdots A_{n-1}^{l_{n-1}}$$
$$= \sqrt{g} \varepsilon_{kl_1 \cdots l_{n-1}} A_1^{l_1} \cdots A_{n-1}^{l_{n-1}} \mathbf{a}^k$$

より得られる．反変成分は $\mathbf{A}_1 = A_{1l_1} \mathbf{a}^{l_1}, \cdots, \mathbf{A}_{n-1} = A_{n-1 l_{n-1}} \mathbf{a}^{l_{n-1}}$ を用いて

$$\mathbf{A}_1 \times \cdots \times \mathbf{A}_{n-1} = A_{1l_1} \cdots A_{n-1 l_{n-1}} \mathbf{a}^{l_1} \times \cdots \times \mathbf{a}^{l_{n-1}}$$
$$= (-1)^{k-1} \varepsilon^{kl_1 \cdots l_{n-1}} \mathbf{a}^1 \times \cdots \times \mathbf{a}^{k-1} \times \mathbf{a}^{k+1} \times \cdots \times \mathbf{a}^n A_{1l_1} \cdots A_{n-1 l_{n-1}}$$
$$= \frac{1}{\sqrt{g}} \varepsilon^{kl_1 \cdots l_{n-1}} A_{1l_1} \cdots A_{n-1 l_{n-1}} \mathbf{a}_k$$

より得られる． □

5.5 法線ベクトルと面積要素ベクトル

命題 5.32 n_i を，2次元曲線の接線ベクトル $t^i = \frac{du^i}{ds}$ に直交し，$\mathbf{n} \times \mathbf{t} = 1$ を満たす単位ベクトル（法線ベクトル）であるとする．ベクトル $\mathbf{n}ds$ の i 成分は

$$n_i ds = \sqrt{g} \varepsilon_{ij} du^j$$

によって与えられる．

証明 接線ベクトル成分を $t^q = \frac{dx^q}{ds}$ とする．デカルト座標における接線ベクトルの成分を (t^1, t^2) とすると，それに直交する法線ベクトルの成分は $(t^2, -t^1)$ である．すなわち $n_p = \varepsilon_{pq} t^q$ によって与えられる．曲線座標では

$$n_i = \mathbf{a}_i \cdot \mathbf{n} = a_i^p n_p = a_i^p \varepsilon_{pq} t^q = a_i^p \varepsilon_{pq} a_j^q t^j = \mathbf{a}_i \times \mathbf{a}_j t^j = \sqrt{g} \varepsilon_{ij} t^j$$

になる．3次元空間の面積要素ベクトルに相当する $n_i ds$ は

$$n_i ds = \sqrt{g} \varepsilon_{ij} t^j ds = \sqrt{g} \varepsilon_{ij} \frac{du^j}{ds} ds = \sqrt{g} \varepsilon_{ij} du^j$$

すなわち

$$n_1 ds = \sqrt{g} du^2, \qquad n_2 ds = -\sqrt{g} du^1 \tag{5.26}$$

によって与えられる．直交性は，(5.21) を用いて，

$$\mathbf{n} \cdot \mathbf{t} = n_i t^i = \sqrt{g}\varepsilon_{ij}t^j t^i = 0$$

により明らかである．ノルムは

$$\mathbf{n} \times \mathbf{t} = \mathbf{a}_i \times \mathbf{a}_j n^i t^j = \sqrt{g}\varepsilon_{ij}n^i t^j = n^i n_i = 1$$

により規格化されている．内積もノルムも座標によらない不変量である． □

> **命題 5.33 (3次元面積要素ベクトル)** 3次元面積要素ベクトルは
>
> $$n_i \mathrm{d}S = \tfrac{1}{2}\varepsilon_{ijk}\mathrm{d}S^{jk} \tag{5.27}$$
>
> になる．$\mathrm{d}S^{jk} = -\mathrm{d}S^{kj}$ は有向面積要素で
>
> $$\mathrm{d}S^{23} = \sqrt{g}\mathrm{d}u^2\mathrm{d}u^3, \quad \mathrm{d}S^{31} = \sqrt{g}\mathrm{d}u^3\mathrm{d}u^1, \quad \mathrm{d}S^{12} = \sqrt{g}\mathrm{d}u^1\mathrm{d}u^2$$
>
> によって与えられる．

証明 線要素 $\mathbf{a}_1\mathrm{d}u^1$ と $\mathbf{a}_2\mathrm{d}u^2$ がつくる面積要素ベクトルは，(5.22) を用いると，

$$\mathbf{n}\mathrm{d}S = \mathbf{a}_1\mathrm{d}u^1 \times \mathbf{a}_2\mathrm{d}u^2 = \sqrt{g}\mathbf{a}^3\mathrm{d}u^1\mathrm{d}u^2$$

である．法線ベクトル $\mathbf{n}$ は $\mathbf{a}^3$ と平行で，$n_3\mathrm{d}S = \sqrt{g}\mathrm{d}u^1\mathrm{d}u^2$ が得られる．$\mathbf{n}$ は

$$\mathbf{n}\mathrm{d}S = \boldsymbol{\nu}\mathrm{d}u^1\mathrm{d}u^2, \quad \boldsymbol{\nu} = \mathbf{a}_1 \times \mathbf{a}_2, \quad \mathbf{n} = \frac{\boldsymbol{\nu}}{\nu} = \frac{1}{\sqrt{\breve{g}}}\mathbf{a}_1 \times \mathbf{a}_2 \tag{5.28}$$

によって与えられる．面積要素は

$$\mathrm{d}S = \|\mathbf{a}_1 \times \mathbf{a}_2\|\mathrm{d}u^1\mathrm{d}u^2 = \nu\mathrm{d}u^1\mathrm{d}u^2 = \sqrt{\mathbf{a}_1 \times \mathbf{a}_2 \cdot \mathbf{a}_1 \times \mathbf{a}_2}\mathrm{d}u^1\mathrm{d}u^2 \tag{5.29}$$

を計算すればよい．ビネ-コーシー恒等式 (2.16) を用いると

$$\nu = \sqrt{\mathbf{a}_1 \cdot \mathbf{a}_1 \mathbf{a}_2 \cdot \mathbf{a}_2 - \mathbf{a}_1 \cdot \mathbf{a}_2 \mathbf{a}_2 \cdot \mathbf{a}_1} = \sqrt{g_{11}g_{22} - g_{12}^2} = \sqrt{\breve{g}} \tag{5.30}$$

が得られる．

$$n_3\mathrm{d}S = \sqrt{g}\mathrm{d}u^1\mathrm{d}u^2, \quad \mathrm{d}S = \sqrt{\breve{g}}\mathrm{d}u^1\mathrm{d}u^2, \quad \breve{g} = g_{11}g_{22} - g_{12}^2$$

になる．$(ijk) = (123), (231)$ の場合も同様である． □

5.5 法線ベクトルと面積要素ベクトル

命題 5.34 3次元空間の曲面を $f(x^1, x^2, x^3) = 0$ によって表そう (7.4節). 曲面上の点 **x** における**接平面**上の点を **y** とすると

$$(y^p - x^p)\frac{\partial f}{\partial x^p} = 0 \tag{5.31}$$

が成り立つ. $\frac{\partial f}{\partial x^p}$ は, 接平面の法線ベクトルに比例する. これを用いて面積要素ベクトルの公式 (5.28) を確かめることができる.

証明 曲面上の点を u^1, u^2 で表し, $f = 0$ の両辺を u^1 および u^2 で微分すると

$$\frac{\partial f}{\partial u^1} = \frac{\partial f}{\partial x^1}a_1^1 + \frac{\partial f}{\partial x^2}a_1^2 + \frac{\partial f}{\partial x^3}a_1^3 = 0$$
$$\frac{\partial f}{\partial u^2} = \frac{\partial f}{\partial x^1}a_2^1 + \frac{\partial f}{\partial x^2}a_2^2 + \frac{\partial f}{\partial x^3}a_2^3 = 0$$

が得られる. 第1式に a_2^3 を掛け, 第2式に a_1^3 を掛けて差を取ると

$$\frac{\partial f}{\partial x^1}(a_1^1 a_2^3 - a_2^1 a_1^3) + \frac{\partial f}{\partial x^2}(a_1^2 a_2^3 - a_2^2 a_1^3) = 0$$

になる. 同様に, 第1式に a_2^2 を掛け, 第2式に a_1^2 を掛けて差を取ると

$$\frac{\partial f}{\partial x^1}(a_1^1 a_2^2 - a_2^1 a_1^2) + \frac{\partial f}{\partial x^2}(a_1^3 a_2^2 - a_2^3 a_1^2) = 0$$

である. これら2式から $\frac{\partial f}{\partial x^p}$ が

$$\nu_p = \varepsilon_{pqr} a_1^q a_2^r = \mathbf{e}_p \cdot \mathbf{a}_1 \times \mathbf{a}_2$$

に比例することがわかる. 一方, 接平面上のベクトル **y** − **x** は $\mathbf{a}_1$ と $\mathbf{a}_2$ の線形結合によって表すことができる. すなわち **y** − **x**, $\mathbf{a}_1, \mathbf{a}_2$ は線形従属であるから

$$0 = |(\mathbf{y} - \mathbf{x})\mathbf{a}_1\mathbf{a}_2| = \varepsilon_{pqr}(y^p - x^p)a_1^q a_2^r = (y^p - x^p)\nu_p \propto (y^p - x^p)\frac{\partial f}{\partial x^p}$$

より (5.31) が得られる. (5.29) を用いると

$$n_p \mathrm{d}S = \frac{\nu_p}{\nu}\mathrm{d}S = \nu_p \mathrm{d}u^1 \mathrm{d}u^2$$

が得られる. (5.28) 第1式両辺の直交座標 p 成分である. 曲線座標 u^1, u^2 を x^1, x^2 に平行に選ぶときは

$$\nu_p \mathrm{d}S = \varepsilon_{pqr} a_1^q a_2^r \mathrm{d}u^1 \mathrm{d}u^2 = \varepsilon_{pqr}\frac{\mathrm{d}x^q}{\mathrm{d}u^1}\frac{\mathrm{d}x^r}{\mathrm{d}u^2}\mathrm{d}u^1 \mathrm{d}u^2 = \tfrac{1}{2}\varepsilon_{pqr}\mathrm{d}S^{qr}$$

となり, (4.4) に帰着する. □

例題 5.35 例題 5.20 で与えた 3 次元球座標の基底と計量テンソルを用いて法線ベクトルを求めよ．

解 (5.15) に与えられた双対基底によって

$$\|\mathbf{a}^1\| = 1, \qquad \|\mathbf{a}^2\| = \frac{1}{r}, \qquad \|\mathbf{a}^3\| = \frac{1}{r\sin\theta}$$

が得られる．これから法線ベクトル成分は

$$n_1 = \frac{1}{\|\mathbf{a}^1\|} = 1, \quad n_2 = \frac{1}{\|\mathbf{a}^2\|} = r, \quad n_3 = \frac{1}{\|\mathbf{a}^3\|} = r\sin\theta$$

になる．(5.8) によって計算した面積要素は

$$\begin{cases} n_1 \mathrm{d}S = \sqrt{g}\mathrm{d}\theta\mathrm{d}\varphi, & \mathrm{d}S = r^2\sin\theta\mathrm{d}\theta\mathrm{d}\varphi \\ n_2 \mathrm{d}S = \sqrt{g}\mathrm{d}\varphi\mathrm{d}r, & \mathrm{d}S = r\sin\theta\mathrm{d}\varphi\mathrm{d}r \\ n_3 \mathrm{d}S = \sqrt{g}\mathrm{d}\theta\mathrm{d}r, & \mathrm{d}S = r\mathrm{d}r\mathrm{d}\theta \end{cases}$$

を満たす．ここで $\sqrt{g} = r^2\sin\theta$ である． □

命題 5.36 $\mathbf{a}_1 \mathrm{d}u^1, \mathbf{a}_2 \mathrm{d}u^2, \mathbf{a}_3 \mathrm{d}u^3$ がつくる平行 6 面体の体積は

$$\sqrt{g}\mathrm{d}u^1 \mathrm{d}u^2 \mathrm{d}u^3 = h\sqrt{\breve{g}}\mathrm{d}u^1 \mathrm{d}u^2$$

になり，(2.15) に対応する $\mathrm{d}V = h\mathrm{d}S$ を与える．

証明 面積要素 $\mathrm{d}S = \sqrt{\breve{g}}\mathrm{d}u^1 \mathrm{d}u^2$ から測った $\mathbf{a}_3 \mathrm{d}u^3$ の高さは

$$h = \mathbf{n} \cdot \mathbf{a}_3 \mathrm{d}u^3 = \frac{\mathbf{a}^3}{\|\mathbf{a}^3\|} \cdot \mathbf{a}_3 \mathrm{d}u^3 = \frac{\mathrm{d}u^3}{\|\mathbf{a}^3\|} = \frac{\sqrt{g}}{\sqrt{\breve{g}}}\mathrm{d}u^3$$

になる．ここで，(5.25) で与えた $\mathbf{a}_1 \times \mathbf{a}_2 = \sqrt{g}\mathbf{a}^3$ から得られる $\sqrt{\breve{g}} = \sqrt{g}\|\mathbf{a}^3\|$ を使った．したがって，平行 6 面体の体積は，

$$h\sqrt{\breve{g}}\mathrm{d}u^1 \mathrm{d}u^2 = \sqrt{g}\mathrm{d}u^1 \mathrm{d}u^2 \mathrm{d}u^3$$

になる．球座標の場合，$u^1 = r, u^2 = \theta, u^3 = \varphi$ とすると，$\sqrt{g} = r^2\sin\theta, \sqrt{\breve{g}} = r$ で，$h = r\sin\theta\mathrm{d}\varphi$ になる． □

5.5 法線ベクトルと面積要素ベクトル

命題 5.37（n 次元面積要素ベクトル） n 次元空間の中で，$n-1$ 個の線要素ベクトル $\mathbf{a}_1 du^1, \cdots, \mathbf{a}_{i-1} du^{i-1}, \mathbf{a}_{i+1} du^{i+1}, \cdots, \mathbf{a}_n du^n$ がつくる「面」の面積要素ベクトルは，正規直交座標における定義 4.4 と同様に，

$$n_i dV_{(n-1)} = \sqrt{g} du^1 \cdots du^{i-1} du^{i+1} \cdots du^n$$
$$= \frac{1}{(n-1)!} \varepsilon_{ii_1 \cdots i_{n-1}} dV_{(n-1)}^{i_1 \cdots i_{n-1}} \quad (5.32)$$
$$dV_{(n-1)}^{i_1 \cdots i_{n-1}} = (-1)^{i-1} \varepsilon^{i_1 \cdots i_{n-1}} \sqrt{g} du^1 \cdots du^{i-1} du^{i+1} \cdots du^n$$

になる．2 次元で (5.26)，3 次元で (5.27) に一致する．面積要素は

$$dV_{(n-1)} = \sqrt{\tilde{g}} du^1 \cdots du^{i-1} du^{i+1} \cdots du^n$$

である．

証明 (5.25) を用いると，法線ベクトル $\mathbf{n}$ はベクトル

$$\boldsymbol{\nu} = (-1)^{i-1} \mathbf{a}_1 \times \cdots \times \mathbf{a}_{i-1} \times \mathbf{a}_{i+1} \cdots \times \mathbf{a}_n = \sqrt{g} \mathbf{a}^i$$

をノルム ν で規格化した量である．面積要素ベクトルは，

$$\mathbf{n} dV_{(n-1)} = \boldsymbol{\nu} du^1 \cdots du^{i-1} du^{i+1} \cdots du^n = \sqrt{g} \mathbf{a}^i du^1 \cdots du^{i-1} du^{i+1} \cdots du^n$$

に等しく，(5.32) が得られる．面積要素ベクトルの正規直交座標 p 成分は

$$\left. \begin{array}{l} n_p dV_{(n-1)} = \nu_p du^1 \cdots du^{i-1} du^{i+1} \cdots du^n \\ \nu_p = \mathbf{e}_p \cdot \boldsymbol{\nu} = (-1)^{i-1} \varepsilon_{p p_1 \cdots p_{n-1}} a_1^{p_1} \cdots a_{i-1}^{p_{i-1}} a_{i+1}^{p_i} \cdots a_n^{p_{n-1}} \end{array} \right\} \quad (5.33)$$

になる．また法線ベクトルは，問題 5.38 で証明する (5.34) を使うと，

$$n_p = \frac{\nu_p}{\nu} = \frac{\nu_p}{\sqrt{\tilde{g}}}$$

である．$n_i = a_i^p n_p = a_i^p \frac{\nu_p}{\sqrt{\tilde{g}}}$ を計算すると

$$n_i = \frac{1}{\sqrt{\tilde{g}}} (-1)^{i-1} \varepsilon_{p p_1 \cdots p_{n-1}} a_i^p a_1^{p_1} \cdots a_{i-1}^{p_{i-1}} a_{i+1}^{p_i} \cdots a_n^{p_{n-1}}$$
$$= (-1)^{i-1} \varepsilon_{i 1 \cdots i-1 \, i+1 \cdots n} \frac{\sqrt{g}}{\sqrt{\tilde{g}}} = \frac{\sqrt{g}}{\sqrt{\tilde{g}}}$$

になり，(5.32) に一致する結果が得られる． □

問題 5.38 3 次元の (5.30) と同じように，n 次元で恒等的に

$$\|\boldsymbol{\nu}\| = \nu = \sqrt{\breve{g}} \tag{5.34}$$

が成り立つ．

証明 曲面上の計量テンソルの行列式 $\breve{g}$ は，定義によって，

$$\breve{g} = \varepsilon^{j_1 \cdots j_{n-1}} g_{1j_1} \cdots g_{i-1 j_{i-1}} g_{i+1 j_i} \cdots g_{n j_{n-1}}$$
$$= \frac{1}{(n-1)!} \varepsilon^{i_1 \cdots i_{n-1}} \varepsilon^{j_1 \cdots j_{n-1}} g_{i_1 j_1} \cdots g_{i_{n-1} j_{n-1}}$$

になる．$(i_1 \cdots i_{n-1})$ および $(j_1 \cdots j_{n-1})$ は $(1 \cdots i-1\, i+1 \cdots n)$ の順列である．計量テンソル成分の定義 $g_{i_1 j_1} = \delta_{p_1 q_1} a_{i_1}^{p_1} a_{j_1}^{q_1}$ などを代入すると，

$$J^{p_1 \cdots p_{n-1}} \equiv (-1)^{i-1} \varepsilon^{i_1 \cdots i_{n-1}} a_{i_1}^{p_1} \cdots a_{i_{n-1}}^{p_{n-1}}$$
$$J_{p_1 \cdots p_{n-1}} \equiv (-1)^{i-1} \delta_{p_1 q_1} \cdots \delta_{p_{n-1} q_{n-1}} J^{q_1 \cdots q_{n-1}}$$

によって

$$\breve{g} = J^{p_1 \cdots p_{n-1}} J_{p_1 \cdots p_{n-1}}$$

のように書くことができる．(5.33) で与えた ν_p は

$$\nu_p = \frac{1}{(n-1)!} \varepsilon_{p p_1 \cdots p_{n-1}} J^{p_1 \cdots p_{n-1}} \tag{5.35}$$

と書くことができる．容易にわかるように，n 指標一般化クロネッカーのデルタ記号の公式 (2.28) を用いて，

$$\nu_p \varepsilon^{p p_1 \cdots p_{n-1}} = \frac{1}{(n-1)!} \delta_{p q_1 \cdots q_{n-1}}^{p p_1 \cdots p_{n-1}} J^{q_1 \cdots q_{n-1}}$$
$$= \frac{1}{(n-1)!} \delta_{q_1 \cdots q_{n-1}}^{p_1 \cdots p_{n-1}} J^{q_1 \cdots q_{n-1}} = J^{p_1 \cdots p_{n-1}}$$

を導くことができる．同様に $\nu^p = \mathbf{e}^p \cdot \boldsymbol{\nu}$ は

$$\nu^p = \frac{1}{(n-1)!} \varepsilon^{p p_1 \cdots p_{n-1}} J_{p_1 \cdots p_{n-1}}$$

によって与えられるから

$$\nu^p \varepsilon_{p p_1 \cdots p_{n-1}} = \frac{1}{(n-1)!} \delta_{p p_1 \cdots p_{n-1}}^{p q_1 \cdots q_{n-1}} J_{q_1 \cdots q_{n-1}} = J_{p_1 \cdots p_{n-1}}$$

になる．これらを $\breve{g}$ の定義式に代入すると

$$\breve{g} = \frac{1}{(n-1)!}\nu_p \varepsilon^{pp_1\cdots p_{n-1}}\nu^q \varepsilon_{qp_1\cdots p_{n-1}} = \nu_p \nu^p = \|\boldsymbol{\nu}\|^2 = \nu^2$$

が得られる． □

命題 5.39 $\mathbf{a}_1 \mathrm{d}u^1, \cdots, \mathbf{a}_n \mathrm{d}u^n$ がつくる平行 $2n$ 面体の体積は

$$\sqrt{g}\mathrm{d}u^1 \cdots \mathrm{d}u^n = h_{(n)}\sqrt{\breve{g}}\mathrm{d}u^1 \cdots \mathrm{d}u^{i-1}\mathrm{d}u^{i+1} \cdots \mathrm{d}u^n$$

になり，(2.37) に対応する $\mathrm{d}V_{(n)} = h_{(n)}\mathrm{d}V_{(n-1)}$ が得られる．

証明 面積要素 $\mathrm{d}V_{(n-1)}$ から測った $\mathbf{a}_i \mathrm{d}u^i$ (i について和を取らない) の高さは

$$h_{(n)} = \mathbf{n} \cdot \mathbf{a}_i \mathrm{d}u^i = \frac{\boldsymbol{\nu} \cdot \mathbf{a}_i}{\nu}\mathrm{d}u^i = \frac{\sqrt{g}}{\sqrt{\breve{g}}}\mathrm{d}u^i$$

になる．平行 $2n$ 面体の体積は

$$h_{(n)}\sqrt{\breve{g}}\mathrm{d}u^1 \cdots \mathrm{d}u^{i-1}\mathrm{d}u^{i+1} \cdots \mathrm{d}u^n = \sqrt{g}\mathrm{d}u^1 \cdots \mathrm{d}u^n$$

で与えられる． □

演習 5.40 n 次元で，正規直交座標における共変基底 $\mathbf{e}_p$ は

$$\mathbf{e}_p = (-1)^{i-1}\nu_p \mathbf{a}^1 \times \cdots \times \mathbf{a}^{i-1} \times \mathbf{a}^{i+1} \times \cdots \times \mathbf{a}^n \tag{5.36}$$

となることを示せ．

証明 (2.34) で与えたように，$\mathbf{e}_p$ は

$$\mathbf{e}_p = (-1)^{p-1}\mathbf{e}^1 \times \cdots \times \mathbf{e}^{p-1} \times \mathbf{e}^{p+1} \times \cdots \times \mathbf{e}^n$$

と書くことができる．これを

$$\mathbf{e}_p = \frac{1}{(n-1)!}\varepsilon_{pp_1\cdots p_{n-1}}\mathbf{e}^{p_1} \times \cdots \times \mathbf{e}^{p_{n-1}}$$

のように書き直した上で，$\mathbf{e}^{p_1} = a_{i_1}^{p_1}\mathbf{a}^{i_1}$ などを代入すると

$$\begin{aligned}\mathbf{e}_p &= \frac{1}{(n-1)!}\varepsilon_{pp_1\cdots p_{n-1}}a_{i_1}^{p_1}\cdots a_{i_{n-1}}^{p_{n-1}}\mathbf{a}^{i_1} \times \cdots \times \mathbf{a}^{i_{n-1}}\\ &= \frac{1}{(n-1)!}(-1)^{i-1}\varepsilon_{pp_1\cdots p_{n-1}}J^{p_1\cdots p_{n-1}}\mathbf{a}^1 \times \cdots \times \mathbf{a}^{i-1} \times \mathbf{a}^{i+1} \times \cdots \times \mathbf{a}^n\end{aligned}$$

になるから，(5.35) を代入して (5.36) を得る． □

5.6 クリストフェル記号

定義 5.41 (クリストフェル記号) 第1種クリストフェル3指標記号を

$$[ij,k] = \frac{\partial \mathbf{a}_j}{\partial u^i} \cdot \mathbf{a}_k = \frac{\partial^2 \mathbf{x}}{\partial u^i \partial u^j} \cdot \mathbf{a}_k$$

によって，**第2種クリストフェル3指標記号**を

$$\left\{{k \atop ij}\right\} = [ij,h]g^{kh} = \frac{\partial \mathbf{a}_j}{\partial u^i} \cdot \mathbf{a}_h g^{kh} = \frac{\partial \mathbf{a}_j}{\partial u^i} \cdot \mathbf{a}^k = \frac{\partial^2 \mathbf{x}}{\partial u^i \partial u^j} \cdot \mathbf{a}^k \quad (5.37)$$

によって定義する．すなわち

$$\left\{{k \atop ij}\right\} = \frac{\partial^2 x^p}{\partial u^i \partial u^j} \frac{\partial u^k}{\partial x^p}$$

によって定義する．クリストフェル自身は $[ij,k]$ のかわりに $\begin{bmatrix}ij\\k\end{bmatrix}$，$\left\{{k \atop ij}\right\}$ のかわりに $\left\{{ij \atop k}\right\}$ を使った．

問題 5.42 基底の導関数は

$$\frac{\partial \mathbf{a}_j}{\partial u^i} = \left\{{k \atop ij}\right\}\mathbf{a}_k, \qquad \frac{\partial \mathbf{a}^j}{\partial u^i} = -\left\{{j \atop ik}\right\}\mathbf{a}^k \quad (5.38)$$

によって与えられる．

証明 第1式は，完備性 $\mathbf{a}_k \mathbf{a}^k = \mathsf{E}$ を用いて

$$\frac{\partial \mathbf{a}_j}{\partial u^i} = \mathbf{a}_k \mathbf{a}^k \cdot \frac{\partial \mathbf{a}_j}{\partial u^i} = \mathbf{a}_k \left\{{k \atop ij}\right\}$$

のように導くことができる．第2式は，完備性および直交性 $\mathbf{a}^j \cdot \mathbf{a}_k = \delta^j_k$ を使って，

$$\frac{\partial \mathbf{a}^j}{\partial u^i} = \frac{\partial \mathbf{a}^j}{\partial u^i} \cdot \mathbf{a}_k \mathbf{a}^k = -\mathbf{a}^j \cdot \frac{\partial \mathbf{a}_k}{\partial u^i} \mathbf{a}^k = -\mathbf{a}^j \cdot \mathbf{a}_h \left\{{h \atop ik}\right\}\mathbf{a}^k = -\left\{{j \atop ik}\right\}\mathbf{a}^k$$

から得られる． □

問題 5.43 第2種クリストフェル記号の導関数は

$$\frac{\partial}{\partial u^i}\left\{{l \atop jm}\right\} = -\left\{{l \atop ik}\right\}\left\{{k \atop jm}\right\} + \mathbf{a}^l \cdot \frac{\partial^2 \mathbf{a}_m}{\partial u^i \partial u^j} \quad (5.39)$$

によって与えられる．

5.6 クリストフェル記号

証明 第2種クリストフェル記号は，(5.38) 第2式を用いると，

$$\{{}^l_{jm}\} = \mathbf{a}^l \cdot \frac{\partial \mathbf{a}_m}{\partial u^j}$$

になる．両辺を u^i について微分した

$$\frac{\partial}{\partial u^i}\{{}^l_{jm}\} = \frac{\partial \mathbf{a}^l}{\partial u^i} \cdot \frac{\partial \mathbf{a}_m}{\partial u^j} + \mathbf{a}^l \cdot \frac{\partial^2 \mathbf{a}_m}{\partial u^i \partial u^j}$$

に (5.38) を代入すると与式が得られる． □

定義 5.44（接続 1 形式） (5.38) を用いると，基底の微分は

$$d\mathbf{a}_j = du^i \frac{\partial \mathbf{a}_j}{\partial u^i} = du^i \{{}^k_{ij}\} \mathbf{a}_k, \quad d\mathbf{a}^j = du^i \frac{\partial \mathbf{a}^j}{\partial u^i} = -du^i \{{}^j_{ik}\} \mathbf{a}^k \quad (5.40)$$

と書くことができる．ここで現れた係数

$$\omega_j{}^k \equiv du^i \{{}^k_{ij}\}, \qquad \omega^j{}_k \equiv -du^i \{{}^j_{ik}\} = -\omega_k{}^j \quad (5.41)$$

を**接続 1 形式**と呼ぶ．

問題 5.45（接続 1 形式の反対称性） 接続 1 形式は

$$\omega^j{}_k + \omega_k{}^j = 0$$

を満たす．

証明 基底の直交性 $\mathbf{a}^j \cdot \mathbf{a}_k = \delta^j_k$ の両辺を微分すると

$$d\mathbf{a}^j \cdot \mathbf{a}_k + \mathbf{a}^j \cdot d\mathbf{a}_k = \omega^j{}_h \mathbf{a}^h \cdot \mathbf{a}_k + \mathbf{a}^j \cdot \omega_k{}^h \mathbf{a}_h = \omega^j{}_h \delta^h_k + \omega_k{}^h \delta^j_h = \omega^j{}_k + \omega_k{}^j = 0$$

になる． □

問題 5.46（クリストフェル記号の対称性） クリストフェル記号は ij の入れかえで不変である．すなわち

$$[ij, k] = [ji, k], \qquad \{{}^k_{ij}\} = \{{}^k_{ji}\} \quad (5.42)$$

が成り立つ．

証明 偏微分の順序を入れかえるヤングの定理 (3.12) を使えば

$$[ij,k] = \frac{\partial^2 \mathbf{x}}{\partial u^i \partial u^j} \cdot \mathbf{a}_k = \frac{\partial^2 \mathbf{x}}{\partial u^j \partial u^i} \cdot \mathbf{a}_k = [ji,k]$$

によって明らかだろう．第 2 種クリストフェル記号の対称性は

$$\left\{{}_{ij}^{\,k}\right\} = [ij,h]g^{kh} = [ji,h]g^{kh} = \left\{{}_{ji}^{\,k}\right\}$$

から明らかである． □

> **命題 5.47 (クリストフェル記号)** 第 1 種，第 2 種クリストフェル記号は
>
> $$[ij,k] = \tfrac{1}{2}\left(\frac{\partial g_{jk}}{\partial u^i} + \frac{\partial g_{ki}}{\partial u^j} - \frac{\partial g_{ij}}{\partial u^k}\right), \qquad \left\{{}_{ij}^{\,k}\right\} = [ij,h]g^{kh} \tag{5.43}$$
>
> によって与えられる．

証明 計量テンソルを与える (5.11) の両辺を微分すると

$$\frac{\partial g_{ij}}{\partial u^k} = \frac{\partial \mathbf{a}_i}{\partial u^k} \cdot \mathbf{a}_j + \mathbf{a}_i \cdot \frac{\partial \mathbf{a}_j}{\partial u^k} = [ki,j] + [kj,i] \tag{5.44}$$

になる．これを用いると

$$\frac{\partial g_{jk}}{\partial u^i} + \frac{\partial g_{ki}}{\partial u^j} - \frac{\partial g_{ij}}{\partial u^k} = [ij,k] + [ik,j] + [jk,i] + [ji,k] - [ki,j] - [kj,i]$$

が得られるから，第 1 種クリストフェル記号の対称性によって

$$\frac{\partial g_{jk}}{\partial u^i} + \frac{\partial g_{ki}}{\partial u^j} - \frac{\partial g_{ij}}{\partial u^k} = 2[ij,k]$$

になる． □

問題 5.48 (5.11) で与えた反変計量テンソルについて

$$\frac{\partial g^{ij}}{\partial u^k} = -\left\{{}_{km}^{\,i}\right\}g^{mj} - \left\{{}_{km}^{\,j}\right\}g^{im} \tag{5.45}$$

が成り立つ．

証明 計量テンソルを与える (5.11) の両辺を微分すると，(5.38) を用いて，

$$\frac{\partial g^{ij}}{\partial u^k} = \frac{\partial \mathbf{a}^i}{\partial u^k} \cdot \mathbf{a}^j + \mathbf{a}^i \cdot \frac{\partial \mathbf{a}^j}{\partial u^k} = -\left\{{}_{km}^{\,i}\right\}\mathbf{a}^m \cdot \mathbf{a}^j - \mathbf{a}^i \cdot \left\{{}_{km}^{\,j}\right\}\mathbf{a}^m$$

になり与式が得られる． □

例題 5.49 2次元直交曲線座標 ($g_{12} = g_{21} = 0$) のクリストフェル記号を求めよ.

解 第1種クリストフェル記号は

$$[11,1] = \frac{1}{2}\frac{\partial g_{11}}{\partial u^1}, \qquad [12,1] = \frac{1}{2}\frac{\partial g_{11}}{\partial u^2}, \qquad [22,1] = -\frac{1}{2}\frac{\partial g_{22}}{\partial u^1}$$

$$[11,2] = -\frac{1}{2}\frac{\partial g_{11}}{\partial u^2}, \qquad [12,2] = \frac{1}{2}\frac{\partial g_{22}}{\partial u^1}, \qquad [22,2] = \frac{1}{2}\frac{\partial g_{22}}{\partial u^2}$$

第2種クリストフェル記号は

$$\left\{{1 \atop 11}\right\} = \frac{1}{2g_{11}}\frac{\partial g_{11}}{\partial u^1}, \qquad \left\{{1 \atop 12}\right\} = \frac{1}{2g_{11}}\frac{\partial g_{11}}{\partial u^2}, \qquad \left\{{1 \atop 22}\right\} = -\frac{1}{2g_{11}}\frac{\partial g_{22}}{\partial u^1}$$

$$\left\{{2 \atop 11}\right\} = -\frac{1}{2g_{22}}\frac{\partial g_{11}}{\partial u^2}, \qquad \left\{{2 \atop 12}\right\} = \frac{1}{2g_{22}}\frac{\partial g_{22}}{\partial u^1}, \qquad \left\{{2 \atop 22}\right\} = \frac{1}{2g_{22}}\frac{\partial g_{22}}{\partial u^2}$$

によって与えられる. □

例題 5.50 2次元極座標のクリストフェル記号を計算せよ.

解 前問の結果を用いると

$$[22,1] = -\rho, \quad [12,2] = [21,2] = \rho, \quad \left\{{1 \atop 22}\right\} = -\rho, \quad \left\{{2 \atop 12}\right\} = \left\{{2 \atop 21}\right\} = \frac{1}{\rho}$$

が得られる. □

例題 5.51 3次元球座標の第1種および第2種クリストフェル記号を計算せよ.

解 例題 5.20 で与えた計量を用いると, クリストフェル記号

$$[22,1] = -r, \qquad [33,1] = -r\sin^2\theta$$
$$[33,2] = -r^2\sin\theta\cos\theta, \qquad [12,2] = [21,2] = r$$
$$[23,3] = [32,3] = r^2\sin\theta\cos\theta, \quad [13,3] = [31,3] = r\sin^2\theta$$
$$\left\{{1 \atop 22}\right\} = -r, \qquad \left\{{1 \atop 33}\right\} = -r\sin^2\theta, \qquad \left\{{2 \atop 33}\right\} = -\sin\theta\cos\theta$$
$$\left\{{2 \atop 12}\right\} = \left\{{2 \atop 21}\right\} = \frac{1}{r}, \quad \left\{{3 \atop 23}\right\} = \left\{{3 \atop 32}\right\} = \cot\theta, \quad \left\{{3 \atop 13}\right\} = \left\{{3 \atop 31}\right\} = \frac{1}{r}$$

が得られる. $\sqrt{g} = r^2\sin\theta$ を用いると

$$\left\{{i \atop 1i}\right\} = \frac{\partial}{\partial r}\ln\sqrt{g} = \frac{2}{r}, \quad \left\{{i \atop 2i}\right\} = \frac{\partial}{\partial \theta}\ln\sqrt{g} = \cot\theta, \quad \left\{{i \atop 3i}\right\} = \frac{\partial}{\partial \varphi}\ln\sqrt{g} = 0$$

になる. □

5.7 座標変換

座標 $u^1, u^2, \cdots, u^n$ から座標 $u'^1, u'^2, \cdots, u'^n$ への変換の下に，連鎖法則によって

$$\mathrm{d}u'^l = \frac{\partial u'^l}{\partial u^i}\mathrm{d}u^i, \qquad \mathrm{d}u^i = \frac{\partial u^i}{\partial u'^l}\mathrm{d}u'^l$$

が成り立つ．自然，双対基底は

$$\begin{cases} \mathbf{a}'_l = \dfrac{\partial \mathbf{x}}{\partial u'^l} = \dfrac{\partial \mathbf{x}}{\partial u^i}\dfrac{\partial u^i}{\partial u'^l} = \mathbf{a}_i U^i_l, & U^i_l = \dfrac{\partial u^i}{\partial u'^l} = \mathbf{a}^i \cdot \mathbf{a}'_l \\ \mathbf{a}'^l = \boldsymbol{\nabla} u'^l = \mathbf{a}^i \dfrac{\partial u'^l}{\partial u^i} = \widehat{U}^l_i \mathbf{a}^i, & \widehat{U}^l_i = \dfrac{\partial u'^l}{\partial u^i} = \mathbf{a}'^l \cdot \mathbf{a}_i \end{cases}$$

によって変換する．後者では

$$\boldsymbol{\nabla} = \mathbf{e}^p \frac{\partial}{\partial x^p} = \mathbf{e}^p \frac{\partial u^i}{\partial x^p}\frac{\partial}{\partial u^i} = \mathbf{e}^p \widehat{a}^i_p \frac{\partial}{\partial u^i} = \mathbf{a}^i \frac{\partial}{\partial u^i} \tag{5.46}$$

を使った．$U^i_l, \widehat{U}^l_i$ はヤコービ行列

$$\mathsf{U} = \left(\frac{\partial u^i}{\partial u'^l}\right) = \begin{pmatrix} \frac{\partial u^1}{\partial u'^1} & \frac{\partial u^1}{\partial u'^2} & \cdots & \frac{\partial u^1}{\partial u'^n} \\ \frac{\partial u^2}{\partial u'^1} & \frac{\partial u^2}{\partial u'^2} & \cdots & \frac{\partial u^2}{\partial u'^n} \\ \vdots & \vdots & \ddots & \vdots \\ \frac{\partial u^n}{\partial u'^1} & \frac{\partial u^n}{\partial u'^2} & \cdots & \frac{\partial u^n}{\partial u'^n} \end{pmatrix} = \frac{\partial(u^1, u^2, \cdots, u^n)}{\partial(u'^1, u'^2, \cdots, u'^n)}$$

$$\widehat{\mathsf{U}} = \left(\frac{\partial u'^l}{\partial u^i}\right) = \begin{pmatrix} \frac{\partial u'^1}{\partial u^1} & \frac{\partial u'^1}{\partial u^2} & \cdots & \frac{\partial u'^1}{\partial u^n} \\ \frac{\partial u'^2}{\partial u^1} & \frac{\partial u'^2}{\partial u^2} & \cdots & \frac{\partial u'^2}{\partial u^n} \\ \vdots & \vdots & \ddots & \vdots \\ \frac{\partial u'^n}{\partial u^1} & \frac{\partial u'^n}{\partial u^2} & \cdots & \frac{\partial u'^n}{\partial u^n} \end{pmatrix} = \frac{\partial(u'^1, u'^2, \cdots, u'^n)}{\partial(u^1, u^2, \cdots, u^n)}$$

の成分である．連鎖法則 (3.5) によって

$$\widehat{U}^l_i U^i_m = \frac{\partial u'^l}{\partial u^i}\frac{\partial u^i}{\partial u'^m} = \delta^l_m, \qquad U^i_l \widehat{U}^l_j = \frac{\partial u^i}{\partial u'^l}\frac{\partial u'^l}{\partial u^j} = \delta^i_j \tag{5.47}$$

が成り立つから，

$$\widehat{\mathsf{U}}\mathsf{U} = \mathsf{U}\widehat{\mathsf{U}} = \mathsf{E}$$

すなわち $\widehat{\mathsf{U}}$ は U の逆行列である．

$$\widehat{\mathsf{U}} = \frac{\partial(u'^1, u'^2, \cdots, u'^n)}{\partial(u^1, u^2, \cdots, u^n)} = \left[\frac{\partial(u^1, u^2, \cdots, u^n)}{\partial(u'^1, u'^2, \cdots, u'^n)}\right]^{-1} = \mathsf{U}^{-1}$$

を意味する．

5.7 座標変換

問題 5.52 座標変換によって基底の直交性と完備性は不変である．

証明 (5.47) を用いると，直交性と完備性の不変性は

$$\mathbf{a}'^l \cdot \mathbf{a}'_m = \widehat{U}^l_i \mathbf{a}^i \cdot \mathbf{a}_j U^j_m = \widehat{U}^l_i \delta^i_j U^j_m = \widehat{U}^l_i U^i_m = \delta^l_m$$

$$\mathbf{a}'_l \mathbf{a}'^l = \mathbf{a}_i U^i_l \widehat{U}^l_j \mathbf{a}^j = \mathbf{a}_i \delta^i_j \mathbf{a}^j = \mathbf{a}_i \mathbf{a}^i = \mathsf{E}$$

によって明らかだろう． □

命題 5.53 (基底の変換) 基底の u' から u への変換は

$$\mathbf{a}'_l \widehat{U}^l_i = \mathbf{a}_i, \qquad U^i_l \mathbf{a}'^l = \mathbf{a}^i \tag{5.48}$$

によって与えられる．

証明 自然基底，双対基底の変換はそれぞれ

$$\mathbf{a}'_l \widehat{U}^l_i = \mathbf{a}_j U^j_l \widehat{U}^l_i = \mathbf{a}_j \delta^j_i = \mathbf{a}_i, \qquad U^i_l \mathbf{a}'^l = U^i_l \widehat{U}^l_j \mathbf{a}^j = \delta^i_j \mathbf{a}^j = \mathbf{a}^i$$

である． □

演習 5.54 (ベクトルの変換) 任意のベクトル $\mathbf{A}$ は 4 種類の基底によって

$$\mathbf{A} = \mathbf{a}_i A^i = A_i \mathbf{a}^i = \mathbf{a}'_l A'^l = A'_l \mathbf{a}'^l$$

のように 4 通りに表示できる．共変ベクトル，反変ベクトルはそれぞれ

$$\begin{cases} A'^l = \dfrac{\partial u'^l}{\partial u^i} A^i = \widehat{U}^l_i A^i, & A'_l = \dfrac{\partial u^i}{\partial u'^l} A_i = A_i U^i_l \\ A^i = \dfrac{\partial u^i}{\partial u'^l} A'^l = U^i_l A'^l, & A_i = \dfrac{\partial u'^l}{\partial u^i} A'_l = A'_l \widehat{U}^l_i \end{cases}$$

のように変換する．基底 $\mathbf{a}_i$ と同じ変換則に従うのが共変ベクトル，基底 $\mathbf{a}^i$ と同じ変換をする量が反変ベクトルである．リッチの与えた定義だ．

証明 u から u' への基底の変換 (5.48) を使うと

$$\mathbf{A} = \mathbf{a}_i A^i = \mathbf{a}'_l \widehat{U}^l_i A^i, \qquad \mathbf{A} = A_i \mathbf{a}^i = A_i U^i_l \mathbf{a}'^l$$

になるからベクトル成分の変換式 $A'^l = \widehat{U}^l_i A^i, A'_l = A_i U^i_l$ が得られる．u' から u へも同様である． □

演習 5.55（テンソルの変換） 2階のテンソル F は自然基底，双対基底によって，

$$\mathsf{F} = \mathsf{a}_i \mathsf{a}_j F^{ij} = \mathsf{a}^i \mathsf{a}^j F_{ij} = \mathsf{a}_i \mathsf{a}^j F^i{}_j = \mathsf{a}^i \mathsf{a}_j F_i{}^j$$

と表すことができる．F は座標の取り方に依存しないので，基底の変換によって，反変テンソル F^{ij}，共変テンソル F_{ij}，混合テンソル $F^i{}_j, F_i{}^j$，3階の反変テンソル F^{ijk}，共変テンソル F_{ijk} は

$$F'^{lm} = \widehat{U}^l_i \widehat{U}^m_j F^{ij}, \ F'_{lm} = F_{ij} U^i_l U^j_m, \ F'^l{}_m = \widehat{U}^l_i F^i{}_j U^j_m, \ F'^{\ i}_l = U^i_l F_i{}^j \widehat{U}^m_j$$
$$F'^{lmn} = \widehat{U}^l_i \widehat{U}^m_j \widehat{U}^n_k F^{ijk}, \ F'_{lmn} = F_{ijk} U^i_l U^j_m U^k_n$$

のように変換する．高階のテンソルも同様である．

演習 5.56 ベクトル成分 A^i と B^j の積は 2 階の反変テンソルになる．2 階の反変テンソル A^{ij} とベクトル B^k の積は 2 階の反変テンソルになる．

証明 $A^i B^j$ の座標変換は

$$A'^l B'^m = \widehat{U}^l_i A^i \widehat{U}^m_j B^j = \widehat{U}^l_i \widehat{U}^m_j A^i B^j$$

となり，テンソルとして変換されることを示している．$A^{ij} B^k$ の座標変換は

$$A'^{lm} B'^n = \widehat{U}^l_i \widehat{U}^m_j A^{ij} \widehat{U}^n_k B^k = \widehat{U}^l_i \widehat{U}^m_j \widehat{U}^n_k A^{ij} B^k$$

である．任意のテンソルの積に拡張できることは明らかだろう． □

定理 5.57（商法則） 任意のスカラー B，ベクトル B^i，テンソル B^{ij} などに対し，テンソルかどうかわからない量 $F_i, F^i{}_j, F^{ij}{}_{kh}$ などを用いて

$$A = F_i B^i, \quad A^i = F^i{}_j B^j, \quad A^{ij} = F^i{}_k B^{kj}$$
$$A^{ij} = F^{ij}{}_k B^k, \quad A^{ij} = F^{ij}{}_{kh} B^{kh}, \quad A^{ijk} = F^{ij} B^k$$

などをつくり，A, A^i, A^{ij}, A^{ijk} などがスカラー，ベクトル，テンソルであるとする．そのとき $F_i, F^i{}_j, F^{ij}, F^{ij}{}_{kh}$ などはテンソルである．

証明 $A^{ijk} = F^{ij} B^k$ について証明しよう．A^{ijk}, B^k は

$$A'^{lmn} = \widehat{U}^l_i \widehat{U}^m_j \widehat{U}^n_k A^{ijk}, \qquad B'^n = \widehat{U}^n_k B^k$$

によって変換する．したがって

$$A'^{lmn} = \widehat{U}_i^l \widehat{U}_j^m \widehat{U}_k^n A^{ijk} = \widehat{U}_i^l \widehat{U}_j^m \widehat{U}_k^n F^{ij} B^k = \widehat{U}_i^l \widehat{U}_j^m F^{ij} B'^n$$

が成り立つ．これは $F'^{lm} B'^n$ に等しくならなければならない．すなわち

$$F'^{lm} = \widehat{U}_i^l \widehat{U}_j^m F^{ij}$$

が成り立ち，F^{ij} がテンソルとして変換することが示された． □

問題 5.58 (**計量テンソルの変換**) 基本形式は座標変換の下に不変で，

$$\mathrm{d}s^2 = \|\mathrm{d}\mathbf{x}\|^2 = \delta_{pq}\mathrm{d}x^p\mathrm{d}x^q = g_{ij}\mathrm{d}u^i\mathrm{d}u^j = g'_{lm}\mathrm{d}u'^l\mathrm{d}u'^m$$

が成り立つが，計量テンソルは

$$g'_{lm} = g_{ij} U_l^i U_m^j, \qquad g'^{lm} = \widehat{U}_i^l \widehat{U}_j^m g^{ij}$$

のように変換する．

証明 計量テンソルは

$$\begin{aligned}g'_{lm} &= \mathbf{a}'_l \cdot \mathbf{a}'_m = \mathbf{a}_i \cdot \mathbf{a}_j U_l^i U_m^j = g_{ij} U_l^i U_m^j \\ g'^{lm} &= \mathbf{a}'^l \cdot \mathbf{a}'^m = \widehat{U}_i^l \widehat{U}_j^m \mathbf{a}^i \cdot \mathbf{a}^j = \widehat{U}_i^l \widehat{U}_j^m g^{ij}\end{aligned}$$

のように変換する． □

問題 5.59 (5.6) で与えた体積要素 $\mathrm{d}V_{(n)} = \sqrt{g}\mathrm{d}u^1\mathrm{d}u^2\cdots\mathrm{d}u^n$ はスカラー量である．

証明 ヤコービ行列式 $|\widehat{\mathsf{U}}| = |\widehat{U}_i^i|$ による体積要素の変換は

$$\mathrm{d}u'^1 \mathrm{d}u'^2 \cdots \mathrm{d}u'^n = |\widehat{\mathsf{U}}| \mathrm{d}u^1 \mathrm{d}u^2 \cdots \mathrm{d}u^n$$

である．一方，変換式 $g'_{lm} = g_{ij} U_l^i U_m^j$ の両辺の行列式を取ると

$$g' = |g'_{lm}| = |g_{ij}||\mathsf{U}|^2 = g|\mathsf{U}|^2 \tag{5.49}$$

である．ここで $|\mathsf{U}| = |U_l^i|$ である．これを使うと

$$\sqrt{g'}\mathrm{d}u'^1\mathrm{d}u'^1\cdots\mathrm{d}u'^n = \sqrt{g}|\widehat{\mathsf{U}}||\mathsf{U}|\mathrm{d}u^1\mathrm{d}u^2\cdots\mathrm{d}u^n$$

になる．$\widehat{\mathsf{U}}\mathsf{U} = \mathsf{E}$ から $|\widehat{\mathsf{U}}||\mathsf{U}| = 1$ なので題意を得る． □

問題 5.60 3次元では

$$E_{ijk} = \sqrt{g}\varepsilon_{ijk}, \qquad E^{ijk} = \frac{1}{\sqrt{g}}\varepsilon^{ijk}$$

がそれぞれ共変テンソル，反変テンソルとなる．この結果は任意の次元で成り立つ．(2.27) で定義した n 次元リッチ-レヴィ=チヴィタ記号を用いると

$$E_{i_1 i_2 \cdots i_n} = \sqrt{g}\varepsilon_{i_1 i_2 \cdots i_n}, \qquad E^{i_1 i_2 \cdots i_n} = \frac{1}{\sqrt{g}}\varepsilon^{i_1 i_2 \cdots i_n} \qquad (5.50)$$

がそれぞれ共変テンソル，反変テンソルになる．

証明 行列式の定義により，3次元の変換では

$$\varepsilon_{lmn}|\mathsf{U}| = \varepsilon_{ijk} U_l^i U_m^j U_n^k$$

が成り立つ．左辺で (5.49) を使って書き直すと

$$\sqrt{g'}\varepsilon_{lmn} = \sqrt{g}\varepsilon_{ijk} U_l^i U_m^j U_n^k$$

になる．すなわち $E_{ijk} = \sqrt{g}\varepsilon_{ijk}$ が共変テンソルとして変換していることを意味している．同様に

$$\varepsilon^{lmn}|\widehat{\mathsf{U}}| = \varepsilon^{ijk} \widehat{U}_i^l \widehat{U}_j^m \widehat{U}_k^n$$

が行列式の定義である．$|\widehat{\mathsf{U}}||\mathsf{U}| = 1$ に注意し，(5.49) を使うと

$$\frac{1}{\sqrt{g'}}\varepsilon^{lmn} = \frac{1}{\sqrt{g}}\varepsilon^{ijk} \widehat{U}_i^l \widehat{U}_j^m \widehat{U}_k^n$$

が得られるから E^{ijk} は反変テンソルである．

$$g_{il}g_{jm}g_{kn}E^{lmn} = \frac{1}{\sqrt{g}}\varepsilon^{lmn} g_{il}g_{jm}g_{kn} = \sqrt{g}\varepsilon_{ijk} = E_{ijk}$$

によって確かめることができる．任意の次元でも証明はまったく同様で，

$$\varepsilon_{l_1 l_2 \cdots l_n}|\mathsf{U}| = \varepsilon_{i_1 i_2 \cdots i_n} U_{l_1}^{i_1} U_{l_2}^{i_2} \cdots U_{l_n}^{i_n}$$
$$\varepsilon^{l_1 l_2 \cdots l_n}|\widehat{\mathsf{U}}| = \varepsilon^{i_1 i_2 \cdots i_n} \widehat{U}_{i_1}^{l_1} \widehat{U}_{i_2}^{l_2} \cdots \widehat{U}_{i_n}^{l_n}$$

において (5.49) を使うと

$$\sqrt{g'}\varepsilon_{l_1 l_2 \cdots l_n} = \sqrt{g}\varepsilon_{i_1 i_2 \cdots i_n} U_{l_1}^{i_1} U_{l_2}^{i_2} \cdots U_{l_n}^{i_n}$$
$$\frac{1}{\sqrt{g'}}\varepsilon^{l_1 l_2 \cdots l_n} = \frac{1}{\sqrt{g}}\varepsilon^{i_1 i_2 \cdots i_n} \widehat{U}_{i_1}^{l_1} \widehat{U}_{i_2}^{l_2} \cdots \widehat{U}_{i_n}^{l_n}$$

が得られる． □

5.7 座標変換

命題 5.61 (クリストフェル記号の座標変換) 第 1 種，第 2 種クリストフェル記号は，テンソルではなく，クリストフェルの公式

$$[lm,n]' = [ij,k]U_l^i U_m^j U_n^k + g_{ij}U_{lm}^i U_n^j \\ \left\{{}^{\ n}_{lm}\right\}' = \widehat{U}_k^n (\left\{{}^{\ k}_{ij}\right\}U_l^i U_m^j + U_{lm}^k) \Bigg\} \quad (5.51)$$

によって変換する．ここでヤコービ行列 U_m^i の導関数を

$$U_{lm}^i \equiv \frac{\partial U_m^i}{\partial u'^l} = \frac{\partial}{\partial u'^l}\frac{\partial u^i}{\partial u'^m} = \frac{\partial^2 u^i}{\partial u'^l \partial u'^m}$$

と表した．

証明 計量テンソルの変換式

$$g'_{lm} = g_{ij}U_l^i U_m^j$$

の両辺を u'^n について微分すると

$$\frac{\partial g'_{lm}}{\partial u'^n} = \frac{\partial g_{ij}}{\partial u^k}U_l^i U_m^j U_n^k + g_{ij}(U_{nl}^i U_m^j + U_l^i U_{nm}^j)$$

になる．添字 lmn を mnl, nlm に付けかえた式を (5.43) に代入し，さらに添字を付けかえると (5.51) 第 1 式になる．これと，変換式

$$g'^{np} = \widehat{U}_k^n \widehat{U}_q^p g^{kq}$$

を用いると，

$$\left\{{}^{\ n}_{lm}\right\}' = g'^{np}[lm,p]' = \widehat{U}_k^n \widehat{U}_q^p g^{kq}([ij,h]U_l^i U_m^j U_p^h + g_{ij}U_{lm}^i U_p^j)$$

になる．

$$\widehat{U}_q^p U_p^h = \delta_q^h, \qquad \widehat{U}_q^p U_p^j = \delta_q^j$$

によって

$$\left\{{}^{\ n}_{lm}\right\}' = \widehat{U}_k^n (g^{kh}[ij,h]U_l^i U_m^j + g^{kj}g_{ij}U_{lm}^i) = \widehat{U}_k^n (\left\{{}^{\ k}_{ij}\right\}U_l^i U_m^j + U_{lm}^k)$$

が得られる．

$$\left\{{}^{\ n}_{lm}\right\}' U_n^k = \left\{{}^{\ k}_{ij}\right\}U_l^i U_m^j + U_{lm}^k \quad (5.52)$$

と書くこともできる． □

例題 5.62 3次元円柱座標と球座標の変換ヤコービ行列を計算せよ．

解 球座標 r, θ, φ を u, 円柱座標 ρ, φ, z を u' とする．球座標から円柱座標への座標変換は

$$\rho = r\sin\theta, \qquad \varphi = \varphi, \qquad z = r\cos\theta$$

である．これからヤコービ行列 $\widehat{\mathsf{U}}$ は

$$\widehat{\mathsf{U}} = \frac{\partial(\rho, \varphi, z)}{\partial(r, \theta, \varphi)} = \begin{pmatrix} \sin\theta & r\cos\theta & 0 \\ 0 & 0 & 1 \\ \cos\theta & -r\sin\theta & 0 \end{pmatrix}$$

になる．球座標から円柱座標への変換は，球座標からデカルト座標へ，デカルト座標から円柱座標への変換をしても同じだから，(5.13) および (5.8) を用いて

$$\frac{\partial(\rho, \varphi, z)}{\partial(r, \theta, \varphi)} = \frac{\partial(\rho, \varphi, z)}{\partial(x, y, z)} \frac{\partial(x, y, z)}{\partial(r, \theta, \varphi)}$$

$$= \begin{pmatrix} \cos\varphi & \sin\varphi & 0 \\ -\frac{1}{\rho}\sin\varphi & \frac{1}{\rho}\cos\varphi & 0 \\ 0 & 0 & 1 \end{pmatrix} \begin{pmatrix} \sin\theta\cos\varphi & r\cos\theta\cos\varphi & -r\sin\theta\sin\varphi \\ \sin\theta\sin\varphi & r\cos\theta\sin\varphi & r\sin\theta\cos\varphi \\ \cos\theta & -r\sin\theta & 0 \end{pmatrix}$$

によっても得られる．円柱座標から球座標への変換

$$r = \sqrt{\rho^2 + z^2}, \quad \theta = \tan^{-1}\frac{\rho}{z}, \quad \varphi = \varphi$$

のヤコービ行列 U は

$$\mathsf{U} = \begin{pmatrix} \frac{\rho}{\sqrt{\rho^2+z^2}} & 0 & \frac{z}{\sqrt{\rho^2+z^2}} \\ \frac{z}{\rho^2+z^2} & 0 & -\frac{\rho}{\rho^2+z^2} \\ 0 & 1 & 0 \end{pmatrix} = \begin{pmatrix} \sin\theta & 0 & \cos\theta \\ \frac{1}{r}\cos\theta & 0 & -\frac{1}{r}\sin\theta \\ 0 & 1 & 0 \end{pmatrix}$$

によって与えられる．円柱座標から球座標への変換は，円柱座標からデカルト座標へ，デカルト座標から球座標への変換をしても同じだから，(5.15) および (5.7) を用いて

$$\frac{\partial(r, \theta, \varphi)}{\partial(\rho, \varphi, z)} = \frac{\partial(r, \theta, \varphi)}{\partial(x, y, z)} \frac{\partial(x, y, z)}{\partial(\rho, \varphi, z)}$$

$$= \begin{pmatrix} \sin\theta\cos\varphi & \sin\theta\sin\varphi & \cos\theta \\ \frac{1}{r}\cos\theta\cos\varphi & \frac{1}{r}\cos\theta\sin\varphi & -\frac{1}{r}\sin\theta \\ -\frac{1}{r}\frac{\sin\varphi}{\sin\theta} & \frac{1}{r}\frac{\cos\varphi}{\sin\theta} & 0 \end{pmatrix} \begin{pmatrix} \cos\varphi & -\rho\sin\varphi & 0 \\ \sin\varphi & \rho\cos\varphi & 0 \\ 0 & 0 & 1 \end{pmatrix}$$

によっても得られる．　□

5.8 正規直交曲線座標

自然基底 $\mathbf{a}_1$ と双対基底 $\mathbf{a}^1$ は

$$\varepsilon_1 = \frac{\mathbf{a}_1}{\|\mathbf{a}_1\|} = \frac{\mathbf{a}_1}{\sqrt{g_{11}}}, \qquad \varepsilon^1 = \frac{\mathbf{a}^1}{\|\mathbf{a}^1\|} = \frac{\mathbf{a}^1}{\sqrt{g^{11}}}$$

によって規格化することができる．自然基底 $\mathbf{a}_2, \cdots, \mathbf{a}_n$，双対基底 $\mathbf{a}^2, \cdots, \mathbf{a}^n$ についても同じである．$\mathbf{a}_1$ は，直交系では，他のすべての自然基底に直交するから，双対基底 $\mathbf{a}^1$ に比例しなければならない．すなわち $\mathbf{a}_1 = \frac{\mathbf{a}^1}{\|\mathbf{a}^1\|^2}$ が成り立つ．そこで

$$\sqrt{g_{11}} = \|\mathbf{a}_1\| = h_1, \qquad \sqrt{g^{11}} = \|\mathbf{a}^1\| = \frac{1}{h_1}$$

などを定義する．直交系では，自然基底と双対基底は一致し，

$$\varepsilon^1 = \frac{\mathbf{a}^1}{\|\mathbf{a}^1\|} = \|\mathbf{a}^1\| \mathbf{a}_1 = \varepsilon_1, \quad \varepsilon^2 = \varepsilon_2, \quad \cdots, \quad \varepsilon^n = \varepsilon_n$$

になる．

> **定義 5.63（正規直交基底）** 正規直交基底は
> $$\varepsilon_1 = \frac{\mathbf{a}_1}{h_1} = h_1 \mathbf{a}^1 = \varepsilon^1, \quad \cdots, \quad \varepsilon_n = \frac{\mathbf{a}_n}{h_n} = h_n \mathbf{a}^n = \varepsilon^n$$
> によって与えられる．

任意のベクトル $\mathbf{A}$ は正規直交基底を用いて

$$\mathbf{A} = \varepsilon_1 \hat{A}^1 + \varepsilon_2 \hat{A}^2 + \cdots + \varepsilon_n \hat{A}^n$$

のように表すことができる．**正規直交曲線座標**では共変，反変の区別はなく

$$\hat{A}^1 = h_1 A^1 = \frac{1}{h_1} A_1 = \hat{A}_1, \quad \cdots, \quad \hat{A}^n = h_n A^n = \frac{1}{h_n} A_n = \hat{A}_n \tag{5.53}$$

である．基本形式は

$$\mathrm{d}s^2 = (h_1 \mathrm{d}u^1)^2 + (h_2 \mathrm{d}u^2)^2 + \cdots + (h_n \mathrm{d}u^n)^2$$

体積要素は

$$\mathrm{d}V_{(n)} = h_1 h_2 \cdots h_n \mathrm{d}u^1 \mathrm{d}u^2 \cdots \mathrm{d}u^n$$

で与えられる．線要素ベクトルは

$$d\mathbf{x} = \boldsymbol{\varepsilon}_1 h_1 du^1 + \boldsymbol{\varepsilon}_2 h_2 du^2 + \cdots + \boldsymbol{\varepsilon}_n h_n du^n$$

のように表すことができる．

定義 5.64（正規直交基底 1 形式） 線要素ベクトルの成分

$$\theta^1 = h_1 du^1, \quad \theta^2 = h_2 du^2, \quad \cdots, \quad \theta^n = h_n du^n \tag{5.54}$$

は正規直交基底 1 形式をなす．

$$\mathbf{A} \cdot d\mathbf{x} = \hat{A}_1 \theta^1 + \hat{A}_2 \theta^2 + \cdots + \hat{A}_n \theta^n$$

が成り立つ（8.4 節参照）．

定義 5.65（接続 1 形式） 基底の微分も基底によって展開できるから，正規直交座標系における接続 1 形式 $\omega_j{}^i$ を

$$d\boldsymbol{\varepsilon}_j = \omega_j{}^i \boldsymbol{\varepsilon}_i, \quad \omega_j{}^i = \boldsymbol{\varepsilon}^i \cdot d\boldsymbol{\varepsilon}_j$$

によって定義できる．

例題 5.66 2 次元直交曲線座標のクリストフェル記号を求めよ．

解 例題 5.49 の結果を使うと第 1 種クリストフェル記号は

$$[11,1] = h_1 \frac{\partial h_1}{\partial u^1}, \quad [12,1] = h_1 \frac{\partial h_1}{\partial u^2}, \quad [22,1] = -h_2 \frac{\partial h_2}{\partial u^1}$$

$$[11,2] = -h_1 \frac{\partial h_1}{\partial u^2}, \quad [12,2] = h_2 \frac{\partial h_2}{\partial u^1}, \quad [22,2] = h_2 \frac{\partial h_2}{\partial u^2}$$

第 2 種クリストフェル記号は

$$\left\{{}^{\;1}_{11}\right\} = \frac{1}{h_1} \frac{\partial h_1}{\partial u^1}, \quad \left\{{}^{\;1}_{12}\right\} = \frac{1}{h_1} \frac{\partial h_1}{\partial u^2}, \quad \left\{{}^{\;1}_{22}\right\} = -\frac{h_2}{h_1^2} \frac{\partial h_2}{\partial u^1}$$

$$\left\{{}^{\;2}_{11}\right\} = -\frac{h_1}{h_2^2} \frac{\partial h_1}{\partial u^2}, \quad \left\{{}^{\;2}_{12}\right\} = \frac{1}{h_2} \frac{\partial h_2}{\partial u^1}, \quad \left\{{}^{\;2}_{22}\right\} = \frac{1}{h_2} \frac{\partial h_2}{\partial u^2}$$

によって与えられる． □

5.8 正規直交曲線座標

例題 5.67 2次元極座標の正規直交基底を求めよ．

解 例題 5.7 より，$h_1 = 1, h_2 = \rho$ になり，正規直交基底は

$$\begin{cases} \boldsymbol{\varepsilon}_\rho = \mathbf{a}_1 = \mathbf{a}^1 = \mathbf{e}_1 \cos\varphi + \mathbf{e}_2 \sin\varphi \\ \boldsymbol{\varepsilon}_\varphi = \frac{1}{\rho}\mathbf{a}_2 = \rho\mathbf{a}^2 = -\mathbf{e}_1 \sin\varphi + \mathbf{e}_2 \cos\varphi \end{cases}$$

である．ケットベクトルは

$$|\varepsilon_\rho\rangle = \begin{pmatrix} \cos\varphi \\ \sin\varphi \end{pmatrix}, \quad |\varepsilon_\varphi\rangle = \begin{pmatrix} -\sin\varphi \\ \cos\varphi \end{pmatrix}$$

正規直交極座標成分は (5.18) より

$$\begin{cases} \hat{A}^1 \equiv A_\rho = A^1 = A_1 = A_x \cos\varphi + A_y \sin\varphi \\ \hat{A}^2 \equiv A_\varphi = \rho A^2 = \frac{1}{\rho}A_2 = -A_x \sin\varphi + A_y \cos\varphi \end{cases}$$

によって与えられる．線要素ベクトルと基本形式は

$$d\mathbf{x} = \boldsymbol{\varepsilon}_\rho d\rho + \boldsymbol{\varepsilon}_\varphi \rho d\varphi, \qquad ds^2 = d\rho^2 + \rho^2 d\varphi^2$$

になる． □

例題 5.68 3次元円柱座標の正規直交基底を求めよ．

解 例題 (5.20) より，$h_1 = 1, h_2 = \rho, h_3 = 1$ になり，正規直交基底は

$$\begin{cases} \boldsymbol{\varepsilon}_\rho = \mathbf{a}_1 = \mathbf{a}^1 = \mathbf{e}_1 \cos\varphi + \mathbf{e}_2 \sin\varphi \\ \boldsymbol{\varepsilon}_\varphi = \frac{1}{\rho}\mathbf{a}_2 = \rho\mathbf{a}^2 = -\mathbf{e}_1 \sin\varphi + \mathbf{e}_2 \cos\varphi \\ \boldsymbol{\varepsilon}_z = \mathbf{a}_3 = \mathbf{a}^3 = \mathbf{e}_3 \end{cases}$$

である．ケットベクトルは

$$|\varepsilon_\rho\rangle = \begin{pmatrix} \cos\varphi \\ \sin\varphi \\ 0 \end{pmatrix}, \quad |\varepsilon_\varphi\rangle = \begin{pmatrix} -\sin\varphi \\ \cos\varphi \\ 0 \end{pmatrix}, \quad |\varepsilon_z\rangle = \begin{pmatrix} 0 \\ 0 \\ 1 \end{pmatrix}$$

である．正規直交系球座標成分は

$$\begin{cases} \hat{A}^1 \equiv A_\rho = A^1 = A_1 = A_x \cos\varphi + A_y \sin\varphi \\ \hat{A}^2 \equiv A_\varphi = \rho A^2 = \frac{1}{\rho}A_2 = -A_x \sin\varphi + A_y \cos\varphi \\ \hat{A}^3 \equiv A_z = A^3 = A_3 \end{cases}$$

によって与えられる．体積要素

$$dV = \rho d\rho d\varphi dz$$

は，ρ, φ, z 方向に $d\rho, \rho d\varphi, dz$ の長さを持つ平行 6 面体の面積である．線要素ベクトルと基本形式は

$$d\mathbf{x} = \boldsymbol{\varepsilon}_\rho d\rho + \boldsymbol{\varepsilon}_\varphi \rho d\varphi + \boldsymbol{\varepsilon}_z dz, \qquad ds^2 = d\rho^2 + \rho^2 d\varphi^2 + dz^2$$

になる．正規直交基底 1 形式は

$$\theta^1 = d\rho, \quad \theta^2 = \rho d\varphi, \quad \theta^3 = dz$$

である．

$$d\boldsymbol{\varepsilon}_\rho = \boldsymbol{\varepsilon}_\varphi d\varphi, \qquad d\boldsymbol{\varepsilon}_\varphi = -\boldsymbol{\varepsilon}_\rho d\varphi, \qquad d\boldsymbol{\varepsilon}_z = 0$$

の各係数より接続 1 形式

$$\omega_1{}^2 = d\varphi, \quad \omega_2{}^2 = -d\varphi$$

が決まる．行列で表せば

$$\omega = (\omega_i{}^j) = \begin{pmatrix} 0 & d\varphi & 0 \\ -d\varphi & 0 & 0 \\ 0 & 0 & 0 \end{pmatrix}$$

である． □

例題 5.69 3 次元球座標の正規直交基底を求めよ．

解 例題 5.19 より，$h_1 = 1, h_2 = r, h_3 = r\sin\theta$ になり，正規直交基底は

$$\begin{cases} \boldsymbol{\varepsilon}_r = \mathbf{a}_1 = \mathbf{a}^1 = \mathbf{e}_1 \sin\theta\cos\varphi + \mathbf{e}_2 \sin\theta\sin\varphi + \mathbf{e}_3 \cos\theta \\ \boldsymbol{\varepsilon}_\theta = \frac{1}{r}\mathbf{a}_2 = r\mathbf{a}^2 = \mathbf{e}_1 \cos\theta\cos\varphi + \mathbf{e}_2 \cos\theta\sin\varphi - \mathbf{e}_3 \sin\theta \\ \boldsymbol{\varepsilon}_\varphi = \frac{1}{r\sin\theta}\mathbf{a}_3 = r\sin\theta\mathbf{a}^3 = -\mathbf{e}_1 \sin\varphi + \mathbf{e}_2 \cos\varphi \end{cases}$$

になる．ケットベクトルは

$$|\varepsilon_r\rangle = \begin{pmatrix} \sin\theta\cos\varphi \\ \sin\theta\sin\varphi \\ \cos\theta \end{pmatrix}, \quad |\varepsilon_\theta\rangle = \begin{pmatrix} \cos\theta\cos\varphi \\ \cos\theta\sin\varphi \\ -\sin\theta \end{pmatrix}, \quad |\varepsilon_\varphi\rangle = \begin{pmatrix} -\sin\varphi \\ \cos\varphi \\ 0 \end{pmatrix}$$

である．正規直交球座標成分は (5.19) より

$$\begin{cases} \hat{A}^1 \equiv A_r = A^1 = A_1 = A_x \sin\theta\cos\varphi + A_y \sin\theta\sin\varphi + A_z \cos\theta \\ \hat{A}^2 \equiv A_\theta = rA^2 = \frac{1}{r}A_2 = A_x \cos\theta\cos\varphi + A_y \cos\theta\sin\varphi - A_z \sin\theta \\ \hat{A}^3 \equiv A_\varphi = r\sin\theta A^3 = \frac{1}{r\sin\theta}A_3 = -A_x \sin\varphi + A_y \cos\varphi \end{cases}$$

である．体積要素
$$dV = r^2 \sin\theta dr d\theta d\varphi$$

は r, θ, φ 方向に $dr, rd\theta, r\sin\theta d\varphi$ の長さを持つ立体の体積である．線要素ベクトルは
$$d\mathbf{x} = \boldsymbol{\varepsilon}_r dr + \boldsymbol{\varepsilon}_\theta r d\theta + \boldsymbol{\varepsilon}_\varphi r\sin\theta d\varphi$$

基本形式は
$$ds^2 = dr^2 + r^2 d\theta^2 + r^2 \sin^2\theta d\varphi^2$$

正規直交基底 1 形式は
$$\theta^1 = dr, \quad \theta^2 = rd\theta, \quad \theta^3 = r\sin\theta d\varphi$$

である．また
$$\begin{cases} d\boldsymbol{\varepsilon}_r = \boldsymbol{\varepsilon}_\theta d\theta + \boldsymbol{\varepsilon}_\varphi \sin\theta d\varphi \\ d\boldsymbol{\varepsilon}_\theta = -\boldsymbol{\varepsilon}_r d\theta + \boldsymbol{\varepsilon}_\varphi \cos\theta d\varphi \\ d\boldsymbol{\varepsilon}_\varphi = -\boldsymbol{\varepsilon}_r \sin\theta d\varphi - \boldsymbol{\varepsilon}_\theta \cos\theta d\varphi \end{cases}$$

の各係数より，接続 1 形式

$$\omega_1{}^2 = d\theta, \quad \omega_1{}^3 = \sin\theta d\varphi, \quad \omega_2{}^1 = -d\theta, \quad \omega_2{}^3 = \cos\theta d\varphi$$
$$\omega_3{}^1 = -\sin\theta d\varphi, \quad \omega_3{}^2 = -\cos\theta d\varphi$$

が得られる．行列で表せば
$$\omega = (\omega_i{}^j) = \begin{pmatrix} 0 & d\theta & \sin\theta d\varphi \\ -d\theta & 0 & \cos\theta d\varphi \\ -\sin\theta d\varphi & -\cos\theta d\varphi & 0 \end{pmatrix}$$

である． □

曲線座標における微分と積分

スカラー関数 f の勾配 $\boldsymbol{\nabla} f$, ベクトル $\mathbf{A}$ の発散密度 $\boldsymbol{\nabla} \cdot \mathbf{A}$, 回転密度 $\boldsymbol{\nabla} \times \mathbf{A}$ の成分は曲線座標ではどうなるだろう. スカラー関数 f の微分は

$$df = du^1 \frac{\partial f}{\partial u^1} + du^2 \frac{\partial f}{\partial u^2} + \cdots + du^n \frac{\partial f}{\partial u^n} = du^i \frac{\partial f}{\partial u^i}$$

になる. ここで, 曲線座標 u^i の微分 du^i は, (5.17) で与えたように,

$$du^i = dx^p \frac{\partial u^i}{\partial x^p} = dx^p \mathbf{e}_p \cdot \mathbf{a}^i = d\mathbf{x} \cdot \mathbf{a}^i = d\mathbf{x} \cdot \boldsymbol{\nabla} u^i$$

となり, ベクトル $d\mathbf{x}$ の反変成分である. これを用いると

$$df = du^i \frac{\partial f}{\partial u^i} = d\mathbf{x} \cdot \mathbf{a}^i \frac{\partial f}{\partial u^i}$$

になる. 連鎖法則 (3.5) にほかならない. (5.46) で与えたように, 微分演算子ナブラを

$$\boldsymbol{\nabla} = \mathbf{e}^p \frac{\partial}{\partial x^p} = \mathbf{a}^i \frac{\partial}{\partial u^i}$$

とすると, 微分は

$$df = d\mathbf{x} \cdot \boldsymbol{\nabla} f$$

と書くことができる. ベクトル関数の微分演算は, 難しくはないが, 系統的に進めていかないと非常に面倒になる. それは空間が曲がっていることに起因する. ベクトル関数の微分演算から, レヴィ=チヴィタの平行移動, リーマン曲率テンソルの理解に進んでいこう.

6.1 ナブラ

定義 6.1 (ナブラ) ナブラは，(5.12) で与えた $\mathbf{a}^i = g^{ij}\mathbf{a}_j$ を用いると，

$$\nabla = \mathbf{a}^i \frac{\partial}{\partial u^i} = g^{ij}\mathbf{a}_j \frac{\partial}{\partial u^i} = \mathbf{a}_i g^{ij} \frac{\partial}{\partial u^j} \tag{6.1}$$

と書くことができる．勾配は

$$\nabla f = \mathbf{a}^i \frac{\partial f}{\partial u^i} = \mathbf{a}_i g^{ij} \frac{\partial f}{\partial u^j}$$

になる．直交基底でナブラは

$$\begin{aligned}\nabla &= \mathbf{a}_1 \frac{1}{h_1^2} \frac{\partial}{\partial u^1} + \mathbf{a}_2 \frac{1}{h_2^2} \frac{\partial}{\partial u^2} + \mathbf{a}_3 \frac{1}{h_3^2} \frac{\partial}{\partial u^3} \\ &= \boldsymbol{\varepsilon}_1 \frac{1}{h_1} \frac{\partial}{\partial u^1} + \boldsymbol{\varepsilon}_2 \frac{1}{h_2} \frac{\partial}{\partial u^2} + \boldsymbol{\varepsilon}_3 \frac{1}{h_3} \frac{\partial}{\partial u^3}\end{aligned} \tag{6.2}$$

によって与えられる．

例題 6.2 3 次元円柱座標における勾配演算子を求めよ．

解 円柱座標でナブラは

$$\nabla = \mathbf{a}^1 \frac{\partial}{\partial \rho} + \mathbf{a}^2 \frac{\partial}{\partial \varphi} + \mathbf{a}^3 \frac{\partial}{\partial z}$$

によって与えられる．(5.14) で与えた計量テンソルを用いると

$$\begin{pmatrix} 1 & 0 & 0 \\ 0 & \frac{1}{\rho^2} & 0 \\ 0 & 0 & 1 \end{pmatrix} \begin{pmatrix} \frac{\partial}{\partial \rho} \\ \frac{\partial}{\partial \varphi} \\ \frac{\partial}{\partial z} \end{pmatrix} = \begin{pmatrix} \frac{\partial}{\partial \rho} \\ \frac{1}{\rho^2} \frac{\partial}{\partial \varphi} \\ \frac{\partial}{\partial z} \end{pmatrix}$$

すなわち

$$\nabla = \mathbf{a}_1 \frac{\partial}{\partial \rho} + \mathbf{a}_2 \frac{1}{\rho^2} \frac{\partial}{\partial \varphi} + \mathbf{a}_3 \frac{\partial}{\partial z}$$

になる．正規直交基底では

$$\nabla = \boldsymbol{\varepsilon}_\rho \frac{\partial}{\partial \rho} + \boldsymbol{\varepsilon}_\varphi \frac{1}{\rho} \frac{\partial}{\partial \varphi} + \boldsymbol{\varepsilon}_z \frac{\partial}{\partial z}$$

である． □

例題 6.3 3次元球座標で勾配演算子を求めよ.

解 ナブラは球座標で

$$\nabla = \mathbf{a}^1 \frac{\partial}{\partial r} + \mathbf{a}^2 \frac{\partial}{\partial \theta} + \mathbf{a}^3 \frac{\partial}{\partial \varphi}$$

によって与えられる. (5.16) で与えた計量テンソルを用いると

$$\begin{pmatrix} 1 & 0 & 0 \\ 0 & \frac{1}{r^2} & 0 \\ 0 & 0 & \frac{1}{r^2 \sin^2 \theta} \end{pmatrix} \begin{pmatrix} \frac{\partial}{\partial r} \\ \frac{\partial}{\partial \theta} \\ \frac{\partial}{\partial \varphi} \end{pmatrix} = \begin{pmatrix} \frac{\partial}{\partial r} \\ \frac{1}{r^2} \frac{\partial}{\partial \theta} \\ \frac{1}{r^2 \sin^2 \theta} \frac{\partial}{\partial \varphi} \end{pmatrix}$$

すなわち

$$\nabla = \mathbf{a}_1 \frac{\partial}{\partial r} + \mathbf{a}_2 \frac{1}{r^2} \frac{\partial}{\partial \theta} + \mathbf{a}_3 \frac{1}{r^2 \sin^2 \theta} \frac{\partial}{\partial \varphi}$$

になる. 正規直交基底では

$$\nabla = \boldsymbol{\varepsilon}_r \frac{\partial}{\partial r} + \boldsymbol{\varepsilon}_\theta \frac{1}{r} \frac{\partial}{\partial \theta} + \boldsymbol{\varepsilon}_\varphi \frac{1}{r \sin \theta} \frac{\partial}{\partial \varphi}$$

である. □

6.2 曲線座標における発散密度

命題 6.4（発散密度） 曲線座標におけるベクトルの発散密度は

$$\nabla \cdot \mathbf{A} = \frac{\partial A^i}{\partial u^i} + \{{}^{\ i}_{ij}\} A^j = \frac{1}{\sqrt{g}} \frac{\partial \sqrt{g} A^i}{\partial u^i} \tag{6.3}$$

で与えられる.

証明 $\nabla = \mathbf{a}^i \frac{\partial}{\partial u^i}$ および $\mathbf{A} = \mathbf{a}_j A^j$ を使うと

$$\nabla \cdot \mathbf{A} = \mathbf{a}^i \frac{\partial}{\partial u^i} \cdot (\mathbf{a}_j A^j) = \mathbf{a}^i \cdot \left(\mathbf{a}_j \frac{\partial A^j}{\partial u^i} + \frac{\partial \mathbf{a}_j}{\partial u^i} A^j \right) = \mathbf{a}^i \cdot \left(\mathbf{a}_j \frac{\partial A^j}{\partial u^i} + \mathbf{a}_k \{{}^{\ k}_{ij}\} A^j \right)$$

になり与式が得られる. 右辺第2項で (5.38) を代入した. (5.43) によって

$$\{{}^{\ i}_{ij}\} = \tfrac{1}{2} g^{ik} \left(\frac{\partial g_{jk}}{\partial u^i} + \frac{\partial g_{ki}}{\partial u^j} - \frac{\partial g_{ij}}{\partial u^k} \right) = \tfrac{1}{2} g^{ik} \frac{\partial g_{ki}}{\partial u^j} \tag{6.4}$$

が成り立つ．行列式 g を i 列について展開すると

$$g = \Delta^{i1}g_{1i} + \Delta^{i2}g_{2i} + \cdots + \Delta^{in}g_{ni} = \sum_{k=1}^{n}\Delta^{ik}g_{ki}$$

である（i について和を取らない）．展開係数 $\Delta^{ik} = gg^{ik}$ は行列式 g の余因子である．恒等式

$$g^{ik} = \frac{1}{g}\Delta^{ik} = \frac{1}{g}\frac{\partial g}{\partial g_{ki}}$$

を代入するとクリストフェル記号は

$$\left\{{}^{\;i}_{ij}\right\} = \frac{1}{2g}\frac{\partial g}{\partial g_{ki}}\frac{\partial g_{ki}}{\partial u^j} = \frac{1}{2g}\frac{\partial g}{\partial u^j} = \frac{1}{\sqrt{g}}\frac{\partial \sqrt{g}}{\partial u^j} = \frac{\partial \ln\sqrt{g}}{\partial u^j} \tag{6.5}$$

になる．発散密度は

$$\nabla \cdot \mathbf{A} = \frac{\partial A^i}{\partial u^i} + \left\{{}^{\;i}_{ij}\right\}A^j = \frac{\partial A^i}{\partial u^i} + \frac{1}{2g}\frac{\partial g}{\partial u^j}A^j = \frac{1}{\sqrt{g}}\frac{\partial \sqrt{g}A^i}{\partial u^i}$$

になる． □

演習 6.5 任意の行列 M に対し，

$$\mathrm{Tr}\left(\mathsf{M}^{-1}\frac{\partial \mathsf{M}}{\partial u^j}\right) = \frac{\partial}{\partial u^j}\ln|\mathsf{M}|$$

が成り立つ．これによって (6.5) を証明できる．

証明 $\ln|\mathsf{M}|$ の微分は

$$\mathrm{d}(\ln|\mathsf{M}|) = \ln|\mathsf{M} + \mathrm{d}\mathsf{M}| - \ln|\mathsf{M}| = \ln\frac{|\mathsf{M}+\mathrm{d}\mathsf{M}|}{|\mathsf{M}|} = \ln|\mathsf{E} + \mathsf{M}^{-1}\mathrm{d}\mathsf{M}|$$

になる．単位行列 E から微小な行列 $\mathsf{M}^{-1}\mathrm{d}\mathsf{M}$ だけずれた行列の行列式は，$\mathsf{M}^{-1}\mathrm{d}\mathsf{M}$ の 1 次の項のみを残すと $1 + \mathrm{Tr}\left(\mathsf{M}^{-1}\mathrm{d}\mathsf{M}\right)$ となることを使って

$$\mathrm{d}(\ln|\mathsf{M}|) = \ln\left(1 + \mathrm{Tr}\left(\mathsf{M}^{-1}\mathrm{d}\mathsf{M}\right)\right) = \mathrm{Tr}\left(\mathsf{M}^{-1}\mathrm{d}\mathsf{M}\right)$$

が得られる．

$$\mathrm{d}(\ln|\mathsf{M}|) = \mathrm{d}u^j\frac{\partial}{\partial u^j}\ln|\mathsf{M}| = \mathrm{Tr}\left(\mathsf{M}^{-1}\mathrm{d}\mathsf{M}\right) = \mathrm{d}u^j\mathrm{Tr}\left(\mathsf{M}^{-1}\frac{\partial \mathsf{M}}{\partial u^j}\right)$$

から与式が得られる．M に計量テンソル $\mathbf{g} = (g_{ki})$ を適用すると，$(\mathbf{g}^{-1})^{ik} = g^{ik}$ に注意し，
$$\mathrm{Tr}\left(\mathbf{g}^{-1}\frac{\partial \mathbf{g}}{\partial u^j}\right) = g^{ik}\frac{\partial g_{ki}}{\partial u^j} = \frac{\partial \ln g}{\partial u^j}$$
になるから，これを (6.4) に代入すれば (6.5) を導くことができる． □

> **命題 6.6** n 次元正規直交基底で発散密度は
> $$\nabla\cdot\mathbf{A} = \frac{1}{h_1 h_2 h_3 \cdots h_n}\left(\frac{\partial h_2 h_3 \cdots h_n \hat{A}^1}{\partial u^1} + \frac{\partial h_1 h_3 \cdots h_n \hat{A}^2}{\partial u^2} + \cdots + \frac{\partial h_1 h_2 \cdots h_{n-1} \hat{A}^n}{\partial u^n}\right)$$
> によって与えられる．

証明 $g^{11} = \frac{1}{h_1^2}, g^{22} = \frac{1}{h_2^2}, \cdots, g^{nn} = \frac{1}{h_n^2}$ によって
$$\hat{A}^1 = h_1 A^1, \quad \hat{A}^2 = h_2 A^2, \quad \cdots, \quad \hat{A}^n = h_n A^n$$
に注意し，$\sqrt{g} = h_1 h_2 h_3 \cdots h_n$ を使うと与式が得られる．3 次元正規直交基底では
$$\nabla\cdot\mathbf{A} = \frac{1}{h_1 h_2 h_3}\left(\frac{\partial h_2 h_3 \hat{A}^1}{\partial u^1} + \frac{\partial h_3 h_1 \hat{A}^2}{\partial u^2} + \frac{\partial h_1 h_2 \hat{A}^3}{\partial u^3}\right) \tag{6.6}$$
になる．
$$\begin{cases} \nabla\cdot\boldsymbol{\varepsilon}_1 = \dfrac{1}{h_1 h_2 h_3}\dfrac{\partial}{\partial u^1}(h_2 h_3) \\ \nabla\cdot\boldsymbol{\varepsilon}_2 = \dfrac{1}{h_1 h_2 h_3}\dfrac{\partial}{\partial u^2}(h_3 h_1) \\ \nabla\cdot\boldsymbol{\varepsilon}_3 = \dfrac{1}{h_1 h_2 h_3}\dfrac{\partial}{\partial u^3}(h_1 h_2) \end{cases}$$
が成り立つ． □

例題 6.7 3 次元円柱座標，球座標の発散密度を求めよ．

解 円柱座標では，例題 5.68 で与えた $h_1 = 1, h_2 = \rho, h_3 = 1$，球座標では，例題 5.69 で与えた $h_1 = 1, h_2 = r, h_3 = r\sin\theta$ を代入し，
$$\begin{aligned}\nabla\cdot\mathbf{A} &= \frac{1}{\rho}\frac{\partial \rho A_\rho}{\partial \rho} + \frac{1}{\rho}\frac{\partial A_\varphi}{\partial \varphi} + \frac{\partial A_z}{\partial z} \\ &= \frac{1}{r^2}\frac{\partial r^2 A_r}{\partial r} + \frac{1}{r\sin\theta}\frac{\partial \sin\theta A_\theta}{\partial \theta} + \frac{1}{r\sin\theta}\frac{\partial A_\varphi}{\partial \varphi}\end{aligned}$$
が得られる． □

例題 6.8 3次元球座標で $\nabla \cdot \mathbf{x} = 3$ を示せ.

証明 $\mathbf{x} = r\boldsymbol{\varepsilon}_1$ より $A_r = r$ を適用し,
$$\nabla \cdot \mathbf{x} = \frac{\partial A_r}{\partial r} + A_r \left\{ {i \atop 1i} \right\} = \frac{\partial r}{\partial r} + r \left\{ {i \atop 1i} \right\} = 3$$
が得られる. また
$$\nabla \cdot \mathbf{x} = \frac{1}{r^2} \frac{\partial}{\partial r}(r^2 A_r) = \frac{1}{r^2} \frac{\partial}{\partial r}(r^3) = 3$$
である. □

6.3 ラプラース-ベルトラミ演算子

命題 6.9 (ラプラース-ベルトラミ演算子) 曲線座標におけるラプラース-ベルトラミ演算子（ベルトラミの第2微分演算子）は
$$\nabla^2 = \nabla \cdot \nabla = \frac{1}{\sqrt{g}} \frac{\partial}{\partial u^i} \left(\sqrt{g} g^{ij} \frac{\partial}{\partial u^j} \right)$$
によって与えられる.

証明 (6.1) より $\nabla = \mathbf{a}^i \frac{\partial}{\partial u^i} = \mathbf{a}_k g^{kj} \frac{\partial}{\partial u^j}$ を使うと
$$\nabla \cdot \nabla = \mathbf{a}^i \frac{\partial}{\partial u^i} \cdot \left(\mathbf{a}_k g^{kj} \frac{\partial}{\partial u^j} \right) = \mathbf{a}^i \cdot \left\{ \mathbf{a}_k \frac{\partial}{\partial u^i} \left(g^{kj} \frac{\partial}{\partial u^j} \right) + \frac{\partial \mathbf{a}_k}{\partial u^i} g^{kj} \frac{\partial}{\partial u^j} \right\}$$
になる. 右辺第2項に (5.38) を使うと
$$\nabla \cdot \nabla = \frac{\partial}{\partial u^i} \left(g^{ij} \frac{\partial}{\partial u^j} + \left\{ {i \atop ik} \right\} g^{kj} \frac{\partial}{\partial u^j} \right)$$
になり, (6.5) を代入すると与式が得られる. (6.3) における A^i を $g^{ij} \frac{\partial}{\partial u^j}$ に置きかえることによっても同じ式になる. n 次元正規直交座標に対しては
$$\nabla^2 = \frac{1}{h_1 h_2 h_3 \cdots h_n} \left\{ \frac{\partial}{\partial u^1} \left(\frac{h_2 h_3 \cdots h_n}{h_1} \frac{\partial}{\partial u^1} \right) + \frac{\partial}{\partial u^2} \left(\frac{h_1 h_3 \cdots h_n}{h_2} \frac{\partial}{\partial u^2} \right) \right.$$
$$\left. + \cdots + \frac{\partial}{\partial u^n} \left(\frac{h h_1 h_2 \cdots h_{n-1}}{h_n} \frac{\partial}{\partial u^n} \right) \right\}$$
によって与えられる. 3次元では
$$\nabla^2 = \frac{1}{h_1 h_2 h_3} \left\{ \frac{\partial}{\partial u^1} \left(\frac{h_2 h_3}{h_1} \frac{\partial}{\partial u^1} \right) + \frac{\partial}{\partial u^2} \left(\frac{h_3 h_1}{h_2} \frac{\partial}{\partial u^2} \right) + \frac{\partial}{\partial u^3} \left(\frac{h_1 h_2}{h_3} \frac{\partial}{\partial u^3} \right) \right\} \quad (6.7)$$
である. □

例題 6.10 3次元円柱座標，球座標のラプラス-ベルトラミ演算子を求めよ．

解 円柱座標では，例題 5.68 で与えた $h_1 = 1$, $h_2 = \rho$, $h_3 = 1$ を代入すれば (6.7) から
$$\nabla^2 = \frac{1}{\rho}\frac{\partial}{\partial \rho}\left(\rho \frac{\partial}{\partial \rho}\right) + \frac{1}{\rho^2}\frac{\partial^2}{\partial \varphi^2} + \frac{\partial^2}{\partial z^2}$$
になる．球座標では，$h_1 = 1$, $h_2 = r$, $h_3 = r\sin\theta$ を (6.7) に代入し，
$$\nabla^2 = \frac{1}{r^2}\frac{\partial}{\partial r}\left(r^2 \frac{\partial}{\partial r}\right) + \frac{1}{r^2 \sin\theta}\frac{\partial}{\partial \theta}\left(\sin\theta \frac{\partial}{\partial \theta}\right) + \frac{1}{r^2 \sin^2\theta}\frac{\partial^2}{\partial \varphi^2}$$
が得られる． □

命題 6.11 ∇^2 のベクトル **A** への作用は
$$\nabla^2 \mathbf{A} = \mathbf{a}_m \nabla^2 A^m + 2g^{ij}\begin{Bmatrix}l\\jm\end{Bmatrix}\frac{\partial A^m}{\partial u^i}\mathbf{a}_l + A^m \nabla^2 \mathbf{a}_m \tag{6.8}$$
になる．右辺第1項ではスカラー関数への ∇^2 を使う．右辺第3項は
$$A^m \nabla^2 \mathbf{a}_m = g^{ij}\left(\frac{\partial}{\partial u^i}\begin{Bmatrix}l\\jm\end{Bmatrix} + \begin{Bmatrix}l\\ik\end{Bmatrix}\begin{Bmatrix}k\\jm\end{Bmatrix} - \begin{Bmatrix}k\\ij\end{Bmatrix}\begin{Bmatrix}l\\km\end{Bmatrix}\right) A^m \mathbf{a}_l \tag{6.9}$$
によって与えられる．この公式は任意の n 次元で成り立つ．

証明 ∇^2 は，ベクトル $\mathbf{A} = \mathbf{a}_m A^m$ の各成分 A^m に作用するだけではなく，基底 $\mathbf{a}_m$ にも作用するので注意が必要である．
$$\nabla^2 \mathbf{A} = \nabla^2(\mathbf{a}_m A^m) = \frac{1}{\sqrt{g}}\frac{\partial}{\partial u^i}\left(\sqrt{g}g^{ij}\frac{\partial}{\partial u^j}(\mathbf{a}_m A^m)\right)$$
$$= \frac{1}{\sqrt{g}}\frac{\partial}{\partial u^i}\left(\sqrt{g}g^{ij}\left(\mathbf{a}_m \frac{\partial A^m}{\partial u^j} + A^m \frac{\partial \mathbf{a}_m}{\partial u^j}\right)\right)$$
は (6.8) のように3項からなる．第2項は
$$g^{ij}\frac{\partial A^m}{\partial u^i}\frac{\partial \mathbf{a}_m}{\partial u^j} + g^{ij}\frac{\partial \mathbf{a}_m}{\partial u^i}\frac{\partial A^m}{\partial u^j} = 2g^{ij}\frac{\partial A^m}{\partial u^i}\frac{\partial \mathbf{a}_m}{\partial u^j} = 2g^{ij}\frac{\partial A^m}{\partial u^i}\begin{Bmatrix}l\\jm\end{Bmatrix}\mathbf{a}_l$$
である．第3項における
$$\nabla^2 \mathbf{a}_m = \frac{1}{\sqrt{g}}\frac{\partial}{\partial u^i}\left(\sqrt{g}g^{ij}\frac{\partial \mathbf{a}_m}{\partial u^j}\right) = \frac{1}{\sqrt{g}}\frac{\partial}{\partial u^i}\left(\sqrt{g}g^{ij}\mathbf{a}_l\begin{Bmatrix}l\\jm\end{Bmatrix}\right)$$
を計算しよう．微分を実行すると
$$\nabla^2 \mathbf{a}_m = \frac{1}{\sqrt{g}}\frac{\partial \sqrt{g}g^{ij}}{\partial u^i}\begin{Bmatrix}l\\jm\end{Bmatrix}\mathbf{a}_l + g^{ij}\mathbf{a}_l\frac{\partial}{\partial u^i}\begin{Bmatrix}l\\jm\end{Bmatrix} + g^{ij}\begin{Bmatrix}k\\il\end{Bmatrix}\begin{Bmatrix}l\\jm\end{Bmatrix}\mathbf{a}_k$$

になるから，A^m を乗じて和を取ると，ダミー添字を入れかえることによって

$$A^m \nabla^2 \mathbf{a}_m = \left(\frac{1}{\sqrt{g}} \frac{\partial \sqrt{g} g^{ij}}{\partial u^i} \left\{ {l \atop jm} \right\} + g^{ij} \frac{\partial}{\partial u^i} \left\{ {l \atop jm} \right\} + g^{ij} \left\{ {l \atop ik} \right\} \left\{ {k \atop jm} \right\} \right) A^m \mathbf{a}_l$$

が得られる．公式 (6.5) および (5.45) を用いると

$$\frac{1}{\sqrt{g}} \frac{\partial \sqrt{g} g^{ij}}{\partial u^i} = \frac{1}{\sqrt{g}} \frac{\partial \sqrt{g}}{\partial u^i} g^{ij} + \frac{\partial g^{ij}}{\partial u^i} = \left\{ {m \atop mi} \right\} g^{ij} - \left\{ {i \atop im} \right\} g^{mj} - \left\{ {j \atop im} \right\} g^{im}$$

において，右辺第 1, 2 項は相殺するから，(6.9) に帰着する． □

演習 6.12 ∇^2 のベクトル **A** への作用は，3 次元円柱座標において

$$\nabla^2 \mathbf{A} = \boldsymbol{\varepsilon}_\rho \left(\nabla^2 A_\rho - \frac{A_\rho}{\rho^2} - \frac{2}{\rho^2} \frac{\partial A_\varphi}{\partial \varphi} \right) + \boldsymbol{\varepsilon}_\varphi \left(\nabla^2 A_\varphi - \frac{A_\varphi}{\rho^2} + \frac{2}{\rho^2} \frac{\partial A_\rho}{\partial \varphi} \right) + \boldsymbol{\varepsilon}_z \nabla^2 A_z$$

3 次元球座標において

$$\nabla^2 \mathbf{A} = \boldsymbol{\varepsilon}_r \left(\nabla^2 A_r - \frac{2}{r^2} \frac{\partial A_\theta}{\partial \theta} - \frac{2}{r^2 \sin \theta} \frac{\partial A_\varphi}{\partial \varphi} - \frac{2 A_r}{r^2} - \frac{2 \cot \theta}{r^2} A_\theta \right)$$
$$+ \boldsymbol{\varepsilon}_\theta \left(\nabla^2 A_\theta - \frac{A_\theta}{r^2 \sin^2 \theta} + \frac{2}{r^2} \frac{\partial A_r}{\partial \theta} - \frac{2 \cot \theta}{r^2 \sin \theta} \frac{\partial A_\varphi}{\partial \varphi} \right)$$
$$+ \boldsymbol{\varepsilon}_\varphi \left(\nabla^2 A_\varphi - \frac{A_\varphi}{r^2 \sin^2 \theta} + \frac{2}{r^2 \sin \theta} \frac{\partial A_r}{\partial \varphi} + \frac{2 \cot \theta}{r^2 \sin \theta} \frac{\partial A_\theta}{\partial \varphi} \right)$$

によって与えられる．

証明 球座標について証明しよう．例題 5.51 で与えたクリストフェル記号を用いると，(6.8) の交差項は，

$$2 g^{ij} \left\{ {l \atop jm} \right\} \frac{\partial A^m}{\partial u^i} \mathbf{a}_l = \mathbf{a}_1 \left(-\frac{2}{r} \frac{\partial A^2}{\partial \theta} - \frac{2}{r} \frac{\partial A^3}{\partial \varphi} \right)$$
$$+ \mathbf{a}_2 \left(\frac{2}{r} \frac{\partial A^2}{\partial r} + \frac{2}{r^2} \frac{\partial A^1}{\partial \theta} - \frac{2 \cot \theta}{r^2} \frac{\partial A^3}{\partial \varphi} \right)$$
$$+ \mathbf{a}_3 \left(\frac{2 \cot \theta}{r^2} \frac{\partial A^3}{\partial \theta} + \frac{2}{r} \frac{\partial A^3}{\partial r} + \frac{2}{r^3 \sin^2 \theta} \frac{\partial A^1}{\partial \varphi} + \frac{2 \cot \theta}{r^2 \sin^2 \theta} \frac{\partial A^2}{\partial \varphi} \right)$$

になる．また ∇^2 の基底 $\mathbf{a}_m$ への作用は

$$A^m \nabla^2 \mathbf{a}_m = \mathbf{a}_1 \left(-\frac{2 A^1}{r^2} - \frac{2 \cot \theta A^2}{r} \right) + \mathbf{a}_2 \left(\frac{2 A^2}{r^2} - \frac{A^2}{r^2 \sin^2 \theta} \right)$$

になる．これらを加えると

$$\nabla^2 \mathbf{A} = \mathbf{a}_1 \left(\nabla^2 A^1 - \frac{2}{r} \frac{\partial A^2}{\partial \theta} - \frac{2}{r} \frac{\partial A^3}{\partial \varphi} - \frac{2 A^1}{r^2} - \frac{2 \cot \theta A^2}{r} \right)$$
$$+ \mathbf{a}_2 \left(\nabla^2 A^2 + \frac{2}{r} \frac{\partial A^2}{\partial r} + \frac{2}{r^3} \frac{\partial A^1}{\partial \theta} - \frac{2 \cot \theta}{r^2} \frac{\partial A^3}{\partial \varphi} + \frac{2 A^2}{r^2} - \frac{A^2}{r^2 \sin^2 \theta} \right)$$
$$+ \mathbf{a}_3 \left(\nabla^2 A^3 + \frac{2 \cot \theta}{r^2} \frac{\partial A^3}{\partial \theta} + \frac{2}{r} \frac{\partial A^3}{\partial r} + \frac{2}{r^3 \sin^2 \theta} \frac{\partial A^1}{\partial \varphi} + \frac{2 \cot \theta}{r^2 \sin^2 \theta} \frac{\partial A^2}{\partial \varphi} \right)$$

が得られる. $A^1 = A_r, A^2 = \frac{A_\theta}{r}, A^3 = \frac{A_\varphi}{r\sin\theta}$ の関係を用いると,

$$\frac{\partial A^3}{\partial r} = -\frac{A_\varphi}{r^2\sin\theta} + \frac{1}{r\sin\theta}\frac{\partial A_\varphi}{\partial r}, \quad \frac{\partial A^3}{\partial \theta} = -\frac{\cot\theta A_\varphi}{r\sin\theta} + \frac{1}{r\sin\theta}\frac{\partial A_\varphi}{\partial \theta}$$

などに注意し,

$$\begin{cases} \nabla^2 A^1 = \nabla^2 A_r \\ \nabla^2 A^2 = \frac{1}{r}\nabla^2 A_\theta - \frac{2}{r^2}\frac{\partial A_\theta}{\partial r} \\ \nabla^2 A^3 = \frac{1}{r\sin\theta}\nabla^2 A_\varphi - \frac{2\cot\theta}{r^3\sin\theta}\frac{\partial A_\varphi}{\partial \theta} - \frac{2}{r^2\sin\theta}\frac{\partial A_\varphi}{\partial r} + \frac{A_\varphi}{r^3\sin^3\theta} \end{cases}$$

を代入すれば, 例題 5.68 で与えた正規直交基底 $\varepsilon_r = \mathbf{a}_1, \varepsilon_\theta = \frac{1}{r}\mathbf{a}_2, \varepsilon_\varphi = \frac{1}{r\sin\theta}\mathbf{a}_3$ によって題意が得られる. 円柱座標についても同様である. □

6.4 曲線座標における回転密度

命題 6.13 (回転密度) 3次元曲線座標における回転密度は

$$\nabla \times \mathbf{A} = \frac{1}{\sqrt{g}}\left\{\mathbf{a}_1\left(\frac{\partial A_3}{\partial u^2} - \frac{\partial A_2}{\partial u^3}\right) + \mathbf{a}_2\left(\frac{\partial A_1}{\partial u^3} - \frac{\partial A_3}{\partial u^1}\right) + \mathbf{a}_3\left(\frac{\partial A_2}{\partial u^1} - \frac{\partial A_1}{\partial u^2}\right)\right\}$$

によって与えられる.

証明 $\nabla = \mathbf{a}^i \frac{\partial}{\partial u^i}$ および $\mathbf{A} = A_j \mathbf{a}^j$ を用いると

$$\nabla \times \mathbf{A} = \mathbf{a}^i \frac{\partial}{\partial u^i} \times (A_j \mathbf{a}^j) = \mathbf{a}^i \times \left(A_j \frac{\partial \mathbf{a}^j}{\partial u^i} + \frac{\partial A_j}{\partial u^i}\mathbf{a}^j\right)$$

になるが, 右辺第 1 項は, (5.38) を用いると,

$$\mathbf{a}^i \times A_j \frac{\partial \mathbf{a}^j}{\partial u^i} = -\mathbf{a}^i \times \mathbf{a}^k \left\{{}_{ik}^{\,j}\right\} A_j = 0$$

である. ここでクリストフェル記号の対称性 (5.42) を使った. 回転密度は, (5.23) を用いて,

$$\nabla \times \mathbf{A} = \mathbf{a}^i \times \mathbf{a}^j \frac{\partial A_j}{\partial u^i} = \frac{1}{\sqrt{g}}\varepsilon^{ijk}\frac{\partial A_j}{\partial u^i}\mathbf{a}_k = \frac{1}{\sqrt{g}}\begin{vmatrix} \mathbf{a}_1 & \frac{\partial}{\partial u^1} & A_1 \\ \mathbf{a}_2 & \frac{\partial}{\partial u^2} & A_2 \\ \mathbf{a}_3 & \frac{\partial}{\partial u^3} & A_3 \end{vmatrix}$$

になる. $\frac{1}{\sqrt{g}}$ の因子は, 問題 5.60 で示したように, $\frac{1}{\sqrt{g}}\varepsilon^{ijk}$ が反変テンソルとして振る舞うからである. □

例題 6.14 公式

$$\nabla \times \boldsymbol{\varepsilon}_1 = \frac{1}{h_1}\left(\boldsymbol{\varepsilon}_2 \frac{1}{h_3}\frac{\partial h_1}{\partial u^3} - \boldsymbol{\varepsilon}_3 \frac{1}{h_2}\frac{\partial h_1}{\partial u^2}\right)$$

を示せ.

演習 6.15 3次元曲線座標における回転密度は双対基底によって

$$\nabla \times \mathbf{A} = \sqrt{g}g^{li}\varepsilon_{ljh}\mathbf{a}^h\left(\frac{\partial A^j}{\partial u^i} + \{^{\ j}_{ik}\}A^k\right) \tag{6.10}$$

になる.

証明 $\nabla = \mathbf{a}_l g^{li}\frac{\partial}{\partial u^i}$ および $\mathbf{A} = \mathbf{a}_j A^j$ を用いると

$$\nabla \times \mathbf{A} = \mathbf{a}_l g^{li}\frac{\partial}{\partial u^i}\times (\mathbf{a}_j A^j) = g^{li}\mathbf{a}_l \times \left(\mathbf{a}_j \frac{\partial A^j}{\partial u^i} + \frac{\partial \mathbf{a}_j}{\partial u^i}A^j\right)$$

になる. (5.38) を代入し, (5.23) を使うと, 右辺は

$$\sqrt{g}g^{li}\mathbf{a}^h\left(\varepsilon_{ljh}\frac{\partial A^j}{\partial u^i} + \varepsilon_{lhk}\{^{\ k}_{ij}\}A^j\right) = \sqrt{g}g^{li}\varepsilon_{ljh}\mathbf{a}^h\left(\frac{\partial A^j}{\partial u^i} + \{^{\ j}_{ik}\}A^k\right)$$

になる. 右辺の括弧内は (6.24) で与える共変導関数 $\nabla_i A^j$ である. □

例題 6.16 3次元円柱座標, 球座標において $\mathbf{A}$ の回転密度を求めよ.

解 3次元正規直交座標では

$$\nabla \times \mathbf{A} = \frac{1}{h_1 h_2 h_3}\begin{vmatrix} h_1\boldsymbol{\varepsilon}_1 & \frac{\partial}{\partial u^1} & h_1 \hat{A}_1 \\ h_2\boldsymbol{\varepsilon}_2 & \frac{\partial}{\partial u^2} & h_2 \hat{A}_2 \\ h_3\boldsymbol{\varepsilon}_3 & \frac{\partial}{\partial u^3} & h_3 \hat{A}_3 \end{vmatrix} \tag{6.11}$$

と書くことができる. 例題 5.68, 5.69で与えた h_1, h_2, h_3 を用いて

$$\nabla \times \mathbf{A} = \frac{1}{\rho}\begin{vmatrix} \boldsymbol{\varepsilon}_\rho & \frac{\partial}{\partial \rho} & A_\rho \\ \rho\boldsymbol{\varepsilon}_\varphi & \frac{\partial}{\partial \varphi} & \rho A_\varphi \\ \boldsymbol{\varepsilon}_z & \frac{\partial}{\partial z} & A_z \end{vmatrix} = \frac{1}{r^2 \sin\theta}\begin{vmatrix} \boldsymbol{\varepsilon}_r & \frac{\partial}{\partial r} & A_r \\ r\boldsymbol{\varepsilon}_\theta & \frac{\partial}{\partial \theta} & rA_\theta \\ r\sin\theta\boldsymbol{\varepsilon}_\varphi & \frac{\partial}{\partial \varphi} & r\sin\theta A_\varphi \end{vmatrix}$$

が得られる. □

演習 6.17 (3.14) で与えた 3 次元における恒等式

$$\nabla \times (\nabla \times \mathbf{A}) = \nabla \nabla \cdot \mathbf{A} - \nabla^2 \mathbf{A} \qquad (6.12)$$

が曲線座標でも成り立つことを確かめよ.

証明 右辺第 1 項は,勾配と発散密度を与える公式を用いて

$$\nabla \nabla \cdot \mathbf{A} = \mathbf{a}_l g^{lj} \frac{\partial}{\partial u^j} \left(\frac{1}{\sqrt{g}} \frac{\partial \sqrt{g} A^i}{\partial u^i} \right)$$

$$= \mathbf{a}_l g^{lj} A^i \frac{\partial}{\partial u^j} \left(\frac{1}{\sqrt{g}} \frac{\partial \sqrt{g}}{\partial u^i} \right) + \mathbf{a}_l g^{lj} \frac{1}{\sqrt{g}} \frac{\partial \sqrt{g}}{\partial u^i} \frac{\partial A^i}{\partial u^j} + \mathbf{a}_l g^{lj} \frac{\partial^2 A^i}{\partial u^j \partial u^i}$$

左辺は,回転密度の公式 (6.10) を用いて

$$\nabla \times (\nabla \times \mathbf{A}) = \frac{1}{\sqrt{g}} \mathbf{a}_l \varepsilon^{lik} \frac{\partial}{\partial u^i} (\nabla \times \mathbf{A})_k$$

$$= \frac{1}{\sqrt{g}} \mathbf{a}_l \varepsilon^{lik} \frac{\partial}{\partial u^i} \left(\sqrt{g} g^{hj} \left(\varepsilon_{hmk} \frac{\partial A^m}{\partial u^j} + \varepsilon_{hpk} \left\{ \begin{array}{c} p \\ jm \end{array} \right\} A^m \right) \right)$$

$$= \frac{1}{\sqrt{g}} \mathbf{a}_l \frac{\partial}{\partial u^i} \left(\sqrt{g} \left(g^{lj} \frac{\partial A^i}{\partial u^j} - g^{ij} \frac{\partial A^l}{\partial u^j} + g^{lj} \left\{ \begin{array}{c} i \\ jm \end{array} \right\} A^m - g^{ij} \left\{ \begin{array}{c} l \\ jm \end{array} \right\} A^m \right) \right)$$

になる.後者の 3 行目第 2 項は,$-\mathbf{a}_l \nabla^2 A^l$ にほかならないから,

$$\nabla \times (\nabla \times \mathbf{A}) = -\mathbf{a}_l \nabla^2 A^l + \frac{1}{\sqrt{g}} \mathbf{a}_l \frac{\partial}{\partial u^i} (\sqrt{g} g^{lj}) \frac{\partial A^i}{\partial u^j} + \mathbf{a}_l g^{lj} \frac{\partial^2 A^i}{\partial u^i \partial u^j}$$

$$+ \frac{1}{\sqrt{g}} \mathbf{a}_l A^m \frac{\partial}{\partial u^i} \left(\sqrt{g} \left(g^{lj} \left\{ \begin{array}{c} i \\ jm \end{array} \right\} - g^{ij} \left\{ \begin{array}{c} l \\ jm \end{array} \right\} \right) \right)$$

$$+ \mathbf{a}_l \left(g^{lj} \left\{ \begin{array}{c} i \\ jm \end{array} \right\} - g^{ij} \left\{ \begin{array}{c} l \\ jm \end{array} \right\} \right) \frac{\partial A^m}{\partial u^i}$$

が得られる.そこで差 $\nabla \nabla \cdot \mathbf{A} - \nabla \times (\nabla \times \mathbf{A})$ を計算すると

$$\mathbf{a}_l \nabla^2 A^l - \mathbf{a}_l \frac{\partial g^{lj}}{\partial u^m} \frac{\partial A^m}{\partial u^j} - \mathbf{a}_l \left(g^{lj} \left\{ \begin{array}{c} i \\ jm \end{array} \right\} - g^{ij} \left\{ \begin{array}{c} l \\ jm \end{array} \right\} \right) \frac{\partial A^m}{\partial u^i}$$

$$+ \mathbf{a}_l g^{lj} A^m \frac{\partial}{\partial u^j} \left(\frac{1}{\sqrt{g}} \frac{\partial \sqrt{g}}{\partial u^m} \right) - \frac{1}{\sqrt{g}} \mathbf{a}_l A^m \frac{\partial}{\partial u^i} \left(\sqrt{g} \left(g^{lj} \left\{ \begin{array}{c} i \\ jm \end{array} \right\} - g^{ij} \left\{ \begin{array}{c} l \\ jm \end{array} \right\} \right) \right)$$

になる.1 行目の $\mathbf{a}_l \nabla^2 A^l$ を除く 3 項は,(5.45) を使うと,(6.8) における交差項

$$-\mathbf{a}_l \frac{\partial g^{lj}}{\partial u^m} \frac{\partial A^m}{\partial u^j} - \mathbf{a}_l \left(g^{lj} \left\{ \begin{array}{c} i \\ jm \end{array} \right\} - g^{ij} \left\{ \begin{array}{c} l \\ jm \end{array} \right\} \right) \frac{\partial A^m}{\partial u^i} = 2 g^{ij} \left\{ \begin{array}{c} l \\ jm \end{array} \right\} \frac{\partial A^m}{\partial u^i} \mathbf{a}_l$$

を与える.残る項にも (5.45) を使うと,

$$\mathbf{a}_l g^{lj} A^m \left(\frac{\partial}{\partial u^j} \left\{ \begin{array}{c} k \\ km \end{array} \right\} + \left\{ \begin{array}{c} k \\ ij \end{array} \right\} \left\{ \begin{array}{c} i \\ km \end{array} \right\} - \frac{\partial}{\partial u^i} \left\{ \begin{array}{c} i \\ jm \end{array} \right\} - \left\{ \begin{array}{c} k \\ ki \end{array} \right\} \left\{ \begin{array}{c} i \\ jm \end{array} \right\} \right)$$

$$+ \mathbf{a}_l g^{ij} A^m \left(\frac{\partial}{\partial u^i} \left\{ \begin{array}{c} l \\ jm \end{array} \right\} + \left\{ \begin{array}{c} l \\ ik \end{array} \right\} \left\{ \begin{array}{c} k \\ jm \end{array} \right\} - \left\{ \begin{array}{c} k \\ ij \end{array} \right\} \left\{ \begin{array}{c} l \\ km \end{array} \right\} \right)$$

のようにまとめることができる．ここで (5.39) から得られる

$$\begin{cases} \frac{\partial}{\partial u^j}\{{}^{\ \ k}_{km}\} = -\{{}^{\ k}_{ji}\}\{{}^{\ \ i}_{km}\} + \mathbf{a}^k \cdot \frac{\partial^2 \mathbf{a}_m}{\partial u^j \partial u^k} \\ \frac{\partial}{\partial u^i}\{{}^{\ \ i}_{jm}\} = -\{{}^{\ k}_{ki}\}\{{}^{\ \ i}_{jm}\} + \mathbf{a}^k \cdot \frac{\partial^2 \mathbf{a}_m}{\partial u^k \partial u^j} \end{cases}$$

を代入すると，

$$\mathbf{a}^k \cdot \frac{\partial^2 \mathbf{a}_m}{\partial u^j \partial u^k} = \mathbf{a}^k \cdot \frac{\partial^2 \mathbf{a}_m}{\partial u^k \partial u^j}$$

に注意し，

$$\boldsymbol{\nabla}\boldsymbol{\nabla} \cdot \mathbf{A} - \boldsymbol{\nabla} \times (\boldsymbol{\nabla} \times \mathbf{A}) = \mathbf{a}_l \nabla^2 A^l$$
$$+ 2g^{ij}\{{}^{\ \ l}_{jm}\}\frac{\partial A^m}{\partial u^i}\mathbf{a}_l + g^{ij}\left(\frac{\partial}{\partial u^i}\{{}^{\ \ l}_{jm}\} + \{{}^{\ \ l}_{ik}\}\{{}^{\ \ k}_{jm}\} - \{{}^{\ k}_{ij}\}\{{}^{\ \ l}_{km}\}\right)A^m\mathbf{a}_l$$

にたどりつく．命題 6.11 で与えた $\nabla^2\mathbf{A}$ にほかならない．任意の n 次元で成り立つ (6.8) がベクトル積が存在する 3 次元で成り立っていることが確かめられた． □

演習 6.18　3 次元における恒等式 (6.12) から

$$\nabla^2\mathbf{A} = \boldsymbol{\nabla}\boldsymbol{\nabla}\cdot\mathbf{A} - \boldsymbol{\nabla}\times(\boldsymbol{\nabla}\times\mathbf{A})$$

を用いて 3 次元円柱座標，球座標の $\nabla^2\mathbf{A}$ を求めよ．

解　右辺第 1 項は，(6.2) および (6.6) によって，

$$\boldsymbol{\nabla}\boldsymbol{\nabla}\cdot\mathbf{A} = \left(\frac{\boldsymbol{\varepsilon}_1}{h_1}\frac{\partial}{\partial u^1} + \frac{\boldsymbol{\varepsilon}_2}{h_2}\frac{\partial}{\partial u^2} + \frac{\boldsymbol{\varepsilon}_3}{h_3}\frac{\partial}{\partial u^3}\right)$$
$$\cdot \left(\frac{1}{h_1 h_2 h_3}\left(\frac{\partial h_2 h_3 \hat{A}^1}{\partial u^1} + \frac{\partial h_3 h_1 \hat{A}^2}{\partial u^2} + \frac{\partial h_1 h_2 \hat{A}^3}{\partial u^3}\right)\right)$$

右辺第 2 項は

$$\boldsymbol{\nabla}\times(\boldsymbol{\nabla}\times\mathbf{A}) = \frac{1}{h_1 h_2 h_3}\begin{vmatrix} h_1\boldsymbol{\varepsilon}_1 & \frac{\partial}{\partial u^1} & \frac{h_1}{h_2 h_3}\left(\frac{\partial h_3 \hat{A}_3}{\partial u^2} - \frac{\partial h_2 \hat{A}_2}{\partial u^3}\right) \\ h_2\boldsymbol{\varepsilon}_2 & \frac{\partial}{\partial u^2} & \frac{h_2}{h_3 h_1}\left(\frac{\partial h_1 \hat{A}_1}{\partial u^3} - \frac{\partial h_3 \hat{A}_3}{\partial u^1}\right) \\ h_3\boldsymbol{\varepsilon}_3 & \frac{\partial}{\partial u^3} & \frac{h_3}{h_1 h_2}\left(\frac{\partial h_2 \hat{A}_2}{\partial u^1} - \frac{\partial h_1 \hat{A}_1}{\partial u^2}\right) \end{vmatrix}$$

を計算すればよい．結果は演習 6.12 に与えてある． □

6.5 曲線座標における曲線定理と勾配定理

定理 6.19（曲線定理） 任意の関数 f について，A から B までの経路積分は

$$\int_A^B d\mathbf{x} \cdot \boldsymbol{\nabla} f = \int_A^B du^i \frac{\partial f}{\partial u^i} = f(B) - f(A)$$

によって与えられ，座標の取り方に依存しない．

証明 曲線座標系において，座標 u^i は媒介変数 s の関数 $u^i(s)$ として決まる．f の微分は

$$d\mathbf{x} \cdot \boldsymbol{\nabla} f = du^i \frac{\partial f}{\partial u^i} = ds \frac{du^i}{ds} \frac{\partial}{\partial u^i} f = ds f'(s)$$

である．1次元の微積分の基本定理 (4.1) によって

$$\int_A^B ds f'(s) = f(B) - f(A)$$

が得られる． □

定理 6.20（2次元勾配定理） 2次元デカルト座標における勾配定理 (4.6) に対応して，曲線座標における勾配定理

$$\int du^1 du^2 \frac{\partial f}{\partial u^1} = \oint du^2 f, \quad \int du^1 du^2 \frac{\partial f}{\partial u^2} = -\oint du^1 f \quad (6.13)$$

が成り立つ．接線ベクトル $\mathbf{t}$ を用いると，それに直交する法線ベクトル $\mathbf{n}$ の成分は (5.26) で与えたように $n_1 ds = \sqrt{g} du^2, n_2 ds = -\sqrt{g} du^1$ である．これによって勾配定理

$$\int dS \frac{1}{\sqrt{g}} \frac{\partial f}{\partial u^i} = \int du^1 du^2 \frac{\partial f}{\partial u^i} = \oint \varepsilon_{ij} du^j f = \oint ds\, n_i \frac{f}{\sqrt{g}} \quad (6.14)$$

が得られる．面積要素は $dS = \sqrt{g} du^1 du^2$ である．

証明 勾配定理 (6.13) の証明は，2次元デカルト座標における勾配定理 (4.6) の証明とまったく同じである． □

3次元では，線要素 $h^1 \mathbf{a}_1, h^2 \mathbf{a}_2, h^3 \mathbf{a}_3$ がつくる平行6面体において，$i=1$ 項の表面積分は，(5.27) を用いて

$$\oint dS n_1 \frac{f}{\sqrt{g}} = h^2 h^3 (f|_{u^1+h^1} - f|_{u^1}) = h^2 h^3 h^1 \frac{\partial f}{\partial u^1}$$

になる．他の成分も同様で

$$\oint dS n_i \frac{f}{\sqrt{g}} = h^1 h^2 h^3 \frac{\partial f}{\partial u^i} \tag{6.15}$$

が得られる．面積分は隣りあう体積要素どうしで打ち消し合うから，すべての体積要素の寄与を加えると勾配定理が得られる．

定理 6.21（勾配定理） 3次元曲線座標で勾配定理 (4.8) は

$$\int dV \frac{1}{\sqrt{g}} \frac{\partial f}{\partial u^i} = \oint dS n_i \frac{f}{\sqrt{g}} \tag{6.16}$$

になる．体積要素は $dV = \sqrt{g} du^1 du^2 du^3$，面積要素は $n_1 dS = \sqrt{g} du^2 du^3$ などである．

証明 次のようにしても証明できる．任意の閉曲面で囲まれた領域内で，関数 $\frac{f}{\sqrt{g}}$ の u^3 に関する偏導関数の積分

$$\int dV \frac{1}{\sqrt{g}} \frac{\partial f}{\partial u^3} = \int du^1 du^2 du^3 \frac{\partial f}{\partial u^3}$$

を考えてみよう．領域を u^1 方向に h^1，u^2 方向に h^2 の微小な幅を持つ角柱に分割し，各角柱についての寄与を加えて積分する．閉曲面上にある角柱の上下端の u^3 座標を $b = b(u^1, u^2)$ および $a = a(u^1, u^2)$ とすれば角柱についての積分は，

$$h^1 h^2 (f|_{u^1, u^2, b} - f|_{u^1, u^2, a})$$

になる．閉曲面上の面積要素は，(5.27) を用いると，上端，下端でそれぞれ

$$\sqrt{g} h^1 h^2 = n_3 \Delta S, \qquad \sqrt{g} h^1 h^2 = -n_3 \Delta S$$

と書ける．すべての角柱について和を取ると，和 $\sum n_3 \Delta S \frac{f}{\sqrt{g}}$ は，閉曲面上のすべての面積要素 ΔS についてである．連続極限で

$$\int du^1 du^2 du^3 \frac{\partial f}{\partial u^3} = \oint dS n_3 \frac{f}{\sqrt{g}}$$

が得られる．u^1, u^2 についての偏導関数を積分すれば，右辺に n_1, n_2 が現れる．それらをまとめて勾配定理が得られる． □

問題 6.22 積分による勾配の定義 4.7 は曲線座標でも

$$\frac{\partial f}{\partial u^i} = \lim_{\Delta V \to 0} \frac{\oint \mathrm{d}S n_i f}{\Delta V}$$

になることを示せ．

証明 (6.15) の両辺を $h^1 h^2 h^3$ で割り算した

$$\frac{\partial f}{\partial u^i} = \frac{\oint \mathrm{d}S n_i \frac{f}{\sqrt{g}}}{h^1 h^2 h^3} = \frac{\sqrt{g} \oint \mathrm{d}S n_i \frac{f}{\sqrt{g}}}{\Delta V}$$

において $\Delta V \to 0$ の極限を取ると，分母の微小体積面上の面積分で $\sqrt{g}$ を積分の外に出せるから与式が得られる． □

定理 6.23（n 次元勾配定理） 勾配定理 (6.16) は，n 次元曲線座標では

$$\int \mathrm{d}V_{(n)} \frac{1}{\sqrt{g}} \frac{\partial f}{\partial u^i} = \oint \mathrm{d}V_{(n-1)} n_i \frac{f}{\sqrt{g}} \tag{6.17}$$

である．体積要素は (5.6) で与えた $\mathrm{d}V_{(n)} = \sqrt{g} \mathrm{d}u^1 \cdots \mathrm{d}u^n$，面積要素ベクトルは (5.32) で与えた $n_i \mathrm{d}V_{(n-1)} = \sqrt{g} \mathrm{d}u^1 \cdots \mathrm{d}u^{i-1} \mathrm{d}u^{i+1} \cdots \mathrm{d}u^n$ である．

証明 3次元と同じように積分 $\int \mathrm{d}V_{(n)} \frac{1}{\sqrt{g}} \frac{\partial f}{\partial u^i} = \int \mathrm{d}u^1 \cdots \mathrm{d}u^n \frac{\partial f}{\partial u^i}$ において，u^i の両端（超曲面上の点）の座標を

$$b = b(u^1, \cdots, u^{i-1}, u^{i+1}, \cdots, u^n), \quad a = a(u^1, \cdots, u^{i-1}, u^{i+1}, \cdots, u^n)$$

とすれば，u^i の部分積分の結果は

$$\int \mathrm{d}u^1 \cdots \mathrm{d}u^{i-1} \mathrm{d}u^{i+1} \cdots \mathrm{d}u^n (f|_{u^i=b} - f|_{u^i=a})$$

になる．$u^i = b$ での面積要素は

$$n_i \mathrm{d}V_{(n-1)}|_{u^i=b} = \sqrt{g} \mathrm{d}u^1 \cdots \mathrm{d}u^{i-1} \mathrm{d}u^{i+1} \cdots \mathrm{d}u^n$$

$u^i = a$ での面積要素は，向きが逆であることに注意すると，

$$n_i \mathrm{d}V_{(n-1)}|_{u^i=a} = -\sqrt{g} \mathrm{d}u^1 \cdots \mathrm{d}u^{i-1} \mathrm{d}u^{i+1} \cdots \mathrm{d}u^n$$

となり，部分積分の結果は $\int \mathrm{d}V_{(n-1)} n_i \frac{f}{\sqrt{g}}$ のようにまとめることができるから勾配定理 (6.17) が得られる． □

6.6　曲線座標における発散定理

定理 6.24 (2次元発散定理)　2次元曲線座標で発散定理は

$$\int dS \boldsymbol{\nabla} \cdot \mathbf{A} = \int dS \nabla_i A^i = \oint ds\, n_i A^i = \oint ds\, \mathbf{n} \cdot \mathbf{A} \tag{6.18}$$

になる. デカルト座標では平面のガウスの定理 (4.11) である.

証明　面積分

$$\int dS \nabla_i A^i = \int \sqrt{g}\, du^1 du^2 \nabla_i A^i = \int du^1 du^2 \left(\frac{\partial \sqrt{g} A^1}{\partial u^1} + \frac{\partial \sqrt{g} A^2}{\partial u^2} \right)$$

において, 勾配定理 (6.13) を適用すれば

$$\int dS \nabla_i A^i = \oint \sqrt{g}(du^2 A^1 - du^1 A^2) = \oint ds(n_1 A^1 + n_2 A^2) \tag{6.19}$$

が得られる. (6.14) で $f = \sqrt{g} A^i$ とすれば直ちに得られる. □

定理 6.25 (発散定理)　発散定理は, 座標の取り方によらず, (4.12) と同じ

$$\int dV \boldsymbol{\nabla} \cdot \mathbf{A} = \oint dS \mathbf{n} \cdot \mathbf{A}$$

によって与えられる.

証明　線要素 $h^1 \mathbf{a}_1, h^2 \mathbf{a}_2, h^3 \mathbf{a}_3$ を3辺とする平行6面体において, 6面のうち, まず, u^1 方向で, u^1, u^2, u^3 と $u^1 + h^1, u^2, u^3$ における2面の面積分への寄与を計算する. 面積要素は, (5.27) で与えたように $n_1 \Delta S = \sqrt{g} h^2 h^3$ であるから, 面積分は

$$(\sqrt{g} A^1|_{u^1+h^1} - \sqrt{g} A^1|_{u^1}) h^2 h^3 = \frac{\partial \sqrt{g} A^1}{\partial u^1} h^1 h^2 h^3$$

になる. u^2 方向, u^3 方向の面積分を加えると

$$\oint dS \mathbf{n} \cdot \mathbf{A} = \left(\frac{\partial \sqrt{g} A^1}{\partial u^1} + \frac{\partial \sqrt{g} A^2}{\partial u^2} + \frac{\partial \sqrt{g} A^3}{\partial u^3} \right) h^1 h^2 h^3 \tag{6.20}$$

が得られる. 体積要素について和を取ると, 左辺の面積分の和は, 体積を囲む平曲面上の積分になり, 右辺の和は体積積分になるから発散定理が得られる. □

問題 6.26 発散定理は座標の取り方に依存しないので，積分による発散密度の定義は (4.14) と同じ

$$\nabla \cdot \mathbf{A} = \lim_{\Delta V \to 0} \frac{\oint \mathrm{d}S \mathbf{n} \cdot \mathbf{A}}{\Delta V}$$

である．これを用いて (6.3) を証明せよ．

証明 (6.20) において両辺を体積要素 $\Delta V = \sqrt{g}h^1 h^2 h^3$ で割り算して $\Delta V \to 0$ の極限を取ると

$$\nabla \cdot \mathbf{A} = \frac{1}{\sqrt{g}}\frac{\partial \sqrt{g}A^1}{\partial u^1} + \frac{1}{\sqrt{g}}\frac{\partial \sqrt{g}A^2}{\partial u^2} + \frac{1}{\sqrt{g}}\frac{\partial \sqrt{g}A^3}{\partial u^3}$$

が得られる． □

定理 6.27（n 次元発散定理） n 次元曲線座標で発散定理は

$$\int \mathrm{d}V_{(n)} \nabla \cdot \mathbf{A} = \oint \mathrm{d}V_{(n-1)} \mathbf{n} \cdot \mathbf{A} \tag{6.21}$$

になる．

証明 勾配定理 (6.17) において，f として $\sqrt{g}A^i$ を取り，i について和を取ると，

$$\int \mathrm{d}u^1 \cdots \mathrm{d}u^n \frac{\partial \sqrt{g}A^i}{\partial u^i} = \int \mathrm{d}V_{(n)} \frac{1}{\sqrt{g}}\frac{\partial \sqrt{g}A^i}{\partial u^i} = \oint \mathrm{d}V_{(n-1)} n_i A^i$$

が得られる． □

6.7　曲線座標における回転定理

定理 6.28（2 次元回転定理） 2 次元曲線座標で回転定理は

$$\int \mathrm{d}S \nabla \times \mathbf{A} = \int \mathrm{d}S \frac{1}{\sqrt{g}}\varepsilon^{ij}\frac{\partial A_j}{\partial u^i} = \oint \mathrm{d}u^j A_j = \oint \mathrm{d}\mathbf{x} \cdot \mathbf{A}$$

になる．デカルト座標ではリーマンの積分定理 (4.17) である．

証明 2 次元曲線座標における発散定理の証明の途中で得た恒等式 (6.19)，

$$\int \mathrm{d}S \frac{1}{\sqrt{g}}\left(\frac{\partial \sqrt{g}A^1}{\partial u^1} + \frac{\partial \sqrt{g}A^2}{\partial u^2}\right) = \oint \sqrt{g}(\mathrm{d}u^2 A^1 - \mathrm{d}u^1 A^2)$$

6.7 曲線座標における回転定理

において，$\sqrt{g}A^1$ を A_2 に，$\sqrt{g}A^2$ を $-A_1$ に置きかえれば，

$$\int dS \frac{1}{\sqrt{g}}\left(\frac{\partial A_2}{\partial u^1} - \frac{\partial A_1}{\partial u^2}\right) = \oint (du^2 A_2 + du^1 A_1)$$

が成り立つ。 □

> **定理 6.29（回転定理）** 3次元で，回転定理は，座標の取り方によらず，
>
> $$\oint d\mathbf{x} \cdot \mathbf{A} = \int dS \mathbf{n} \cdot \nabla \times \mathbf{A}$$
>
> である。

証明 回転定理 (4.21) の証明は座標の取り方によらない方法を取った。曲線座標によって表すと，(6.10) で与えた曲線座標における回転密度成分を用いて

$$\oint du^j A_j = \int dS n_k \frac{1}{\sqrt{g}} \varepsilon^{ijk} \frac{\partial A_j}{\partial u^i}$$

になる。曲線座標によって証明するためには，$u^1 u^2$ 面にある面積を分割した面積要素について証明すれば十分である。面積要素を辺の長さ h^1 と h^2 を持つ矩形に取ると，面積要素のまわりの1周積分は

$$\oint du^j A_j = h^1 A_1|_{u^1, u^2} + h^2 A_2|_{u^1+h^1, u^2} - h^1 A_1|_{u^1, u^2+h^2} - h^2 A_2|_{u^1, u^2}$$
$$= h^1 h^2 \left(\frac{\partial A_2}{\partial u^1} - \frac{\partial A_1}{\partial u^2}\right) = \frac{1}{\sqrt{g}} n_3 \Delta S \left(\frac{\partial A_2}{\partial u^1} - \frac{\partial A_1}{\partial u^2}\right)$$

のように面積分になる。ここで $n_3 \Delta S = \sqrt{g} h^1 h^2$ を用いた。1, 2 成分も加え，すべての面積要素の寄与を加えて連続極限を取ると与式が得られる。 □

問題 6.30 回転定理は座標の取り方によらないので，積分による回転密度は曲線座標でも (4.23) と同じ

$$\mathbf{n} \cdot \nabla \times \mathbf{A} = \lim_{\Delta S \to 0} \frac{\oint d\mathbf{x} \cdot \mathbf{A}}{\Delta S}$$

によって定義できる。

問題 6.31 デカルト座標における積分定理 (4.20)

$$\int dV \nabla \times \mathbf{A} = \oint dS \mathbf{n} \times \mathbf{A}$$

も座標の取り方に依存しない。

証明 勾配定理 (6.16) において $f = \varepsilon^{ijk} A_j$ を適用すると

$$\int \sqrt{g} du^1 du^2 du^3 \frac{1}{\sqrt{g}} \varepsilon^{ijk} \frac{\partial A_j}{\partial u^i} = \oint dS \frac{1}{\sqrt{g}} \varepsilon^{ijk} n_i A_j = \oint dS(\mathbf{n} \times \mathbf{A})^k$$

になる. 右辺において, ベクトル積の定義 (5.24) を使った. □

問題 6.32 この積分定理によって, デカルト座標の回転密度の定義 (4.5) のように

$$\nabla \times \mathbf{A} = \lim_{\Delta V \to 0} \frac{\oint dS \mathbf{n} \times \mathbf{A}}{\Delta V}$$

によって回転密度を定義することができる.

証明 第 3 成分について示そう. 3 辺の長さ h^1, h^2, h^3 からなる平行 6 面体の面積分 $\oint dS \frac{1}{\sqrt{g}}(n_1 A_2 - n_2 A_1)$ は,

$$h^2 h^3 (A_1|_{u^1+h^1} - A_1|_{u^1}) - h^3 h^1 (A_2|_{u^2+h^2} - A_2|_{u^2}) = h^1 h^2 h^3 \left(\frac{\partial A_2}{\partial u^1} - \frac{\partial A_1}{\partial u^2} \right)$$

になる. 両辺を体積 $\Delta V = \sqrt{g} h^1 h^2 h^3$ で割り算し, $\Delta V \to 0$ の極限を取ると

$$\lim_{\Delta V \to 0} \frac{\oint dS(\mathbf{n} \times \mathbf{A})^3}{\Delta V} = \frac{1}{\sqrt{g}} \left(\frac{\partial A_2}{\partial u^1} - \frac{\partial A_1}{\partial u^2} \right) = (\nabla \times \mathbf{A})^3$$

のように回転密度 (6.10) に帰着する. □

6.8 ベクトルの平行移動

> **定義 6.33 (平行移動)** ユークリッド空間のベクトル **A** は, 空間の各点で与えられる量である. 点 **x** で,「ベクトルの位置を $\delta \mathbf{x}$ だけずらしても変化しない」, すなわち
>
> $$\delta \mathbf{A} = 0$$
>
> が**平行移動**の定義である.

2 次元空間でベクトルの平行移動を考えよう. 直交座標 $\mathbf{e}_x, \mathbf{e}_y$ で表した

$$\mathbf{A} = \mathbf{e}_x A_x + \mathbf{e}_y A_y$$

において，座標を $\delta x, \delta y$ だけずらしても基底は変化しないから A_x も A_y も変化せず，$\delta A_x = \delta A_y = 0$ である．同じベクトルを極座標で表すと

$$\mathbf{A} = \boldsymbol{\varepsilon}_\rho A_\rho + \boldsymbol{\varepsilon}_\varphi A_\varphi$$

になる．位置を $\delta \rho, \delta \varphi$ だけずらしたとき，$\delta \mathbf{A} = 0$ は $\delta A_\rho = \delta A_\varphi = 0$ を意味しない．基底も変化するからである．

命題 6.34 曲線座標において，平行移動による反変ベクトル成分，共変ベクトル成分の変化量はそれぞれ

$$\delta A^j = -\delta u^i \left\{ {j \atop ik} \right\} A^k = -\omega_k{}^j A^k, \quad \delta A_j = \delta u^i \left\{ {k \atop ij} \right\} A_k = \omega_j{}^k A_k \quad (6.22)$$

によって与えられる．$\omega_k{}^j$ は (5.41) で定義した接続 1 形式である．

証明 曲線座標の変化 δu によって，ベクトル $\mathbf{A} = \mathbf{a}_i A^i$ は，(5.40) を使うと，

$$\delta \mathbf{A} = \delta A^j \mathbf{a}_j + A^j \delta \mathbf{a}_j = \delta A^j \mathbf{a}_j + \delta u^i \left\{ {k \atop ij} \right\} A^j \mathbf{a}_k$$

だけ変化する．座標の変化に対し，$\mathbf{A}$ が変化しない，すなわち

$$\delta \mathbf{A} = \left(\delta A^j + \delta u^i \left\{ {j \atop ik} \right\} A^k \right) \mathbf{a}_j = 0$$

が平行移動の定義である．したがって，平行移動による反変ベクトル成分の変化量が得られる．(5.40) を用いると

$$\delta A_j = \delta(\mathbf{A} \cdot \mathbf{a}_j) = \delta \mathbf{A} \cdot \mathbf{a}_j + \mathbf{A} \cdot \delta \mathbf{a}_j = \delta \mathbf{A} \cdot \mathbf{a}_j + \delta u^i \left\{ {k \atop ij} \right\} A_k$$

になるが，平行移動の条件 $\delta \mathbf{A} = 0$ から共変ベクトル成分の変化量が得られる．クリストフェル記号を**接続係数**とも呼ぶ．空間のある点におけるベクトルと，その近傍の点で平行なベクトルへの接続を与えるからである．**リーマン接続**，**レヴィ=チヴィタ接続**あるいは**アフィン接続**とも呼ばれている． □

命題 6.35（平行移動） 反変ベクトル，共変ベクトルの平行移動は

$$\left.\begin{array}{l} A_\parallel^j(u + \delta u) = A^j(u) - \delta u^i \left\{ {j \atop ik} \right\} A^k = A^j(u) - \omega_k{}^j A^k \\ A_{\parallel j}(u + \delta u) = A_j(u) + \delta u^i \left\{ {k \atop ij} \right\} A_k = A_j(u) + \omega_j{}^k A_k \end{array}\right\} \quad (6.23)$$

によって与えられる．

証明 曲線座標で u から $u+\delta u$ へ平行移動すると，$A^j(u)$, $A_j(u)$ は，それぞれ (6.22) で与えられた δA^j, δA_j だけ変化し，

$$A^j_\parallel(u+\delta u) = A^j(u) + \delta A^j, \qquad A_{\parallel j}(u+\delta u) = A_j(u) + \delta A_j$$

になる．曲線座標における平行移動を最初に定式化したのはレヴィ=チヴィタで，**レヴィ=チヴィタの平行移動**と呼ぶ． □

問題 6.36 平行移動によってベクトルの長さが変わらないことを確かめよ．

証明 平行移動によるノルムの変化は

$$\delta(A^j A_j) = \delta A^j A_j + A^j \delta A_j = -\delta u^i \{{}^{\,j}_{ik}\} A^k A_j + A^j \delta u^i \{{}^{\,k}_{ij}\} A_k = 0$$

になるから平行移動によってベクトルの長さは変わらない（変わらないように平行移動を定義した）． □

例題 6.37 (6.22) を用いて 2 次元極座標のクリストフェル記号を計算せよ．

解 2 次元極座標で任意の反変ベクトルの成分は (5.18) で与えたように

$$A^1 = A_x \cos\varphi + A_y \sin\varphi, \qquad A^2 = -A_x \frac{1}{\rho}\sin\varphi + A_y \frac{1}{\rho}\cos\varphi$$

になる．座標の変化に対し，A_x, A_y が変化しないのがベクトルの平行移動である．座標が $\delta\rho, \delta\varphi$ だけ変化し，ベクトルが平行移動すると A^1 は

$$\delta A^1 = -A_x \sin\varphi \delta\varphi + A_y \cos\varphi \delta\varphi = A^2 \rho \delta\varphi$$

だけ変化する．A^2 の変化も同様で，

$$\begin{aligned}\delta A^2 &= -A_x \frac{1}{\rho}\cos\varphi \delta\varphi - A_y \frac{1}{\rho}\sin\varphi \delta\varphi + A_x \frac{\delta\rho}{\rho^2}\sin\varphi - A_y \frac{\delta\rho}{\rho^2}\cos\varphi \\ &= -A^1 \frac{1}{\rho}\delta\varphi - A^2 \frac{1}{\rho}\delta\rho\end{aligned}$$

が得られる．クリストフェル記号を用いると

$$\delta A^1 = -A^2 \{{}^{\,1}_{22}\}\delta\varphi, \qquad \delta A^2 = -A^1 \{{}^{\,2}_{12}\}\delta\varphi - A^2 \{{}^{\,2}_{21}\}\delta\rho$$

が成り立っていなければならないから，

$$\{{}^{\,1}_{22}\} = -\rho, \qquad \{{}^{\,2}_{12}\} = \{{}^{\,2}_{21}\} = \frac{1}{\rho}$$

が得られる． □

例題 6.38 (6.22) を用いて3次元球座標のクリストフェル記号を計算せよ．

解 (5.19) で与えたように，デカルト座標成分を A_x, A_y, A_z とすると，球座標成分は

$$\begin{cases} A^1 = A_x \sin\theta\cos\varphi + A_y \sin\theta\sin\varphi + A_z \cos\theta \\ A^2 = A_x \frac{1}{r}\cos\theta\cos\varphi + A_y \frac{1}{r}\cos\theta\sin\varphi - A_z \frac{1}{r}\sin\theta \\ A^3 = -A_x \frac{1}{r}\frac{\sin\varphi}{\sin\theta} + A_y \frac{1}{r}\frac{\cos\varphi}{\sin\theta} \end{cases}$$

である．A_x, A_y, A_z が不変のとき，球座標成分の変化は

$$\begin{cases} \delta A^1 = A^2 r\delta\theta + A^3 r\sin^2\theta\delta\varphi \\ \delta A^2 = -A^2 \frac{1}{r}\delta r - A^1 \frac{1}{r}\delta\theta + \sin\theta\cos\theta A^3\delta\varphi \\ \delta A^3 = -A^3 \frac{1}{r}\delta r - A^3 \cot\theta\delta\theta - A^1 \frac{1}{r}\delta\varphi - A^2 \cot\theta\delta\varphi \end{cases}$$

になる．これらは

$$\begin{cases} \delta A^1 = -A^2 \{{}^1_{22}\}\delta\theta - A^3 \{{}^1_{33}\}\delta\varphi \\ \delta A^2 = -A^2 \{{}^2_{21}\}\delta r - A^1 \{{}^2_{12}\}\delta\theta - A^3 \{{}^2_{33}\}\delta\varphi \\ \delta A^3 = -A^3 \{{}^3_{31}\}\delta r - A^3 \{{}^3_{32}\}\delta\theta - A^1 \{{}^3_{13}\}\delta\varphi - A^2 \{{}^3_{23}\}\delta\varphi \end{cases}$$

のように表すことができるから例題5.51で与えた第2種クリストフェル記号を確かめることができる． □

6.9 ベクトルの共変微分

命題 6.39（共変導関数） ダイアド $\nabla \mathbf{A}$ は

$$\nabla \mathbf{A} = \mathbf{a}^i \mathbf{a}_j \nabla_i A^j = \mathbf{a}^i \mathbf{a}^j \nabla_i A_j$$

と書くことができる．ここで現れた $\nabla_i A^j$ および $\nabla_i A_j$ はクリストフェルが導いた**共変導関数**

$$\nabla_i A^j = \frac{\partial A^j}{\partial u^i} + \{{}^j_{ik}\}A^k, \qquad \nabla_i A_j = \frac{\partial A_j}{\partial u^i} - \{{}^k_{ij}\}A_k \qquad (6.24)$$

である．リッチとレヴィ=チヴィタが共変導関数と名づけた．

証明 $\nabla = \mathbf{a}^i \frac{\partial}{\partial u^i}$ および $\mathbf{A} = \mathbf{a}_j A^j$ を使い，(5.37) を代入すると

$$\nabla \mathbf{A} = \mathbf{a}^i \frac{\partial}{\partial u^i}(\mathbf{a}_j A^j) = \mathbf{a}^i \left(\mathbf{a}_j \frac{\partial A^j}{\partial u^i} + \frac{\partial \mathbf{a}_j}{\partial u^i} A^j \right) = \mathbf{a}^i \left(\mathbf{a}_j \frac{\partial A^j}{\partial u^i} + \mathbf{a}_k \{{}^{\ k}_{ij}\} A^j \right)$$

になる．ダミー添字 j, k を入れかえれば $\nabla \mathbf{A}$ の成分は (6.24) 第 1 式になる．
$\mathbf{A} = A_j \mathbf{a}^j$ を使い，(5.38) を代入すると

$$\nabla \mathbf{A} = \mathbf{a}^i \frac{\partial}{\partial u^i}(A_j \mathbf{a}^j) = \mathbf{a}^i \left(\frac{\partial A_j}{\partial u^i} \mathbf{a}^j + A_j \frac{\partial \mathbf{a}^j}{\partial u^i} \right) = \mathbf{a}^i \left(\mathbf{a}^j \frac{\partial A_j}{\partial u^i} - \mathbf{a}^k \{{}^{\ j}_{ik}\} A_j \right)$$

になる．ダミー添字 j, k を入れかえれば $\nabla \mathbf{A}$ の成分は (6.24) 第 2 式になる．□

定義 6.40（共変微分） 微分演算子 d に対して，**共変微分演算子**を D とすると，スカラー関数の**共変微分**は普通の微分と同じで，任意の微分 du^i に対して

$$\mathrm{D}f = \mathrm{d}f = \mathrm{d}u^i \frac{\partial f}{\partial u^i}$$

になる．共変微分の「共変」は，テンソルを意味し，共変成分，反変成分の「共変」とは意味が異なることに注意しよう．曲線座標でのベクトルは空間の各点で変換則が異なるので微分をするとき注意が必要である．同一点でのベクトルの差はベクトルとして変換するが，異なる点でのベクトルの差はベクトルにならないからである．$u + \delta u$ でのベクトル $A^j(u + \delta u) = A^j(u) + \mathrm{d}A^j$ と，$A^j(u)$ を $u + \delta u$ まで平行移動した $A^j_{\parallel}(u + \delta u) = A^j(u) + \delta A^j$ との差

$$\mathrm{D}A^j = \mathrm{d}A^j - \delta A^j = \delta u^i \frac{\partial A^j}{\partial u^i} + \delta u^i \{{}^{\ j}_{ik}\} A^k = \delta u^i \nabla_i A^j \tag{6.25}$$

がベクトルの共変微分である．同様に，A_j の共変微分は

$$\mathrm{D}A_j = \mathrm{d}A_j - \delta A_j = \delta u^i \frac{\partial A_j}{\partial u^i} - \delta u^i \{{}^{\ k}_{ij}\} A_k = \delta u^i \nabla_i A_j \tag{6.26}$$

である．いずれもベクトル $\mathrm{D}\mathbf{A} = \delta \mathbf{x} \cdot \nabla \mathbf{A}$ の成分である．

問題 6.41 $\nabla_i A_j$ は共変テンソル，$\nabla_i A^j$ は混合テンソルとして変換する．

証明 共変ベクトルは座標変換によって

$$A'_m = A_k U^k_m = A_k \frac{\partial u^k}{\partial u'^m}$$

6.9 ベクトルの共変微分

のように変換する．両辺を u'^l について微分すると，(5.52) を用いて，

$$\frac{\partial A'_m}{\partial u'^l} = \frac{\partial A_k}{\partial u'^l} U_m^k + A_k \left(\{{}^{\,n}_{lm}\}' U_n^k - \{{}^{\,k}_{ij}\} U_l^i U_m^j \right)$$

になるから，これを整理した

$$\frac{\partial A'_m}{\partial u'^l} - \{{}^{\,n}_{lm}\}' A'_n = \left(\frac{\partial A_j}{\partial u^i} - \{{}^{\,k}_{ij}\} A_k \right) U_l^i U_m^j$$

は $\nabla_i A_j$ が共変テンソルとして変換することを示している．

$\nabla_i A^j$ については，u' 座標系で共変導関数

$$\frac{\partial A'^m}{\partial u'^l} + A'^n \{{}^{\,m}_{nl}\}' = U_l^i \frac{\partial}{\partial u^i}(\widehat{U}_j^m A^j) + A^k \widehat{U}_k^n \widehat{U}_j^m (\{{}^{\,j}_{pi}\} U_n^p U_l^i + U_{nl}^j)$$

を計算すればよい．最後の項は

$$\widehat{U}_k^n U_{nl}^j = \frac{\partial u'^n}{\partial u^k} \frac{\partial^2 u^j}{\partial u'^n \partial u'^l} = \frac{\partial^2 u^j}{\partial u^k \partial u'^l} = 0$$

によって落とすことができる．同様に

$$U_l^i \frac{\partial \widehat{U}_j^m}{\partial u^i} = \frac{\partial u^i}{\partial u'^l} \frac{\partial^2 u'^m}{\partial u^i \partial u^j} = \frac{\partial^2 u'^m}{\partial u'^l \partial u^j} = 0$$

により

$$\widehat{U}_j^m \left(\frac{\partial A^j}{\partial u^i} + A^k \{{}^{\,j}_{ki}\} \right) U_l^i = \widehat{U}_j^m \nabla_i A^j U_l^i$$

になるから $\nabla_i A^j$ は混合テンソルとして変換する． □

定義 6.42（絶対導関数） 曲線上で，u^i は弧長 s の関数になるから

$$\mathrm{D} A^j = \mathrm{d}s \frac{\mathrm{d}u^i}{\mathrm{d}s} \left(\frac{\partial A^j}{\partial u^i} + \{{}^{\,j}_{ik}\} A^k \right)$$

が得られる．両辺を $\mathrm{d}s$ で割り算すると

$$\frac{\mathrm{D} A^j}{\mathrm{D} s} = \frac{\mathrm{d}u^i}{\mathrm{d}s} \left(\frac{\partial A^j}{\partial u^i} + \{{}^{\,j}_{ik}\} A^k \right) = \frac{\mathrm{d} A^j}{\mathrm{d}s} + \frac{\mathrm{d}u^i}{\mathrm{d}s} \{{}^{\,j}_{ik}\} A^k \tag{6.27}$$

になる（$\frac{\mathrm{D} A^j}{\mathrm{d}s}$ や $\frac{\delta A^j}{\mathrm{d}s}$ と表記する流儀もある）．曲線に沿っての共変導関数を**絶対導関数**または**内在導関数**と言う．「絶対微分」はリッチの命名で，リッチとレヴィ＝チヴィタの古典的論文の題名は「絶対微分計算の方法」だった．

問題 6.43（**内積の共変微分**）　ベクトルの内積の共変微分は

$$\mathrm{D}(A_j B^j) = B^j \mathrm{D}A_j + A^j \mathrm{D}B_j$$

になることを示せ．

証明　ベクトルの内積はスカラーなので

$$\mathrm{D}(A_j B^j) = \mathrm{d}(A_j B^j) = B^i \mathrm{d}A_j + A_j \mathrm{d}B^j$$

が成り立つ．(6.25) および (6.26) を用いると

$$\mathrm{D}(A_j B^j) = B^j \left(\mathrm{D}A_j + \delta u^i \{{}^{k}_{ij}\} A_k\right) + A_j \left(\mathrm{D}B^j - \delta u^i \{{}^{j}_{ik}\} B^k\right)$$

になるが，クリストフェル記号を含む項は相殺し与式が得られる． □

定理 6.44（**テンソル共変導関数**）　2階の共変，反変，混合テンソルについて

$$\left.\begin{aligned}\nabla_i F_{jk} &= \frac{\partial F_{jk}}{\partial u^i} - \{{}^{l}_{ij}\} F_{lk} - \{{}^{l}_{ik}\} F_{jl} \\ \nabla_i F^{jk} &= \frac{\partial F^{jk}}{\partial u^i} + \{{}^{j}_{il}\} F^{lk} + \{{}^{k}_{il}\} F^{jl} \\ \nabla_i F_j{}^k &= \frac{\partial F_j{}^k}{\partial u^i} + \{{}^{k}_{il}\} F_j{}^l - \{{}^{l}_{ij}\} F_l{}^k\end{aligned}\right\} \quad (6.28)$$

が成り立つ．

証明　ナブラ $\nabla = \mathbf{a}^i \frac{\partial}{\partial u^i}$ とテンソル $\mathsf{F} = \mathbf{a}^j \mathbf{a}^k F_{jk}$ の積は，(5.38) を使うと

$$\begin{aligned}\nabla \mathsf{F} &= \mathbf{a}^i \left(\mathbf{a}^j \mathbf{a}^k \frac{\partial F_{jk}}{\partial u^i} + \frac{\partial \mathbf{a}^j}{\partial u^i} \mathbf{a}^k F_{jk} + \mathbf{a}^j \frac{\partial \mathbf{a}^k}{\partial u^i} F_{jk}\right) \\ &= \mathbf{a}^i \left(\mathbf{a}^j \mathbf{a}^k \frac{\partial F_{jk}}{\partial u^i} - \{{}^{j}_{il}\} \mathbf{a}^l \mathbf{a}^k F_{jk} - \mathbf{a}^j \{{}^{k}_{il}\} \mathbf{a}^l F_{jk}\right)\end{aligned}$$

になり，ダミー添字を入れかえれば第1式が得られる．他も同様である．これらは，共変微分演算子 ∇_i がライプニッツの法則（**積の微分法則**）を満たし，

$$\nabla_i(A^j A^k) = A^k \nabla_i A^j + A^j \nabla_i A^k, \quad \nabla_i(A_j A^k) = A^k \nabla_i A_j + A_j \nabla_i A^k$$

などとすることができることを意味する． □

6.9 ベクトルの共変微分

例題 6.45 $\nabla_i F_{jk}$ が3階の共変テンソルであることを確かめよ.

証明 共変テンソル F_{jk} は

$$F'_{mn} = F_{jk} U_m^j U_n^k = F_{jk} \frac{\partial u^j}{\partial u'^m} \frac{\partial u^k}{\partial u'^n}$$

によって変換する.両辺を u'^l について微分すると,(5.52) から得られる

$$U_{ml}^j = \frac{\partial^2 u^j}{\partial u'^m \partial u'^l} = \left\{{}^{\ q}_{ml}\right\}' U_q^j - \left\{{}^{\ j}_{pi}\right\} U_m^p U_l^i$$

を用いて,

$$\frac{\partial F'_{mn}}{\partial u'^l} = F_{jk} \left(\left\{{}^{\ q}_{ml}\right\}' U_q^j - \left\{{}^{\ j}_{pi}\right\} U_m^p U_l^i \right) U_n^k$$
$$+ F_{jk} \left(\left\{{}^{\ q}_{nl}\right\}' U_q^k - \left\{{}^{\ k}_{pi}\right\} U_n^p U_l^i \right) U_m^j + \frac{\partial F_{jk}}{\partial u'^l} U_m^j U_n^k$$

になるから

$$\frac{\partial F'_{mn}}{\partial u'^l} - F'_{qn} \left\{{}^{\ q}_{ml}\right\}' - F'_{mq} \left\{{}^{\ q}_{nl}\right\}' = \left(\frac{\partial F_{jk}}{\partial u^i} - F_{pk} \left\{{}^{\ p}_{ji}\right\} - F_{jp} \left\{{}^{\ p}_{ki}\right\} \right) U_l^i U_m^j U_n^k$$

に帰着する.これは

$$\nabla'_l F'_{mn} = \nabla_i F_{jk} U_l^i U_m^j U_n^k$$

すなわち $\nabla_i F_{jk}$ が共変テンソルであることを意味する.他の証明も同様である.
□

定理 6.46(テンソル共変微分) 2階の共変,反変,混合テンソルの共変微分は

$$\begin{cases} D F_{jk} = dF_{jk} - du^i \left\{{}^{\ l}_{ij}\right\} F_{lk} - du^i \left\{{}^{\ l}_{ik}\right\} F_{jl} \\ D F^{jk} = dF^{jk} + du^i \left\{{}^{\ j}_{il}\right\} F^{lk} + du^i \left\{{}^{\ k}_{il}\right\} F^{jl} \\ D F_j^{\ k} = dF_j^{\ k} + du^i \left\{{}^{\ k}_{il}\right\} F_j^{\ l} - du^i \left\{{}^{\ l}_{ij}\right\} F_l^{\ k} \end{cases}$$

によって与えられる.

証明 第1式は

$$D F_{jk} = du^i \nabla_i F_{jk} = du^i \left(\frac{\partial F_{jk}}{\partial u^i} - \left\{{}^{\ l}_{ij}\right\} F_{lk} - \left\{{}^{\ l}_{ik}\right\} F_{jl} \right)$$

により明らかである.第2,3式も同様.
□

定理 6.47 (リッチの補題) 計量テンソルは共変微分に関しては定数のように振る舞う. すなわちリッチの補題

$$\nabla_i g_{jk} = 0, \qquad \nabla \mathbf{g} = 0$$

が成り立つ. 任意の変位 du^i に対して

$$\mathrm{D} g_{jk} = du^i \nabla_i g_{jk} = 0 \qquad (6.29)$$

が成り立つ.

証明 (5.44) を使うと

$$\nabla_i g_{jk} = \frac{\partial g_{jk}}{\partial u^i} - \left\{ {l \atop ij} \right\} g_{lk} - \left\{ {l \atop ik} \right\} g_{jl} = \frac{\partial g_{jk}}{\partial u^i} - [ij,k] - [ik,j] = 0$$

が得られる. □

例題 6.48 リッチの補題によって計量テンソルは共変微分に関して定数として振る舞うから

$$\nabla_i A_j = \nabla_i (g_{jk} A^k) = g_{jk} \nabla_i A^k$$

が成り立つ. これを用いて (6.24) 第 1 式から第 2 式を導け.

証明 右辺に第 1 式を代入し, 第 2 項でダミー添字 k と l を入れかえると,

$$\nabla_i A_j = g_{jk} \left(\frac{\partial A^k}{\partial u^i} + A^l \left\{ {k \atop li} \right\} \right) = g_{jk} \frac{\partial A^k}{\partial u^i} + A^k [ki, j]$$

が得られる. 右辺第 1 項は

$$g_{jk} \frac{\partial A^k}{\partial u^i} = g_{jk} \frac{\partial (g^{kl} A_l)}{\partial u^i} = g_{jk} \left(g^{kl} \frac{\partial A_l}{\partial u^i} + \frac{\partial g^{kl}}{\partial u^i} A_l \right) = \frac{\partial A_j}{\partial u^i} + g_{jk} \frac{\partial g^{kl}}{\partial u^i} A_l$$

になるが,

$$g_{jk} \frac{\partial g^{kl}}{\partial u^i} = -\frac{\partial g_{jk}}{\partial u^i} g^{kl}$$

を用いて,

$$g_{jk} \frac{\partial A^k}{\partial u^i} = \frac{\partial A_j}{\partial u^i} - A^k \frac{\partial g_{jk}}{\partial u^i} = \frac{\partial A_j}{\partial u^i} - A^k ([ji,k] + [ki,j])$$

になるので, $A^k [ji, k] = A_k \left\{ {k \atop ji} \right\}$ を使えばよい. □

例題 6.49　命題 6.11 で与えた $\nabla^2 \mathbf{A}$ は公式 (6.28) 第 2 式を適用した

$$\nabla_i \nabla^i A^l = \frac{\partial}{\partial u^i}(\nabla^i A^l) + \{^{\ i}_{ik}\}\nabla^k A^l + \{^{\ l}_{ik}\}\nabla^i A^k$$

を用いても導くことができる．

証明　右辺を

$$\frac{\partial}{\partial u^i}(g^{ij}\nabla_j A^l) + \{^{\ i}_{ik}\}g^{kj}\nabla_j A^l + \{^{\ l}_{ik}\}g^{ij}\nabla_j A^k$$

のように書き直し，共変導関数の公式 (6.24) を用いて微分を実行すると

$$\begin{aligned}\nabla_i \nabla^i A^l =\ & \frac{\partial}{\partial u^i}\left(g^{ij}\frac{\partial A^l}{\partial u^j}\right) + \{^{\ i}_{ik}\}g^{kj}\frac{\partial A^l}{\partial u^j} \\ & + \frac{\partial g^{ij}}{\partial u^i}\{^{\ l}_{jk}\}A^k + g^{ij}A^k\frac{\partial}{\partial u^i}\{^{\ l}_{jk}\} + g^{ij}\{^{\ l}_{jk}\}\frac{\partial A^k}{\partial u^i} \\ & + g^{kj}\{^{\ l}_{jm}\}\{^{\ i}_{ik}\}A^m + g^{ij}\{^{\ k}_{jm}\}\{^{\ l}_{ik}\}A^m + g^{ij}\{^{\ l}_{ik}\}\frac{\partial A^k}{\partial u^j}\end{aligned}$$

になる．右辺 1 行目は $\nabla^2 A^l$ を与える．2 行目と 3 行目の最終項は同一で，併せると，(6.8) の交差項にほかならない．残る 4 項で (6.9) になる．2 行目第 1 項は，公式 (5.45) を用いて

$$\tfrac{\partial g^{ij}}{\partial u^i}\{^{\ l}_{jk}\}A^k = -g^{kj}\{^{\ l}_{jm}\}\{^{\ i}_{ik}\}A^m - g^{ik}\{^{\ j}_{ik}\}\{^{\ l}_{jm}\}A^m$$

のように書き直せばよい．こうして (6.8) に帰着した．　□

6.10　測地線

(5.1) によって定義した接線ベクトルは，連鎖法則 (3.5) によって

$$t^i = \mathbf{a}^i \cdot \mathbf{t} = \frac{\partial u^i}{\partial x^j}\frac{\mathrm{d} x^j}{\mathrm{d} s} = \frac{\mathrm{d} u^i}{\mathrm{d} s}$$

になる．デカルト座標では，接線ベクトルを直線に沿って平行移動させると，その大きさも方向も変わらない．接線ベクトルは単位ベクトルなので曲線に沿って移動しても大きさは変わらない．曲線座標においてその方向も変わらない，すなわち (6.27) で定義した絶対導関数，s についての共変導関数が

$$\frac{\mathrm{D} t^j}{\mathrm{D} s} = \frac{\mathrm{d} t^j}{\mathrm{d} s} + \frac{\mathrm{d} u^i}{\mathrm{d} s}\{^{\ j}_{ik}\}t^k = 0$$

を満足するときその曲線を**測地線**と呼ぶ．測地線上の $t^j(s)$ は

$$\frac{\mathrm{D}t^j}{\mathrm{D}s} = \frac{\mathrm{d}^2 u^j}{\mathrm{d}s^2} + \left\{{}^{\ j}_{ik}\right\}\frac{\mathrm{d}u^i}{\mathrm{d}s}\frac{\mathrm{d}u^k}{\mathrm{d}s} = 0 \tag{6.30}$$

を満たす．

定義 6.50（測地線） 測地線は「その接線ベクトルが平行移動によって運ばれる曲線である」と定義する．

演習 6.51 測地線は，与えられた 2 点 A と B の間を結ぶ距離の極値を取る経路である．

証明 AB 間の距離は

$$L = \int_A^B \mathrm{d}s = \int_A^B \sqrt{g_{ij}\mathrm{d}u^i \mathrm{d}u^j} = \int_A^B \mathrm{d}s \sqrt{g_{ij}\frac{\mathrm{d}u^i}{\mathrm{d}s}\frac{\mathrm{d}u^j}{\mathrm{d}s}}$$

によって与えられる．接線ベクトル成分を $t^i = \frac{\mathrm{d}u^i}{\mathrm{d}s}$ とすると，AB 間の距離は

$$L = \int_A^B \mathrm{d}s \sqrt{w}, \qquad w = g_{ij}t^i t^j$$

になる．A と B を固定した上で，すべての可能な経路の中で極値を取る経路を決めるのは**変分問題**である．経路 u を $u + \delta u$ に変更したとき，$\delta L = 0$ となる経路を探す問題である．関数を与えることによって決まる量を**汎関数**と呼ぶ（汎関数解析を創始したヴォルテッラは「関数に依存する関数」と呼び，後に「曲線の関数」と呼び直したが，アダマールは「フォンクショネル」と命名し，英語の「ファンクショナル」になった）．AB 間の距離は関数 u の汎関数になっている．そこで，$\delta L = 0$ となる条件を探す．

$$\delta t^k = \delta \frac{\mathrm{d}u^k}{\mathrm{d}s} = \frac{\mathrm{d}\delta u^k}{\mathrm{d}s}$$

に注意し，

$$\delta L = \int_A^B \mathrm{d}s \left(\frac{\partial \sqrt{w}}{\partial u^k} \delta u^k + \frac{\partial \sqrt{w}}{\partial t^k} \delta t^k \right)$$
$$= \int_A^B \mathrm{d}s \left\{ \frac{\partial \sqrt{w}}{\partial u^k} \delta u^k + \frac{\mathrm{d}}{\mathrm{d}s}\left(\frac{\partial \sqrt{w}}{\partial t^k} \delta u^k \right) - \delta u^k \frac{\mathrm{d}}{\mathrm{d}s} \frac{\partial \sqrt{w}}{\partial t^k} \right\}$$

において，第2項を部分積分すると，A と B で $\delta u = 0$ によって 0 になるから

$$\delta L = \int_A^B \mathrm{d}s \Big(\frac{\partial \sqrt{w}}{\partial u^k} - \frac{\mathrm{d}}{\mathrm{d}s} \frac{\partial \sqrt{w}}{\partial t^k} \Big) \delta u^k$$

が任意の δu に対して $\delta L = 0$ となるためには**オイラー-ラグランジュ方程式**

$$\frac{\mathrm{d}}{\mathrm{d}s} \frac{\partial \sqrt{w}}{\partial t^k} - \frac{\partial \sqrt{w}}{\partial u^k} = 0$$

が成り立たなければならない．すなわち両辺に $\sqrt{w}$ を乗じた

$$\sqrt{w} \frac{\mathrm{d}}{\mathrm{d}s} \frac{g_{kj} t^j}{\sqrt{w}} - \tfrac{1}{2} \frac{\partial g_{ij}}{\partial u^k} t^i t^j = \frac{\mathrm{d}}{\mathrm{d}s}(g_{kj} t^j) - \tfrac{1}{2} \frac{\partial g_{ij}}{\partial u^k} t^i t^j - \frac{1}{2w} \frac{\mathrm{d}w}{\mathrm{d}s} g_{kj} t^j = 0 \quad (6.31)$$

を満たさなければならない．最初の2項は

$$g_{kj} \frac{\mathrm{d}t^j}{\mathrm{d}s} + \Big(\frac{\partial g_{kj}}{\partial u^i} - \tfrac{1}{2} \frac{\partial g_{ij}}{\partial u^k} \Big) t^i t^j = g_{kj} \frac{\mathrm{d}t^j}{\mathrm{d}s} + [ij,k] t^i t^j = g_{kj} \frac{\mathrm{D}t^j}{\mathrm{D}s}$$

(6.31) 第3項の因子 $\frac{\mathrm{d}w}{\mathrm{d}s}$ は，リッチの補題 (6.29) を用いると，

$$\frac{\mathrm{d}w}{\mathrm{d}s} = \frac{\mathrm{D}w}{\mathrm{D}s} = \frac{\mathrm{D}}{\mathrm{D}s}(g_{ij} t^i t^j) = 2 g_{ij} t^i \frac{\mathrm{D}t^j}{\mathrm{D}s} \quad (6.32)$$

になるので，いずれも測地線の条件 (6.30) によって 0 になる．したがって測地線は極値を取る経路である．(6.31) の最初の2項が 0 になる条件

$$\frac{\mathrm{d}}{\mathrm{d}s}(g_{kj} t^j) - \tfrac{1}{2} \frac{\partial g_{ij}}{\partial u^k} t^i t^j = 0 \quad (6.33)$$

は $\int_A^B \mathrm{d}s w$ に対するオイラー-ラグランジュ方程式

$$\frac{\mathrm{d}}{\mathrm{d}s} \frac{\partial w}{\partial t^k} - \frac{\partial w}{\partial u^k} = 0$$

からも得られる． □

6.11 空間曲線

空間にある曲線上の位置 **x** は弧長 s によって決まる．(5.1) で定義した接線ベクトル **t** の成分 $t^i = \frac{\mathrm{d}u^i}{\mathrm{d}s}$ は

$$g_{ij} t^i t^j = 1$$

を満たす．両辺を s について微分すると，(6.32) によって，

$$\frac{\mathrm{d}}{\mathrm{d}s}(g_{ij}t^i t^j) = \frac{\mathrm{D}}{\mathrm{D}s}(g_{ij}t^i t^j) = 2g_{ij}t^i \frac{\mathrm{D}t^j}{\mathrm{D}s} = 2t_j \frac{\mathrm{D}t^j}{\mathrm{D}s} = 0$$

が成り立つ．すなわち $\frac{\mathrm{D}t^j}{\mathrm{D}s}$ は接線ベクトルに直交する．そこで，接線ベクトルに直交する単位ベクトル，曲線の**主法線ベクトル** $\mathbf{p} = \mathbf{a}_j p^j$ に比例するとして，

$$\frac{\mathrm{D}t^j}{\mathrm{D}s} = \frac{\mathrm{d}t^j}{\mathrm{d}s} + \frac{\mathrm{d}u^i}{\mathrm{d}s}\{{}^{\ j}_{ik}\}t^k = \kappa p^j$$

となる κ を定義する．すなわち

$$\kappa^2 = g_{ij}\frac{\mathrm{D}t^i}{\mathrm{D}s}\frac{\mathrm{D}t^j}{\mathrm{D}s}$$

とする．κ を**曲率**（第 1 曲率）と呼ぶ．さらに，$\mathbf{t} = \mathbf{a}_j t^j$ と $\mathbf{p}$ に直交する単位ベクトル（従法線ベクトル，陪法線ベクトル）$\mathbf{b} = \mathbf{t} \times \mathbf{p}$ を定義すると，$\mathbf{t}, \mathbf{p}, \mathbf{b}$ はフレネー‐セレー座標系の正規直交基底になる．

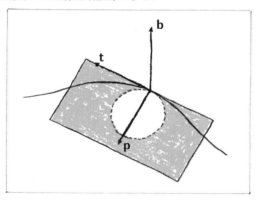

定理 6.52（フレネー‐セレーの公式） t^j, p^j, b^j はフレネー‐セレーの公式

$$\frac{\mathrm{D}t^j}{\mathrm{D}s} = \kappa p^j, \qquad \frac{\mathrm{D}p^j}{\mathrm{D}s} = -\kappa t^j + \tau b^j, \qquad \frac{\mathrm{D}b^j}{\mathrm{D}s} = -\tau p^j \qquad (6.34)$$

を満たす．τ は，s の変化にともなって従法線の方向が変化する度合いを表す**ねじれ率**（ド・ラ・ヴァレーによる．捩率，第 2 曲率）である．

証明 第 1 式はすでに証明した．$b_j b^j = 1$ の両辺を s で微分すると $b_j \frac{\mathrm{D}b^j}{\mathrm{D}s} = 0$ になる．また $t_j b^j = 0$ の両辺を s で微分し，第 1 式を用いると $t_j \frac{\mathrm{D}b^j}{\mathrm{D}s} = 0$ になる．

したがって，$\frac{\mathrm{D}b^j}{\mathrm{D}s}$ は t_j にも b_j にも直交するから，p^j に比例しなければならない．これによってフレネー-セレーの第3式

$$\frac{\mathrm{D}b^j}{\mathrm{D}s} = -\tau p^j$$

が得られる．ねじれ率 τ は

$$\tau^2 = g_{ij}\frac{\mathrm{D}b^i}{\mathrm{D}s}\frac{\mathrm{D}b^j}{\mathrm{D}s}$$

によって定義する．完備性 $\mathbf{tt} + \mathbf{pp} + \mathbf{bb} = \mathsf{E}$ により $t_i t^j + p_i p^j + b_i b^j = \delta_i^j$ が成り立つ．また，$p_j p^j = 1$ 両辺を s で微分すると $p_j \frac{\mathrm{D}p^j}{\mathrm{D}s} = 0$ になる．これらを使うと

$$\frac{\mathrm{D}p^j}{\mathrm{D}s} = \frac{\mathrm{D}p^i}{\mathrm{D}s}\delta_i^j = \frac{\mathrm{D}p^i}{\mathrm{D}s}t_i t^j + \frac{\mathrm{D}p^i}{\mathrm{D}s}b_i b^j = -p^i\frac{\mathrm{D}t_i}{\mathrm{D}s}t^j - p^i\frac{\mathrm{D}b_i}{\mathrm{D}s}b^j = -\kappa t^j + \tau b^j$$

が得られる．フレネー-セレーの公式は，ベクトルで表すと，

$$\frac{\mathrm{d}\mathbf{t}}{\mathrm{d}s} = \kappa\mathbf{p}, \qquad \frac{\mathrm{d}\mathbf{p}}{\mathrm{d}s} = -\kappa\mathbf{t} + \tau\mathbf{b}, \qquad \frac{\mathrm{d}\mathbf{b}}{\mathrm{d}s} = -\tau\mathbf{p} \qquad (6.35)$$

になる．任意のベクトル $\mathbf{A}$ の曲線に沿っての導関数は，(6.27) によって，

$$\frac{\mathrm{d}\mathbf{A}}{\mathrm{d}s} = \frac{\mathrm{d}}{\mathrm{d}s}(A^j \mathbf{a}_j) = \frac{\mathrm{d}A^j}{\mathrm{d}s}\mathbf{a}_j + A^j \frac{\mathrm{d}u^i}{\mathrm{d}s}\frac{\partial \mathbf{a}_j}{\partial u^i} = \left(\frac{\mathrm{d}A^j}{\mathrm{d}s} + \frac{\mathrm{d}u^i}{\mathrm{d}s}\left\{{}_{ik}^{j}\right\}A^k\right)\mathbf{a}_j = \frac{\mathrm{D}A^j}{\mathrm{D}s}\mathbf{a}_j$$

になるから，(6.35) は (6.34) になる．(6.35) は行列によって

$$\frac{\mathrm{d}}{\mathrm{d}s}\begin{pmatrix}\mathbf{t}\\\mathbf{p}\\\mathbf{b}\end{pmatrix} = \begin{pmatrix}0 & \kappa & 0\\-\kappa & 0 & \tau\\0 & -\tau & 0\end{pmatrix}\begin{pmatrix}\mathbf{t}\\\mathbf{p}\\\mathbf{b}\end{pmatrix}$$

のように表示できる．係数は反対称行列になっている．

曲線の**接平面**内にあって曲線に接する円（**接触円**，**曲率円**）の半径を**曲率半径**，その半径の方向を**主法線**と言う．曲線上で $\mathrm{d}s$ 進んだとき，接線ベクトル $\mathbf{t}$ が $\mathrm{d}\varphi$ だけ方向を変えたとすると，円の半径 ρ も $\mathrm{d}\varphi$ だけ方向を変える．$\mathrm{d}s = \rho\mathrm{d}\varphi$ の関係があるから，

$$\frac{\mathrm{d}\mathbf{t}}{\mathrm{d}s} = \frac{\mathrm{d}\varphi}{\mathrm{d}s}\mathbf{p} = \frac{1}{\rho}\mathbf{p}$$

になる．すなわち，第1曲率 κ と曲率半径 ρ の間には $\kappa = \frac{1}{\rho}$ の関係がある． □

演習 6.53（ダルブーベクトル）　ダルブーベクトルを

$$\boldsymbol{\omega} = \tfrac{1}{2}\left(\mathbf{t} \times \frac{d\mathbf{t}}{ds} + \mathbf{p} \times \frac{d\mathbf{p}}{ds} + \mathbf{b} \times \frac{d\mathbf{b}}{ds}\right) = \tau\mathbf{t} + \kappa\mathbf{b}$$

によって定義する．右辺でフレネー - セレーの公式 (6.35) を使った．フレネー - セレーの公式は

$$\frac{d\mathbf{t}}{ds} = \boldsymbol{\omega} \times \mathbf{t}, \qquad \frac{d\mathbf{p}}{ds} = \boldsymbol{\omega} \times \mathbf{p}, \qquad \frac{d\mathbf{b}}{ds} = \boldsymbol{\omega} \times \mathbf{b}$$

のように書き直すことができる．$\mathbf{t}, \mathbf{p}, \mathbf{b}$ がつくる 4 面体（**動 4 面体**）は，曲線に沿って移動すると，剛体のように回転することを表している．「剛体の運動はねじ運動である」という**モッツィ - コーシーの定理**を表している．単位弧長あたりの回転速度は $\|\boldsymbol{\omega}\| = \sqrt{\tau^2 + \kappa^2}$ である．

6.12　リーマン曲率テンソル

定理 6.54　曲線座標では，ベクトルを平行移動させ，もとに戻ってきても，もとのベクトルには戻らない．u から出発し，$u + \delta u$，$u + \delta u + \delta v$，$u + \delta v$ を経てもとの u に戻る 4 辺形の経路に対し，ベクトル成分 A^l の変化量は

$$\Delta A^l = -R^l{}_{mij} A^m \delta u^i \delta v^j \tag{6.36}$$

になる．ここで**リーマン曲率テンソル**

$$R^l{}_{mij} = \left\{{}^{\,l}_{ik}\right\}\left\{{}^{\,k}_{jm}\right\} - \left\{{}^{\,l}_{jk}\right\}\left\{{}^{\,k}_{im}\right\} + \frac{\partial}{\partial u^i}\left\{{}^{\,l}_{jm}\right\} - \frac{\partial}{\partial u^j}\left\{{}^{\,l}_{im}\right\} \tag{6.37}$$

を定義した．

証明　ベクトル変化量は

$$\Delta A^l = A^l_\|(u+\delta u) - A^l(u) + A^l_\|(u+\delta u + \delta v) - A^l_\|(u+\delta u)$$
$$+ A^l_\|(u+\delta v) - A^l_\|(u+\delta u+\delta v) + A^l(u) - A^l_\|(u+\delta v)$$

である．後半の 2 辺の変化分は前半の 2 辺の変化分の δu と δv を入れかえ，符号を変えたものなので，前半の 2 辺の変化分を計算すればよい．最初の辺の変化分は (6.22) で与えたように

$$A^l_\|(u+\delta u) - A^l(u) = -\delta u^i \left\{{}^{\,l}_{im}\right\} A^m$$

である．u において計算する量は引数を書くのを省略する．第 2 辺の変化は再び (6.22) を用いて

$$A_\|^l(u+\delta u+\delta v) - A_\|^l(u+\delta u) = -\delta v^j \{{}^{\ l}_{jm}\}\big|_{u+\delta u} A_\|^m(u+\delta u)$$

になる．$A_\|^m(u+\delta u)$ は (6.23) で与えた．テイラー展開の 1 次の項までで

$$\{{}^{\ l}_{jm}\}\big|_{u+\delta u} = \{{}^{\ l}_{jm}\} + \delta u^i \frac{\partial}{\partial u^i}\{{}^{\ l}_{jm}\}, \quad A_\|^m(u+\delta u) = A^m - \delta u^i \{{}^{\ m}_{ik}\} A^k$$

である．これらを代入して 2 次の微小量まで残すと，u から $u+\delta u$ を経て $u+\delta u+\delta v$ までにベクトルが受ける変化は

$$\begin{aligned}
A_\|^l(u+\delta u) &- A^l(u) + A_\|^l(u+\delta u+\delta v) - A_\|^l(u+\delta u) \\
&= -\delta u^i \{{}^{\ l}_{im}\} A^m - \delta v^j \{{}^{\ l}_{jm}\} A^m \\
&\quad + \{{}^{\ m}_{ik}\}\{{}^{\ l}_{jm}\} A^k \delta u^i \delta v^j - \left(\frac{\partial}{\partial u^i}\{{}^{\ l}_{jm}\}\right) A^m \delta u^i \delta v^j
\end{aligned}$$

になる．δu と δv を入れかえた量を差し引くと，δu と δv について 1 次の項は相殺し，1 周したときのベクトルの変化

$$\Delta A^l = \left(\{{}^{\ k}_{im}\}\{{}^{\ l}_{jk}\} - \frac{\partial}{\partial u^i}\{{}^{\ l}_{jm}\} - \{{}^{\ k}_{jm}\}\{{}^{\ l}_{ik}\} + \frac{\partial}{\partial u^j}\{{}^{\ l}_{im}\}\right) A^m \delta u^i \delta v^j$$

が得られる．デカルト座標のように，ベクトルが平行移動によって変化せず，1 周するともとに戻るとき空間は**平坦**である，と言う．空間が大局的に平坦である必要十分条件は，どのような経路を通っても，平行移動したベクトルが変化しない，すなわち，$R^l{}_{mij} = 0$ が成り立つことである □

例題 6.55 リーマン曲率テンソル $R^l{}_{mij}$ は

$$R^h{}_{kpq} = \widehat{U}_l^h R^l{}_{mij} U_k^m U_p^i U_q^j$$

を満たすテンソルであることを示せ．

証明 クリストフェルの公式 (5.52) において添字を変更すると

$$\{{}^{\ n}_{qk}\}' U_n^l = \{{}^{\ l}_{im}\} U_q^i U_k^m + U_{qk}^l, \quad \{{}^{\ n}_{pk}\}' U_n^l = \{{}^{\ l}_{im}\} U_p^i U_k^m + U_{pk}^l$$

が得られる．第1式両辺を u'^p で，第2式両辺を u'^q で微分すると

$$\frac{\partial}{\partial u'^p}\{{}^{\;n}_{qk}\}'U_n^l + \{{}^{\;n}_{qk}\}'U_{pn}^l$$
$$= \frac{\partial}{\partial u^j}\{{}^{\;l}_{im}\}U_p^j U_q^i U_k^m + \{{}^{\;l}_{im}\}U_{pk}^i U_q^m + \{{}^{\;l}_{im}\}U_k^i U_{pq}^m + U_{pqk}^l$$
$$\frac{\partial}{\partial u'^q}\{{}^{\;n}_{pk}\}'U_n^l + \{{}^{\;n}_{pk}\}'U_{qn}^l$$
$$= \frac{\partial}{\partial u^j}\{{}^{\;l}_{im}\}U_q^j U_p^i U_k^m + \{{}^{\;l}_{im}\}U_{qk}^i U_p^m + \{{}^{\;l}_{im}\}U_k^i U_{qp}^m + U_{qpk}^l$$

になる．ここで微分の順番を入れかえることができることを使うと，

$$U_{pqk}^l \equiv \frac{\partial^3 u^l}{\partial u'^p \partial u'^q \partial u'^k} = \frac{\partial^3 u^l}{\partial u'^q \partial u'^p \partial u'^k} = U_{qpk}^l$$

および $U_{pq}^m = U_{qp}^m$ が成り立つから，両式の差は

$$\left(\frac{\partial}{\partial u'^p}\{{}^{\;n}_{qk}\}' - \frac{\partial}{\partial u'^q}\{{}^{\;n}_{pk}\}'\right)U_n^l + \{{}^{\;n}_{qk}\}'U_{pn}^l - \{{}^{\;n}_{pk}\}'U_{qn}^l$$
$$= \left(\frac{\partial}{\partial u^i}\{{}^{\;l}_{jm}\} - \frac{\partial}{\partial u^j}\{{}^{\;l}_{im}\}\right)U_k^m U_p^i U_q^j + \{{}^{\;l}_{im}\}(U_{pk}^i U_q^m - U_{qk}^i U_p^m)$$

である．ここで再びクリストフェルの公式 (5.52) を用いて

$$\begin{cases} U_{pn}^l = \{{}^{\;s}_{pn}\}'U_s^l - \{{}^{\;l}_{it}\}U_p^i U_n^t, \quad U_{qn}^l = \{{}^{\;s}_{qn}\}'U_s^l - \{{}^{\;l}_{it}\}U_q^i U_n^t \\ U_{pk}^i = \{{}^{\;n}_{pk}\}'U_n^i - \{{}^{\;i}_{st}\}U_p^s U_k^t, \quad U_{qk}^i = \{{}^{\;n}_{qk}\}'U_n^i - \{{}^{\;i}_{st}\}U_q^s U_k^t \end{cases}$$

によって2階導関数を消去しまとめると

$$\left(\frac{\partial}{\partial u'^p}\{{}^{\;n}_{qk}\}' - \frac{\partial}{\partial u'^q}\{{}^{\;n}_{pk}\}' + \{{}^{\;n}_{pr}\}'\{{}^{\;r}_{qk}\}' - \{{}^{\;n}_{qr}\}'\{{}^{\;r}_{pk}\}'\right)U_n^l$$
$$= \left(\frac{\partial}{\partial u^i}\{{}^{\;l}_{jm}\} - \frac{\partial}{\partial u^j}\{{}^{\;l}_{im}\} + \{{}^{\;l}_{ir}\}\{{}^{\;r}_{jm}\} - \{{}^{\;l}_{jr}\}\{{}^{\;r}_{im}\}\right)U_k^m U_p^i U_q^j$$

に帰着する．両辺に $\widehat{U}_l^h$ を乗じて l について加えると与えられた変換式になる．□

演習 6.56 リーマン曲率テンソルは

$$R^l{}_{mij} = -R^l{}_{mji}, \qquad R^l{}_{mij} + R^l{}_{jmi} + R^l{}_{ijm} = 0 \tag{6.38}$$

を満たすことを確かめよ．後者を**巡回恒等式**と言う．

定義 6.57（共変曲率テンソル） 共変曲率テンソルは

$$R_{lmij} = g_{lk}R^k{}_{mij}$$

によって定義する．

6.12 リーマン曲率テンソル

演習 6.58 共変曲率テンソルは

$$R_{lmij} = [jl,k]\{^{\,k}_{im}\} - [il,k]\{^{\,k}_{jm}\} + \frac{\partial}{\partial u^i}[jm,l] - \frac{\partial}{\partial u^j}[im,l] \tag{6.39}$$

によって与えられる.

証明 $\{^{\,k}_{jm}\} = [jm,h]g^{kh}$ の両辺を微分し, g_{lk} と縮約して得られる

$$g_{lk}\frac{\partial}{\partial u^i}\{^{\,k}_{jm}\} = \frac{\partial}{\partial u^i}[jm,l] - \frac{\partial g_{lk}}{\partial u^i}\{^{\,k}_{jm}\}$$

などに注意し, (5.44) を用いると与式が得られる. □

例題 6.59 共変曲率テンソルの対称性, 反対称性, 巡回恒等式

$$\begin{cases} \text{対称性} & R_{lmij} = R_{ijlm} \\ \text{反対称性} & R_{lmij} = -R_{mlij} = -R_{lmji} = R_{mlji} \\ \text{巡回性} & R_{lmij} + R_{ljmi} + R_{lijm} = 0 \end{cases}$$

を確かめよ.

証明 (6.39) の微分を実行すると

$$R_{lmij} = g_{kh}\left(\{^{\,h}_{jl}\}\{^{\,k}_{im}\} - \{^{\,h}_{il}\}\{^{\,k}_{jm}\}\right)$$
$$+ \tfrac{1}{2}\left(\frac{\partial^2 g_{lj}}{\partial u^i \partial u^m} - \frac{\partial^2 g_{jm}}{\partial u^i \partial u^l} - \frac{\partial^2 g_{li}}{\partial u^j \partial u^m} + \frac{\partial^2 g_{im}}{\partial u^j \partial u^l}\right)$$

になる. これから対称性, 反対称性, 巡回恒等式が明らかである. 対称性は反対称性と巡回性によって

$$\begin{aligned} R_{lmij} - R_{ijlm} &= R_{lmij} + R_{imjl} + R_{ilmj} \\ &= R_{lmij} + R_{lijm} - R_{mijl} \\ &= -R_{ljmi} - R_{mijl} \\ &= R_{jlmi} + R_{mlij} + R_{mjli} \\ &= R_{jlmi} + R_{jmil} - R_{lmij} = R_{ijlm} - R_{lmij} \end{aligned}$$

のように導くことができる. □

演習 6.60 (リッチ恒等式) 共変微分演算子は非可換で, リッチ恒等式

$$[\nabla_i, \nabla_j]A_m = -R^l{}_{mij}A_l, \qquad [\nabla_i, \nabla_j]A^l = R^l{}_{mij}A^m \tag{6.40}$$

が成り立つ. ここで $R^l{}_{mij}$ は (6.37) で定義したリーマン曲率テンソル,

$$[\nabla_i, \nabla_j] = \nabla_i \nabla_j - \nabla_j \nabla_i$$

は (3.11) で定義した交換子を表す.

証明 共変ベクトルの共変導関数は, 公式 (6.28) を適用して

$$\nabla_i \nabla_j A_m = \frac{\partial}{\partial u^i}(\nabla_j A_m) - \left\{{}^{\;k}_{ij}\right\}\nabla_k A_m - \left\{{}^{\;k}_{im}\right\}\nabla_j A_k$$

を計算すればよい. さらに共変ベクトルの公式 (6.24) を 3 度用いて

$$\begin{aligned}\nabla_i \nabla_j A_m &= \frac{\partial}{\partial u^i}\left(\frac{\partial A_m}{\partial u^j} - \left\{{}^{\;l}_{jm}\right\}A_l\right) \\ &\quad - \left\{{}^{\;k}_{ij}\right\}\left(\frac{\partial A_m}{\partial u^k} - \left\{{}^{\;l}_{km}\right\}A_l\right) - \left\{{}^{\;k}_{im}\right\}\left(\frac{\partial A_k}{\partial u^j} - \left\{{}^{\;l}_{jk}\right\}A_l\right)\end{aligned}$$

が得られるから, $\nabla_j \nabla_i A_m$ との差を計算すればよい. (6.40) 第 2 式の証明も同様である. 反変ベクトルの共変導関数は, 公式 (6.28) を適用して

$$\nabla_i \nabla_j A^l = \frac{\partial}{\partial u^i}(\nabla_j A^l) + \left\{{}^{\;l}_{ki}\right\}\nabla_j A^k - \left\{{}^{\;k}_{ji}\right\}\nabla_k A^l$$

を計算すればよい. 反変ベクトルの公式 (6.24) を 3 度用いて

$$\begin{aligned}\nabla_i \nabla_j A^l &= \frac{\partial}{\partial u^i}\left(\frac{\partial A^l}{\partial u^j} + A^m\left\{{}^{\;l}_{mj}\right\}\right) \\ &\quad + \left\{{}^{\;l}_{ki}\right\}\left(\frac{\partial A^k}{\partial u^j} + \left\{{}^{\;k}_{mj}\right\}A^m\right) - \left\{{}^{\;k}_{ji}\right\}\left(\frac{\partial A^l}{\partial u^k} + \left\{{}^{\;l}_{mk}\right\}A^m\right)\end{aligned}$$

になるから, ij を入れかえた式を引き算すればよい. □

演習 6.61(リッチ恒等式) 2 階テンソルに対して,

$$\left.\begin{aligned}[\nabla_i, \nabla_j]F_{km} &= -R^l{}_{kij}F_{lm} - R^l{}_{mij}F_{kl} \\ [\nabla_i, \nabla_j]F^{km} &= R^k{}_{lij}F^{lm} + R^m{}_{lij}F^{kl} \\ [\nabla_i, \nabla_j]F_k{}^m &= -R^l{}_{kij}F_l{}^m + R^m{}_{lij}F_k{}^l\end{aligned}\right\} \quad (6.41)$$

が成り立つ. これらもリッチ恒等式と言う.

証明 2 個のナブラ $\boldsymbol{\nabla} = \mathbf{a}^i\frac{\partial}{\partial u^i}$ とテンソル $\mathsf{F} = \mathbf{a}^j\mathbf{a}^k F_{jk}$ の積は

$$\boldsymbol{\nabla}\boldsymbol{\nabla}\mathsf{F} = \mathbf{a}^i\frac{\partial}{\partial u^i}(\mathbf{a}^j\mathbf{a}^k\mathbf{a}^m\nabla_j F_{km}) = \mathbf{a}^i\mathbf{a}^j\mathbf{a}^k\mathbf{a}^m\nabla_i\nabla_j F_{km}$$

6.12 リーマン曲率テンソル

になる．ここで $\nabla_i \nabla_j F_{km}$ は

$$\nabla_i \nabla_j F_{km} = \frac{\partial}{\partial u^i}(\nabla_j F_{km}) - \begin{Bmatrix} l \\ ij \end{Bmatrix} \nabla_l F_{km} - \begin{Bmatrix} l \\ ik \end{Bmatrix} \nabla_j F_{lm} - \begin{Bmatrix} l \\ im \end{Bmatrix} \nabla_j F_{kl}$$

において，共変テンソルの公式 (6.28) を 4 度用いればよい．$\nabla_j \nabla_i F_{km}$ との差を計算すれば (6.41) 第 1 式が得られる．第 2, 3 式の証明も同様である．リッチ恒等式 (6.41) は $[\nabla_i, \nabla_j]$ がライプニッツの法則

$$[\nabla_i, \nabla_j](A_k B_m) = B_m[\nabla_i, \nabla_j]A_k + A_k[\nabla_i, \nabla_j]B_m$$

などを満たすことを意味する． □

演習 6.62 (一般化リッチ恒等式)　(6.40) および (6.41) を一般化した

$$[\nabla_i, \nabla_j]F_{k_1 \cdots k_p} = -R^l{}_{k_1 ij}F_{lk_2 \cdots k_p} - \cdots - R^l{}_{k_p ij}F_{k_1 \cdots k_{p-1} l} \tag{6.42}$$

などが成り立つ．

証明　数学的帰納法を使おう．(6.42) が成り立つとする．$p+1$ 階のテンソル $F_{k_1 \cdots k_p} A_{k_{p+1}}$ に対し成り立つ

$$[\nabla_i, \nabla_j]F_{k_1 \cdots k_p}A_{k_{p+1}} = A_{k_{p+1}}[\nabla_i, \nabla_j]F_{k_1 \cdots k_p} + F_{k_1 \cdots k_p}[\nabla_i, \nabla_j]A_{k_{p+1}}$$

において，右辺第 1 項に (6.42)，第 2 項に (6.40) 第 1 式を代入すれば，$p+1$ についても (6.42) が成り立つことがわかる．$p=1$ は成り立っているので，一般の p について成り立つことになる． □

定理 6.63 (ビアンキ恒等式)　リーマン曲率テンソルはビアンキ恒等式

$$\left.\begin{aligned} \nabla_k R^l{}_{mij} + \nabla_i R^l{}_{mjk} + \nabla_j R^l{}_{mki} = 0 \\ \nabla_k R_{lmij} + \nabla_i R_{lmjk} + \nabla_j R_{lmki} = 0 \end{aligned}\right\} \tag{6.43}$$

を満たす．

証明　(6.40) 第 1 式の両辺の共変導関数は

$$\nabla_k[\nabla_i, \nabla_j]A_m = -(\nabla_k R^l{}_{mij})A_l - R^l{}_{mij}\nabla_k A_l$$

である．一方，テンソル $\nabla_k A_m$ に (6.41) を適用すると，

$$[\nabla_i, \nabla_j]\nabla_k A_m = -R^l{}_{kij}\nabla_l A_m - R^l{}_{mij}\nabla_k A_l$$

が得られる．したがって，

$$[\nabla_k, [\nabla_i, \nabla_j]]A_m = -(\nabla_k R^l{}_{mij})A_l + R^l{}_{kij}\nabla_l A_m$$

が成り立つ．両辺で ijk を巡回的に入れかえて加えると左辺の演算子は，(6.45) で証明するように，恒等的に

$$[\nabla_k, [\nabla_i, \nabla_j]] + [\nabla_j, [\nabla_k, \nabla_i]] + [\nabla_i, [\nabla_j, \nabla_k]] = 0 \tag{6.44}$$

になる（定理 6.64 ヤコービ恒等式）．したがって恒等式

$$(\nabla_k R^l{}_{mij} + \nabla_j R^l{}_{mki} + \nabla_i R^l{}_{mjk})A_l = (R^l{}_{kij} + R^l{}_{jki} + R^l{}_{ijk})\nabla_l A_m$$

を得る．右辺は巡回恒等式 (6.38) によって 0 である．任意の A_l に対して左辺が 0 になるためにはビアンキ恒等式 (6.43) が成り立たなければならない． □

定理 6.64（ヤコービ恒等式） (6.44) で与えたヤコービ恒等式は任意の演算子 A, B, C について成り立つ．すなわち

$$[A, [B, C]] + [B, [C, A]] + [C, [A, B]] = 0 \tag{6.45}$$

が成り立つ．

証明 第 1 項は

$$\begin{aligned}[A, [B, C]] &= A[B, C] - [B, C]A \\ &= ABC - ACB - BCA + CBA\end{aligned}$$

である．他の 2 項も同様に書き直すと右辺はすべて相殺し与式が得られる． □

定義 6.65（リッチテンソルとリッチスカラー） リッチテンソルとリッチスカラー（曲率スカラー）は

$$R_{mi} = R^j{}_{mij} = g^{jl}R_{lmij}, \qquad R = g^{mi}R_{mi}$$

によって定義する（$R_{mj} = R^i{}_{mij}$ とする定義もある）．

(6.37) を使うと

$$R_{mi} = \{{}^{\,j}_{ik}\}\{{}^{\,k}_{jm}\} - \{{}^{\,j}_{jk}\}\{{}^{\,k}_{im}\} + \frac{\partial}{\partial u^i}\{{}^{\,j}_{jm}\} - \frac{\partial}{\partial u^j}\{{}^{\,j}_{im}\}$$

である．(6.5) を使うと

$$R_{mi} = \frac{\partial^2 \ln\sqrt{g}}{\partial u^i \partial u^m} - \frac{\partial \ln\sqrt{g}}{\partial u^k}\{{}^{\,k}_{im}\} - \frac{\partial}{\partial u^j}\{{}^{\,j}_{im}\} + \{{}^{\,j}_{ik}\}\{{}^{\,k}_{jm}\}$$

のように書き直すことができる．これによって対称性

$$R_{mi} = R_{im}$$

が自明である．

> **命題 6.66（アインシュタインテンソル）** アインシュタインテンソル
>
> $$G_{mi} = R_{mi} - \tfrac{1}{2}g_{mi}R, \qquad G^{mi} = R^{mi} - \tfrac{1}{2}g^{mi}R \qquad (6.46)$$
>
> は恒等式
>
> $$\nabla_m G^{mi} = 0, \qquad \boldsymbol{\nabla}\cdot\mathbf{G} = 0$$
>
> を満たす．

証明 ビアンキ恒等式 (6.43) 第 1 式を l と j について縮約すると

$$\nabla_k R_{mi} - \nabla_i R_{mk} + \nabla_l R^l{}_{mki} = 0$$

になる．両辺に g^{mi} を乗じて縮約すると，$g^{mi}\nabla_l R^l{}_{mki} = -g^{mi}\nabla^l R_{iklm}$ に注意し，

$$\nabla_k R - 2\nabla^m R_{mk} = 0, \qquad \nabla^k R - 2\nabla_m R^{mk} = 0$$

が成立する．これを用いると

$$\nabla_m G^{mi} = \nabla_m R^{mi} - \tfrac{1}{2}\nabla_m(g^{mi}R) = 0$$

が得られる． □

6.13 ミンコフスキー空間

ミンコフスキー空間における距離ベクトルと微分は

$$\mathbf{x} = \mathbf{e}_0 t + \mathbf{e}_1 x + \mathbf{e}_2 y + \mathbf{e}_3 z = -\mathbf{e}^0 t + \mathbf{e}^1 x + \mathbf{e}^2 y + \mathbf{e}^3 z$$

$$\mathrm{d}\mathbf{x} = \mathbf{e}_0 \mathrm{d}t + \mathbf{e}_1 \mathrm{d}x + \mathbf{e}_2 \mathrm{d}y + \mathbf{e}_3 \mathrm{d}z = -\mathbf{e}^0 \mathrm{d}t + \mathbf{e}^1 \mathrm{d}x + \mathbf{e}^2 \mathrm{d}y + \mathbf{e}^3 \mathrm{d}z$$

によって与えられる．微分のノルムは

$$\mathrm{d}s^2 = \mathrm{d}\mathbf{x} \cdot \mathrm{d}\mathbf{x} = \mathbf{e}_p \cdot \mathbf{e}_q \mathrm{d}x^p \mathrm{d}x^q = \eta_{pq} \mathrm{d}x^p \mathrm{d}x^q$$

によって計量を与える．η_{pq} は (1.32) で与えたミンコフスキー計量テンソルである．ナブラは

$$\boldsymbol{\nabla} = \mathbf{e}^0 \frac{\partial}{\partial t} + \mathbf{e}^1 \frac{\partial}{\partial x} + \mathbf{e}^2 \frac{\partial}{\partial y} + \mathbf{e}^3 \frac{\partial}{\partial z} = -\mathbf{e}_0 \frac{\partial}{\partial t} + \mathbf{e}_1 \frac{\partial}{\partial x} + \mathbf{e}_2 \frac{\partial}{\partial y} + \mathbf{e}_3 \frac{\partial}{\partial z}$$

になる．

定義 6.67（擬リーマン計量） ミンコフスキー空間において曲線座標 u^i を取ると，ユークリッド空間と同じように，自然基底と双対基底

$$\mathbf{a}_i = \frac{\partial \mathbf{x}}{\partial u^i}, \qquad \mathbf{a}^i = \boldsymbol{\nabla} u^i$$

を定義することができる．基底をヴァイルに従って **4 脚場** と言う．$\mathbf{a}^i$ と $\mathbf{a}_j$ の直交性は，(5.9) と同じように，

$$\mathbf{a}^i \cdot \mathbf{a}_j = \widehat{a}^i_p \mathbf{e}^p \cdot \mathbf{e}_q a^q_j = \widehat{a}^i_p \delta^p_q a^q_j = \widehat{a}^i_p a^p_j = \frac{\partial u^i}{\partial x^p} \frac{\partial x^p}{\partial u^j} = \delta^i_j$$

になる．基本形式は

$$\mathrm{d}s^2 = \eta_{pq} \mathrm{d}x^p \mathrm{d}x^q = g_{ij} \mathrm{d}u^i \mathrm{d}u^j, \qquad g_{ij} = \mathbf{a}_i \cdot \mathbf{a}_j = \eta_{pq} a^p_i a^q_j$$

によって与えられる．局所的に $g_{ij} = \delta_{ij}$ にすることができるリーマン計量と異なり，局所的に $g_{ij} = \eta_{ij}$ にすることができる計量を **擬リーマン計量** と言う．

例題 6.68（球対称静的宇宙） 球対称静的宇宙の基本形式は

$$\mathrm{d}s^2 = A(r)\mathrm{d}r^2 + r^2 \mathrm{d}\theta^2 + r^2 \sin^2\theta \mathrm{d}\varphi^2 - B(r)\mathrm{d}t^2$$

である．$A(r), B(r)$ はそれぞれ

$$B(r) = \frac{1}{A(r)} = \begin{cases} 1 - \frac{1}{r} & \text{シュヴァルツシルト} \\ 1 - r^2 & \text{デ・シッター} \\ 1 + r^2 & \text{反デ・シッター} \\ 1 - \frac{1}{r} - r^2 & \text{シュヴァルツシルト-デ・シッター} \\ 1 - \frac{1}{r} + \frac{1}{r^2} & \text{ライスナー-ノルドストレム} \end{cases}$$

の形をしている．リッチテンソルを計算せよ．

解 計量テンソルは

$$\begin{cases} g_{11} = A, \ g_{22} = r^2, \ g_{33} = r^2 \sin^2\theta, \ g_{00} = -B \\ g^{11} = \frac{1}{A}, \ g^{22} = \frac{1}{r^2}, \ g^{33} = \frac{1}{r^2 \sin^2\theta}, \ g^{00} = -\frac{1}{B} \end{cases}$$

になるから，

$$\begin{cases} \{^{\ 0}_{01}\} = \{^{\ 0}_{10}\} = \frac{B'}{2B}, \quad \{^{\ 1}_{00}\} = \frac{B'}{2A}, \quad \{^{\ 1}_{11}\} = \frac{A'}{2A} \\ \{^{\ 1}_{22}\} = -\frac{r}{A}, \quad \{^{\ 1}_{33}\} = -\frac{1}{A}r\sin^2\theta, \ \{^{\ 2}_{12}\} = \{^{\ 2}_{21}\} = \frac{1}{r} \\ \{^{\ 2}_{33}\} = -\sin\theta\cos\theta, \ \{^{\ 3}_{13}\} = \{^{\ 3}_{31}\} = \frac{1}{r}, \quad \{^{\ 3}_{23}\} = \{^{\ 3}_{32}\} = \cot\theta \end{cases}$$

が得られる．プライム記号は r に関する導関数を表す．$B = A = 1$ のときは3次元球座標のクリストフェル記号と同じである．$\sqrt{g} = r^2\sqrt{AB}\sin\theta$ を用いると

$$\{^{\ i}_{1i}\} = \frac{\partial \ln\sqrt{g}}{\partial r} = \frac{2}{r} + \frac{A'}{2A} + \frac{B'}{2B}, \quad \{^{\ i}_{2i}\} = \frac{\partial \ln\sqrt{g}}{\partial \theta} = \cot\theta$$
$$\{^{\ i}_{3i}\} = \frac{\partial \ln\sqrt{g}}{\partial \varphi} = 0$$

になる．リッチテンソルは

$$\begin{cases} R_{00} = -\frac{B''}{2A} + \frac{B'}{4A}\left(\frac{A'}{A} + \frac{B'}{B}\right) - \frac{B'}{rA}, \quad R_{11} = \frac{B''}{2B} - \frac{B'}{4B}\left(\frac{A'}{A} + \frac{B'}{B}\right) - \frac{A'}{rA} \\ R_{22} = -1 - \frac{r}{2A}\left(\frac{A'}{A} - \frac{B'}{B}\right) + \frac{1}{A}, \quad R_{33} = R_{22}\sin^2\theta \end{cases}$$

になる． □

6.14 マクスウェル方程式

電荷も電流もない自由空間で**マクスウェル方程式**は，ガウスの法則とアンペール‐マクスウェルの法則

$$\nabla \cdot \mathbf{E} = 0, \qquad \nabla \times \mathbf{B} - \frac{\partial \mathbf{E}}{\partial t} = 0 \tag{6.47}$$

と，単磁極が存在しないことを表す名なしの法則とファラデイ‐ノイマンの法則

$$\nabla \cdot \mathbf{B} = 0, \qquad \nabla \times \mathbf{E} + \frac{\partial \mathbf{B}}{\partial t} = 0 \tag{6.48}$$

からなる．これらを共変形式で表してみよう．

4元距離ベクトルと同じ変換を受ける量が4元ベクトルである．電場 **E** も，磁場 **B** も，第4成分に対応する量が存在しないから4元ベクトルではない．ミンコフスキーは，4行4列の反対称テンソル6成分を電場 **E** と磁場 **B** の6成分と考え，**6元ベクトル**と呼んだ．

定義 6.69（場の強さ） 場の強さと呼ばれる反対称テンソルは，電場と磁場を，4行4列反対称テンソルの成分として統一している．行列で表すと

$$(F^{ij}) = \begin{pmatrix} 0 & E^1 & E^2 & E^3 \\ -E^1 & 0 & B_3 & -B_2 \\ -E^2 & -B_3 & 0 & B_1 \\ -E^3 & B_2 & -B_1 & 0 \end{pmatrix}, \quad (F_{ij}) = \begin{pmatrix} 0 & -E_1 & -E_2 & -E_3 \\ E_1 & 0 & B^3 & -B^2 \\ E_2 & -B^3 & 0 & B^1 \\ E_3 & B^2 & -B^1 & 0 \end{pmatrix}$$

である．混合テンソルは

$$(F^i{}_j) = \begin{pmatrix} 0 & E^1 & E^2 & E^3 \\ E^1 & 0 & B_3 & -B_2 \\ E^2 & -B_3 & 0 & B_1 \\ E^3 & B_2 & -B_1 & 0 \end{pmatrix} = \begin{pmatrix} 0 & E_1 & E_2 & E_3 \\ E_1 & 0 & B^3 & -B^2 \\ E_2 & -B^3 & 0 & B^1 \\ E_3 & B^2 & -B^1 & 0 \end{pmatrix}$$

になる．

場の強さの反変テンソル F^{ij} および共変テンソル $F_{ij} = \eta_{il}\eta_{jm}F^{lm}$ は電場 $\mathbf{E} = \mathbf{e}_j E^j = \mathbf{e}^j E_j$，磁場 $\mathbf{B} = \mathbf{e}^k B_k = \mathbf{e}_k B^k$ によって

$$F^{0j} = E^j, \qquad F^{ij} = \varepsilon^{ijk} B_k, \qquad F_{0j} = -E_j, \qquad F_{ij} = \varepsilon_{ijk} B^k$$

になる．

$$F_{01} = \eta_{00}\eta_{11}F^{01} = -\eta_{11}E^1 = -E_1, \qquad F_{ij} = \eta_{il}\eta_{jm}\varepsilon^{lmk} B_k = \varepsilon_{ijk} B^k$$

などに注意すればよい．混合テンソルは $F^i_j = F^{il}\eta_{lj} = \eta^{il}F_{lj}$ である．反変，共変，混合テンソルはそれぞれ

$$F'^{lm} = \widehat{L}^l_i \widehat{L}^m_j F^{ij}, \qquad F'_{lm} = F_{ij} L^i_l L^j_m, \qquad F'^l_m = \widehat{L}^l_i F^i_j L^j_m$$

によってローレンツ変換を受ける．

例題 6.70（**電磁場のローレンツ変換**） (1.35) で与えたローレンツ変換行列によって電場と磁場のローレンツ変換を求めよ．

解 変換式 $F'_{lm} = F_{ij} L^i_l L^j_m$ に代入すると

$$\begin{cases} F'_{23} = F_{23} L^2_2 L^3_3 + F_{20} L^2_2 L^0_3 = \dfrac{1}{\sqrt{1-v^2}}(F_{23} + vF_{20}) \\ F'_{31} = F_{31} L^3_3 L^1_1 + F_{01} L^0_3 L^1_1 = \dfrac{1}{\sqrt{1-v^2}}(F_{31} + vF_{01}) \\ F'_{12} = F_{12} L^1_1 L^2_2 = F_{12} \\ F'_{10} = F_{10} L^1_1 L^0_0 + F_{13} L^1_1 L^3_0 = \dfrac{1}{\sqrt{1-v^2}}(F_{10} + vF_{13}) \\ F'_{20} = F_{20} L^2_2 L^0_0 + F_{23} L^2_2 L^3_0 = \dfrac{1}{\sqrt{1-v^2}}(F_{20} + vF_{23}) \\ F'_{30} = F_{30} L^3_3 L^0_0 + F_{03} L^0_3 L^3_0 = F_{30} \end{cases}$$

になる．これらを電場と磁場で表すと，電場と磁場のローレンツ変換

$$B'^1 = \frac{1}{\sqrt{1-v^2}}(B^1 + vE_2), \ B'^2 = \frac{1}{\sqrt{1-v^2}}(B^2 - vE_1), \ B'^3 = B^3$$
$$E'_1 = \frac{1}{\sqrt{1-v^2}}(E_1 - vB^2), \ E'_2 = \frac{1}{\sqrt{1-v^2}}(E_2 + vB^1), \ E'_3 = E_3$$

が得られる．距離ベクトルが慣性系の運動方向（x^3 方向）に変更を受けるのに対し，電場も磁場も，慣性系の運動方向に変更を受けない． □

演習 6.71 マクスウェル方程式 (6.47) は

$$\nabla_i F^{ij} = 0, \qquad \boldsymbol{\nabla} \cdot \mathbf{F} = 0$$

になる．

証明 $\frac{\partial F^{ij}}{\partial x^i}$ の $j = 0$ 成分は

$$\frac{\partial F^{10}}{\partial x^1} + \frac{\partial F^{20}}{\partial x^2} + \frac{\partial F^{30}}{\partial x^3} = -\frac{\partial E^1}{\partial x^1} - \frac{\partial E^2}{\partial x^2} - \frac{\partial E^3}{\partial x^3} = -\boldsymbol{\nabla} \cdot \mathbf{E}$$

となり，ガウスの法則から 0 である．$j=1$ 成分は

$$\frac{\partial F^{01}}{\partial x^0} + \frac{\partial F^{21}}{\partial x^2} + \frac{\partial F^{31}}{\partial x^3} = \frac{\partial E^1}{\partial x^0} - \frac{\partial B_3}{\partial x^2} + \frac{\partial B_2}{\partial x^3} = \frac{\partial E^1}{\partial t} - (\boldsymbol{\nabla} \times \boldsymbol{B})^1$$

となり，アンペール-マクスウェルの法則から 0 である．$j=2,3$ 成分についても同様で

$$\frac{\partial F^{ij}}{\partial x^i} = 0$$

が成り立つ．この方程式は共変的に書かれているので

$$\boldsymbol{\nabla} \cdot \mathsf{F} = \mathbf{e}_j \frac{\partial F^{ij}}{\partial x^i} = \mathbf{a}_j \nabla_i F^{ij} = 0$$

を意味する．物理法則が共変的に書かれていれば，座標の取り方に関係なく，同じ形で物理法則が成り立つ．曲線座標では

$$\nabla_i F^{ij} = \frac{1}{\sqrt{-g}} \frac{\partial}{\partial u^i}(\sqrt{-g} F^{ij}) + F^{ik} \begin{Bmatrix} j \\ ki \end{Bmatrix}$$

になる．ミンコフスキー計量では $g=-1$ で，(5.49) により，g は座標変換で符号を変えないから，計量テンソルの行列式は負になる．したがって，行列式 g の絶対値は $-g$ になる．F が反対称のとき最後の項は消えるから，マクスウェル方程式は

$$\nabla_i F^{ij} = \frac{1}{\sqrt{-g}} \frac{\partial}{\partial u^i}(\sqrt{-g} F^{ij}) = 0$$

になる． □

マクスウェル方程式の，最初の 2 個の方程式 (6.47) と残り 2 個の方程式 (6.48) は $\mathbf{E}$ と $\mathbf{B}$ を互いに入れかえた形をしている．マクスウェル方程式は，定数の角度 α を用いた回転

$$\mathbf{E}' = \cos\alpha\, \mathbf{E} + \sin\alpha\, \mathbf{B}, \qquad \mathbf{B}' = -\sin\alpha\, \mathbf{E} + \cos\alpha\, \mathbf{B}$$

によって形が変わらない．レイニックが発見したこの変換を**双対回転**と言う．とくに，マクスウェル方程式が，$\alpha = \pm\frac{1}{2}\pi$，すなわち $\mathbf{E} \to \mathbf{B}$，$\mathbf{B} \to -\mathbf{E}$ あるいは $\mathbf{B} \to \mathbf{E}$，$\mathbf{E} \to -\mathbf{B}$ の置きかえをしても不変であることに気づいたのはヘヴィサイドである．双対写像の 1 種である．$\mathbf{E}$ と $\mathbf{B}$ を入れかえた双対テンソルは 4 次元の

リッチ - レヴィ = チヴィタ記号

$$\varepsilon_{ijlm} = \varepsilon^{ijlm} = \begin{cases} +1 & (ijlm) \text{ は } (0123) \text{ の偶順列} \\ -1 & (ijlm) \text{ は } (0123) \text{ の奇順列} \\ 0 & \text{その他} \end{cases}$$

を用いてつくる ($\varepsilon^{ijlm} = -\varepsilon_{ijlm}$ とする定義もある). $\sqrt{-g} = 1$ では

$$E_{0123} = \eta_{00}\eta_{11}\eta_{22}\eta_{33}E^{0123} = -E^{0123}$$

となるので, (5.50) は

$$E_{0123} = \sqrt{-g}\varepsilon_{0123}, \qquad E^{0123} = \frac{-1}{\sqrt{-g}}\varepsilon^{0123}$$

になる. 双対共変, 反変テンソルは

$${}^\star F_{ij} = \frac{\sqrt{-g}}{2}\varepsilon_{ijlm}F^{lm}, \qquad {}^\star F^{ij} = \frac{-1}{2\sqrt{-g}}\varepsilon^{ijlm}F_{lm}$$

によって定義する. $\sqrt{-g} = 1$ では, 反変双対テンソル ${}^\star F^{ij}$ および共変双対テンソル ${}^\star F_{ij} = \eta_{il}\eta_{jm}F^{lm}$ は電場 **E**, 磁場 **B** によって

$${}^\star F^{0j} = -B^j, \qquad {}^\star F^{ij} = \varepsilon^{ijk}E_k, \qquad {}^\star F_{0j} = B_j, \qquad {}^\star F_{ij} = \varepsilon_{ijk}E^k$$

になる. 混合テンソルは ${}^\star F^i_j = {}^\star F^{il}\eta_{lj} = \eta^{il}\, {}^\star F_{lj}$ である.

定義 6.72 (双対テンソル) 双対共変, 反変テンソルは

$$({}^\star F^{ij}) = \begin{pmatrix} 0 & -B^1 & -B^2 & -B^3 \\ B^1 & 0 & E_3 & -E_2 \\ B^2 & -E_3 & 0 & E_1 \\ B^3 & E_2 & -E_1 & 0 \end{pmatrix}, \quad ({}^\star F_{ij}) = \begin{pmatrix} 0 & B_1 & B_2 & B_3 \\ -B_1 & 0 & E^3 & -E^2 \\ -B_2 & -E^3 & 0 & E^1 \\ -B_3 & E^2 & -E^1 & 0 \end{pmatrix}$$

になる. 混合テンソルは

$$({}^\star F^i_j) = \begin{pmatrix} 0 & B^1 & B^2 & B^3 \\ B^1 & 0 & E_3 & -E_2 \\ B^2 & -E_3 & 0 & E_1 \\ B^3 & E_2 & -E_1 & 0 \end{pmatrix} = \begin{pmatrix} 0 & B_1 & B_2 & B_3 \\ B_1 & 0 & E^3 & -E^2 \\ B_2 & -E^3 & 0 & E^1 \\ B_3 & E^2 & -E^1 & 0 \end{pmatrix}$$

である.

演習 6.73 マクスウェル方程式 (6.48) は

$$\nabla_i{}^\star F^{ij} = 0, \qquad \boldsymbol{\nabla} \cdot {}^\star \mathbf{F} = 0$$

である．

証明 $\frac{\partial^\star F^{ij}}{\partial x^i}$ の $j = 0$ 成分は

$$\frac{\partial^\star F^{10}}{\partial x^1} + \frac{\partial^\star F^{20}}{\partial x^2} + \frac{\partial^\star F^{30}}{\partial x^3} = \frac{\partial B^1}{\partial x^1} + \frac{\partial B^2}{\partial x^2} + \frac{\partial B^3}{\partial x^3} = \boldsymbol{\nabla} \cdot \mathbf{B}$$

となり，名なしの法則から 0 である．$j = 1$ 成分は

$$\frac{\partial^\star F^{01}}{\partial x^0} + \frac{\partial^\star F^{21}}{\partial x^2} + \frac{\partial^\star F^{31}}{\partial x^3} = -\frac{\partial B^1}{\partial x^0} - \frac{\partial E_3}{\partial x^2} + \frac{\partial E_2}{\partial x^3} = -\frac{\partial B^1}{\partial t} - (\boldsymbol{\nabla} \times \mathbf{E})^1$$

となり，ファラデー-ノイマンの法則から 0 である．$j = 2, 3$ 成分についても同様で，マクスウェル方程式 (6.48) は $\frac{\partial^\star F_{ij}}{\partial x^i} = 0$ になる．共変性によって，曲線座標でも $\nabla_i{}^\star F^{ij} = 0$ が成り立つ．リッチ-レヴィ=チヴィタ記号を使えば

$$\varepsilon_{hijk}\nabla_l{}^\star F^{lh} = \frac{-1}{2\sqrt{-g}}\varepsilon_{hijk}\varepsilon^{lhmn}\nabla_l F_{mn} = \frac{1}{2\sqrt{-g}}\delta^{lmn}_{ijk}\nabla_l F_{mn}$$
$$= \frac{1}{\sqrt{-g}}(\nabla_i F_{jk} + \nabla_j F_{ki} + \nabla_k F_{ij})$$

が恒等的に成り立つ．ここで F が反対称テンソルであることを使った．したがって，マクスウェル方程式 (6.48) はビアンキ恒等式 (6.43) に相当する

$$\nabla_i F_{jk} + \nabla_j F_{ki} + \nabla_k F_{ij} = 0 \tag{6.49}$$

になる．(6.28) 第 1 公式を使うと，

$$\begin{aligned}\nabla_i F_{jk} + \nabla_j F_{ki} + \nabla_k F_{ij} &= \frac{\partial F_{jk}}{\partial u^i} - \{{}^{\,l}_{ij}\}F_{lk} - \{{}^{\,l}_{ik}\}F_{jl} \\ &+ \frac{\partial F_{ki}}{\partial u^j} - \{{}^{\,l}_{jk}\}F_{li} - \{{}^{\,l}_{ji}\}F_{kl} + \frac{\partial F_{ij}}{\partial u^k} - \{{}^{\,l}_{ki}\}F_{lj} - \{{}^{\,l}_{kj}\}F_{il}\end{aligned}$$

となるが，F の反対称性とクリストフェル記号の対称性 (5.42) により，クリストフェル記号を含む項はすべて相殺し，

$$\frac{\partial F_{jk}}{\partial u^i} + \frac{\partial F_{ki}}{\partial u^j} + \frac{\partial F_{ij}}{\partial u^k} = 0$$

が得られる．デカルト座標と同じ形である． □

定理 6.74（曲線座標のマクスウェル方程式） 曲線座標のマクスウェル方程式は

$$\nabla_i F^{ij} = 0, \qquad \nabla_i {}^\star F^{ij} = 0 \tag{6.50}$$

になる．コトラー，アインシュタインとグロスマンがマクスウェル方程式を曲線座標系で与えた．

定義 6.75（マクスウェル-アインシュタイン方程式） 計量テンソルは重力場ポテンシャルを表しているので，曲線座標のマクスウェル方程式は重力場中の電磁場に対する方程式である．電磁場の下での**アインシュタインの重力場方程式**は，(6.46) で定義したアインシュタインテンソルを用いて，

$$G_{mi} = R_{mi} - \tfrac{1}{2} g_{mi} R = -8\pi G T_{mi}$$

になる．G は重力定数，$T_{mi} = g_{mk} T^k{}_i$,

$$T^k{}_i = \tfrac{1}{4\pi}\left(F^{kj} F_{ij} - \tfrac{1}{4}\delta_i^k F^{hj} F_{hj}\right)$$

は電磁場のエネルギー運動量テンソルである．マクスウェル方程式と併せて，**マクスウェル-アインシュタイン方程式**と言う．物質があるときは，マクスウェル方程式に電荷密度と電流密度が加わり，アインシュタイン方程式に物質のエネルギー運動量テンソルが加わる．

曲面上のベクトル

3次元空間内の曲面上の位置 **x** は媒介変数 u^1 と u^2 によって指定できる．基底
$$\mathbf{a}_1 = \frac{\partial \mathbf{x}}{\partial u^1}, \qquad \mathbf{a}_2 = \frac{\partial \mathbf{x}}{\partial u^2}$$
を定義すれば，曲面上の線要素ベクトルは
$$\mathrm{d}\mathbf{x} = \mathbf{a}_1 \mathrm{d}u^1 + \mathbf{a}_2 \mathrm{d}u^2$$
と書くことができる．成分で表すと
$$\mathrm{d}x^p = a_i^p \mathrm{d}u^i$$
になる．p が $1,2,3$ を取るのに対し，i は $1,2$ を取る．

> **定義 7.1（第 1 基本形式）** 3次元空間の基本形式は
> $$\mathrm{I} = \mathrm{d}s^2 = \delta_{pq} \mathrm{d}x^p \mathrm{d}x^q = g_{ij} \mathrm{d}u^i \mathrm{d}u^j, \quad g_{ij} = \delta_{pq} a_i^p a_j^q = \mathbf{a}_i \cdot \mathbf{a}_j \quad (7.1)$$
> になる．I を **第 1 基本形式** と呼ぶ．第 1 基本形式係数 g_{11}, g_{12}, g_{22} のかわりに，ガウスが用いた記号 E, F, G によって
> $$\mathrm{I} = E(\mathrm{d}u^1)^2 + 2F \mathrm{d}u^1 \mathrm{d}u^2 + G(\mathrm{d}u^2)^2$$
> と表すことが多い．

この章では，3次元空間の **部分空間** 2次元空間を取り扱う．ガウスの定理，テオレマ・エグレギウム，ガウス-ボネーの定理に到達することを目標にする．

7.1 自然基底と双対基底

定義 7.2（曲面上の基底と計量） $\mathbf{a}_1$ と $\mathbf{a}_2$ は曲面上の自然基底になっている．曲面上の双対基底は

$$\mathbf{a}^1 = \nabla u^1, \qquad \mathbf{a}^2 = \nabla u^2$$

によって定義し，

$$\mathbf{a}^i \cdot \mathbf{a}_j = \delta^i_j$$

を満たす．ナブラ

$$\nabla = \mathbf{a}^1 \nabla_1 + \mathbf{a}^2 \nabla_2 = \mathbf{a}^1 \frac{\partial}{\partial u^1} + \mathbf{a}^2 \frac{\partial}{\partial u^2}$$

は**曲面微分演算子**になる．計量テンソルは $g_{ij} = \mathbf{a}_i \cdot \mathbf{a}_j$ で，その行列式は，これまでの章で $\breve{g}$ と記してきた行列式（判別式）を

$$g = |g_{ij}| = g_{11} g_{22} - g_{12} g_{21}$$

に書き改めた．逆行列は

$$\widehat{\mathbf{g}} = (g^{ij}) = (\mathbf{a}^i \cdot \mathbf{a}^j) = \frac{1}{g} \begin{pmatrix} g_{22} & -g_{21} \\ -g_{12} & g_{11} \end{pmatrix} \tag{7.2}$$

で与えられる．

$$\mathbf{a}_i = g_{ij} \mathbf{a}^j, \qquad \mathbf{a}^i = g^{ij} \mathbf{a}_j$$

を確かめることができる．

例題 7.3 単位球面上の計量とクリストフェル記号を求めよ．

解 $u^1 = \theta$, $u^2 = \varphi$ とすると球面上の位置は距離ベクトル

$$\mathbf{x} = \mathbf{e}_1 \sin\theta \cos\varphi + \mathbf{e}_2 \sin\theta \sin\varphi + \mathbf{e}_3 \cos\theta$$

によって与えられる．したがって自然基底は

$$\begin{cases} \mathbf{a}_1 = \mathbf{e}_1 \cos\theta \cos\varphi + \mathbf{e}_2 \cos\theta \sin\varphi - \mathbf{e}_3 \sin\theta \\ \mathbf{a}_2 = -\mathbf{e}_1 \sin\theta \sin\varphi + \mathbf{e}_2 \sin\theta \cos\varphi \end{cases}$$

になる．計量は
$$\mathbf{g} = (g_{ij}) = \begin{pmatrix} 1 & 0 \\ 0 & \sin^2\theta \end{pmatrix} \tag{7.3}$$
で，その行列式は $g = \sin^2\theta$ になる．0 と異なる第 1 種クリストフェル記号は
$$[22,1] = -\frac{1}{2}\frac{\partial g_{22}}{\partial \theta} = -\sin\theta\cos\theta, \quad [12,2] = [21,2] = \frac{1}{2}\frac{\partial g_{22}}{\partial \theta} = \sin\theta\cos\theta \tag{7.4}$$
である．$\mathbf{a}_1$ と $\mathbf{a}_2$ は直交するから双対基底は
$$\mathbf{a}^1 = \frac{g_{22}}{g}\mathbf{a}_1 = \mathbf{a}_1, \qquad \mathbf{a}^2 = \frac{g_{11}}{g}\mathbf{a}_2 = \frac{1}{\sin^2\theta}\mathbf{a}_2$$
である．逆行列は $|g_{ij}| = \sin^2\theta$ を用いて
$$\widehat{\mathbf{g}} = (g^{ij}) = \begin{pmatrix} 1 & 0 \\ 0 & \frac{1}{\sin^2\theta} \end{pmatrix}$$
になる．これを用いると，第 2 種クリストフェル記号は
$$\left\{\begin{array}{c}1\\22\end{array}\right\} = -\sin\theta\cos\theta, \qquad \left\{\begin{array}{c}2\\12\end{array}\right\} = \left\{\begin{array}{c}2\\21\end{array}\right\} = \cot\theta \tag{7.5}$$
である．第 1 基本形式と面積要素はそれぞれ
$$ds^2 = d\theta^2 + \sin^2\theta d\varphi^2, \qquad dS = \sin\theta d\theta d\varphi$$
になる．(5.28) によって定義した法線ベクトル $\mathbf{n}$ は，$\mathbf{a}_1 \times \mathbf{a}_2 = \sin\theta \mathbf{x}$ が成り立つので，
$$\mathbf{n} = \frac{1}{\sqrt{g}}\mathbf{a}_1 \times \mathbf{a}_2 = \frac{1}{\sin\theta}\mathbf{a}_1 \times \mathbf{a}_2 = \mathbf{x}$$
になる．すでに注意したように，本章では $\breve{g}$ を g と書いている． □

例題 7.4 単位球面上のラプラス-ベルトラミ演算子を求めよ．

解 (7.2) で与えた逆行列 $\widehat{\mathbf{g}}$ によって，ラプラス-ベルトラミ演算子は
$$\nabla^2 = \frac{1}{\sqrt{g}}\left\{\frac{\partial}{\partial u^1}\left(\frac{g_{22}}{\sqrt{g}}\frac{\partial}{\partial u^1}\right) - \frac{\partial}{\partial u^1}\left(\frac{g_{21}}{\sqrt{g}}\frac{\partial}{\partial u^2}\right) - \frac{\partial}{\partial u^2}\left(\frac{g_{12}}{\sqrt{g}}\frac{\partial}{\partial u^1}\right) + \frac{\partial}{\partial u^2}\left(\frac{g_{11}}{\sqrt{g}}\frac{\partial}{\partial u^2}\right)\right\}$$
になる．(7.3) より $g_{11} = 1$, $g_{12} = 0$, $g_{22} = \sin^2\theta$ を用いると単位球面上のラプラス-ベルトラミ演算子は
$$\nabla^2 = \frac{1}{\sin\theta}\frac{\partial}{\partial \theta}\left(\sin\theta\frac{\partial}{\partial \theta}\right) + \frac{1}{\sin^2\theta}\frac{\partial^2}{\partial \varphi^2}$$
である． □

7.2 第2, 第3基本形式

曲面上の点を u^1, u^2 とし,近傍の u^1+du^1, u^2+du^2 から u^1, u^2 における接平面に下ろした垂線の長さを計算してみよう. 1次の項 $d\mathbf{x} = \mathbf{a}_1 du^1 + \mathbf{a}_2 du^2$ は,曲面の法線ベクトル $\mathbf{n}$ に直交するので,この近似では垂線の長さは 0 である. 2次の項 $\frac{1}{2}d^2\mathbf{x} = \frac{1}{2}(d\mathbf{a}_1 du^1 + d\mathbf{a}_2 du^2)$ は

$$\frac{1}{2}\left\{\frac{\partial \mathbf{a}_1}{\partial u^1}(du^1)^2 + \frac{\partial \mathbf{a}_1}{\partial u^2}du^1 du^2 + \frac{\partial \mathbf{a}_2}{\partial u^1}du^1 du^2 + \frac{\partial \mathbf{a}_2}{\partial u^2}(du^2)^2\right\}$$

になるので垂線の長さ h は

$$h = \frac{1}{2}\mathbf{n} \cdot d^2\mathbf{x}$$

である.

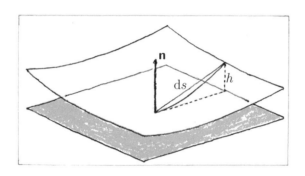

定義 7.5 (第2基本形式) 第2基本形式は

$$\mathrm{II} = 2h = \mathbf{n} \cdot d^2\mathbf{x} = h_{ij}du^i du^j \tag{7.6}$$

によって定義する. h_{11}, h_{12}, h_{22} のかわりに L, M, N を用いて

$$\mathrm{II} = L(du^1)^2 + 2M du^1 du^2 + N(du^2)^2$$

のようにも表す.

演習 7.6 第2基本形式は

$$\mathrm{II} = -d\mathbf{n} \cdot d\mathbf{x}$$

と表すことができる.

証明 $\mathbf{n}\cdot d\mathbf{x}=0$ の両辺を微分して得られる $\mathbf{n}\cdot d^2\mathbf{x}=-d\mathbf{n}\cdot d\mathbf{x}$ を使うと明らかである．具体的に証明してみよう．

$$d\mathbf{n} = \frac{1}{\sqrt{g}}\left(-\frac{dg}{2g}\mathbf{a}_1\times\mathbf{a}_2 + d\mathbf{a}_1\times\mathbf{a}_2 + \mathbf{a}_1\times d\mathbf{a}_2\right) \tag{7.7}$$

と $d\mathbf{x}=\mathbf{a}_1 du^1+\mathbf{a}_2 du^2$ の内積を計算すると

$$\begin{aligned}d\mathbf{n}\cdot d\mathbf{x} &= \tfrac{1}{\sqrt{g}}(d\mathbf{a}_1\times\mathbf{a}_2\cdot\mathbf{a}_1 du^1 + \mathbf{a}_1\times d\mathbf{a}_2\cdot\mathbf{a}_2 du^2)\\ &= -\mathbf{n}\cdot d\mathbf{a}_1 du^1 - \mathbf{n}\cdot d\mathbf{a}_2 du^2\end{aligned}$$

になる．

$$d\mathbf{a}_1 = \frac{\partial\mathbf{a}_1}{\partial u^1}du^1 + \frac{\partial\mathbf{a}_1}{\partial u^2}du^2, \qquad d\mathbf{a}_2 = \frac{\partial\mathbf{a}_2}{\partial u^1}du^1 + \frac{\partial\mathbf{a}_2}{\partial u^2}du^2$$

によって題意が得られる．**第2基本形式係数，第2基本テンソル**は

$$h_{ij} = \mathbf{n}\cdot\frac{\partial\mathbf{a}_j}{\partial u^i} = \mathbf{n}\cdot\frac{\partial^2\mathbf{x}}{\partial u^i\partial u^j} = -\frac{\partial\mathbf{n}}{\partial u^i}\cdot\frac{\partial\mathbf{x}}{\partial u^j} = -\frac{\partial\mathbf{n}}{\partial u^i}\cdot\mathbf{a}_j$$

である．h_{ij} はスカラー3重積

$$h_{ij} = \frac{1}{\sqrt{g}}\mathbf{a}_1\times\mathbf{a}_2\cdot\frac{\partial^2\mathbf{x}}{\partial u^i\partial u^j} = \frac{1}{\sqrt{g}}\mathbf{a}_1\times\mathbf{a}_2\cdot\mathbf{a}_{ij} \tag{7.8}$$

の形をしている．ここで基底の導関数を

$$\mathbf{a}_{ij} \equiv \frac{\partial\mathbf{a}_j}{\partial u^i} = \frac{\partial^2\mathbf{x}}{\partial u^i\partial u^j} = \frac{\partial^2\mathbf{x}}{\partial u^j\partial u^i} = \mathbf{a}_{ji} \tag{7.9}$$

によって定義した． □

定理 7.7（ヴァインガルテンの誘導方程式） 法線ベクトルの u^1,u^2 に関する微分係数はヴァインガルテンの誘導方程式

$$\left.\begin{aligned}\frac{\partial\mathbf{n}}{\partial u^1} &= \frac{FM-GL}{EG-F^2}\mathbf{a}_1 + \frac{FL-EM}{EG-F^2}\mathbf{a}_2\\ \frac{\partial\mathbf{n}}{\partial u^2} &= \frac{FN-GM}{EG-F^2}\mathbf{a}_1 + \frac{FM-EN}{EG-F^2}\mathbf{a}_2\end{aligned}\right\} \tag{7.10}$$

を満たす．

証明 (7.7) が **n** に直交する条件から

$$dg = 2\sqrt{g}(d\mathbf{a}_1 \times \mathbf{a}_2 + \mathbf{a}_1 \times d\mathbf{a}_2)$$

が得られる．これを (7.7) に代入して整理すると

$$\begin{aligned}d\mathbf{n} &= -\frac{1}{\sqrt{g}}\mathbf{n} \times (\mathbf{n} \times (d\mathbf{a}_1 \times \mathbf{a}_2 + \mathbf{a}_1 \times d\mathbf{a}_2)) \\ &= \frac{1}{g}((F\mathbf{a}_1 - E\mathbf{a}_2)(Mdu^1 + Ndu^2) + (F\mathbf{a}_2 - G\mathbf{a}_1)(Ldu^1 + Mdu^2))\end{aligned}$$

になり，直ちに (7.10) が得られる． □

命題 7.8（形状演算子） 法線ベクトルの方向導関数

$$\mathbf{S}(\mathbf{h}) = -\nabla_\mathbf{h}\mathbf{n} = -\mathbf{h}\cdot\nabla\mathbf{n}$$

を与える線形演算子 **S** を形状演算子（ヴァインガルテン写像）と言う．ヴァインガルテンの誘導方程式 (7.10) は

$$\mathbf{S}(\mathbf{a}_i) = -\frac{\partial \mathbf{n}}{\partial u^i} = h_i^k \mathbf{a}_k \tag{7.11}$$

によって与えられる．

証明 $\mathbf{S}(\mathbf{a}_i)$ の j 成分

$$S_{ij} \equiv \mathbf{S}(\mathbf{a}_i)\cdot\mathbf{a}_j = -\frac{\partial \mathbf{n}}{\partial u^i}\cdot\mathbf{a}_j = \mathbf{n}\cdot\frac{\partial^2 \mathbf{x}}{\partial u^i \partial u^j} = h_{ij} \tag{7.12}$$

は第 2 基本形式係数にほかならない．そこで

$$\mathbf{S}(\mathbf{a}_i) = h_{ij}\mathbf{a}^j = h_{ij}g^{jk}\mathbf{a}_k = h_i^k \mathbf{a}_k$$

になる．同様にして，$\mathbf{S}(\mathbf{a}_j)$ の i 成分は

$$S_{ji} \equiv \mathbf{S}(\mathbf{a}_j)\cdot\mathbf{a}_i = -\frac{\partial \mathbf{n}}{\partial u^j}\cdot\mathbf{a}_i = \mathbf{n}\cdot\frac{\partial^2 \mathbf{x}}{\partial u^j \partial u^i} = h_{ji}$$

になり，$S_{ij} = h_{ij}$ が対称行列であることを示している．

$$h_i{}^k = h_{ij}g^{jk}, \qquad h^k{}_i = g^{kj}h_{ji}$$

は等しく，定義 1.36 で述べたように，h_i^k と書くことができる． □

例題 7.9 半径 r の球面上の点を $u^1 = \theta$, $u^2 = \varphi$ で表すと，自然基底 $\mathbf{a}_1, \mathbf{a}_2$ は形状演算子 S の固有ベクトルである．

証明 法線ベクトルは

$$\mathbf{n} = \mathbf{e}_1 \sin\theta \cos\varphi + \mathbf{e}_2 \sin\theta \sin\varphi + \mathbf{e}_3 \cos\theta$$

であるから，例題 7.3 で与えた自然基底 $\mathbf{a}_1, \mathbf{a}_2$ を半径 r の球面に変更すると

$$\mathsf{S}(\mathbf{a}_1) = -\frac{1}{r}\mathbf{a}_1, \qquad \mathsf{S}(\mathbf{a}_2) = -\frac{1}{r}\mathbf{a}_2$$

が得られる．これにより，

$$\mathsf{S}(\mathbf{h}) = \mathsf{S}(h^1 \mathbf{a}_1 + h^2 \mathbf{a}_2) = -\frac{1}{r}h^1 \mathbf{a}_1 - \frac{1}{r}h^2 \mathbf{a}_2 = -\frac{1}{r}\mathbf{h}$$

が成り立つ． □

定義 7.10（第 3 基本形式） 任意の曲面上の法線ベクトルの始点を原点に平行移動すると，法線ベクトル $\mathbf{n}$ の終点は単位球上に分布する．球面上の終点の集合を**ガウス写像**と言う．ガウス写像の基本形式 $\mathrm{d}\tilde{s}^2 = \|\mathrm{d}\mathbf{n}\|^2$ は

$$\mathrm{III} = \left\| \frac{\partial \mathbf{n}}{\partial u^1}\mathrm{d}u^1 + \frac{\partial \mathbf{n}}{\partial u^2}\mathrm{d}u^2 \right\|^2 = c_{ij}\mathrm{d}u^i \mathrm{d}u^j$$

になる．これを**第 3 基本形式**と呼ぶ．

演習 7.11（第 3 基本形式係数） 第 3 基本形式 III は，第 1 基本形式 I と第 2 基本形式 II によって決まり，独立な量ではない．**第 3 基本形式係数**は

$$c_{ij} = g^{lm}h_{il}h_{jm} = h_{il}h^l_j$$

によって与えられる．

証明 ヴァインガルテンの誘導方程式 (7.11) を使うと

$$c_{ij} = \frac{\partial \mathbf{n}}{\partial u^i} \cdot \frac{\partial \mathbf{n}}{\partial u^j} = h_{il}\mathbf{a}^l \cdot \mathbf{a}^m h_{jm} = h_{il}g^{lm}h_{jm}$$

が得られる．第 3 基本形式は

$$\mathrm{III} = \frac{E(M\mathrm{d}u + N\mathrm{d}v)^2 - 2F(M\mathrm{d}u + N\mathrm{d}v)(L\mathrm{d}u + M\mathrm{d}v) + G(L\mathrm{d}u + M\mathrm{d}v)^2}{EG - F^2}$$

になる．第3基本形式係数は

$$c_{11} = \frac{EM^2 - 2FLM + GL^2}{EG - F^2}, \quad c_{22} = \frac{EN^2 - 2FMN + GM^2}{EG - F^2}$$
$$c_{12} = \frac{EMN - FLN - FM^2 + GLM}{EG - F^2} \quad (7.13)$$

によって与えられる． □

7.3 ガウス曲率

定義 7.12 (法曲率) 第1基本形式と第2基本形式の比

$$\kappa_{\mathrm{n}} = \frac{\mathrm{II}}{\mathrm{I}} = \frac{L(\mathrm{d}u^1)^2 + 2M\mathrm{d}u^1\mathrm{d}u^2 + N(\mathrm{d}u^2)^2}{E(\mathrm{d}u^1)^2 + 2F\mathrm{d}u^1\mathrm{d}u^2 + G(\mathrm{d}u^2)^2} \quad (7.14)$$

を**法曲率**と定義する．法曲率の逆数 R を**法曲率半径**と呼ぶ．

定理 7.13 (ムニエの定理) 与えられた曲面上の任意の点 P を通り，P において接線ベクトルを共有する曲面上のすべての曲線の**曲率中心**（接触円の中心）は，法線を含む平面内の半径 $\frac{1}{2}R$ の接触円上にある．法曲率半径 R は，主法線 **p** と法線 **n** のなす角度 γ の余弦 $\cos\gamma$ を用いて，**ムニエの定理**

$$\frac{1}{R} = \frac{\cos\gamma}{\rho} \quad (7.15)$$

によって与えられる．ρ は曲線の曲率半径である．

証明 曲面上の曲線で，接線ベクトルを $\frac{\mathrm{d}\mathbf{x}}{\mathrm{d}s} = \mathbf{t}$ とすると，(6.35) で与えたフレネー-セレーの第1公式

$$\frac{\mathrm{d}\mathbf{t}}{\mathrm{d}s} = \frac{\mathrm{d}^2\mathbf{x}}{\mathrm{d}s^2} = \kappa\mathbf{p}$$

の両辺と法線ベクトル **n** との内積を取ることによって

$$\kappa\mathbf{n}\cdot\mathbf{p} = \frac{\mathbf{n}\cdot\mathrm{d}^2\mathbf{x}}{\mathrm{d}s^2} = \frac{\mathrm{II}}{\mathrm{I}} = \kappa_{\mathrm{n}}$$

が得られる．$\kappa_{\mathrm{n}} = \frac{1}{R}$，$\kappa = \frac{1}{\rho}$ によって (7.15) になる．曲線の接平面内にあって，曲線に接する接触円の半径が曲率半径 ρ だった．一方，法線を含む平面内にあって接線を共有する接触円の半径 R を法曲率半径とした．前者の曲率中心から垂直

に，法線を含む平面に下ろした直線の足が法曲率の中心になる．次のようにしても証明できる．曲率中心を含む面と接平面の交差線を x^1 軸，接線ベクトルに沿って x^2 軸として，接触円上の点 C から接平面に下ろした垂線の足を B，垂線の足の x^2 座標点を A とすると ABC は直角 3 角形になる．A の x^2 座標を dx^2 とすると，直角 3 角形の斜辺 CA の長さは $l = \frac{1}{2\rho}(dx^2)^2$ で与えられる．C 点の高さ h と l は $h = l\cos\gamma$ の関係にある．定義 (7.6) によって第 2 基本形式は $II = 2h$ である．一方，原点（接触点）から C までの距離を ds とすると第 1 基本形式は $I = ds^2 = l^2 + (dx^2)^2$ になるが，l^2 は高次の微小量になるので，$ds^2 = (dx^2)^2$ である．したがって，ムニエの定理

$$\kappa_n = \frac{II}{I} = \frac{2h}{(dx^2)^2} = \frac{2l\cos\gamma}{(dx^2)^2} = \frac{\cos\gamma}{\rho}$$

が得られる． □

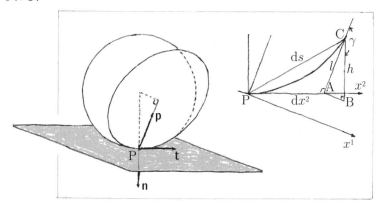

演習 7.14 （ムニエの定理証明 2）

証明 (7.12) を用いると法曲率は

$$\kappa_n = h_{ij}t^i t^j = \mathbf{S}(\mathbf{t}) \cdot \mathbf{t}$$

によって与えられる．形状演算子の定義によって

$$\mathbf{S}(\mathbf{t}) \cdot \mathbf{t} = -(\nabla_\mathbf{t}\mathbf{n}) \cdot \mathbf{t} = -(\mathbf{t} \cdot \nabla \mathbf{n}) \cdot \mathbf{t}$$

である．ここで $\mathbf{t}$ 方向の微分演算子は

$$\mathbf{t} \cdot \nabla = \mathbf{a}_i \frac{du^i}{ds} \cdot \mathbf{a}^j \frac{\partial}{\partial u^i} = \frac{du^i}{ds}\frac{\partial}{\partial u^i} = \frac{d}{ds}$$

7.3 ガウス曲率

になるから，フレネー-セレーの第1公式を代入すると

$$\mathsf{S}(\mathsf{t}) \cdot \mathsf{t} = -\frac{d\mathsf{n}}{ds} \cdot \mathsf{t} = \mathsf{n} \cdot \frac{d\mathsf{t}}{ds} = \kappa \mathsf{n} \cdot \mathsf{p}$$

のように変形できる．これによってムニエの定理に帰着する． □

演習 7.15 (ムニエの定理証明 3)

証明 接線ベクトルの p 成分 t^p と曲線座標の j 成分 t^j との間に

$$t^p = \frac{dx^p}{ds} = \frac{\partial x^p}{\partial u^j}\frac{du^j}{ds} = a_j^p t^j$$

の関係がある．両辺を s について微分すると

$$\frac{dt^p}{ds} = \frac{da_j^p}{ds}t^j + a_j^p\frac{dt^j}{ds} = \frac{Da_j^p}{Ds}t^j - \left\{{p \atop qr}\right\}t^q t^r + a_j^p\frac{Dt^j}{Ds}$$

になる．右辺第2項を移項すると

$$\frac{Dt^p}{Ds} = \frac{Da_j^p}{Ds}t^j + a_j^p\frac{Dt^j}{Ds}$$

が得られる．フレネー-セレーの公式 (6.34) によって左辺は κp^p に等しい．両辺に n_p を掛けて p について和を取ると，$n_p a_j^p = 0$ に注意し，

$$\kappa \mathsf{p} \cdot \mathsf{n} = n_p(\nabla_i a_j^p)t^i t^j$$

になる．(7.12) を用いると

$$n_p(\nabla_i a_j^p) = \mathsf{n} \cdot \nabla_i \mathsf{a}_j = -\nabla_i \mathsf{n} \cdot \mathsf{a}_j = h_{ij}$$

より，ムニエの定理 $\kappa \mathsf{p} \cdot \mathsf{n} = h_{ij}t^i t^j = \kappa_\mathrm{n}$ が得られる． □

演習 7.16 (**固有方程式**) 接線の方向に従って法曲率は変化する（すべての方向で法曲率が同じ点を**臍点**と言う）．法曲率の極値は形状演算子についての**固有方程式**（**特性方程式**）

$$\mathsf{a}^i \cdot \mathsf{S}(\mathsf{a}_j)du^j = h_j^i du^j = \kappa_\mathrm{n} du^i$$

を満たす．

証明 (7.14) より，$\mathrm{II} = \kappa_\mathrm{n}\mathrm{I}$，すなわち

$$h_{ij}\mathrm{d}u^i\mathrm{d}u^j = \kappa_\mathrm{n} g_{ij}\mathrm{d}u^i\mathrm{d}u^j$$

が成り立つ．法曲率が極値を取るとき κ_n の微分係数は 0 なので，両辺を $\mathrm{d}u^i$ について微分すると，

$$h_{ij}\mathrm{d}u^j = \kappa_\mathrm{n} g_{ij}\mathrm{d}u^j, \quad \begin{pmatrix} L & M \\ M & N \end{pmatrix}\begin{pmatrix} \mathrm{d}u^1 \\ \mathrm{d}u^2 \end{pmatrix} = \kappa_\mathrm{n}\begin{pmatrix} E & F \\ F & G \end{pmatrix}\begin{pmatrix} \mathrm{d}u^1 \\ \mathrm{d}u^2 \end{pmatrix}$$

になり形状演算子についての固有方程式が得られる．固有値は

$$\begin{vmatrix} L - \kappa_\mathrm{n} E & M - \kappa_\mathrm{n} F \\ M - \kappa_\mathrm{n} F & N - \kappa_\mathrm{n} G \end{vmatrix} = 0$$

すなわち κ_n についての 2 次方程式

$$(EG - F^2)\kappa_\mathrm{n}^2 - (EN - 2FM + GL)\kappa_\mathrm{n} + LN - M^2 = 0$$

の解である．$\kappa_\mathrm{n} = \frac{1}{R}$ の最大値 κ_1 と最小値 κ_2 を**主曲率**と呼ぶ（$R_1 = \frac{1}{\kappa_1}$ と $R_2 = \frac{1}{\kappa_2}$ を**主曲率半径**と呼ぶ）．これらは上記 2 次方程式の根なので，$h = |h_{ij}|$ とすると，根と係数の関係により

$$\left. \begin{aligned} K &= \kappa_1\kappa_2 = \frac{LN - M^2}{EG - F^2} = \frac{h}{g} = |g^{ij}h_{jk}| = |h^i_k| \\ H &= \tfrac{1}{2}(\kappa_1 + \kappa_2) = \tfrac{1}{2}\frac{EN - 2FM + GL}{EG - F^2} = \tfrac{1}{2}g^{ij}h_{ji} = \tfrac{1}{2}h^i_i \end{aligned} \right\} \quad (7.16)$$

になる．**ガウス曲率**（**全曲率**とも言う）K は第 1 基本形式係数の行列式と第 2 基本形式係数の行列式の比になっている．H は**平均曲率**である．法曲率が極値を取る 2 つの方向を**主方向**，主方向の曲線を**曲率線**と言う． □

演習 7.17（**基本形式間の関係**）　第 1, 第 2, 第 3 基本形式は恒等式

$$K\,\mathrm{I} - 2H\,\mathrm{II} + \mathrm{III} = 0 \qquad (7.17)$$

を満たす．

証明 (7.16) で与えた K, H を用いて第 3 基本形式係数 (7.13) を書き直すと

$$\mathrm{III} = (2HL - KE)(\mathrm{d}u^1)^2 + 2(2HM - KF)\mathrm{d}u^1\mathrm{d}u^2 + (2HN - KG)(\mathrm{d}u^2)^2$$

になり与式が得られる.また,I, II, III が座標の取り方によらないスカラー量であることに注意すると,$F = M = 0$ が成り立つ曲率線上で証明すれば十分である.$c_{11} = \frac{L^2}{E}$,$c_{22} = \frac{N^2}{G}$,$c_{12} = 0$ になるから,$K = \frac{LN}{EG}$,$H = \frac{1}{2}\frac{EN+GL}{EG}$ と併せて与えられた恒等式が得られる. □

演習 7.18(**曲率線の直交性**) 法曲率が極値を取る 2 つの曲率線は直交する.

証明 主方向を向く微分をそれぞれ

$$d\mathbf{x}_{(1)} = du^i_{(1)}\mathbf{a}_i, \qquad d\mathbf{x}_{(2)} = du^i_{(2)}\mathbf{a}_i$$

とする.それらは固有方程式

$$h_{ij}du^j_{(1)} = \kappa_1 g_{ij}du^j_{(1)}, \qquad h_{ij}du^j_{(2)} = \kappa_2 g_{ij}du^j_{(2)} \qquad (7.18)$$

を満たす.第 1, 2 式にそれぞれ $du^i_{(2)}$,$du^i_{(1)}$ を乗じて縮約し差を取ると

$$h_{ij}du^i_{(2)}du^j_{(1)} - h_{ij}du^i_{(1)}du^j_{(2)} = \kappa_1 g_{ij}du^i_{(2)}du^j_{(1)} - \kappa_2 g_{ij}du^i_{(1)}du^j_{(2)}$$

になるから h_{ij}, g_{ij} の対称性によって

$$(\kappa_1 - \kappa_2)g_{ij}du^i_{(1)}du^j_{(2)} = 0$$

すなわち

$$g_{ij}du^i_{(1)}du^j_{(2)} = d\mathbf{x}_{(1)} \cdot d\mathbf{x}_{(2)} = 0$$

が得られる.異なる固有値を持つ固有ベクトルは直交することを使っている. □

演習 7.19(**ロドリーグの公式**) 法線ベクトル $\mathbf{n}$ の主方向の微分はその方向の線要素ベクトルに比例する.すなわち**ロドリーグの公式**

$$d\mathbf{n} = -\kappa_r d\mathbf{x}_{(r)}$$

が成り立つ.

証明 ヴァインガルテンの誘導方程式 (7.11) に固有方程式 (7.18) を代入すると

$$d\mathbf{n} = -h_{ij}g^{jk}\mathbf{a}_k du^i_{(r)} = -\kappa_r g_{ij}du^i_{(r)}g^{jk}\mathbf{a}_k = -\kappa_r du^i_{(r)}\mathbf{a}_i$$

になり,ロドリーグの公式が得られる. □

定理 7.20（オイラーの定理） 曲面上の任意の方向と主方向との間の角度を θ とすると，法曲率は**オイラー方程式**

$$\kappa = \kappa_1 \cos^2\theta + \kappa_2 \sin^2\theta$$

を満たす．曲率半径は，主曲率半径を長軸，短軸とする楕円（**デュパン指標曲線**）上にある．

証明 曲面上の任意の変位は $d\mathbf{x} = d\mathbf{x}_{(1)} + d\mathbf{x}_{(2)}$ のように書くことができる．

$$h_{ij} du^i du^j = h_{ij} du^i_{(1)} du^j_{(1)} + 2 h_{ij} du^i_{(1)} du^j_{(2)} + h_{ij} du^i_{(2)} du^j_{(2)}$$

において固有方程式 (7.18) を代入し，主方向の直交性を使うと

$$h_{ij} du^i du^j = \kappa_1 g_{ij} du^i_{(1)} du^j_{(1)} + \kappa_2 g_{ij} du^i_{(2)} du^j_{(2)} = (\kappa_1 \cos^2\theta + \kappa_2 \sin^2\theta) ds^2$$

により**オイラーの定理**を得る． □

定理 7.21（ロドリーグの定理） 任意の曲面のガウス曲率 K は，ガウス球面写像の面積要素 $d\tilde{S}$ と，もとの曲面の面積要素 dS の比によって与えられる．

証明 $c = |c_{ij}| = |g^{lm} h_{il} h_{jm}| = \frac{h^2}{g}$ を使うと**ロドリーグの定理**

$$\frac{d\tilde{S}}{dS} = \frac{\sqrt{c}\, du^1 du^2}{\sqrt{g}\, du^1 du^2} = \frac{h}{\sqrt{g}} \frac{1}{\sqrt{g}} = |g^{ij} h_{jk}| = K$$

が得られる． □

演習 7.22 法線ベクトルの u^1, u^2 に関する微分係数のベクトル積は

$$\frac{\partial \mathbf{n}}{\partial u^1} \times \frac{\partial \mathbf{n}}{\partial u^2} = K \mathbf{a}_1 \times \mathbf{a}_2 \tag{7.19}$$

を満たす．

証明 ヴァインガルテンの誘導方程式 (7.11) を使うと

$$K = \frac{(FM-GL)(FM-EN) - (FL-EM)(FN-GM)}{(EG-F^2)^2} = \frac{LN - M^2}{EG - F^2}$$

から与式が得られる． □

7.3 ガウス曲率

命題 7.23 (発散密度としてのガウス曲率) ガウス曲率は発散密度

$$K = \boldsymbol{\nabla} \cdot \mathbf{B} = \nabla_l B^l \tag{7.20}$$

の形に書くことができる. B^l は

$$B^l = -\delta^{lm}_{ij} A^i \nabla_m A^j = -A^l \nabla_i A^i + A^i \nabla_i A^l \tag{7.21}$$

によって与えられる. $\mathbf{A} = \mathbf{a}_i A^i$ は任意の 2 次元単位ベクトルである.

証明 B^l の発散密度は

$$\nabla_l B^l = -\delta^{lm}_{ij}(\nabla_l A^i \nabla_m A^j + A^i \nabla_l \nabla_m A^j) \tag{7.22}$$

を計算すればよい. 右辺第 1 項は 0 になる. (2.19) で与えた一般化クロネッカーのデルタ記号を用いて変形すると,

$$\delta^{lm}_{ij} = \delta^{lm}_{ij} A_k A^k = \delta^{lmn}_{ijk} A_n A^k - \delta^{lm}_{jk} A_i A^k - \delta^{lm}_{ki} A_j A^k$$

になる. 2 次元では δ^{lmn}_{ijk} は恒等的に 0 である. (7.22) 右辺第 1 項は

$$-\delta^{lm}_{ij} \nabla_l A^i \nabla_m A^j = 2 A_i \nabla_l A^i (A^m \nabla_m A^l - A^l \nabla_m A^m)$$

になるが, $2 A_i \nabla_l A^i = A_i \nabla_l A^i + A^i \nabla_l A_i = \nabla_l (A_i A^i) = \frac{\partial}{\partial u^l}(A_i A^i) = 0$ により消える. 一方, 右辺第 2 項は

$$-\delta^{lm}_{ij} A^i \nabla_l \nabla_m A^j = -\tfrac{1}{2} \delta^{lm}_{ij} A^i (\nabla_l \nabla_m - \nabla_m \nabla_l) A^j = -\tfrac{1}{2} \delta^{lm}_{ij} A^i R^j{}_{klm} A^k$$

に変形できる. 右辺では (6.40) 第 2 式を使った. さらに変形すると

$$-\tfrac{1}{2} \delta^{lm}_{ij} A^i A^k R^j{}_{klm} = -\tfrac{1}{2} A^i A^k (R^j{}_{kij} - R^j{}_{kji}) = -A^i A^k R_{ki}$$

になる. R_{ki} は (7.26) で与えたリッチテンソルで,

$$-A^i A^k R_{ki} = \frac{g_{ki}}{g} R_{1212} A^i A^k = \frac{R_{1212}}{g} = K$$

が得られる. 最後にガウスの定理 7.41 を使った. □

7.4 陰関数曲面

> **定義 7.24 (陰関数曲面)** 命題 5.34 ですでに見たように，3 次元空間で一般に
> $$f(x^1, x^2, x^3) = 0$$
> は 3 次元空間の**陰関数曲面**を表す．曲面上の位置は，$x^1 x^2$ 平面から測った高さ $x^3 = h(x^1, x^2)$ によって表す．曲面上の距離ベクトルは
> $$\mathbf{x} = \mathbf{e}_1 x^1 + \mathbf{e}_2 x^2 + \mathbf{e}_3 h(x^1, x^2)$$
> である（**モンジュパッチ**と言う）．

曲面上の線要素ベクトルは

$$d\mathbf{x} = \frac{\partial \mathbf{x}}{\partial x^1} dx^1 + \frac{\partial \mathbf{x}}{\partial x^2} dx^2, \qquad \frac{\partial \mathbf{x}}{\partial x^1} = \mathbf{e}_1 + \mathbf{e}_3 p, \qquad \frac{\partial \mathbf{x}}{\partial x^2} = \mathbf{e}_2 + \mathbf{e}_3 q$$

で与えられる．ここで

$$dh = p\, dx^1 + q\, dx^2, \qquad p = \frac{\partial h}{\partial x^1}, \qquad q = \frac{\partial h}{\partial x^2}$$

を定義した．基本形式は

$$ds^2 = g_{ij} dx^i dx^j$$

になる．媒介変数として $u^1 = x^1$, $u^2 = x^2$ を選んだときの第 1 基本形式である．計量は

$$g_{11} = 1 + p^2, \quad g_{12} = g_{21} = pq, \quad g_{22} = 1 + q^2 \tag{7.23}$$

によって与えられる．計量の行列式は $g = 1 + p^2 + q^2$ である．

例題 7.25 p, q と法線ベクトル成分 n_1, n_2, n_3 の間に

$$p = \frac{\partial h}{\partial x^1} = -\frac{n_1}{n_3}, \qquad q = \frac{\partial h}{\partial x^2} = -\frac{n_2}{n_3} \tag{7.24}$$

の関係がある．

証明 曲面上の面積要素ベクトルは

$$\frac{\partial \mathbf{x}}{\partial x^1} \times \frac{\partial \mathbf{x}}{\partial x^2} dx^1 dx^2 = (-p\mathbf{e}^1 - q\mathbf{e}^2 + \mathbf{e}^3) dx^1 dx^2$$

になるから面積要素と法線ベクトル

$$dS = \sqrt{1+p^2+q^2}dx^1 dx^2, \qquad \mathbf{n} = \frac{1}{\sqrt{1+p^2+q^2}}(-p\mathbf{e}^1 - q\mathbf{e}^2 + \mathbf{e}^3)$$

により直ちに (7.24) が得られる. □

演習 7.26 関数 f に対して成り立つ定理 (4.18)

$$\int dS \mathbf{n} \times \boldsymbol{\nabla} f = \oint d\mathbf{x} f \tag{7.25}$$

を陰関数曲面を使って証明せよ.

証明 任意の曲面上の関数 $f(x^1, x^2, x^3)$ に対し, (7.25) 左辺の x^3 成分

$$\int dS (\mathbf{n} \times \boldsymbol{\nabla})^3 f = \int dS (n_1 f_2 - n_2 f_1)$$

を考えよう. ここで $f(x^1, x^2, x^3)$ の x^1, x^2, x^3 についての偏導関数を f_1, f_2, f_3 とする. 2変数関数 $F(x^1, x^2) = f(x^1, x^2, h(x^1, x^2))$ の偏導関数は, 連鎖法則 (3.5) によって,

$$\frac{\partial F}{\partial x^i} = f_i + \frac{\partial h}{\partial x^i} f_3,$$

である. これを用いて f_2 と f_1 を消去し, 関係式 (7.24) を使うと, f_3 を含む項も相殺する. 曲面上の積分は, $n_3 dS = dx^1 dx^2$ によって, 曲面の $x^1 x^2$ 面への射影上での積分に書き直し, もう一度 (7.24) を使うと

$$\int \frac{dx^1 dx^2}{n_3} \left(n_1 \frac{\partial F}{\partial x^2} - n_2 \frac{\partial F}{\partial x^1} \right) = \int dx^1 dx^2 \left(-\frac{\partial h}{\partial x^1} \frac{\partial F}{\partial x^2} + \frac{\partial h}{\partial x^2} \frac{\partial F}{\partial x^1} \right)$$

になる. 右辺を変形し, リーマンの積分定理 (4.17) を適用して線積分に変え,

$$\int dx^1 dx^2 \left\{ \frac{\partial}{\partial x^1} \left(F \frac{\partial h}{\partial x^2} \right) - \frac{\partial}{\partial x^2} \left(F \frac{\partial h}{\partial x^1} \right) \right\} = \oint dx^i \frac{\partial h}{\partial x^i} F$$

$h(x^1(s), x^2(s)) = x^3(s)$, $F(x^1(s), x^2(s)) = f(x^1(s), x^2(s), x^3(s)) = f(s)$ に注意すると

$$\oint ds \frac{dx^i}{ds} \frac{\partial x^3}{\partial x^i} f = \oint ds \frac{dx^3}{ds} f = \oint dx^3 f$$

が得られる. x^1, x^2 成分も同様である. まとめて書くと (7.25) である. □

問題 7.27 ガウス曲率と平均曲率は

$$K = \frac{rt - s^2}{(1 + p^2 + q^2)^2}, \qquad H = \frac{(1+p^2)t - 2pqs + (1+q^2)r}{2(1+p^2+q^2)^{3/2}}$$

によって与えられる.

証明 第2基本形式係数は

$$\begin{cases} L = \mathbf{n} \cdot \dfrac{\partial^2 \mathbf{x}}{(\partial x^1)^2} = \dfrac{r}{\sqrt{1+p^2+q^2}}, & r = \dfrac{\partial^2 h}{(\partial x^1)^2} \\ M = \mathbf{n} \cdot \dfrac{\partial^2 \mathbf{x}}{\partial x^1 \partial x^2} = \dfrac{s}{\sqrt{1+p^2+q^2}}, & s = \dfrac{\partial^2 h}{\partial x^1 \partial x^2} \\ N = \mathbf{n} \cdot \dfrac{\partial^2 \mathbf{x}}{(\partial x^2)^2} = \dfrac{t}{\sqrt{1+p^2+q^2}}, & t = \dfrac{\partial^2 h}{(\partial x^2)^2} \end{cases}$$

になる. p, q, r, s, t は**モンジュの記号**である. これらを K と H の定義式に代入すれば題意を得る. □

例題 7.28 (7.23) で与えた曲面上の計量からクリストフェル記号を計算せよ.

解 $g_{11} = 1 + p^2$, $g_{12} = g_{21} = pq$, $g_{22} = 1 + q^2$ から

$$g^{11} = \frac{1+q^2}{g}, \quad g^{12} = g^{21} = -\frac{pq}{g}, \quad g^{22} = \frac{1+p^2}{g}$$

が得られる. 計量の行列式は $g = 1 + p^2 + q^2$ である. クリストフェル記号は

$$\begin{cases} \{{}^{\,1}_{11}\} = \dfrac{rp}{g}, & \{{}^{\,1}_{12}\} = \{{}^{\,1}_{21}\} = \dfrac{sp}{g}, & \{{}^{\,1}_{22}\} = \dfrac{tp}{g} \\ \{{}^{\,2}_{11}\} = \dfrac{rq}{g}, & \{{}^{\,2}_{12}\} = \{{}^{\,2}_{21}\} = \dfrac{sq}{g}, & \{{}^{\,2}_{22}\} = \dfrac{tq}{g} \end{cases}$$

になる. これらはまとめて

$$\{{}^{\,k}_{ij}\} = \frac{1}{g} \frac{\partial^2 h}{\partial x^i \partial x^j} \frac{\partial h}{\partial x^k}$$

と書くことができる. □

例題 7.29 陰関数曲面においても第1, 第2, 第3基本形式は (7.17) を満たす.

証明 第3基本形式 III の係数は

$$c_{11} = \frac{r^2 + s^2 + (ps - qr)^2}{(1+p^2+q^2)^2}, \quad c_{22} = \frac{s^2 + t^2 + (pt - qs)^2}{(1+p^2+q^2)^2}$$

$$c_{12} = \frac{s(r+t) + (ps-qr)(pt-qs)}{(1+p^2+q^2)^2}$$

第1，第2基本形式の和 $K\mathrm{I} - 2H\mathrm{II}$ は

$$-\frac{E(M\mathrm{d}x+N\mathrm{d}y)^2 - 2F(M\mathrm{d}x+N\mathrm{d}y)(L\mathrm{d}x+M\mathrm{d}y) + G(L\mathrm{d}x+M\mathrm{d}y)^2}{EG-F^2}$$

$$= -\frac{(s\mathrm{d}x+t\mathrm{d}y)^2 + (p(s\mathrm{d}x+t\mathrm{d}y) - q(r\mathrm{d}x+s\mathrm{d}y))^2 + (r\mathrm{d}x+s\mathrm{d}y)^2}{(1+p^2+q^2)^2}$$

になるから，与えられた恒等式を満たす． □

例題 7.30　3次元空間における曲面上で，**楕円点**（ガウス曲率が正になる点）の接平面で，楕円点を原点に選ぶと，その近傍で，曲面の x^3 座標は

$$x^3 = h(x^1, x^2) = \tfrac{1}{2}\kappa_1 (x^1)^2 + \tfrac{1}{2}\kappa_2 (x^2)^2$$

と書くことができる．ガウス曲率と平均曲率は

$$K = \kappa_1 \kappa_2 = -\tfrac{1}{2}R, \qquad H = \tfrac{1}{2}(\kappa_1 + \kappa_2)$$

で与えられる．

証明　$p = \kappa_1 x^1$, $q = \kappa_2 x^2$, $r = \kappa_1$, $s = 0$, $t = \kappa_2$ を使えば，計量は

$$g_{11} = 1 + \kappa_1^2 (x^1)^2, \quad g_{12} = g_{21} = \kappa_1 \kappa_2 x^1 x^2, \quad g_{22} = 1 + \kappa_2^2 (x^2)^2$$

計量の行列式は $g = 1 + \kappa_1^2 (x^1)^2 + \kappa_2^2 (x^2)^2$ である．ガウス曲率と平均曲率は

$$\begin{cases} K = \tfrac{1}{g}\kappa_1 \kappa_2 \big|_{x^1=x^2=0} = \kappa_1 \kappa_2 \\ H = \tfrac{1}{2g^{3/2}}\{\kappa_2(1+\kappa_1^2(x^1)^2) + \kappa_1(1+\kappa_2^2(x^2)^2)\}\big|_{x^1=x^2=0} = \tfrac{1}{2}(\kappa_1+\kappa_2) \end{cases}$$

になる．必要な 0 でないクリストフェル記号（例題 7.28）

$$[22,1] = \kappa_1 \kappa_2 x^1, \quad [11,1] = \kappa_1^2 x^1, \quad [11,2] = \kappa_1 \kappa_2 x^2$$
$$\{{}^{\ 1}_{22}\} = \tfrac{1}{g}\kappa_1 \kappa_2 x^1, \quad \{{}^{\ 2}_{22}\} = \tfrac{1}{g}\kappa_2^2 x^2$$

を用いて曲率テンソル (7.29) を計算すると

$$R_{1212} = \tfrac{1}{g}\kappa_1 \kappa_2 \big|_{x^1=x^2=0} = \kappa_1 \kappa_2$$

になる．この結果は近似なしに厳密に成り立つ．それが次々節に述べるガウスのテオレマ・エグレギウムである． □

7.5 2次元の曲率スカラー

命題 7.31（2次元リッチテンソル） 2次元のリッチテンソルは

$$R_{mi} = -\frac{g_{mi}}{g} R_{1212} \tag{7.26}$$

によって与えられる．

証明 2次元のリーマン曲率テンソルは，対称性により，

$$R_{1212} = -R_{2112} = -R_{1221} = R_{2121} \tag{7.27}$$

のみが0ではない．リッチテンソルは

$$R_{11} = g^{22} R_{2112}, \quad R_{12} = R_{21} = g^{12} R_{2121}, \quad R_{22} = g^{11} R_{1221}$$

である．(7.2) で与えた逆行列を用いると (7.26) が得られる．曲率スカラーは

$$R = -g^{mi} \frac{g_{mi}}{g} R_{1212} = -\frac{2}{g} R_{1212}$$

になる．(2.19) で定義した一般化クロネカーのデルタ記号を使うと

$$0 = \delta^{lmn}_{ijk} R^{k}{}_{hmn} = 2R^{l}{}_{hij} - 2\delta^{l}_{j} R_{hi} + 2\delta^{l}_{i} R_{hj}$$

が得られる．リーマン曲率テンソルは

$$R^{l}{}_{mij} = \delta^{l}_{j} R_{mi} - \delta^{l}_{i} R_{mj}$$

になるから

$$R_{lmij} = g_{lj} R_{mi} - g_{li} R_{mj} = (g_{li} g_{mj} - g_{lj} g_{mi}) \frac{R_{1212}}{g} \tag{7.28}$$

と書くことができる． □

例題 7.32 単位球面上でリーマン曲率テンソルを求めよ．

解 (7.4) および (7.5) で与えられたクリストフェル記号を用いると

$$R_{1212} = [21, 2]\{{}^{2}_{12}\} + \frac{\partial}{\partial \theta}[22, 1] = \sin^{2}\theta$$

である．リッチテンソルは

$$(R_{mi}) = \begin{pmatrix} -1 & 0 \\ 0 & -\sin^2\theta \end{pmatrix}$$

曲率スカラーは $R = -2$ になる． □

例題 7.33 R_{1212} を計量（第 1 基本形式係数）E, F, G で表せ．

解 定義 (6.39) に従って，

$$\begin{aligned} R_{1212} = &\frac{\partial}{\partial u^1}[22,1] - \frac{\partial}{\partial u^2}[12,1] \\ &+ [21,1]\{{}^{\ 1}_{12}\} + [21,2]\{{}^{\ 2}_{12}\} - [11,1]\{{}^{\ 1}_{22}\} - [11,2]\{{}^{\ 2}_{22}\} \end{aligned} \quad (7.29)$$

を計算すればよい．第 1 種クリストフェル記号は

$$\begin{cases} [11,1] = \tfrac{1}{2}E_1, & [11,2] = F_1 - \tfrac{1}{2}E_2 \\ [12,1] = \tfrac{1}{2}E_2, & [12,2] = \tfrac{1}{2}G_1 \\ [22,1] = F_2 - \tfrac{1}{2}G_1, & [22,2] = \tfrac{1}{2}G_2 \end{cases}$$

によって与えられる．下付き添字で u^1, u^2 に関する偏導関数を表した．第 2 種クリストフェル記号は

$$\begin{cases} \{{}^{\ 1}_{11}\} = \dfrac{1}{2g}(GE_1 - 2FF_1 + FE_2), & \{{}^{\ 2}_{11}\} = \dfrac{1}{2g}(2EF_1 - EE_2 - FE_1) \\ \{{}^{\ 1}_{12}\} = \dfrac{1}{2g}(GE_2 - FG_1), & \{{}^{\ 2}_{12}\} = \dfrac{1}{2g}(EG_1 - FE_2) \\ \{{}^{\ 1}_{22}\} = \dfrac{1}{2g}(2GF_2 - GG_1 - FG_2), & \{{}^{\ 2}_{22}\} = \dfrac{1}{2g}(EG_2 - 2FF_2 + FG_1) \end{cases}$$

になる．これらを (7.29) に代入すれば

$$\begin{aligned} R_{1212} = &-\tfrac{1}{2}E_{22} + F_{12} - \tfrac{1}{2}G_{11} + \frac{E}{4g}(E_2G_2 - 2F_1G_2 + G_1^2) \\ &+ \frac{F}{4g}(E_1G_2 - E_2G_1 - 2E_2F_2 + 4F_1F_2 - 2F_1G_1) \\ &+ \frac{G}{4g}(E_1G_1 - 2E_1F_2 + E_2^2) \end{aligned} \quad (7.30)$$

が得られる．E_{22}, F_{12}, G_{11} は u^1, u^2 に関する 2 階偏導関数を表す． □

7.6 ガウスの定理——テオレマ・エグレギウム

曲面の性質は (7.1) で与えた第 1 基本形式と (7.6) で与えた第 2 基本形式

$$\begin{cases} \mathrm{I} = E(\mathrm{d}u^1)^2 + 2F\mathrm{d}u^1\mathrm{d}u^2 + G(\mathrm{d}u^2)^2 = g_{ij}\mathrm{d}u^i\mathrm{d}u^j \\ \mathrm{II} = L(\mathrm{d}u^1)^2 + 2M\mathrm{d}u^1\mathrm{d}u^2 + N(\mathrm{d}u^2)^2 = h_{ij}\mathrm{d}u^i\mathrm{d}u^j \end{cases}$$

によって表すことができた.ガウス曲率 K は第 1 基本形式係数と第 2 基本形式係数から

$$K = \frac{LN - M^2}{EG - F^2} = \frac{h_{11}h_{22} - h_{12}^2}{g_{11}g_{22} - g_{12}^2}$$

によって与えられた.ガウスは,1827 年 10 月 8 日ゲッティンゲン王立協会で発表した論文「曲面の一般的研究」で,第 1 基本形式係数のみで K を与えている.そこで「ガウスのテオレマ・エグレギウム」を証明することにしよう.

定理 7.34(ガウスの誘導方程式) 曲面上の基底 $\mathbf{a}_1$ と $\mathbf{a}_2$ はガウスの誘導方程式

$$\frac{\partial \mathbf{a}_j}{\partial u^i} = \{{}^{\,k}_{ij}\}\mathbf{a}_k + h_{ij}\mathbf{n} \tag{7.31}$$

を満たす.

証明 $\mathbf{a}_k, \mathbf{n}$ の完備性 $\mathbf{a}_k\mathbf{a}^k + \mathbf{nn} = \mathsf{E}$ により

$$\frac{\partial \mathbf{a}_j}{\partial u^i} = \mathbf{a}_k\mathbf{a}^k \cdot \frac{\partial \mathbf{a}_j}{\partial u^i} + \mathbf{nn} \cdot \frac{\partial \mathbf{a}_j}{\partial u^i} = \mathbf{a}_k\{{}^{\,k}_{ij}\} + \mathbf{n}h_{ij}$$

が得られる.$\mathbf{t}, \mathbf{p}, \mathbf{b}$ に対するフレネー-セレーの公式が曲線の基本方程式であったように,$\mathbf{a}_1, \mathbf{a}_2, \mathbf{n}$ に対するガウスの誘導方程式とヴァインガルテンの誘導方程式 (7.11) が曲面の基本方程式である. □

命題 7.35(ダルブー基底) 曲面内の曲線を接平面に射影した曲線に対する主法線ベクトル(223 頁の図中 x^1 方向の単位ベクトル)$\mathbf{n}_\mathrm{g}$ をビアンキの随伴ベクトルと言う.正規直交系,**ダルブー基底** $\mathbf{n}, \mathbf{t}, \mathbf{n}_\mathrm{g}$ では,フレネー-セレーの公式 (6.35) に対応し,

$$\frac{\mathrm{d}\mathbf{t}}{\mathrm{d}s} = \kappa_\mathrm{g}\mathbf{n}_\mathrm{g} + \kappa_\mathrm{n}\mathbf{n}, \quad \frac{\mathrm{d}\mathbf{n}_\mathrm{g}}{\mathrm{d}s} = -\kappa_\mathrm{g}\mathbf{t} + \tau_\mathrm{g}\mathbf{n}, \quad \frac{\mathrm{d}\mathbf{n}}{\mathrm{d}s} = -\kappa_\mathrm{n}\mathbf{t} - \tau_\mathrm{g}\mathbf{n}_\mathrm{g} \tag{7.32}$$

が成り立つ.κ_n は**法曲率**,κ_g は**測地曲率**,τ_g は**測地ねじれ率**である.

7.6 ガウスの定理—テオレマ・エグレギウム

証明 ガウスの誘導方程式 (7.31) を用いると

$$\frac{d\mathbf{t}}{ds} = \frac{d}{ds}(t^j \mathbf{a}_j) = \frac{dt^j}{ds}\mathbf{a}_j + t^i t^j \frac{\partial \mathbf{a}_j}{\partial u^i}$$
$$= \frac{dt^j}{ds}\mathbf{a}_j + t^i t^j \left(\left\{{}^{\,k}_{ij}\right\}\mathbf{a}_k + h_{ij}\mathbf{n}\right) = \frac{Dt^j}{Ds}\mathbf{a}_j + h_{ij}t^i t^j \mathbf{n}$$

が得られる．$\frac{Dt^j}{Ds}$ は (6.27) で与えた絶対導関数である．右辺第 1 項は $\mathbf{n}$ にも $\mathbf{t}$ にも直交するから，ビアンキの随伴ベクトル

$$\mathbf{n}_g = \mathbf{n} \times \mathbf{t} \tag{7.33}$$

に比例する．比例係数によって κ_g を定義する．3 次元の第 1 曲率に対応し，リウヴィルに従って**測地曲率**と呼ぶ．法線ベクトルに直交する $\kappa_g \mathbf{n}_g$ を**測地曲率ベクトル**と呼ぶ．これによって

$$\frac{Dt^j}{Ds} = \kappa_g n_g^j \tag{7.34}$$

と書くことができる．(7.14) によって定義した法曲率

$$\kappa_n = h_{ij}t^i t^j = \frac{h_{ij}du^i du^j}{ds^2}$$

を用いると (7.32) 第 1 式が得られる．その第 2 項は法線ベクトルに平行する**法曲率ベクトル** $\kappa_n \mathbf{n}$ である．これをフレネー - セレーの公式 (6.35) 第 1 式と比較し，

$$\kappa \mathbf{p} = \kappa_g \mathbf{n}_g + \kappa_n \mathbf{n}, \qquad \kappa = \sqrt{\kappa_g^2 + \kappa_n^2}$$

を得る．ムニエの定理 (7.15)，$\kappa_n = \kappa \cos\gamma = \kappa \mathbf{p} \cdot \mathbf{n}$ に現れた主法線と法線のなす角度 γ によって，測地曲率は $\kappa_g = \kappa \sin\gamma = \kappa \mathbf{b} \cdot \mathbf{n}$ と書くことができる．フレネー - セレー座標系はダルブー座標系を $\mathbf{t}$ のまわりに回転させた座標系で，

$$\mathbf{p} = \mathbf{n}_g \sin\gamma + \mathbf{n}\cos\gamma, \qquad \mathbf{b} = -\mathbf{n}_g \cos\gamma + \mathbf{n}\sin\gamma$$

の関係がある．両座標系は $\gamma = \frac{1}{2}\pi$ で一致する．この関係を用いてフレネー - セレー第 2，第 3 公式を書き直すと

$$\frac{d\mathbf{n}_g}{ds} = -\kappa_g \mathbf{t} + \left(\tau + \frac{d\gamma}{ds}\right)\mathbf{n}, \qquad \frac{d\mathbf{n}}{ds} = -\kappa_n \mathbf{t} - \left(\tau + \frac{d\gamma}{ds}\right)\mathbf{n}_g$$

が得られる．測地ねじれ率を定義する**ボネーの公式**

$$\tau_g = \tau + \frac{d\gamma}{ds}$$

を代入すると，(7.32) 第 2，第 3 公式になる．(7.32) は行列表示で

$$\frac{d}{ds}\begin{pmatrix} \mathbf{t} \\ \mathbf{n}_g \\ \mathbf{n} \end{pmatrix} = \begin{pmatrix} 0 & \kappa_g & \kappa_n \\ -\kappa_g & 0 & \tau_g \\ -\kappa_n & -\tau_g & 0 \end{pmatrix} \begin{pmatrix} \mathbf{t} \\ \mathbf{n}_g \\ \mathbf{n} \end{pmatrix}$$

になる．係数は反対称行列である．

曲面上のベクトルはダルブー基底 $\mathbf{t}, \mathbf{n}_g$ によって表すことができる．$\mathbf{t}$ と $\mathbf{n}_g$ は直交しているので $g_{ij} t^i n_g^j = 0$ が成り立つ．両辺を微分すると

$$\frac{d}{ds}(g_{ij} t^i n_g^j) = \frac{D}{Ds}(g_{ij} t^i n_g^j) = g_{ij}\frac{Dt^i}{Ds} n_g^j + g_{ij} t^i \frac{Dn_g^j}{Ds} = 0$$

になる．左辺第 1 項に (7.34) を代入し移項すると

$$g_{ij} t^i \frac{Dn_g^j}{Ds} = t_j \frac{Dn_g^j}{Ds} = -\kappa_g$$

が成り立つから，n_g^j に直交する $\frac{Dn_g^j}{Ds}$ は

$$\frac{Dn_g^j}{Ds} = -\kappa_g t^j \tag{7.35}$$

と書くことができる．測地曲率は

$$\kappa_g = \mathbf{n}_g \cdot \frac{d\mathbf{t}}{ds} = \mathbf{n} \times \mathbf{t} \cdot \frac{d\mathbf{t}}{ds} = \mathbf{t} \times \frac{d\mathbf{t}}{ds} \cdot \mathbf{n} = t^i \frac{Dt^j}{Ds} \mathbf{a}_i \times \mathbf{a}_j \cdot \mathbf{n} \tag{7.36}$$

によって与えられるから $\mathbf{a}_i \times \mathbf{a}_j = \sqrt{g}\varepsilon_{ij}\mathbf{n}$ を用いて公式

$$\kappa_g = \sqrt{g}\varepsilon_{ij} t^i \frac{Dt^j}{Ds}$$

が得られる． □

命題 7.36（曲面上の発散定理） 3 次元空間内の曲面上における任意のベクトル $\mathbf{A}$ に対し，発散定理

$$\int dS \nabla \cdot \mathbf{A} = -\oint ds\, \mathbf{n}_g \cdot \mathbf{A}$$

が成り立つ．曲面が平面の場合は，ビアンキの随伴ベクトル $\mathbf{n}_g = \mathbf{n} \times \mathbf{t}$ は曲線の法線ベクトル $-\mathbf{p}$ に一致し，平面のガウスの定理 (4.11) に帰着する．

7.6 ガウスの定理—テオレマ・エグレギウム

証明 回転定理 (4.21) において，任意のベクトル $\mathbf{A}$ に $\mathbf{n} \times \mathbf{A}$ を適用し，$d\mathbf{x} = \mathbf{t}ds$ を用いると，

$$\int dS\,\mathbf{n} \times \boldsymbol{\nabla} \cdot \mathbf{n} \times \mathbf{A} = \oint d\mathbf{x} \cdot \mathbf{n} \times \mathbf{A} = \oint ds\,\mathbf{t} \cdot \mathbf{n} \times \mathbf{A} = \oint ds\,\mathbf{t} \times \mathbf{n} \cdot \mathbf{A}$$

になる．左辺の被積分関数は

$$\mathbf{n} \times \boldsymbol{\nabla} \cdot \mathbf{n} \times \mathbf{A} = (\delta_p^s \delta_q^t - \delta_q^s \delta_p^t) n_s \nabla_t (n^p A^q)$$
$$= n_p A^q \nabla_q n^p + n_p n^p \nabla_q A^q - n_q A^q \nabla_p n^p - n_q n^p \nabla_p A^q$$

である．右辺第1項は $n_p A^q \nabla_q n^p = \frac{1}{2} A^q \nabla_q \|\mathbf{n}\|^2 = 0$ によって，第3, 4項は $n_q A^q = 0$ と $n^p \nabla_p = 0$ によって0である．回転定理左辺は

$$\int dS\,\mathbf{n} \times \boldsymbol{\nabla} \cdot \mathbf{n} \times \mathbf{A} = \int dS\,\boldsymbol{\nabla} \cdot \mathbf{A}$$

となり与式が得られる． □

演習 7.37 (**曲面上の測地線**) 曲面上の曲線が測地線になる条件は $\kappa_{\mathrm{g}} = 0$ である．

証明 (7.34) により，$\kappa_{\mathrm{g}} = 0$ は

$$\frac{Dt^j}{Ds} = \frac{d^2 u^j}{ds^2} + \left\{{}^{\,j}_{ik}\right\} \frac{du^i}{ds} \frac{du^k}{ds} = 0$$

を意味する．空間曲線が測地線である条件 (6.30) と同じである． □

問題 7.38 (**球面上の測地線**) 球面上の2点を結ぶ測地線は大円上にある．

証明 $u^1 = \theta$, $u^2 = \varphi$ によって表した単位球面上での位置は，球を赤道面 $(\theta = \frac{1}{2}\pi)$ に平行に切ってできる半径 θ の円周上にある．この円周上で，$\varphi = 0$ から測った弧長を s とすると $\varphi = \frac{s}{\sin \theta}$ である．これを使うと測地線の条件は

$$\frac{d^2 u^j}{ds^2} + \left\{{}^{\,j}_{ik}\right\} \frac{du^i}{ds} \frac{du^k}{ds} = \left\{{}^{\,j}_{22}\right\} \frac{1}{\sin^2 \theta} = 0$$

になる．(7.4) によって，$\left\{{}^{\,2}_{22}\right\} = 0$ に注意すると，

$$\left\{{}^{\,1}_{22}\right\} \frac{1}{\sin^2 \theta} = -\cot \theta = 0$$

が測地線の条件である．すなわち $\theta = \frac{1}{2}\pi$ でなければならない． □

> **命題 7.39 (ガウスの公式とコダッツィの公式)** 積分可能条件，ヤングの定理 (3.12) によって，**ガウスの公式**
>
> $$R^l{}_{mij} = (h_{jm}h_{ik} - h_{im}h_{jk})g^{kl} = h_{jm}h_i^l - h_{im}h_j^l \qquad (7.37)$$
>
> **とコダッツィの公式**（ペテルソン-マイナルディ-コダッツィ方程式）
>
> $$\nabla_i h_{jm} = \nabla_j h_{im} \qquad (7.38)$$
>
> が得られる．

証明 ガウスの誘導方程式 (7.31) を 2 回使うと

$$\begin{aligned}\frac{\partial^2 \mathbf{a}_m}{\partial u^i \partial u^j} &= \frac{\partial}{\partial u^i}\left(\{{}^{\;k}_{jm}\}\mathbf{a}_k + h_{jm}\mathbf{n}\right) \\ &= \mathbf{a}_k \frac{\partial}{\partial u^i}\{{}^{\;k}_{jm}\} + \{{}^{\;k}_{jm}\}\left(\{{}^{\;l}_{ik}\}\mathbf{a}_l + h_{ik}\mathbf{n}\right) + \frac{\partial h_{jm}}{\partial u^i}\mathbf{n} + h_{jm}\frac{\partial \mathbf{n}}{\partial u^i}\end{aligned}$$

になる．右辺最後の項にヴァインガルテンの誘導方程式 (7.11) を代入すると

$$\frac{\partial^2 \mathbf{a}_m}{\partial u^i \partial u^j} = \left(\frac{\partial}{\partial u^i}\{{}^{\;l}_{jm}\} + \{{}^{\;k}_{jm}\}\{{}^{\;l}_{ik}\} - h_{jm}h_{ik}g^{kl}\right)\mathbf{a}_l + \left(\{{}^{\;k}_{jm}\}h_{ik} + \frac{\partial h_{jm}}{\partial u^i}\right)\mathbf{n}$$

が得られる．ヤングの定理 (3.12) によって，i と j を入れかえた式

$$\frac{\partial^2 \mathbf{a}_m}{\partial u^j \partial u^i} = \left(\frac{\partial}{\partial u^j}\{{}^{\;l}_{im}\} + \{{}^{\;k}_{im}\}\{{}^{\;l}_{jk}\} - h_{im}h_{jk}g^{kl}\right)\mathbf{a}_l + \left(\{{}^{\;k}_{im}\}h_{jk} + \frac{\partial h_{im}}{\partial u^j}\right)\mathbf{n}$$

と等しくなければならないから，ガウスの公式

$$\frac{\partial}{\partial u^i}\{{}^{\;l}_{jm}\} + \{{}^{\;k}_{jm}\}\{{}^{\;l}_{ik}\} - h_{jm}h_{ik}g^{kl} = \frac{\partial}{\partial u^j}\{{}^{\;l}_{im}\} + \{{}^{\;k}_{im}\}\{{}^{\;l}_{jk}\} - h_{im}h_{jk}g^{kl}$$

とコダッツィの公式

$$\{{}^{\;k}_{jm}\}h_{ik} + \frac{\partial h_{jm}}{\partial u^i} = \{{}^{\;k}_{im}\}h_{jk} + \frac{\partial h_{im}}{\partial u^j}$$

が得られる．ガウスの公式は，(6.37) で定義したリーマン曲率テンソル

$$R^l{}_{mij} = \frac{\partial}{\partial u^i}\{{}^{\;l}_{jm}\} + \{{}^{\;k}_{jm}\}\{{}^{\;l}_{ik}\} - \frac{\partial}{\partial u^j}\{{}^{\;l}_{im}\} - \{{}^{\;k}_{im}\}\{{}^{\;l}_{jk}\}$$

を使えば (7.37) になる．コダッツィの公式は，(6.28) で与えたテンソルの導関数

$$\begin{cases} \nabla_i h_{jm} = \dfrac{\partial h_{jm}}{\partial u^i} - \{{}^{\ k}_{ij}\}h_{km} - \{{}^{\ k}_{im}\}h_{jk} \\ \nabla_j h_{im} = \dfrac{\partial h_{im}}{\partial u^j} - \{{}^{\ k}_{ji}\}h_{km} - \{{}^{\ k}_{jm}\}h_{ik} \end{cases}$$

を用いて書き直し，クリストフェル記号の対称性 (5.42) に注意すればよい． □

定理 7.40（ボネーの基本定理） ガウスの誘導方程式 (7.31) とヴァインガルテンの誘導方程式 (7.11) からなる連立偏微分方程式

$$\frac{\partial \mathbf{x}}{\partial u^i} = \mathbf{a}_i, \quad \frac{\partial \mathbf{a}_j}{\partial u^i} = \{{}^{\ k}_{ij}\}\mathbf{a}_k + h_{ij}\mathbf{n}, \quad \frac{\partial \mathbf{n}}{\partial u^i} = -h_{ij}g^{jk}\mathbf{a}_k$$

の解が存在するための必要十分条件がガウスの公式とコダッツィの公式である．そのためそれらを**ガウスの積分可能条件**，**コダッツィの積分可能条件**と呼ぶ．ある点 P でベクトル $\mathbf{a}_1, \mathbf{a}_2$ を与えれば，P で $\mathbf{a}_1, \mathbf{a}_2$ に接し，g_{ij}, h_{ij} を係数とする第 1 基本形式および第 2 基本形式を持つ曲面が決まる（**ボネーの基本定理**）．

定理 7.41（ガウスのテオレマ・エグレギウム） ガウスの定理，テオレマ・エグレギウム（すばらしい定理）は

$$K = \frac{h_{11}h_{22} - h_{12}^2}{g_{11}g_{22} - g_{12}^2} = \frac{R_{1212}}{g} = -\frac{1}{2}R$$

である．

証明 ガウスはこのような形で与えたのではなく，E, F, G を用いて K を明示的に書き表している．ガウスの論文からそのまま引用すると，

$$\begin{aligned} 4(EG - FF)^2 k &= E\left(\frac{\mathrm{d}E}{\mathrm{d}q}\frac{\mathrm{d}G}{\mathrm{d}q} - 2\frac{\mathrm{d}F}{\mathrm{d}p}\frac{\mathrm{d}G}{\mathrm{d}q} + \left(\frac{\mathrm{d}G}{\mathrm{d}p}\right)^2\right) \\ &+ F\left(\frac{\mathrm{d}E}{\mathrm{d}p}\frac{\mathrm{d}G}{\mathrm{d}q} - \frac{\mathrm{d}E}{\mathrm{d}q}\frac{\mathrm{d}G}{\mathrm{d}p} - 2\frac{\mathrm{d}E}{\mathrm{d}q}\frac{\mathrm{d}F}{\mathrm{d}q} + 4\frac{\mathrm{d}F}{\mathrm{d}p}\frac{\mathrm{d}F}{\mathrm{d}q} - 2\frac{\mathrm{d}F}{\mathrm{d}p}\frac{\mathrm{d}G}{\mathrm{d}p}\right) \\ &+ G\left(\frac{\mathrm{d}E}{\mathrm{d}p}\frac{\mathrm{d}G}{\mathrm{d}p} - 2\frac{\mathrm{d}E}{\mathrm{d}p}\frac{\mathrm{d}F}{\mathrm{d}q} + \left(\frac{\mathrm{d}E}{\mathrm{d}q}\right)^2\right) \\ &- 2(EG - FF)\left(\frac{\mathrm{d}\mathrm{d}E}{\mathrm{d}q^2} - 2\frac{\mathrm{d}\mathrm{d}F}{\mathrm{d}p\mathrm{d}q} + \frac{\mathrm{d}\mathrm{d}G}{\mathrm{d}p^2}\right) \end{aligned}$$

である．k は K，p,q は u^1, u^2 を意味する．ガウスは偏微分記号 ∂ を使っていない．共変曲率テンソルは，(7.37) より，

$$R_{lmij} = h_{jm}h_{il} - h_{im}h_{jl}$$

になる．(7.27) により，独立な成分は $R_{1212} = h_{22}h_{11} - h_{12}h_{21}$ しかなく，(7.30) で与えた R_{1212} を g で割り算すればテオレマ・エグレギウムが得られる． □

問題 7.42（ガウス方程式）　ガウス方程式は

$$(EG - F^2)^2 K = \begin{vmatrix} E & F & \frac{1}{2}E_1 \\ F & G & F_1 - \frac{1}{2}E_2 \\ F_2 - \frac{1}{2}G_1 & \frac{1}{2}G_2 & -\frac{1}{2}E_{22} + F_{12} - \frac{1}{2}G_{11} \end{vmatrix} - \begin{vmatrix} E & F & \frac{1}{2}E_2 \\ F & G & \frac{1}{2}G_1 \\ \frac{1}{2}E_2 & \frac{1}{2}G_1 & 0 \end{vmatrix}$$

のように書くことができる．

証明　(7.8) で与えた h_{ij} の表式を用いると

$$gR_{1212} = g(h_{22}h_{11} - h_{12}h_{21}) = |\mathbf{a}_1\,\mathbf{a}_2\,\mathbf{a}_{22}||\mathbf{a}_1\,\mathbf{a}_2\,\mathbf{a}_{11}| - |\mathbf{a}_1\,\mathbf{a}_2\,\mathbf{a}_{12}||\mathbf{a}_1\,\mathbf{a}_2\,\mathbf{a}_{21}|$$

になる．$\mathbf{a}_{ij} = \mathbf{a}_{ji}$ は (7.9) で定義した基底の 2 階導関数である．$\mathbf{a}_i$ の共変成分，反変成分を a_{ip}, a_i^p，$\mathbf{a}_{ij}$ の共変成分，反変成分を a_{ijp}, a_{ij}^p のように表すと，右辺第 1 項 $|\mathbf{a}_1\,\mathbf{a}_2\,\mathbf{a}_{22}||\mathbf{a}_1\,\mathbf{a}_2\,\mathbf{a}_{11}|$ は

$$\begin{vmatrix} a_{11} & a_{12} & a_{13} \\ a_{21} & a_{22} & a_{23} \\ a_{221} & a_{222} & a_{223} \end{vmatrix} \begin{vmatrix} a_1^1 & a_2^1 & a_{11}^1 \\ a_1^2 & a_2^2 & a_{11}^2 \\ a_1^3 & a_2^3 & a_{11}^3 \end{vmatrix} = \begin{vmatrix} \mathbf{a}_1 \cdot \mathbf{a}_1 & \mathbf{a}_1 \cdot \mathbf{a}_2 & \mathbf{a}_1 \cdot \mathbf{a}_{11} \\ \mathbf{a}_2 \cdot \mathbf{a}_1 & \mathbf{a}_2 \cdot \mathbf{a}_2 & \mathbf{a}_2 \cdot \mathbf{a}_{11} \\ \mathbf{a}_{22} \cdot \mathbf{a}_1 & \mathbf{a}_{22} \cdot \mathbf{a}_2 & \mathbf{a}_{22} \cdot \mathbf{a}_{11} \end{vmatrix}$$

になる．$|\mathbf{a}_1\,\mathbf{a}_2\,\mathbf{a}_{12}||\mathbf{a}_1\,\mathbf{a}_2\,\mathbf{a}_{21}|$ も同様に計算すると

$$gR_{1212} = \begin{vmatrix} \mathbf{a}_1 \cdot \mathbf{a}_1 & \mathbf{a}_1 \cdot \mathbf{a}_2 & \mathbf{a}_1 \cdot \mathbf{a}_{11} \\ \mathbf{a}_2 \cdot \mathbf{a}_1 & \mathbf{a}_2 \cdot \mathbf{a}_2 & \mathbf{a}_2 \cdot \mathbf{a}_{11} \\ \mathbf{a}_{22} \cdot \mathbf{a}_1 & \mathbf{a}_{22} \cdot \mathbf{a}_2 & \mathbf{a}_{22} \cdot \mathbf{a}_{11} \end{vmatrix} - \begin{vmatrix} \mathbf{a}_1 \cdot \mathbf{a}_1 & \mathbf{a}_1 \cdot \mathbf{a}_2 & \mathbf{a}_1 \cdot \mathbf{a}_{21} \\ \mathbf{a}_2 \cdot \mathbf{a}_1 & \mathbf{a}_2 \cdot \mathbf{a}_2 & \mathbf{a}_2 \cdot \mathbf{a}_{21} \\ \mathbf{a}_{12} \cdot \mathbf{a}_1 & \mathbf{a}_{12} \cdot \mathbf{a}_2 & \mathbf{a}_{12} \cdot \mathbf{a}_{21} \end{vmatrix}$$

が得られる．(5.44) は

$$\frac{\partial g_{ij}}{\partial u^k} = \frac{\partial \mathbf{a}_i}{\partial u^k} \cdot \mathbf{a}_j + \mathbf{a}_i \cdot \frac{\partial \mathbf{a}_j}{\partial u^k} = \mathbf{a}_{ki} \cdot \mathbf{a}_j + \mathbf{a}_i \cdot \mathbf{a}_{kj}$$

のように書くことができるから，

$$\mathbf{a}_1 \cdot \mathbf{a}_{11} = \tfrac{1}{2}E_1, \quad \mathbf{a}_{22} \cdot \mathbf{a}_2 = \tfrac{1}{2}G_2$$

$$\mathbf{a}_1 \cdot \mathbf{a}_{21} = \mathbf{a}_{12} \cdot \mathbf{a}_1 = \tfrac{1}{2}E_2, \quad \mathbf{a}_2 \cdot \mathbf{a}_{21} = \mathbf{a}_{12} \cdot \mathbf{a}_2 = \tfrac{1}{2}G_1$$

$$\mathbf{a}_2 \cdot \mathbf{a}_{11} = F_1 - \tfrac{1}{2}E_2, \quad \mathbf{a}_{22} \cdot \mathbf{a}_1 = F_2 - \tfrac{1}{2}G_1$$

が得られる．さらに，基底の 3 階導関数を $\mathbf{a}_{221}$ などで表すと，

$$\tfrac{1}{2}E_{22} = \mathbf{a}_{221} \cdot \mathbf{a}_1 + \mathbf{a}_{21} \cdot \mathbf{a}_{21}, \quad \tfrac{1}{2}G_{11} = \mathbf{a}_{112} \cdot \mathbf{a}_2 + \mathbf{a}_{12} \cdot \mathbf{a}_{12}$$
$$F_{12} = \mathbf{a}_{121} \cdot \mathbf{a}_2 + \mathbf{a}_{21} \cdot \mathbf{a}_{12} + \mathbf{a}_{11} \cdot \mathbf{a}_{22} + \mathbf{a}_1 \cdot \mathbf{a}_{122}$$

になる．2 個の行列式で，左上の 2 行 2 列は共通に g を与えるから，33 成分はいずれの行列式に移動してもよい．第 1 の行列式に移動すると

$$\mathbf{a}_{22} \cdot \mathbf{a}_{11} - \mathbf{a}_{12} \cdot \mathbf{a}_{21} = -\tfrac{1}{2}E_{22} + F_{12} - \tfrac{1}{2}G_{11}$$

が得られる． □

7.7 ガウス‐ボネーの定理

定理 7.43（ペレスの公式） 任意のベクトルを，微小面積 ΔS のまわりに 1 周させたとき，ベクトルの角度変化 $\Delta\theta$ は**ペレスの公式**

$$\Delta\theta = -K\Delta S$$

によって与えられる．

証明 (6.36) では，ある位置 u から出発し，$u+\delta u$, $u+\delta u+\delta v$, $u+\delta v$ を経て，もとの u に戻る 4 辺形の経路に沿ってベクトルを平行移動させたとき，ベクトル A^l の変化

$$\Delta A^l = -R^l{}_{mij} A^m \delta u^i \delta v^j$$

を与えた．A^m として δu^m を取ると

$$\Delta u^l = -R^l{}_{mij} \delta u^m \delta u^i \delta v^j$$

になる．$\Delta\mathbf{x} = \mathbf{a}_l \Delta u^l$ と $\delta\mathbf{y} = \mathbf{a}_j \delta v^j$ との内積

$$\Delta\mathbf{x} \cdot \delta\mathbf{y} = g_{lk}\Delta u^l \delta v^k = -g_{lk} R^l{}_{mij}\delta u^m \delta u^i \delta v^j \delta v^k = -R_{lmij}\delta u^m \delta u^i \delta v^j \delta v^l$$

に (7.28) を代入し，ガウスのテオレマ・エグレギウムを使うと

$$\Delta\mathbf{x} \cdot \delta\mathbf{y} = \frac{R_{1212}}{g}\Delta S^2 = K\Delta S^2$$

が得られる．ここで ΔS は $\delta\mathbf{x} = \mathbf{a}_i \delta u^i$ と $\delta\mathbf{y}$ がつくる平行 4 辺形の面積で，

$$\Delta S^2 = -(g_{li}g_{mj} - g_{lj}g_{mi})\delta u^m \delta u^i \delta v^j \delta v^l = \|\delta\mathbf{x}\|^2 \|\delta\mathbf{y}\|^2 - (\delta\mathbf{x} \cdot \delta\mathbf{y})^2$$

になる．$\delta\mathbf{x}$ を 1 周させたとき，ノルム $\|\delta\mathbf{x}\|$ は 1 周後にもとに戻るが，$\delta\mathbf{x}$ と $\delta\mathbf{y}$ のなす角度は変化し，角度変化 $\Delta\theta$ は

$$\cos(\theta + \Delta\theta) = \frac{(\delta\mathbf{x} + \Delta\mathbf{x}) \cdot \delta\mathbf{y}}{\|\delta\mathbf{x}\|\|\delta\mathbf{y}\|}$$

によって決まる．

$$\cos(\theta + \Delta\theta) = \cos\theta - \Delta\theta\sin\theta = \cos\theta - \Delta\theta\frac{\Delta S}{\|\delta\mathbf{x}\|\|\delta\mathbf{y}\|}$$

に注意するとペレスの公式が得られる． □

定理 7.44（ガウス曲率積分定理） 曲面上の測地線 3 角形（3 本の測地線からなる弧長によってつくられる 3 角形）の 3 個の内角を α, β, γ とすると**ガウス曲率積分定理**

$$\int K dS = \alpha + \beta + \gamma - \pi$$

が成り立つ．

証明 測地線の 3 辺を持つ 3 角形 ABC で，A において測地線 AB に平行なベクトル **A** は，B まで平行移動したとき，AB に平行のままであるから，B においては，測地線 BC と $\pi - \beta$ の角度をなす．さらに **A** を測地線 BC に沿って平行移動すると，C においては，測地線 CA と $\gamma + \beta - \pi$ の角度をなす．最後に測地線 CA に沿って平行移動するともとの A では **A** はもとの方向と $\alpha + \gamma + \beta - \pi$ の角度をなす．したがって，ペレスの公式によって，

$$K\Delta S = \alpha + \beta + \gamma - \pi$$

である．有限の 3 角形の場合は

$$\int K dS = \alpha + \beta + \gamma - \pi \tag{7.39}$$

になり，ガウス曲率積分定理が得られた． □

7.7 ガウス-ボネの定理

命題 7.45 $u^2 = $ 一定の曲線を測地線とし，それと直交する座標を u^1 とする**測地平行座標（フェルミ座標）**は

$$ds^2 = (du^1)^2 + G(du^2)^2$$

を基本形式に持つ．とくに，ある点を中心として，$u^2 = \varphi = $ 一定の直線が測地線で，それに直交する $u^1 = \rho$ からなる座標を**測地極座標**と言う．測地極座標の曲率スカラーは

$$R = -\frac{2}{g}R_{1212} = \frac{2}{\sqrt{g}}\frac{\partial^2 \sqrt{g}}{\partial \rho^2} \tag{7.40}$$

によって与えられる．

証明 測地線を定義する (6.33) において $k = 1, 2$ 成分はそれぞれ

$$\begin{cases} 2\dfrac{d}{ds}\left(\dfrac{d\rho}{ds} + F\dfrac{d\varphi}{ds}\right) = 2\dfrac{\partial F}{\partial \rho}\dfrac{d\rho}{ds}\dfrac{d\varphi}{ds} + \dfrac{\partial G}{\partial \rho}\left(\dfrac{d\varphi}{ds}\right)^2 \\ 2\dfrac{d}{ds}\left(F\dfrac{d\rho}{ds} + G\dfrac{d\varphi}{ds}\right) = 2\dfrac{\partial F}{\partial \varphi}\dfrac{d\rho}{ds}\dfrac{d\varphi}{ds} + \dfrac{\partial G}{\partial \varphi}\left(\dfrac{d\varphi}{ds}\right)^2 \end{cases}$$

になる．φ 一定の直線上では

$$t^1 = \frac{d\rho}{ds} = 1, \qquad t^2 = \frac{d\varphi}{ds} = 0$$

になるから第 2 式から $\frac{\partial F}{\partial \rho} = 0$，すなわち F は φ のみの関数でなければならない．したがって，原点付近で計量 $d\rho^2 + \rho^2 d\varphi^2$ になるためには $F = 0$ でなければならない．このとき計量テンソルは

$$\mathbf{g} = (g_{ij}) = \begin{pmatrix} 1 & 0 \\ 0 & G \end{pmatrix}$$

で，その行列式は $g = G$ である．測地線の定義式は

$$\frac{d^2\rho}{ds^2} = \tfrac{1}{2}\frac{\partial g}{\partial \rho}\left(\frac{d\varphi}{ds}\right)^2, \qquad \frac{d}{ds}\left(g\frac{d\varphi}{ds}\right) = \tfrac{1}{2}\frac{\partial g}{\partial \varphi}\left(\frac{d\varphi}{ds}\right)^2$$

に帰着する．これらを用いると

$$\frac{d}{ds}\left\{\left(\frac{d\rho}{ds}\right)^2 + g\left(\frac{d\varphi}{ds}\right)^2\right\} = 2\frac{d\rho}{ds}\frac{d^2\rho}{ds^2} + 2\frac{d\varphi}{ds}\frac{d}{ds}\left(g\frac{d\varphi}{ds}\right) - \frac{dg}{ds}\left(\frac{d\varphi}{ds}\right)^2 = 0$$

になるから積分

$$\left(\frac{\mathrm{d}\rho}{\mathrm{d}s}\right)^2 + g\left(\frac{\mathrm{d}\varphi}{\mathrm{d}s}\right)^2 = 1$$

が得られる．$\mathrm{d}\rho$ と $\mathrm{d}s$ のなす角度を θ として，

$$t^1 = \frac{\mathrm{d}\rho}{\mathrm{d}s} = \cos\theta, \qquad t^2 = \frac{\mathrm{d}\varphi}{\mathrm{d}s} = \frac{1}{\sqrt{g}}\sin\theta$$

とすると，測地線定義式は

$$\frac{\mathrm{d}\cos\theta}{\mathrm{d}\rho} = \frac{\mathrm{d}\varphi}{\mathrm{d}\rho}\frac{\partial\sqrt{g}}{\partial\rho}\sin\theta, \qquad \frac{\mathrm{d}\sqrt{g}\sin\theta}{\mathrm{d}\rho} = \frac{\mathrm{d}\varphi}{\mathrm{d}\rho}\frac{\partial\sqrt{g}}{\partial\varphi}\sin\theta$$

のように書きかえることができる．第1式から

$$\frac{\mathrm{d}\theta}{\mathrm{d}\rho} = -\frac{\mathrm{d}\varphi}{\mathrm{d}\rho}\frac{\partial\sqrt{g}}{\partial\rho} \tag{7.41}$$

が得られる．第2種クリストフェル記号は

$$\left\{{1\atop 22}\right\} = -\sqrt{g}\frac{\partial\sqrt{g}}{\partial\rho}, \quad \left\{{2\atop 22}\right\} = \frac{1}{\sqrt{g}}\frac{\partial\sqrt{g}}{\partial\varphi}, \quad \left\{{2\atop 12}\right\} = \left\{{2\atop 21}\right\} = \frac{1}{\sqrt{g}}\frac{\partial\sqrt{g}}{\partial\rho} \tag{7.42}$$

が0ではない成分である．リーマン曲率テンソルは (7.30) を用いて

$$R_{1212} = -\tfrac{1}{2}G_{11} + \frac{1}{4g}G_1^2 = -\sqrt{g}\frac{\partial^2\sqrt{g}}{\partial\rho^2}$$

で与えられる．曲率スカラーは (7.40) になる．　□

例題 7.46　測地極座標を用いてガウス曲率積分定理 (7.39) を確かめよ．

証明　(7.40) を用いるとガウス曲率は

$$K = \frac{R_{1212}}{g} = -\frac{1}{\sqrt{g}}\frac{\partial^2\sqrt{g}}{\partial\rho^2} \tag{7.43}$$

で与えられる．3角形 ABC として，原点を A とし，辺 AB を $\varphi=0$ の測地線，辺 CA を $\varphi=\alpha$ の測地線とする．α は3角形の A における内角である．面積要素は $\mathrm{d}S = \sqrt{g}\mathrm{d}\rho\mathrm{d}\varphi$ によって与えられるから曲率積分は

$$\int K\mathrm{d}S = -\int \mathrm{d}\rho\mathrm{d}\varphi\frac{\partial^2\sqrt{g}}{\partial\rho^2} = -\int_0^\alpha \mathrm{d}\varphi\left(\frac{\partial\sqrt{g}}{\partial\rho}\bigg|_{\rho=\rho(\varphi)} - \frac{\partial\sqrt{g}}{\partial\rho}\bigg|_{\rho=0}\right)$$

を計算すればよい．原点付近では $g = \rho^2$ になるから積分第 2 項は

$$\int_0^\alpha d\varphi \frac{\partial \sqrt{g}}{\partial \rho}\bigg|_{\rho=0} = \int_0^\alpha d\varphi = \alpha$$

になる．積分第 1 項は (7.41) を用いて

$$-\int_0^\alpha d\varphi \frac{\partial \sqrt{g}}{\partial \rho}\bigg|_{\rho=\rho(\varphi)} = \int_{\rho(0)}^{\rho(\alpha)} d\rho \frac{d\theta}{d\rho} = \theta|_{\rho(\alpha)} - \theta|_{\rho(0)}$$

と書き直そう．θ は $d\rho$ と ds のなす角度なので，B,C における 3 角形の内角をそれぞれ β, γ とすると各頂点における θ は $\theta|_{\rho(0)} = \pi - \beta$, $\theta|_{\rho(\alpha)} = \gamma$ になり，$\int K dS = \alpha + \gamma - (\pi - \beta)$ によってガウス曲率積分定理 (7.39) を確かめることができた．ガウスはホーアー・ハーゲン，ブロッケン，グローサー・インゼルスベルクの山頂を 3 角点とする測量を行ったが，3 角形の内角の和の π からのずれを検証できなかった．ボネーはガウス曲率積分定理を次のガウス-ボネーの定理に一般化した． □

> **定理 7.47 (ガウス-ボネーの定理)**　曲面上の領域のガウス曲率面積分と，領域のまわりの測地曲率線積分の和は**ガウス-ボネーの定理**
>
> $$\int K dS + \oint \kappa_g ds = 2\pi - \sum_{i=1}^m \theta_i \tag{7.44}$$
>
> に従う．θ_i は第 i 番目の角での接線ベクトルの外角変化である．

証明　(7.20) で与えた $K = \nabla_l B^l$ を用いる．曲面上の領域でガウス曲率を積分すると，発散定理 (6.18) を用いて，

$$\int K dS = \int \sqrt{g} du^1 du^2 \nabla_l B^l = \oint ds\, n_l B^l$$

に書き直すことができる．2 次元曲線の法線ベクトル **n** は接線ベクトル **t** に直交する単位ベクトルなので，その成分は (5.26) で与えた $n_l = \sqrt{g}\varepsilon_{lk}t^k$ になる．したがって (7.21) で与えた B^l を代入すると，線積分は

$$\oint ds\, n_l B^l = -\oint ds\sqrt{g}\varepsilon_{lk}t^k \delta_{ij}^{lm} A^i \nabla_m A^j$$
$$= -\oint ds\sqrt{g}\, t^k \varepsilon_{ij} A^i \nabla_k A^j$$
$$= -\oint ds\sqrt{g}\, \varepsilon_{ij} A^i \frac{DA^j}{Ds}$$

を計算すればよい．$\mathbf{A}$ は曲面上の任意の単位ベクトルである．接線ベクトル $\mathbf{t}$ と，(7.33) で定義した随伴ベクトル $\mathbf{n}_g$ は曲面上の正規直交基底をなすから

$$\mathbf{A} = \mathbf{t}\cos\theta - \mathbf{n}_g\sin\theta, \qquad A^i = t^i\cos\theta - n_g^i\sin\theta$$

のように表示する．$\mathbf{A}$ として，円周をまわる定数単位ベクトルを例に取ると，$\mathbf{A}$ は任意の θ で一定方向を向くベクトルになる．$\mathbf{n}_g$ は円の中心に向かうベクトルになるので，$\mathbf{n}_g$ 項の負符号が必要である．$\mathbf{A}$ を被積分関数に代入し，曲面上で成り立つ (7.34) および (7.35)

$$\frac{\mathrm{D}t^j}{\mathrm{D}s} = \kappa_g n_g^j, \qquad \frac{\mathrm{D}n_g^j}{\mathrm{D}s} = -\kappa_g t^j$$

を使うと，被積分関数の交差項は

$$\varepsilon_{ij}t^i\frac{\mathrm{D}n_g^j}{\mathrm{D}s} = -\kappa_g\varepsilon_{ij}t^it^j = 0, \qquad \varepsilon_{ij}n_g^i\frac{\mathrm{D}t^j}{\mathrm{D}s} = \kappa_g\varepsilon_{ij}n_g^in_g^j = 0$$

のように消える．したがって，

$$\begin{aligned}\varepsilon_{ij}A^i\frac{\mathrm{D}A^j}{\mathrm{D}s} &= -\varepsilon_{ij}t^in_g^j\frac{\mathrm{d}\theta}{\mathrm{d}s} + \varepsilon_{ij}t^i\frac{\mathrm{D}t^j}{\mathrm{D}s}\cos^2\theta + \varepsilon_{ij}n_g^i\frac{\mathrm{D}n_g^j}{\mathrm{D}s}\sin^2\theta \\ &= -\varepsilon_{ij}t^in_g^j\frac{\mathrm{d}\theta}{\mathrm{d}s} + \kappa_g\varepsilon_{ij}t^in_g^j\cos^2\theta - \kappa_g\varepsilon_{ij}n_g^it^j\sin^2\theta\end{aligned}$$

のように書き直せば，$\mathbf{t}\times\mathbf{n}_g = 1$, $\varepsilon_{ij}t^in_g^j = \frac{1}{\sqrt{g}}$ に注意し，

$$\int K\mathrm{d}S = \oint \mathrm{d}s\, n_i B^i = \oint \mathrm{d}s\frac{\mathrm{d}\theta}{\mathrm{d}s} - \oint \kappa_g \mathrm{d}s$$

すなわち

$$\int K\mathrm{d}S + \oint \kappa_g \mathrm{d}s = \oint \mathrm{d}\theta$$

が得られる．1 周積分 $\oint \mathrm{d}\theta$ の経路 C がなめらかではなく，角がある場合は，C 上の頂点 V_1 近傍で，A_1 から V_1 を経由して B_1 に至る経路 C_1 を考えよう．線分 A_1V_1 と V_1B_1 のそれぞれで θ に変化はないから，

$$\int_{C_1} \mathrm{d}\theta = \int_{A_1}^{V_1} \mathrm{d}\theta + \int_{V_1}^{B_1} \mathrm{d}\theta = 0$$

である．次に，A_1 と B_1 において C の接線ベクトルを共有するなめらかな弧 C_1' を考えよう．接線ベクトルは，その方向を頂点の外角 θ_1 だけなめらかに変えるか

ら経路積分は
$$\int_{C_1'} \mathrm{d}\theta = \theta_1$$
になる．したがって
$$0 = \int_{C_1} \mathrm{d}\theta = \int_{C_1'} \mathrm{d}\theta - \theta_1$$
が成立する．m 個あるすべての頂点で同様の操作を繰りかえすと，C についての 1 周積分と角をなめらかな曲線で置きかえた C' についての 1 周積分の間に
$$\int_C \mathrm{d}\theta = \int_{C'} \mathrm{d}\theta - \sum_{i=1}^{m} \theta_i$$
の関係がある．右辺第 1 項の，なめらかな曲線 C' についての 1 周積分は 2π になることを使うとガウス-ボネーの定理に帰着する． □

例題 7.48 計量 $\mathrm{d}s^2 = \mathrm{d}\rho^2 + g\mathrm{d}\varphi^2$ についてガウス-ボネーの定理を確かめよ．

証明 直交座標系なので，$\mathbf{a}_1 = \boldsymbol{\varepsilon}_1, \mathbf{a}_2 = \sqrt{g}\boldsymbol{\varepsilon}_2$ と選べば，
$$t^1 = \frac{\mathrm{d}\rho}{\mathrm{d}s} = \cos\theta, \quad t^2 = \frac{\mathrm{d}\varphi}{\mathrm{d}s} = \frac{1}{\sqrt{g}}\sin\theta, \quad n_\mathrm{g}^1 = -\sin\theta, \quad n_\mathrm{g}^2 = \frac{1}{\sqrt{g}}\cos\theta$$
になる．t^1 の絶対導関数は，第 2 種クリストフェル記号 (7.42) を用いると
$$\frac{\mathrm{D}t^1}{\mathrm{D}s} = \frac{\mathrm{d}t^1}{\mathrm{d}s} + (t^2)^2 \left\{ {1 \atop 22} \right\} = -\sin\theta\frac{\mathrm{d}\theta}{\mathrm{d}s} - \sin\theta\frac{\partial\sqrt{g}}{\partial\rho}t^2$$
になる．(7.34) で与えた $\frac{\mathrm{D}t^1}{\mathrm{D}s} = \kappa_\mathrm{g} n_\mathrm{g}^1$ と比較し
$$\kappa_\mathrm{g} = \frac{\mathrm{d}\theta}{\mathrm{d}s} + \frac{\partial\sqrt{g}}{\partial\rho}t^2, \quad \kappa_\mathrm{g}\mathrm{d}s = \mathrm{d}\theta + \frac{\partial\sqrt{g}}{\partial\rho}\mathrm{d}u^2$$
が得られる．$\kappa_\mathrm{g}\mathrm{d}s$ 第 2 項の閉曲線上での 1 周積分は，2 次元勾配定理 (6.13) を適用して書き直すと
$$\oint \mathrm{d}u^2 \frac{\partial\sqrt{g}}{\partial\rho} = \int \mathrm{d}u^1 \mathrm{d}u^2 \frac{\partial^2\sqrt{g}}{\partial\rho^2} = -\int K\mathrm{d}S$$
になる．ここでガウス曲率 (7.43) と面積要素 $\mathrm{d}S = \sqrt{g}\mathrm{d}u^1\mathrm{d}u^2$ を使った． □

例題 7.49 曲面上の点 P を中心とする同心円 C と C_0 に挟まれた領域を考えよう．C 上では反時計回り，C_0 上では時計回りに経路を取る．C_0 は最後に無限小にする．C は $u^1 = $ 一定，$u^2 = s$, C_0 は P 近傍の小円になっているとする．計量テンソルは $ds^2 = E(du^1)^2 + G(du^2)^2$ であるとする．ガウス-ボネーの定理を確かめよ．

証明 $u^1 = $ 一定のとき $t^1 = 0, t^2 = \frac{1}{\sqrt{G}}$ になるから，(7.36) によって，C 上の測地曲率は

$$\kappa_g = -\sqrt{g}\{{}^{\,1}_{22}\}t^2(t^2)^2 = \frac{1}{\sqrt{EG}}\frac{\partial \sqrt{G}}{\partial u^2} \tag{7.45}$$

になる．一方，直交座標では，(7.30) において $g_{12} = F = 0$ とすると

$$R_{1212} = -\tfrac{1}{2}E_{22} - \tfrac{1}{2}G_{11} + \frac{E}{4g}(E_2 G_2 + G_1^2) + \frac{G}{4g}(E_1 G_1 + E_2^2)$$

になるから，ガウス曲率 $K = \frac{1}{g}R_{1212}$ は

$$K = -\frac{1}{\sqrt{g}}\left\{\frac{\partial}{\partial u^1}\left(\frac{1}{\sqrt{E}}\frac{\partial \sqrt{G}}{\partial u^1}\right) + \frac{\partial}{\partial u^2}\left(\frac{1}{\sqrt{G}}\frac{\partial \sqrt{E}}{\partial u^2}\right)\right\}$$

である．面積要素 $dS = \sqrt{g}\,du^1 du^2$ を用いると，面積分

$$\int K dS = -\int du^1 du^2 \left\{\frac{\partial}{\partial u^1}\left(\frac{1}{\sqrt{E}}\frac{\partial \sqrt{G}}{\partial u^1}\right) + \frac{\partial}{\partial u^2}\left(\frac{1}{\sqrt{G}}\frac{\partial \sqrt{E}}{\partial u^2}\right)\right\}$$

を計算すればよい．2 次元勾配定理 (6.13) を使うと，C と C_0 上の 1 周積分になるが，$u^1 = $ 一定では右辺第 2 項は消えるから，第 1 項の面積分

$$\int K dS = -\oint_{C-C_0} du^2 \frac{1}{\sqrt{E}}\frac{\partial \sqrt{G}}{\partial u^1}$$

が残る．C 上の積分は，(7.45) を用いて，$-\oint \kappa_g ds$ になるから，移項して

$$\int K dS + \oint \kappa_g ds = \oint_{C_0} du^2 \frac{1}{\sqrt{E}}\frac{\partial \sqrt{G}}{\partial u^1}$$

が得られる．P 近傍では $u^1 = \rho, u^2 = \varphi, E = 1, \frac{\partial \sqrt{G}}{\partial u^1} = 1$ になるから

$$\oint_{C_0} du^2 \frac{1}{\sqrt{E}}\frac{\partial \sqrt{G}}{\partial u^1} = \oint_{C_0} d\varphi = 2\pi$$

である． □

7.7 ガウス-ボネーの定理

これまでは自然基底 $\mathbf{a}_1, \mathbf{a}_2$ を用いて曲面上のベクトルを表してきた．基底 $\mathbf{a}_1, \mathbf{a}_2$ に対し，グラム-シュミットの直交化法 1.17 によって，$\frac{\mathbf{a}_1}{\|\mathbf{a}_1\|}, \frac{\mathbf{a}^1}{\|\mathbf{a}^1\|}, \frac{\mathbf{a}_2}{\|\mathbf{a}_2\|}, \frac{\mathbf{a}^2}{\|\mathbf{a}^2\|}$ のいずれを出発点にしても異なる正規直交基底を構成できるが，任意の正規直交基底 ϵ_1, ϵ_2 を採用することもできる．以下の議論は特定の表示によらない．

> **定義 7.50（正規直交基底）** $\mathbf{a}_1, \mathbf{a}_2$ は正規直交基底の線形結合によって
>
> $$\mathbf{a}_1 = \alpha_1^1 \epsilon_1 + \alpha_1^2 \epsilon_2, \quad \mathbf{a}_2 = \alpha_2^1 \epsilon_1 + \alpha_2^2 \epsilon_2 \tag{7.46}$$
>
> と表すことができる．この表示 $\mathbf{a}_i = \alpha_i^l \epsilon_l$, $\alpha_i^l \equiv \epsilon^l \cdot \mathbf{a}_i$ を用いると
>
> $$\mathbf{a}_1 \times \mathbf{a}_2 = (\alpha_1^1 \alpha_2^2 - \alpha_1^2 \alpha_2^1)\epsilon_1 \times \epsilon_2 = |\alpha_i^l|\mathbf{n}$$
>
> になるから，$\mathbf{a}_1 \times \mathbf{a}_2 = \sqrt{g}\mathbf{n}$ と比較し，$|\alpha_i^l| = \sqrt{g}$ が得られる．

$\epsilon_1, \epsilon_2, \mathbf{n}$ の完備性 $\epsilon_k \epsilon^k + \mathbf{n}\mathbf{n} = \mathsf{E}$ により，基底の導関数を

$$\frac{\partial \epsilon_m}{\partial u^i} = \gamma_{im}^k \epsilon_k + \gamma_{im}^3 \mathbf{n}, \quad \gamma_{im}^k = \epsilon^k \cdot \frac{\partial \epsilon_m}{\partial u^i}, \quad \gamma_{im}^3 = \mathbf{n} \cdot \frac{\partial \epsilon_m}{\partial u^i} \tag{7.47}$$

と書くことができる．ϵ_1 と ϵ_2 の正規直交性により

$$\gamma_{i1}^1 = \gamma_{i2}^2 = 0, \quad \gamma_{i1}^2 = -\gamma_{i2}^1$$

になる．また，ϵ_m と $\mathbf{n} = \epsilon_1 \times \epsilon_2$ の直交性により

$$\gamma_{im}^3 = -\epsilon_m \cdot \frac{\partial \mathbf{n}}{\partial u^i} \tag{7.48}$$

と書き直すことができる．$\mathbf{t}$ と $\mathbf{n}_g = \mathbf{n} \times \mathbf{t}$ は

$$\mathbf{t} = \epsilon_1 \cos\theta + \epsilon_2 \sin\theta, \quad \mathbf{n}_g = -\epsilon_1 \sin\theta + \epsilon_2 \cos\theta \tag{7.49}$$

によって表すことができる．θ は $\mathbf{t}$ が ϵ_1 となす角度である．

問題 7.51 クリストフェル記号 $\{{}^{k}_{ij}\}$ と h_{ij} は $\gamma_{im}^h, \gamma_{im}^3$ によって

$$\{{}^{k}_{ij}\} = \widehat{\alpha}_h^k \left(\frac{\partial \alpha_j^h}{\partial u^i} + \alpha_j^m \gamma_{im}^h \right), \quad h_{ij} = \alpha_j^m \gamma_{im}^3 \tag{7.50}$$

と表すことができる．ここで $\widehat{\alpha}_h^k \equiv \mathbf{a}^k \cdot \epsilon_h$ を使った．

定義 7.52（正規直交基底 1 形式） 5.8 節では自然基底 $\mathbf{a}^1, \mathbf{a}^2$ が直交している場合を考察したが，定義 7.50 で与えたように，任意の正規直交基底 $\boldsymbol{\epsilon}_1, \boldsymbol{\epsilon}_2$ を用いることもできる．この表示では線要素ベクトルは

$$d\mathbf{x} = \mathbf{a}_1 du^1 + \mathbf{a}_2 du^2 = \boldsymbol{\epsilon}_1 \theta^1 + \boldsymbol{\epsilon}_2 \theta^2$$

と表すことができる．

$$\theta^l = du^1 \alpha_1^l + du^2 \alpha_2^l = du^i \alpha_i^l$$

が正規直交基底 1 形式である．

命題 7.53（正規直交接続 1 形式） 正規直交接続 1 形式 $\varpi_m{}^l, \varpi_m{}^3$ は

$$d\boldsymbol{\epsilon}_m = \varpi_m{}^l \boldsymbol{\epsilon}_l + \varpi_m{}^3 \mathbf{n}, \qquad d\mathbf{n} = \varpi_3{}^m \boldsymbol{\epsilon}_m \tag{7.51}$$

によって定義する．(5.41) で定義した接続 1 形式 $\omega_m{}^l$ との関係は

$$\alpha_i^k \varpi_k{}^l = \omega_i{}^k \alpha_k^l - d\alpha_i^l, \qquad \alpha_i^l \varpi_l{}^3 = \omega_i{}^3$$

によって与えられる．

証明 基底の正規直交性によって接続 1 形式の反対称性

$$\varpi_m{}^l + \varpi^l{}_m = 0, \qquad \varpi_3{}^m + \varpi^m{}_3 = 0$$

が成り立つ．$\varpi_m{}^3$ は θ^1, θ^2 の線形結合でなければならないから

$$\varpi_m{}^3 = \theta^l b_{lm} \tag{7.52}$$

とすると，

$$\varpi^k{}_3 = \delta^{km} \varpi_m{}^3 = \delta^{km} \theta^l b_{lm}$$

になる．自然基底 $\mathbf{a}_1, \mathbf{a}_2$ と正規直交基底 $\boldsymbol{\epsilon}_1, \boldsymbol{\epsilon}_2$ の関係を与える (7.46) の両辺を微分すると，(7.51) を代入し，

$$d\mathbf{a}_i = \alpha_i^l d\boldsymbol{\epsilon}_l + \boldsymbol{\epsilon}_l d\alpha_i^l = \alpha_i^l (\varpi_l{}^k \boldsymbol{\epsilon}_k + \varpi_l{}^3 \mathbf{n}) + \boldsymbol{\epsilon}_l d\alpha_i^l$$

7.7 ガウス-ボネーの定理

になる．一方，(5.40) に基底 $\mathbf{a}_1, \mathbf{a}_2, \mathbf{n}$ を適用すると，

$$d\mathbf{a}_i = du^j \begin{Bmatrix} k \\ ji \end{Bmatrix} \mathbf{a}_k + du^j \begin{Bmatrix} 3 \\ ji \end{Bmatrix} \mathbf{n} = \omega_i{}^k \alpha_k^l \boldsymbol{\epsilon}_l + \omega_i{}^3 \mathbf{n}$$

である．両者を比較し与式が得られる．(7.51) を (7.47) と比較すると

$$\varpi_m{}^k = du^i \gamma_{im}^k, \qquad \varpi_m{}^3 = du^i \gamma_{im}^3$$

の関係がある．後者は

$$\gamma_{im}^3 = \alpha_i^l b_{lm}$$

を意味する．これを用いてガウス曲率 (7.55) を書き直すと

$$K = \frac{1}{\sqrt{g}}(\gamma_{11}^3 \gamma_{22}^3 - \gamma_{12}^3 \gamma_{21}^3)$$
$$= \frac{1}{\sqrt{g}}(\alpha_1^1 \alpha_2^2 - \alpha_1^2 \alpha_2^1)(b_{11}b_{22} - b_{12}b_{21}) = b_{11}b_{22} - b_{12}b_{21} \qquad (7.53)$$

が得られる．定義 7.50 で与えた $|\alpha_i^l| = \sqrt{g}$ を使った．(7.50) で与えた関係式によって

$$h_{ij} = \alpha_j^m \gamma_{im}^3 = \alpha_i^l \alpha_j^m b_{lm}$$

の関係がある．したがってガウス曲率は

$$K = \frac{|h_{ij}|}{g} = \frac{|\alpha_i^l||\alpha_j^m||b_{lm}|}{g} = b_{11}b_{22} - b_{12}b_{21}$$

としても同じ結果になる． □

演習 7.54 (第 1, 第 2 基本形式)　第 1, 第 2 基本形式は

$$\mathrm{I} = (\theta^1)^2 + (\theta^2)^2, \qquad \mathrm{II} = b_{lm} \theta^l \theta^m$$

によって与えられる．b_{lm} は (7.52) で定義した．

証明　第 1 基本形式は

$$\mathrm{I} = ds^2 = \boldsymbol{\epsilon}_l \cdot \boldsymbol{\epsilon}_m \theta^l \theta^m = \delta_{lm} \theta^l \theta^m = (\theta^1)^2 + (\theta^2)^2$$

になる．第 2 基本形式は，(7.52) で与えた接続 1 形式 $\varpi_m{}^3 = \theta^l b_{lm}$ によって

$$\mathrm{II} = -d\mathbf{x} \cdot d\mathbf{n} = -\delta_{hk} \theta^h \varpi_3{}^k = \delta_{hk} \theta^h \varpi^k{}_3 = \delta_{hk} \theta^h \delta^{km} \theta^l b_{lm} = b_{lm} \theta^l \theta^m$$

のように書き直すことができる．b_{lm} は対称行列であることがわかる． □

命題 7.55 (ガウス曲率) 正規直交基底 ϵ_1, ϵ_2 を用いるとガウス曲率は

$$K = \frac{1}{\sqrt{g}}\left(\frac{\partial \epsilon_1}{\partial u^1} \cdot \frac{\partial \epsilon_2}{\partial u^2} - \frac{\partial \epsilon_1}{\partial u^2} \cdot \frac{\partial \epsilon_2}{\partial u^1}\right) \quad (7.54)$$

のように書くことができる．

証明 (7.19) を使い，ビネー-コーシー恒等式 (2.16) によって書き直すと

$$\begin{aligned}
K &= \tfrac{1}{\sqrt{g}} K \mathbf{a}_1 \times \mathbf{a}_2 \cdot \mathbf{n} \\
&= \tfrac{1}{\sqrt{g}} \frac{\partial \mathbf{n}}{\partial u^1} \times \frac{\partial \mathbf{n}}{\partial u^2} \cdot \epsilon_1 \times \epsilon_2 \\
&= \tfrac{1}{\sqrt{g}}\left(\epsilon_1 \cdot \frac{\partial \mathbf{n}}{\partial u^1} \epsilon_2 \cdot \frac{\partial \mathbf{n}}{\partial u^2} - \epsilon_2 \cdot \frac{\partial \mathbf{n}}{\partial u^1} \epsilon_1 \cdot \frac{\partial \mathbf{n}}{\partial u^2}\right)
\end{aligned}$$

になるから，(7.48) を代入し，$\mathbf{nn} = \mathsf{E} - \epsilon_k \epsilon^k$ を用いると，

$$\begin{aligned}
K = \tfrac{1}{\sqrt{g}}(\gamma^3_{11}\gamma^3_{22} - \gamma^3_{12}\gamma^3_{21}) &= \tfrac{1}{\sqrt{g}}\left(\frac{\partial \epsilon_1}{\partial u^1} \cdot \mathbf{nn} \cdot \frac{\partial \epsilon_2}{\partial u^2} - \frac{\partial \epsilon_2}{\partial u^1} \cdot \mathbf{nn} \cdot \frac{\partial \epsilon_1}{\partial u^2}\right) \\
&= \tfrac{1}{\sqrt{g}}\left(\frac{\partial \epsilon_1}{\partial u^1} \cdot \frac{\partial \epsilon_2}{\partial u^2} - \frac{\partial \epsilon_1}{\partial u^2} \cdot \frac{\partial \epsilon_2}{\partial u^1}\right) \quad (7.55)
\end{aligned}$$

によって (7.54) を与えることができる．□

命題 7.56 (測地曲率) 正規直交基底 ϵ_1, ϵ_2 により測地曲率は

$$\kappa_\mathrm{g} = \frac{\mathrm{d}\theta}{\mathrm{d}s} - \epsilon_1 \cdot \frac{\mathrm{d}\epsilon_2}{\mathrm{d}s}, \qquad \kappa_\mathrm{g} \mathrm{d}s = \mathrm{d}\theta - \epsilon_1 \cdot \mathrm{d}\epsilon_2 \quad (7.56)$$

のように書き直すことができる．

証明 曲面上のベクトル $\mathbf{t}$ と $\mathbf{n}_\mathrm{g} = \mathbf{n} \times \mathbf{t}$ を，正規直交基底 ϵ_1, ϵ_2 を用いて，(7.49) によって表し，

$$\mathrm{d}\mathbf{t} = \mathrm{d}\epsilon_1 \cos\theta - \epsilon_1 \sin\theta \mathrm{d}\theta + \mathrm{d}\epsilon_2 \sin\theta + \epsilon_2 \cos\theta \mathrm{d}\theta$$

とすると，測地曲率 (7.36) は，直交性 $\epsilon_1 \cdot \epsilon_2 = 0$ を使って，

$$\begin{aligned}
\kappa_\mathrm{g} \mathrm{d}s = \mathbf{n}_\mathrm{g} \cdot \mathrm{d}\mathbf{t} &= \mathrm{d}\theta - \epsilon_1 \cdot \mathrm{d}\epsilon_2 \sin^2\theta + \epsilon_2 \cdot \mathrm{d}\epsilon_1 \cos^2\theta \\
&= \mathrm{d}\theta - \epsilon_1 \cdot \mathrm{d}\epsilon_2 = \mathrm{d}\theta - \varpi_2{}^1
\end{aligned}$$

になる．$\varpi_2{}^1$ は (7.51) で定義した正規直交接続 1 形式である．□

命題 7.57 (ガウス - ボネーの定理) (7.44) で与えたガウス - ボネーの定理を正規直交基底を用いて証明する．

証明 曲面上の閉曲線についての測地曲率 1 周積分は，(7.56) によって，

$$\oint \kappa_g \mathrm{d}s = \oint \mathrm{d}\theta - \oint \boldsymbol{\epsilon}_1 \cdot \mathrm{d}\boldsymbol{\epsilon}_2$$

を計算すればよい．右辺第 2 項を

$$-\oint \boldsymbol{\epsilon}_1 \cdot \mathrm{d}\boldsymbol{\epsilon}_2 = -\oint \left(\mathrm{d}u^1 \boldsymbol{\epsilon}_1 \cdot \frac{\partial \boldsymbol{\epsilon}_2}{\partial u^1} + \mathrm{d}u^2 \boldsymbol{\epsilon}_1 \cdot \frac{\partial \boldsymbol{\epsilon}_2}{\partial u^2} \right)$$

に変形し，2 次元勾配定理 (6.13) を使うと，閉曲線に囲まれた曲面上の積分

$$\int \mathrm{d}u^1 \mathrm{d}u^2 \left\{ \frac{\partial}{\partial u^2} \left(\boldsymbol{\epsilon}_1 \cdot \frac{\partial \boldsymbol{\epsilon}_2}{\partial u^1} \right) - \frac{\partial}{\partial u^1} \left(\boldsymbol{\epsilon}_1 \cdot \frac{\partial \boldsymbol{\epsilon}_2}{\partial u^2} \right) \right\}$$
$$= \int \mathrm{d}u^1 \mathrm{d}u^2 \left(\frac{\partial \boldsymbol{\epsilon}_1}{\partial u^2} \cdot \frac{\partial \boldsymbol{\epsilon}_2}{\partial u^1} - \frac{\partial \boldsymbol{\epsilon}_1}{\partial u^1} \cdot \frac{\partial \boldsymbol{\epsilon}_2}{\partial u^2} \right)$$
$$= -\int \mathrm{d}u^1 \mathrm{d}u^2 \sqrt{g} K$$
$$= -\int K \mathrm{d}S$$

が得られる．ここで (7.54) を使った．

また，測地曲率の 1 周積分は，一般積分定理 (8.39) を用いて，

$$\oint \kappa_g \mathrm{d}s = \oint (\mathrm{d}\theta - \varpi_2{}^1) = \oint \mathrm{d}\theta - \int \mathrm{d}\varpi_2{}^1$$

になるから，第 2 構造式 (8.20) を代入すれば

$$\oint \kappa_g \mathrm{d}s = \oint \mathrm{d}\theta - \int K \theta^1 \wedge \theta^2$$

が得られる．定義 7.50 で与えたように，$|\alpha_i^l| = \sqrt{g}$ に注意すれば，

$$\theta^1 \wedge \theta^2 = |\alpha_i^l| \mathrm{d}u^1 \wedge \mathrm{d}u^2 = \sqrt{g} \mathrm{d}u^1 \mathrm{d}u^2 = \mathrm{d}S$$

によりガウス - ボネーの定理に帰着する． □

8 微分形式のベクトル

2次元の直交座標 x^1, x^2 を例に考えてみよう. x^1 と x^2 を入れかえる変換は

$$u^1 = x^2, \qquad u^2 = x^1$$

である. そこで面積要素は

$$\mathrm{d}x^1 \mathrm{d}x^2 = |\widehat{\mathsf{J}}| \mathrm{d}u^1 \mathrm{d}u^2$$

になる. ヤコービ行列式は

$$|\widehat{\mathsf{J}}| = \left|\frac{\partial(x^1, x^2)}{\partial(u^1, u^2)}\right| = \begin{vmatrix} 0 & 1 \\ 1 & 0 \end{vmatrix} = -1$$

によって与えられる. すなわち

$$\mathrm{d}x^1 \mathrm{d}x^2 = -\mathrm{d}u^1 \mathrm{d}u^2 = -\mathrm{d}x^2 \mathrm{d}x^1$$

になる. 微分 $\mathrm{d}x^1$ と $\mathrm{d}x^2$ は反可換になっている. このような数を**グラスマン数**と言う. この理由は明らかで, x^1 と x^2 を入れかえると面積の向きが逆になるからである. 2次元において, 外積

$$\mathbf{e}_1 \mathrm{d}x^1 \times \mathbf{e}_2 \mathrm{d}x^2 = \mathrm{d}x^1 \mathrm{d}x^2$$

は, ベクトルではなくスカラー量で, x^1 と x^2 の入れかえで符号が変わる有向面積である. $\mathrm{d}x^1$ と $\mathrm{d}x^2$ が可換ではないということに注意していればそのままでも

シュチェチン，
ギムナジウム教授公舎

いいのだが，普通の数とまぎらわしいので，反交換法則を満たす積を

$$\mathrm{d}x^1 \wedge \mathrm{d}x^2 = -\mathrm{d}x^2 \wedge \mathrm{d}x^1$$

のように**ウェッジ積（外部積，グラスマン積）**で表し，**2形式（微分2形式）**と呼ぶ．普通の微分 $\mathrm{d}x^1$ はプファフ形式 (3.6) で，**1形式（微分1形式）**と呼ぶ．反交換法則は

$$\mathrm{d}x^1 \wedge \mathrm{d}x^1 = -\mathrm{d}x^1 \wedge \mathrm{d}x^1 = 0$$

を意味する．1形式も2形式もすでによく知っている量である．2次元デカルト座標における線積分

$$\int \mathrm{d}\mathbf{x} \cdot \mathbf{F} = \int (\mathrm{d}x^1 F_1 + \mathrm{d}x^2 F_2)$$

は1形式 $\mathrm{d}\mathbf{x} \cdot \mathbf{F} = F_1 \mathrm{d}x^1 + F_2 \mathrm{d}x^2$ の積分にほかならない．面積分

$$\int \mathrm{d}S\, F = \int \mathrm{d}x^1 \mathrm{d}x^2 F$$

は2形式 $F\mathrm{d}x^1 \mathrm{d}x^2 = F\mathrm{d}x^1 \wedge \mathrm{d}x^2$ の積分である．

8.1 微分形式

任意のベクトル $\mathbf{F}$ はデカルト座標の基底 $\mathbf{e}^i$ によって

$$\mathbf{F} = F_i \mathbf{e}^i$$

と表すことができた．したがって微分 d**x** との内積

$$F \equiv \mathbf{F} \cdot d\mathbf{x} = F_i \mathbf{e}^i \cdot d\mathbf{x} = F_i dx^i \tag{8.1}$$

もまたベクトルの表示方法で，微分 $dx^1, dx^2, \cdots, dx^n$ が基底をなす．この F が微分 1 形式にほかならない．同様に，

$$F \equiv d\mathbf{x} \cdot \mathbf{F} \cdot d\mathbf{x} = d\mathbf{x} \cdot \mathbf{e}^i F_{ij} \mathbf{e}^j \cdot d\mathbf{x} = F_{ij} dx^i dx^j = F_{ij} dx^i \wedge dx^j$$

は $dx^i \wedge dx^j$ を基底とするテンソル F_{ij} の表示，微分 2 形式である．3 次元では，2 形式の基底は

$$dx^2 \wedge dx^3 = -dx^3 \wedge dx^2, \quad dx^3 \wedge dx^1 = -dx^1 \wedge dx^3, \quad dx^1 \wedge dx^2 = -dx^2 \wedge dx^1$$

である．それぞれ x^1, x^2, x^3 方向を向いた面積要素 $dx^2 dx^3, dx^3 dx^1, dx^1 dx^2$ を表している．3 次元空間の体積要素 $dx^1 dx^2 dx^3$ は，2 次元と同じように，x^1, x^2, x^3 の任意の偶置換では符号が変わらず，奇置換では符号が変わる．そこで体積要素はウェッジ積によって

$$dx^1 dx^2 dx^3 = dx^1 \wedge dx^2 \wedge dx^3$$

と書くことができる．体積要素は **3 形式**（微分 3 形式）である．**0 形式**（微分 0 形式）はスカラー関数のことだ．$0, 1, 2, 3$ 形式はそれぞれ

$$F = \begin{cases} F \\ F_1 dx^1 + F_2 dx^2 + F_3 dx^3 \\ F_{23} dx^2 \wedge dx^3 + F_{31} dx^3 \wedge dx^1 + F_{12} dx^1 \wedge dx^2 \\ F_{123} dx^1 \wedge dx^2 \wedge dx^3 \end{cases}$$

のように表す．n 次元では **n 形式** $dx^1 \wedge \cdots \wedge dx^n$（**微分 n 形式**）までの基底をつくることができる．m 形式は

$$F = F_{i_1 \cdots i_m} dx^{i_1} \wedge \cdots \wedge dx^{i_m} \tag{8.2}$$

になる．$F_{i_1 \cdots i_m}$ が完全反対称テンソルの場合は $m!$ で割っておく．

8.1 微分形式

定理 8.1 (ウェッジ積) f と g を 0 形式, F, G, H を k, l, m 形式

$$\begin{cases} F = F_{i_1 \cdots i_k} \mathrm{d}x^{i_1} \wedge \cdots \wedge \mathrm{d}x^{i_k} \\ G = G_{j_1 \cdots j_l} \mathrm{d}x^{j_1} \wedge \cdots \wedge \mathrm{d}x^{j_l} \\ H = H_{h_1 \cdots h_m} \mathrm{d}x^{h_1} \wedge \cdots \wedge \mathrm{d}x^{h_m} \end{cases}$$

とすると,ウェッジ積は**分配法則**と**結合法則**

$$F \wedge (fG + gH) = fF \wedge G + gF \wedge H, \quad (F \wedge G) \wedge H = F \wedge (G \wedge H)$$

を満たす.また

$$F \wedge G = (-1)^{kl} G \wedge F$$

となり,kl の偶奇によって可換または反可換である.

証明 分配法則は $k = l$ のとき成り立つことは自明だろう.結合法則は

$$(F \wedge G) \wedge H = F_{i_1 \cdots i_k} G_{j_1 \cdots j_l} H_{h_1 \cdots h_m}$$
$$\cdot \mathrm{d}x^{i_1} \wedge \cdots \wedge \mathrm{d}x^{i_k} \wedge \mathrm{d}x^{j_1} \wedge \cdots \wedge \mathrm{d}x^{j_l} \wedge \mathrm{d}x^{h_1} \wedge \cdots \wedge \mathrm{d}x^{h_m}$$

を $F \wedge (G \wedge H)$ としても同じであることから明らかである.最後の性質は

$$F \wedge G = F_{i_1 \cdots i_k} G_{j_1 \cdots j_l} \mathrm{d}x^{i_1} \wedge \cdots \wedge \mathrm{d}x^{i_k} \wedge \mathrm{d}x^{j_1} \wedge \cdots \wedge \mathrm{d}x^{j_l}$$

において,$\mathrm{d}x^{i_k}$ を最後尾に移動させると $(-1)^l$ の因子が生じ,それを k 回繰りかえせば F と G を交換させることができるので,$((-1)^l)^k = (-1)^{kl}$ の因子がかかるのである. □

定義 8.2 (線形写像) 微分形式は

$$e^1 = \mathrm{d}x^1, \quad e^2 = \mathrm{d}x^2, \quad \cdots, \quad e^n = \mathrm{d}x^n$$

を基底とするベクトルの表示法である.(8.1) でも述べたように 1 形式 A は

$$A = A_1 \mathrm{d}x^1 + A_1 \mathrm{d}x^1 + \cdots + A_1 \mathrm{d}x^1 = \mathbf{A} \cdot \mathrm{d}\mathbf{x}$$

のように内積 $\mathbf{A} \cdot \mathrm{d}\mathbf{x}$ によってベクトル $\mathbf{A}$ と結びついている.これが基本的な考え方である.$e^1, e^2, \cdots, e^n$ は双対基底 $\mathbf{e}^1, \mathbf{e}^2, \cdots, \mathbf{e}^n$ の線形写像である.

微分形式における内積をブラケット記法 $\langle A|B\rangle$ によって表そう．**線形形式**は

$$\langle A|B\rangle = \mathbf{A}\cdot\mathbf{B}$$

による写像である．任意のベクトル $\mathbf{B}$ の反変成分を $B^i = \mathbf{e}^i\cdot\mathbf{B}$ とする．微分形式によるベクトル B とは

$$\langle e^i|B\rangle = \langle \mathrm{d}x^i|B\rangle = \mathbf{e}^i\cdot\mathbf{B}$$

によって結びついている．任意のベクトル $\mathbf{A}$ の共変成分を $A_i = \mathbf{A}\cdot\mathbf{e}_i$ とすると

$$\langle A|B\rangle = \mathbf{A}\cdot\mathbf{B} = A_iB^i = A_i\langle \mathrm{d}x^i|B\rangle$$

になるから，

$$A = A_i\mathrm{d}x^i$$

と書いて微分形式と言うのである．微分 $\mathrm{d}f$ は

$$\langle \mathrm{d}f|B\rangle = \frac{\partial f}{\partial x^i}B^i = \frac{\partial f}{\partial x^i}\langle \mathrm{d}x^i|B\rangle$$

によって通常の

$$\mathrm{d}f = \frac{\partial f}{\partial x^i}\mathrm{d}x^i$$

が線形写像になる．

命題 8.3 基底 $e^1, e^2, \cdots, e^n$ は線形独立である．

証明 双対基底 e^i と双対の関係にある自然基底 e_i を考えよう（具体的な形は定理 8.39 で与えるように $e_i = \frac{\partial}{\partial x^i}$ である）．すなわち

$$\langle e^i|e_j\rangle = \mathbf{e}^i\cdot\mathbf{e}_j = \delta^i_j$$

を満たしているとする．e^i が線形従属なら，すべてが 0 ではない $\alpha_1, \alpha_2, \cdots, \alpha_n$ が存在し

$$\alpha_1 e^1 + \alpha_2 e^2 + \cdots + \alpha_n e^n = \alpha_i e^i = 0$$

が成り立つはずである．この式と e_j との内積を取ると

$$0 = \alpha_i\langle e^i|e_j\rangle = \alpha_i\delta^i_j = \alpha_j$$

となり矛盾するから e^i は線形独立である． □

8.1 微分形式

定義 8.4（線形形式） 線形形式は m 形式 F, G の内積

$$\langle F|G\rangle = F_{i_1\cdots i_m}G^{i_1\cdots i_m} = \mathsf{F}\cdot\mathsf{G}$$

によって定義する．

反変テンソル成分 $G^{i_1\cdots i_m}$ は

$$\langle \mathrm{d}x^{i_1}\wedge\cdots\wedge \mathrm{d}x^{i_m}|G\rangle = \mathsf{e}^{i_1}\times\mathsf{e}^{i_2}\times\cdots\times\mathsf{e}^{i_m}\cdot\mathsf{G} = G^{i_1\cdots i_m}$$

によって m 形式に結びついている．

$$\langle F|G\rangle = F_{i_1\cdots i_m}G^{i_1\cdots i_m} = F_{i_1\cdots i_m}\langle \mathrm{d}x^{i_1}\wedge\cdots\wedge \mathrm{d}x^{i_m}|G\rangle$$

になるから，(8.2) で定義した m 形式

$$F = F_{i_1\cdots i_m}\mathrm{d}x^{i_1}\wedge\cdots\wedge \mathrm{d}x^{i_m}$$

が得られる．テンソル

$$\mathsf{F} = F_{i_1\cdots i_m}\mathsf{e}^{i_1}\times\mathsf{e}^{i_2}\times\cdots\times\mathsf{e}^{i_m}$$

の線形写像である．

命題 8.5 m 形式 $e^{i_1}\wedge\cdots\wedge e^{i_m}$ は線形独立である．

証明 $e^{i_1}\wedge\cdots\wedge e^{i_m}$ と双対の関係にある $e_{j_1}\wedge\cdots\wedge e_{j_m}$ を考えよう．すなわち

$$\langle e^{i_1}\wedge\cdots\wedge e^{i_m}|e_{j_1}\wedge\cdots\wedge e_{j_m}\rangle = \mathsf{e}^{i_1}\times\mathsf{e}^{i_2}\times\cdots\times\mathsf{e}^{i_m}\cdot\mathsf{e}_{j_1}\times\mathsf{e}_{j_2}\times\cdots\times\mathsf{e}_{j_m} = \delta^{i_1\cdots i_m}_{j_1\cdots j_m}$$

を満たしているとする．$e^{i_1}\wedge\cdots\wedge e^{i_m}$ が線形従属なら，すべてが 0 ではない $\alpha_{i_1\cdots i_m}$ が存在し

$$\alpha_{i_1\cdots i_m}e^{i_1}\wedge\cdots\wedge e^{i_m} = 0$$

が成り立つはずである．この式と $e_{j_1}\wedge\cdots\wedge e_{j_m}$ との内積を取ると

$$0 = \alpha_{i_1\cdots i_m}\langle e^{i_1}\wedge\cdots\wedge e^{i_m}|e_{j_1}\wedge\cdots\wedge e_{j_m}\rangle = \alpha_{i_1\cdots i_m}\delta^{i_1\cdots i_m}_{j_1\cdots j_m} = \alpha_{j_1\cdots j_m}$$

となり矛盾するから $e^{i_1}\wedge\cdots\wedge e^{i_m}$ は線形独立である． □

定義 8.6（星印演算子） ホッジ星印演算子は微分 m 形式 (8.2) を双対 $n-m$ 形式

$${}^\star F = \frac{1}{(n-m)!}{}^\star F_{k_1\cdots k_{n-m}}\mathrm{d}x^{k_1}\wedge\cdots\wedge\mathrm{d}x^{k_{n-m}}$$

に変換する．係数は (2.31) で与えた双対写像

$${}^\star F_{k_1\cdots k_{n-m}} = \varepsilon_{k_1\cdots k_{n-m}l_1\cdots l_m}F^{l_1\cdots l_m}$$

によって定義する．ここで

$$F^{l_1\cdots l_m} = \delta^{l_1 i_1}\cdots\delta^{l_m i_m}F_{i_1\cdots i_m} \tag{8.3}$$

とした．

演習 8.7 m 形式基底の双対は

$${}^\star(\mathrm{d}x^{i_1}\wedge\cdots\wedge\mathrm{d}x^{i_m})$$
$$= \frac{1}{(n-m)!}\varepsilon_{k_1\cdots k_{n-m}l_1\cdots l_m}\delta^{l_1 i_1}\cdots\delta^{l_m i_m}\mathrm{d}x^{k_1}\wedge\cdots\wedge\mathrm{d}x^{k_{n-m}}$$

によって与えられる．

証明 与えられた定義を使うと ${}^\star F$ は

$$\frac{1}{(n-m)!}\varepsilon_{k_1\cdots k_{n-m}l_1\cdots l_m}F^{l_1\cdots l_m}\mathrm{d}x^{k_1}\wedge\cdots\wedge\mathrm{d}x^{k_{n-m}}$$
$$= \frac{1}{(n-m)!}\varepsilon_{k_1\cdots k_{n-m}l_1\cdots l_m}\delta^{l_1 i_1}\cdots\delta^{l_m i_m}F_{i_1\cdots i_m}\mathrm{d}x^{k_1}\wedge\cdots\wedge\mathrm{d}x^{k_{n-m}}$$

になるから，(8.2) の双対

$${}^\star F = F_{i_1\cdots i_m}{}^\star(\mathrm{d}x^{i_1}\wedge\cdots\wedge\mathrm{d}x^{i_m})$$

と比較し，m 形式基底の双対が得られる．3 次元では，

$$\left.\begin{array}{l}{}^\star 1 = \frac{1}{6}\varepsilon_{lmn}\mathrm{d}x^l\wedge\mathrm{d}x^m\wedge\mathrm{d}x^n \\ {}^\star\mathrm{d}x^i = \frac{1}{2}\varepsilon_{lmn}\delta^{li}\mathrm{d}x^m\wedge\mathrm{d}x^n \\ {}^\star(\mathrm{d}x^i\wedge\mathrm{d}x^j) = \varepsilon_{lmn}\delta^{li}\delta^{mj}\mathrm{d}x^n \\ {}^\star(\mathrm{d}x^i\wedge\mathrm{d}x^j\wedge\mathrm{d}x^k) = \varepsilon_{lmn}\delta^{li}\delta^{mj}\delta^{nk} = \varepsilon^{ijk}\end{array}\right\} \tag{8.4}$$

になる．すなわち

$$\begin{cases} {}^\star 1 = \mathrm{d}x^1 \wedge \mathrm{d}x^2 \wedge \mathrm{d}x^3 \\ {}^\star \mathrm{d}x^1 = \mathrm{d}x^2 \wedge \mathrm{d}x^3, \quad\quad {}^\star \mathrm{d}x^2 = \mathrm{d}x^3 \wedge \mathrm{d}x^1, \quad\quad {}^\star \mathrm{d}x^3 = \mathrm{d}x^1 \wedge \mathrm{d}x^2 \\ {}^\star (\mathrm{d}x^2 \wedge \mathrm{d}x^3) = \mathrm{d}x^1, \quad {}^\star(\mathrm{d}x^3 \wedge \mathrm{d}x^1) = \mathrm{d}x^2, \quad {}^\star(\mathrm{d}x^1 \wedge \mathrm{d}x^2) = \mathrm{d}x^3 \\ {}^\star(\mathrm{d}x^1 \wedge \mathrm{d}x^2 \wedge \mathrm{d}x^3) = 1 \end{cases}$$

が得られる．これらは基底の関係式

$$\begin{cases} 1 = \mathbf{e}^1 \times \mathbf{e}^2 \cdot \mathbf{e}^3 \\ \mathbf{e}_1 = \mathbf{e}^2 \times \mathbf{e}^3, \quad \mathbf{e}_2 = \mathbf{e}^3 \times \mathbf{e}^1, \quad \mathbf{e}_3 = \mathbf{e}^1 \times \mathbf{e}^2 \\ \mathbf{e}_2 \times \mathbf{e}_3 = \mathbf{e}^1, \quad \mathbf{e}_3 \times \mathbf{e}_1 = \mathbf{e}^2, \quad \mathbf{e}_1 \times \mathbf{e}_2 = \mathbf{e}^3 \\ \mathbf{e}_1 \times \mathbf{e}_2 \cdot \mathbf{e}_3 = 1 \end{cases}$$

の写像である．$0, 1, 2, 3$ 形式 F の双対 $3, 2, 1, 0$ 形式は星印演算子によって

$$^\star F = \begin{cases} F^\star 1 = F \mathrm{d}x^1 \wedge \mathrm{d}x^2 \wedge \mathrm{d}x^3 \\ F_1{}^\star \mathrm{d}x^1 + F_1{}^\star \mathrm{d}x^2 + F_3{}^\star \mathrm{d}x^3 \\ \quad = F^1 \mathrm{d}x^2 \wedge \mathrm{d}x^3 + F^2 \mathrm{d}x^3 \wedge \mathrm{d}x^1 + F^3 \mathrm{d}x^1 \wedge \mathrm{d}x^2 \\ F_{23}{}^\star(\mathrm{d}x^2 \wedge \mathrm{d}x^3) + F_{31}{}^\star(\mathrm{d}x^3 \wedge \mathrm{d}x^1) + F_{12}{}^\star(\mathrm{d}x^1 \wedge \mathrm{d}x^2) \\ \quad = F^{23} \mathrm{d}x^1 + F^{31} \mathrm{d}x^2 + F^{12} \mathrm{d}x^3 \\ F_{123}{}^\star(\mathrm{d}x^1 \wedge \mathrm{d}x^2 \wedge \mathrm{d}x^3) = F^{123} \end{cases}$$

になる．ここで，(8.3) によって，

$$F^l = \delta^{li} F_i, \quad F^{lm} = \delta^{li} \delta^{mj} F_{ij}, \quad F^{lmn} = \delta^{li} \delta^{mj} \delta^{nk} F_{ijk}$$

とした．また F_{ij}, F_{ijk} は完全反対称テンソルに取った． □

命題 8.8 直交座標系における $n{-}1$ 形式

$$\sigma_p = (-1)^{p-1} \mathrm{d}x^1 \wedge \cdots \wedge \mathrm{d}x^{p-1} \wedge \mathrm{d}x^{p+1} \wedge \cdots \wedge \mathrm{d}x^n \tag{8.5}$$

を定義すると，任意のベクトル A の双対は

$$^\star A = A^p \sigma_p = (-1)^{p-1} A^p \mathrm{d}x^1 \wedge \cdots \wedge \mathrm{d}x^{p-1} \wedge \mathrm{d}x^{p+1} \wedge \cdots \wedge \mathrm{d}x^n$$

によって表すことができる．

証明 σ_p は (2.34) に与えた

$$\mathbf{e}_p = (-1)^{p-1}\mathbf{e}^1 \times \cdots \times \mathbf{e}^{p-1} \times \mathbf{e}^{p+1} \times \cdots \times \mathbf{e}^n$$

の写像である．(2.35) で与えたように，n 次元空間における線形独立な n 個のベクトル $\mathbf{A}, \mathbf{A}_1, \cdots, \mathbf{A}_{n-1}$ からつくられるスカラー n 重積は $\mathbf{A}$ と $\mathbf{A}_1 \times \cdots \times \mathbf{A}_{n-1}$ との内積で，

$$\mathbf{A} \cdot \mathbf{A}_1 \times \cdots \times \mathbf{A}_{n-1} = |\mathbf{A}\mathbf{A}_1 \cdots \mathbf{A}_{n-1}| = \begin{vmatrix} A^1 & A^1_1 & \cdots & A^1_{n-1} \\ \vdots & \vdots & \ddots & \vdots \\ A^n & A^n_1 & \cdots & A^n_{n-1} \end{vmatrix}$$

であった．したがって

$$\mathbf{e}_p \cdot \mathbf{A}_1 \times \cdots \times \mathbf{A}_{n-1} = \langle \sigma_p | A_1 \wedge \cdots \wedge A_{n-1} \rangle$$

によって線形形式をつくることができる．これを使うと

$$\langle {}^\star A | A_1 \wedge \cdots \wedge A_{n-1} \rangle = A^p \mathbf{e}_p \cdot \mathbf{A}_1 \times \cdots \times \mathbf{A}_{n-1} = A^p \langle \sigma_p | A_1 \wedge \cdots \wedge A_{n-1} \rangle$$

になるから

$${}^\star A = A^p \sigma_p$$

と書くことができるのである． □

例題 8.9 命題 8.8 を 3 次元で確かめよ．

証明 ベクトル $\mathbf{A}, \mathbf{B}, \mathbf{C}$ によるスカラー 3 重積は

$$\mathbf{A} \cdot \mathbf{B} \times \mathbf{C} = |\mathbf{A}\mathbf{B}\mathbf{C}| = \begin{vmatrix} A^1 & B^1 & C^1 \\ A^2 & B^2 & C^2 \\ A^3 & B^3 & C^3 \end{vmatrix}$$

であった．したがって

$$A^p \mathbf{e}_p \cdot \mathbf{B} \times \mathbf{C} = A^1 \begin{vmatrix} B^2 & C^2 \\ B^3 & C^3 \end{vmatrix} - A^2 \begin{vmatrix} B^1 & C^1 \\ B^3 & C^3 \end{vmatrix} + A^3 \begin{vmatrix} B^1 & C^1 \\ B^2 & C^2 \end{vmatrix}$$

より

$$\begin{vmatrix} B^2 & C^2 \\ B^3 & C^3 \end{vmatrix} = \mathbf{e}_1 \cdot \mathbf{B} \times \mathbf{C} = \langle \sigma_1 | B \wedge C \rangle = \langle \mathrm{d}x^2 \wedge \mathrm{d}x^3 | B \wedge C \rangle$$

のように対応させることによって

$$^\star A = A^1 \mathrm{d}x^2 \wedge \mathrm{d}x^3 - A^2 \mathrm{d}x^1 \wedge \mathrm{d}x^3 + A^3 \mathrm{d}x^1 \wedge \mathrm{d}x^2 \tag{8.6}$$

と書くことができる．$^\star A$ は 1 形式

$$A = A_1 \mathrm{d}x^1 + A_2 \mathrm{d}x^2 + A_3 \mathrm{d}x^3$$

の双対である． □

問題 8.10 (**内積と外積**)　2 個の 1 形式 A と B の内積と外積は

$$^\star(^\star A \wedge B) = A^1 B_1 + A^2 B_2 + A^3 B_3 = A^i B_i = \langle A | B \rangle$$
$$^\star(A \wedge B) = (A_2 B_3 - A_3 B_2)\mathrm{d}x^1 + (A_3 B_1 - A_1 B_3)\mathrm{d}x^2 + (A_1 B_2 - A_2 B_1)\mathrm{d}x^3$$

で与えられる．

証明　(8.6) で与えた A の双対 2 形式と B のウェッジ積は 3 形式

$$^\star A \wedge B = (A^1 B_1 + A^2 B_2 + A^3 B_3)\mathrm{d}x^1 \wedge \mathrm{d}x^2 \wedge \mathrm{d}x^3$$

になりその双対が内積を与える．A, B のウェッジ積は

$$A \wedge B = (A_2 B_3 - A_3 B_2)\mathrm{d}x^2 \wedge \mathrm{d}x^3$$
$$+ (A_3 B_1 - A_1 B_3)\mathrm{d}x^3 \wedge \mathrm{d}x^1 + (A_1 B_2 - A_2 B_1)\mathrm{d}x^1 \wedge \mathrm{d}x^2$$

で，その双対が外積を与える． □

演習 8.11　スカラー 3 重積は

$$\mathbf{A} \cdot \mathbf{B} \times \mathbf{C} = {}^\star(A \wedge B \wedge C)$$

となり，(2.13) で得た対称性 $\mathbf{A} \cdot \mathbf{B} \times \mathbf{C} = \mathbf{B} \cdot \mathbf{C} \times \mathbf{A} = \mathbf{C} \cdot \mathbf{A} \times \mathbf{B}$ に対応して対称性

$$A \wedge B \wedge C = B \wedge C \wedge A = C \wedge A \wedge B$$

を持つ．ベクトル 3 重積は

$$^\star(A \wedge {}^\star(B \wedge C)) = B\langle A | C \rangle - C\langle A | B \rangle$$

になり，(2.11) で得た $\mathbf{A} \times (\mathbf{B} \times \mathbf{C}) = \mathbf{B}\mathbf{A} \cdot \mathbf{C} - \mathbf{C}\mathbf{A} \cdot \mathbf{B}$ に対応する．

問題 8.12 2個のベクトル **A** と **B** が $\|\mathbf{A} \times \mathbf{B}\|^2 = \|\mathbf{A}\|^2\|\mathbf{B}\|^2 - (\mathbf{A} \cdot \mathbf{B})^2$ を満たすのは2次元外積, $1, 3, 7$ 次元ベクトル積に限られたが, ウェッジ積では任意の次元で

$$\langle A \wedge B | A \wedge B \rangle = \langle A | A \rangle \langle B | B \rangle - \langle A | B \rangle^2$$

が成り立つ.

証明 ウェッジ積のノルムは

$$\langle A \wedge B | A \wedge B \rangle = \sum_{i<j=1}^{n} (A_i B_j - A_j B_i)^2$$

になるから, ラグランジュ恒等式 (2.59) により, 与式が得られる. □

8.2 外微分

定義 8.13 (外微分) 任意の 0 形式 (スカラー関数) f の微分は

$$\mathrm{d}f = \mathrm{d}x^1 \frac{\partial f}{\partial x^1} + \mathrm{d}x^2 \frac{\partial f}{\partial x^2} + \cdots + \mathrm{d}x^n \frac{\partial f}{\partial x^n}$$

だった. これは, 微分演算子

$$\mathrm{d} = \mathrm{d}x^1 \frac{\partial}{\partial x^1} + \mathrm{d}x^2 \frac{\partial}{\partial x^2} + \cdots + \mathrm{d}x^n \frac{\partial}{\partial x^n}$$

が f に作用した結果とみなした. 微分形式 F への作用は外積によって定義する. すなわち,

$$\mathrm{d}F = \mathrm{d} \wedge F$$

によって定義し, **外微分**と呼ぶ.

m 形式

$$F = F_{i_1 \cdots i_m} \mathrm{d}x^{i_1} \wedge \cdots \wedge \mathrm{d}x^{i_m}$$

の外微分は

$$\mathrm{d}F = \mathrm{d}F_{i_1 \cdots i_m} \wedge \mathrm{d}x^{i_1} \wedge \cdots \wedge \mathrm{d}x^{i_m} = \frac{\partial F_{i_1 \cdots i_m}}{\partial x^k} \mathrm{d}x^k \wedge \mathrm{d}x^{i_1} \wedge \cdots \wedge \mathrm{d}x^{i_m} \quad (8.7)$$

になる．容易に証明できるように，微分形式 F と G に対し，分配法則

$$\mathrm{d}(F+G) = \mathrm{d}F + \mathrm{d}G$$

が成り立つ．

例題 8.14 2次元，3次元デカルト座標における1形式 A の回転密度はそれぞれ

$$\begin{aligned}
\mathrm{d}A &= \left(\frac{\partial A_2}{\partial x^1} - \frac{\partial A_1}{\partial x^2}\right)\mathrm{d}x^1 \wedge \mathrm{d}x^2 \\
\mathrm{d}A &= \left(\frac{\partial A_3}{\partial x^2} - \frac{\partial A_2}{\partial x^3}\right)\mathrm{d}x^2 \wedge \mathrm{d}x^3 \\
&\quad + \left(\frac{\partial A_1}{\partial x^3} - \frac{\partial A_3}{\partial x^1}\right)\mathrm{d}x^3 \wedge \mathrm{d}x^1 + \left(\frac{\partial A_2}{\partial x^1} - \frac{\partial A_1}{\partial x^2}\right)\mathrm{d}x^1 \wedge \mathrm{d}x^2
\end{aligned}$$

によって与えられる．

証明 2次元1形式 $A = A_1\mathrm{d}x^1 + A_2\mathrm{d}x^2$ の外微分は

$$\begin{aligned}
\mathrm{d}A &= \mathrm{d}A_1 \wedge \mathrm{d}x^1 + \mathrm{d}A_2 \wedge \mathrm{d}x^2 \\
&= \left(\tfrac{\partial A_1}{\partial x^1}\mathrm{d}x^1 + \tfrac{\partial A_1}{\partial x^2}\mathrm{d}x^2\right) \wedge \mathrm{d}x^1 + \left(\tfrac{\partial A_2}{\partial x^1}\mathrm{d}x^1 + \tfrac{\partial A_2}{\partial x^2}\mathrm{d}x^2\right) \wedge \mathrm{d}x^2 \\
&= \tfrac{\partial A_1}{\partial x^2}\mathrm{d}x^2 \wedge \mathrm{d}x^1 + \tfrac{\partial A_2}{\partial x^1}\mathrm{d}x^1 \wedge \mathrm{d}x^2 \\
&= \left(\tfrac{\partial A_2}{\partial x^1} - \tfrac{\partial A_1}{\partial x^2}\right)\mathrm{d}x^1 \wedge \mathrm{d}x^2
\end{aligned}$$

になる．同様に，3次元1形式 $A = A_1\mathrm{d}x^1 + A_2\mathrm{d}x^2 + A_3\mathrm{d}x^3$ の外微分は

$$\begin{aligned}
\mathrm{d}A &= \mathrm{d}A_1 \wedge \mathrm{d}x^1 + \mathrm{d}A_2 \wedge \mathrm{d}x^2 + \mathrm{d}A_3 \wedge \mathrm{d}x^3 \\
&= \left(\tfrac{\partial A_1}{\partial x^1}\mathrm{d}x^1 + \tfrac{\partial A_1}{\partial x^2}\mathrm{d}x^2 + \tfrac{\partial A_1}{\partial x^3}\mathrm{d}x^3\right) \wedge \mathrm{d}x^1 \\
&\quad + \left(\tfrac{\partial A_2}{\partial x^1}\mathrm{d}x^1 + \tfrac{\partial A_2}{\partial x^2}\mathrm{d}x^2 + \tfrac{\partial A_2}{\partial x^3}\mathrm{d}x^3\right) \wedge \mathrm{d}x^2 \\
&\quad + \left(\tfrac{\partial A_3}{\partial x^1}\mathrm{d}x^1 + \tfrac{\partial A_3}{\partial x^2}\mathrm{d}x^2 + \tfrac{\partial A_3}{\partial x^3}\mathrm{d}x^3\right) \wedge \mathrm{d}x^3
\end{aligned}$$

とした上で，$\mathrm{d}x^1 \wedge \mathrm{d}x^1 = 0$，$\mathrm{d}x^2 \wedge \mathrm{d}x^1 = -\mathrm{d}x^1 \wedge \mathrm{d}x^2$ などを使えばよい． □

演習 8.15 3次元デカルト座標における1形式 A の発散密度は

$${}^\star(\mathrm{d}{}^\star A) = \frac{\partial A^1}{\partial x^1} + \frac{\partial A^2}{\partial x^2} + \frac{\partial A^3}{\partial x^3} = \boldsymbol{\nabla} \cdot \mathbf{A}$$

によって与えられる．

証明 (8.6) で与えた 1 形式 A の双対 2 形式

$$^\star A = A^1 \mathrm{d}x^2 \wedge \mathrm{d}x^3 + A^2 \mathrm{d}x^3 \wedge \mathrm{d}x^1 + A^3 \mathrm{d}x^1 \wedge \mathrm{d}x^2$$

の外微分は

$$\mathrm{d}^\star A = \left(\frac{\partial A^1}{\partial x^1} + \frac{\partial A^2}{\partial x^2} + \frac{\partial A^3}{\partial x^3}\right) \mathrm{d}x^1 \wedge \mathrm{d}x^2 \wedge \mathrm{d}x^3$$

になるので，その双対は A の発散密度を与える． □

演習 8.16 スカラー関数 (0 形式) f に対するラプラース演算子は

$$^\star(\mathrm{d}^\star \mathrm{d}f) = \nabla^2 f$$

によって与えられる．

証明 1 形式 $\mathrm{d}f$ の双対は

$$^\star \mathrm{d}f = \frac{\partial f}{\partial x^1} \mathrm{d}x^2 \wedge \mathrm{d}x^3 + \frac{\partial f}{\partial x^2} \mathrm{d}x^3 \wedge \mathrm{d}x^1 + \frac{\partial f}{\partial x^3} \mathrm{d}x^1 \wedge \mathrm{d}x^2$$

である．そこでこの外微分を計算すると

$$\mathrm{d}^\star \mathrm{d}f = \left(\frac{\partial^2 f}{(\partial x^1)^2} + \frac{\partial^2 f}{(\partial x^2)^2} + \frac{\partial^2 f}{(\partial x^3)^2}\right) \mathrm{d}x^1 \wedge \mathrm{d}x^2 \wedge \mathrm{d}x^3$$

が得られる．この双対が $\nabla^2 f$ である． □

定理 8.17 (ライプニッツの法則) F を k 形式，G を l 形式とすると，微分形式に対するライプニッツの法則

$$\mathrm{d}(F \wedge G) = \mathrm{d}F \wedge G + (-1)^k F \wedge \mathrm{d}G \tag{8.8}$$

が成り立つ．

証明 F と G を

$$F = F_{i_1 \cdots i_k} \mathrm{d}x^{i_1} \wedge \cdots \wedge \mathrm{d}x^{i_k}, \qquad G = G_{j_1 \cdots j_l} \mathrm{d}x^{j_1} \wedge \cdots \wedge \mathrm{d}x^{j_l}$$

8.2 外微分

とすると

$$d(F \wedge G) = d(F_{i_1 \cdots i_k} G_{j_1 \cdots j_l} dx^{i_1} \wedge \cdots \wedge dx^{i_k} \wedge dx^{j_1} \wedge \cdots \wedge dx^{j_l})$$
$$= \left(\frac{\partial F_{i_1 \cdots i_k}}{\partial x^p} G_{j_1 \cdots j_l} + F_{i_1 \cdots i_k} \frac{\partial G_{j_1 \cdots j_l}}{\partial x^p} \right)$$
$$\cdot dx^p \wedge dx^{i_1} \wedge \cdots \wedge dx^{i_k} \wedge dx^{j_1} \wedge \cdots \wedge dx^{j_l}$$

になる. 第2項で dx^p を dx^{i_k} の後に移動させるために $(-1)^k$ が必要で, その結果与式が得られる. □

例題 8.18 0形式 f, l 形式 G に対し

$$d(f \wedge G) = df \wedge G + f dG$$

が成り立つ.

証明 (8.8) で F を 0 形式 f とし, $k = 0$ とすればよい. □

演習 8.19 (閉形式) 1形式 A が $dA = 0$ を満たすとき, A を閉じた微分形式, 閉形式と言う. A が閉形式であるための条件は

$$\frac{\partial A_j}{\partial x^i} = \frac{\partial A_i}{\partial x^j}$$

である. すなわち A が保存場であるときである.

証明 1形式 $A = A_j dx^j$ の外微分は 2形式

$$dA \equiv d \wedge A_j dx^j = \frac{\partial A_j}{\partial x^i} dx^i \wedge dx^j = \tfrac{1}{2} \left(\frac{\partial A_j}{\partial x^i} - \frac{\partial A_i}{\partial x^j} \right) dx^i \wedge dx^j \quad (8.9)$$

で, 回転密度を与える. したがって $dA = 0$ は定理 4.24 で与えた条件になる. □

定理 8.20 (ポアンカレ補題) 任意の微分形式 F に対してポアンカレ補題

$$d(dF) = 0$$

が成り立つ. $d \wedge (d \wedge F)$ は 2 階微分 $d^2 F$ とは異なることに注意.

証明 まず 0 形式 f について考えよう.

$$d(df) \equiv d \wedge \left(\frac{\partial f}{\partial x^i} dx^i \right) = \frac{\partial^2 f}{\partial x^k \partial x^i} dx^k \wedge dx^i$$

ここで $dx^k \wedge dx^i = -dx^i \wedge dx^k$ を使うと

$$d(df) = \tfrac{1}{2}\left(\frac{\partial^2 f}{\partial x^k \partial x^i} - \frac{\partial^2 f}{\partial x^i \partial x^k}\right)dx^k \wedge dx^i = 0$$

が成り立つ．ヤングの定理 (3.12) によって微分の順序を入れかえてよいからである．(8.9) で与えた dA の外微分は

$$\begin{aligned}d(dA) &= \frac{\partial^2 A_j}{\partial x^k \partial x^i}dx^k \wedge dx^i \wedge dx^j \\ &= \tfrac{1}{2}\left(\frac{\partial^2 A_j}{\partial x^k \partial x^i} - \frac{\partial^2 A_j}{\partial x^i \partial x^k}\right)dx^k \wedge dx^i \wedge dx^j = 0\end{aligned}$$

である．(8.7) で与えた dF の外微分は

$$\begin{aligned}d(dF) &= \frac{\partial^2 F_{j_1 \cdots j_m}}{\partial x^k \partial x^i}dx^k \wedge dx^i \wedge dx^{j_1} \wedge \cdots \wedge dx^{j_m} \\ &= \tfrac{1}{2}\left(\frac{\partial^2 F_{j_1 \cdots j_m}}{\partial x^k \partial x^i} - \frac{\partial^2 F_{j_1 \cdots j_m}}{\partial x^i \partial x^k}\right)dx^k \wedge dx^i \wedge dx^{j_1} \wedge \cdots \wedge dx^{j_m} = 0\end{aligned}$$

すなわちポアンカレー補題が成り立つ． □

8.3　曲線座標における微分形式

命題 8.21 (n 次元体積要素)　n 次元曲線座標 $u^1, u^2, \cdots, u^n$ を用いると，du^i が基底 1 形式である．

$$dx^1 \wedge \cdots \wedge dx^n = \sqrt{g}\, du^1 \wedge \cdots \wedge du^n$$

が成り立つ．

証明　(5.6) の証明と同じで，

$$\begin{aligned}dx^1 \wedge \cdots \wedge dx^n &= a^1_{i_1} \cdots a^n_{i_n} du^{i_1} \wedge \cdots \wedge du^{i_n} \\ &= a^1_{i_1} \cdots a^n_{i_n} \varepsilon^{i_1 \cdots i_n} du^1 \wedge \cdots \wedge du^n = |\mathsf{J}| du^1 \wedge \cdots \wedge du^n\end{aligned}$$

になる．$|\mathsf{J}| = \sqrt{g}$ より与式が得られる．体積要素は

$$\sqrt{g}\, du^1 \wedge \cdots \wedge du^n = \sqrt{g}\, du^1 \cdots du^n = dV_{(n)}$$

になる． □

8.3 曲線座標における微分形式

命題 8.22（面積要素ベクトル） 面積要素ベクトルは

$$n_i \mathrm{d}V_{(n-1)} = (-1)^{i-1}\sqrt{g}\mathrm{d}u^1 \wedge \cdots \wedge \mathrm{d}u^{i-1} \wedge \mathrm{d}u^{i+1} \wedge \cdots \wedge \mathrm{d}u^n$$
$$= \frac{1}{(n-1)!}\varepsilon_{ii_1\cdots i_{n-1}}\mathrm{d}V_{(n-1)}^{i_1\cdots i_{n-1}} \tag{8.10}$$

によって与えられる．面積要素と有向面積要素は

$$\mathrm{d}V_{(n-1)} = (-1)^{i-1}\sqrt{g}\mathrm{d}u^1 \wedge \cdots \wedge \mathrm{d}u^{i-1} \wedge \mathrm{d}u^{i+1} \wedge \cdots \wedge \mathrm{d}u^n$$
$$\mathrm{d}V_{(n-1)}^{i_1\cdots i_{n-1}} = \sqrt{g}\mathrm{d}u^{i_1} \wedge \cdots \wedge \mathrm{d}u^{i_{n-1}} \tag{8.11}$$

である．

証明 $\mathrm{d}u^i \cdot \mathrm{d}u^1 \cdots \mathrm{d}u^{i-1}\mathrm{d}u^{i+1} \cdots \mathrm{d}u^n = \mathrm{d}u^1 \cdots \mathrm{d}u^n$ に対応する微分形式は $(-1)^{i-1}\mathrm{d}u^i \wedge \mathrm{d}u^1 \wedge \cdots \wedge \mathrm{d}u^{i-1} \wedge \mathrm{d}u^{i+1} \wedge \cdots \wedge \mathrm{d}u^n = \mathrm{d}u^1 \wedge \cdots \wedge \mathrm{d}u^n$ になるから (8.10) 第 1 式が得られる．また $n_i = \frac{\sqrt{g}}{\sqrt{\tilde{g}}}$ によって (8.11) 第 1 式が得られる．正系有向面積の微分形式は，$1,\cdots,i-1,i+1,\cdots,n$ の順に並べると $(-1)^{i-1}$ の符号がつく (3 次元の例では，正系有向面積 $\mathrm{d}u^3\mathrm{d}u^1$ は，$\mathrm{d}u^3 \wedge \mathrm{d}u^1 = -\mathrm{d}u^1 \wedge \mathrm{d}u^3$ になる)．同じ理由によって，(5.32) で定義した有向面積要素は

$$\mathrm{d}V_{(n-1)}^{i_1\cdots i_{n-1}} = \varepsilon^{i_1\cdots i_{n-1}}\sqrt{g}\mathrm{d}u^1 \wedge \cdots \wedge \mathrm{d}u^{i-1} \wedge \mathrm{d}u^{i+1} \wedge \cdots \wedge \mathrm{d}u^n$$

になり，(8.11) 第 2 式が得られる．演習 5.40 と同様に，(8.5) で与えた σ_p は

$$\sigma_p = (-1)^{i-1}\nu_p \mathrm{d}u^1 \wedge \cdots \wedge \mathrm{d}u^{i-1} \wedge \mathrm{d}u^{i+1} \wedge \cdots \wedge \mathrm{d}u^n$$

である．ν_p は (5.35) で与えた．この式は (5.36) の写像になっている．関係式 (5.34)，$\nu = \sqrt{\tilde{g}}$ に注意すると，$\sigma_p = \frac{\nu_p}{\sqrt{\tilde{g}}}\mathrm{d}V_{(n-1)} = \frac{\nu_p}{\nu}\mathrm{d}V_{(n-1)} = n_p \mathrm{d}V_{(n-1)}$ が得られる．面積要素ベクトルにほかならない． □

n 次元曲線座標 $u^1,\cdots,u^n$ における m 形式は

$$F = F_{i_1\cdots i_m}\mathrm{d}u^{i_1} \wedge \cdots \wedge \mathrm{d}u^{i_m}$$

である．その双対 $n-m$ 形式は

$${}^\star F = \frac{1}{(n-m)!}{}^\star F_{k_1\cdots k_{n-m}}\mathrm{d}u^{k_1} \wedge \cdots \wedge \mathrm{d}u^{k_{n-m}}$$

である．

定義 8.23（双対写像） 双対 $n-m$ 形式の係数は

$${}^\star F_{k_1\cdots k_{n-m}} = \sqrt{g}\,\varepsilon_{k_1\cdots k_{n-m}l_1\cdots l_m} F^{l_1\cdots l_m}$$

によって与えられる．反変成分は

$${}^\star F^{k_1\cdots k_{n-m}} = \frac{1}{\sqrt{g}}\varepsilon^{k_1\cdots k_{n-m}l_1\cdots l_m} F_{l_1\cdots l_m}$$

になる．因子 $\sqrt{g}$ の由来は (5.50) で与えた．

命題 8.24（ホッジ双対） n 次元曲線座標において，m 形式基底の双対は

$${}^\star(\mathrm{d}u^{i_1}\wedge\cdots\wedge\mathrm{d}u^{i_m})$$
$$= \frac{\sqrt{g}}{(n-m)!}\varepsilon_{k_1\cdots k_{n-m}l_1\cdots l_m} g^{l_1 i_1}\cdots g^{l_m i_m}\mathrm{d}u^{k_1}\wedge\cdots\wedge\mathrm{d}u^{k_{n-m}}$$

によって与えられる．とくに 0 形式と n 形式の双対は

$${}^\star 1 = \sqrt{g}\,\mathrm{d}u^1\wedge\cdots\wedge\mathrm{d}u^n$$
$${}^\star(\mathrm{d}u^1\wedge\cdots\wedge\mathrm{d}u^n) = \sqrt{g}\,\varepsilon_{l_1\cdots l_n} g^{l_1 1}\cdots g^{l_n n} = \frac{1}{\sqrt{g}}$$

になる．ここで $|g^{ij}| = \frac{1}{\sqrt{g}}$ を使った．3 次元では (8.12) になる．

証明 双対 ${}^\star F$ は，双対写像の定義を用いて，

$$\frac{\sqrt{g}}{(n-m)!}\varepsilon_{k_1\cdots k_{n-m}l_1\cdots l_m} F^{l_1\cdots l_m}\mathrm{d}u^{k_1}\wedge\cdots\wedge\mathrm{d}u^{k_{n-m}}$$
$$= \frac{\sqrt{g}}{(n-m)!}\varepsilon_{k_1\cdots k_{n-m}l_1\cdots l_m} g^{l_1 i_1}\cdots g^{l_m i_m} F_{i_1\cdots i_m}\mathrm{d}u^{k_1}\wedge\cdots\wedge\mathrm{d}u^{k_{n-m}}$$

になるから

$${}^\star F = F_{i_1\cdots i_m}\,{}^\star(\mathrm{d}u^{i_1}\wedge\cdots\wedge\mathrm{d}u^{i_m})$$

と比較し，m 形式基底の双対が得られる．3 次元曲線座標 u^1, u^2, u^3 の基底双対は

$$\left.\begin{array}{l} {}^\star 1 = \frac{1}{6}\sqrt{g}\,\varepsilon_{lmn}\mathrm{d}u^l\wedge\mathrm{d}u^m\wedge\mathrm{d}u^n \\ {}^\star\mathrm{d}u^i = \frac{1}{2}\sqrt{g}\,\varepsilon_{lmn}g^{li}\mathrm{d}u^m\wedge\mathrm{d}u^n \\ {}^\star(\mathrm{d}u^i\wedge\mathrm{d}u^j) = \sqrt{g}\,\varepsilon_{lmn}g^{li}g^{mj}\mathrm{d}u^n \\ {}^\star(\mathrm{d}u^i\wedge\mathrm{d}u^j\wedge\mathrm{d}u^k) = \sqrt{g}\,\varepsilon_{lmn}g^{li}g^{mj}g^{nk} = \frac{1}{\sqrt{g}}\varepsilon^{ijk} \end{array}\right\} \quad (8.12)$$

によって与えられる．第 2 式は，(8.4) を用いて，

$$\star \mathrm{d}u^i = \widehat{a}^i_s {}^\star \mathrm{d}x^s = \tfrac{1}{2}\widehat{a}^i_s \varepsilon_{pqr}\delta^{ps}\mathrm{d}x^q \wedge \mathrm{d}x^r$$
$$= \tfrac{1}{2}\varepsilon_{pqr}g^{li}a^p_l a^q_m a^r_n \mathrm{d}u^m \wedge \mathrm{d}u^n$$
$$= \tfrac{1}{2}\sqrt{g}\varepsilon_{lmn}g^{li}\mathrm{d}u^m \wedge \mathrm{d}u^n$$

によっても証明できる．途中で，(5.12) から得られる $\widehat{a}^i_s = g^{li}\delta_{ts}a^t_l$ を用いて，$\widehat{a}^i_s \delta^{ps} = g^{li}\delta_{ts}\delta^{ps}a^t_l = g^{li}a^p_l$ のように書き直した．他も同様である． □

定理 8.25（内積） 2 個の 1 形式 A と B の内積は

$$\langle A|B \rangle = A^i B_i = A_i B^i = {}^\star({}^\star A \wedge B)$$

で与えられる．

証明 1 形式 $A = A_i \mathrm{d}u^i$ の双対 ${}^\star A = A_i {}^\star \mathrm{d}u^i$ は，(8.12) によって

$$\star A = \tfrac{1}{2}\sqrt{g}A_i \varepsilon_{lmn}g^{li}\mathrm{d}u^m \wedge \mathrm{d}u^n$$
$$= \tfrac{1}{2}\sqrt{g}\varepsilon_{lmn}A^l \mathrm{d}u^m \wedge \mathrm{d}u^n$$
$$= \sqrt{g}(A^1 \mathrm{d}u^2 \wedge \mathrm{d}u^3 + A^2 \mathrm{d}u^3 \wedge \mathrm{d}u^1 + A^3 \mathrm{d}u^1 \wedge \mathrm{d}u^2) \quad (8.13)$$

になる．デカルト座標の (8.6) に対応する．1 形式 $B = B_1 \mathrm{d}u^1 + B_2 \mathrm{d}u^2 + B_3 \mathrm{d}u^3$ とのウェッジ積は

$$\star A \wedge B = \sqrt{g}A^i B_i \mathrm{d}u^1 \wedge \mathrm{d}u^2 \wedge \mathrm{d}u^3$$

になる．${}^\star A \wedge B$ の双対は与式になる．n 次元でも同様である． □

定理 8.26（発散密度） 1 形式 A の発散密度は

$$\star(\mathrm{d}{}^\star A) = \frac{1}{\sqrt{g}}\frac{\partial \sqrt{g}A^i}{\partial u^i}$$

によって与えられる．

証明 ${}^\star A$ の外微分は，

$$\mathrm{d}{}^\star A = \tfrac{1}{2}\frac{\partial \sqrt{g}A^i}{\partial u^h}\varepsilon_{ijk}\mathrm{d}u^h \wedge \mathrm{d}u^j \wedge \mathrm{d}u^k = \frac{\partial \sqrt{g}A^i}{\partial u^i}\mathrm{d}u^1 \wedge \mathrm{d}u^2 \wedge \mathrm{d}u^3$$

になる． □

定理 8.27（共変外微分） 1 形式 A, 2 形式 F の共変外微分は

$$\mathrm{D}A = \nabla_i A_j \mathrm{d}u^i \wedge \mathrm{d}u^j, \qquad \mathrm{D}F = \nabla_i F_{jk} \mathrm{d}u^i \wedge \mathrm{d}u^j \wedge \mathrm{d}u^k$$

によって与えられる.

証明 $\mathrm{d}A = \frac{\partial A_j}{\partial u^i} \mathrm{d}u^i$ はスカラーではないから $\frac{\partial A_j}{\partial u^i}$ を共変導関数に置きかえればよい. 2 形式も高階の微分も同様である. □

定理 8.28（カルタンの構造式） カルタンはアインシュタインの重力理論を非対称性を持つ接続係数に拡張した. **カルタンの第 1 構造式，第 2 構造式**は

$$\Omega^l = \mathrm{d}u^k \wedge \omega_k{}^l, \qquad \Omega_m{}^l = \mathrm{d}\omega_m{}^l + \omega_k{}^l \wedge \omega_m{}^k$$

によって与えられる. ここで $\omega_k{}^l$ は (5.41) で定義した**接続 1 形式**において, クリストフェル記号 $\{{}^{\ l}_{ik}\}$ を Γ^l_{ik} に拡張した

$$\omega_k{}^l = \mathrm{d}u^i \Gamma^l_{ik} \tag{8.14}$$

である.

証明 接続 1 形式を第 1 構造式に代入すると**ねじれ率 2 形式**

$$\Omega^l = \Gamma^l_{ik} \mathrm{d}u^k \wedge \mathrm{d}u^i = \tfrac{1}{2} T^l_{ik} \mathrm{d}u^k \wedge \mathrm{d}u^i$$

が得られる. **ねじれ率テンソル**

$$T^l_{ik} = \Gamma^l_{ik} - \Gamma^l_{ki} \tag{8.15}$$

は接続係数の非対称性を表し, Γ^l_{ik} を $\{{}^{\ l}_{ik}\}$ とする場合は, 対称性 (5.42) により $\Omega^l = 0$ である. 第 2 構造式に接続 1 形式を代入すると**曲率 2 形式**

$$\Omega_m{}^l = \tfrac{\partial}{\partial u^i} \Gamma^l_{jm} \mathrm{d}u^i \wedge \mathrm{d}u^j + \Gamma^l_{ik} \Gamma^k_{jm} \mathrm{d}u^i \wedge \mathrm{d}u^j$$

$$= \tfrac{1}{2} \left(\tfrac{\partial}{\partial u^i} \Gamma^l_{jm} - \tfrac{\partial}{\partial u^j} \Gamma^l_{im} + \Gamma^l_{ik} \Gamma^k_{jm} - \Gamma^l_{jk} \Gamma^k_{im} \right) \mathrm{d}u^i \wedge \mathrm{d}u^j$$

が得られる. リーマン曲率テンソルの定義 (6.37) においてすべてのクリストフェル記号を Γ で置きかえた

$$R^l{}_{mij} = \frac{\partial}{\partial u^i} \Gamma^l_{jm} - \frac{\partial}{\partial u^j} \Gamma^l_{im} + \Gamma^l_{ik} \Gamma^k_{jm} - \Gamma^l_{jk} \Gamma^k_{im} \tag{8.16}$$

を用いて，曲率 2 形式は

$$\Omega_m{}^l = \tfrac{1}{2} R^l{}_{mij} \mathrm{d}u^i \wedge \mathrm{d}u^j \tag{8.17}$$

になる． □

> **命題 8.29** 対称な接続係数に対して，恒等式
>
> $$R^l{}_{mij} \mathrm{d}u^m \wedge \mathrm{d}u^i \wedge \mathrm{d}u^j = 0$$
> $$\nabla_k R^l{}_{mij} \mathrm{d}u^k \wedge \mathrm{d}u^i \wedge \mathrm{d}u^j = 0$$
>
> が成り立つ．第 1 式から巡回恒等式 (6.38)，第 2 式からビアンキ恒等式 (6.43) が得られる．いずれの恒等式も，非対称な接続係数に対しては成り立たない．

証明 Ω^l の外微分は

$$\begin{aligned}
\mathrm{d}\Omega^l &= -\mathrm{d}u^m \wedge \mathrm{d}\omega_m{}^l \\
&= -\mathrm{d}u^m \wedge \Omega_m{}^l \\
&= -\tfrac{1}{2} R^l{}_{mij} \mathrm{d}u^m \wedge \mathrm{d}u^i \wedge \mathrm{d}u^j
\end{aligned}$$

である．対称な接続係数に対して $\Omega^l = 0$ になり第 1 式が得られる．(8.17) で与えた $\Omega_m{}^l$ の共変外微分は

$$\mathrm{D}\Omega_m{}^l = \tfrac{1}{2} \nabla_k R^l{}_{mij} \mathrm{d}u^k \wedge \mathrm{d}u^i \wedge \mathrm{d}u^j$$

である．$R^l{}_{mij}$ の共変導関数

$$\nabla_k R^l{}_{mij} = \frac{\partial R^l{}_{mij}}{\partial u^k} + \Gamma^l_{kn} R^n{}_{mij} - \Gamma^n_{km} R^l{}_{nij} - \Gamma^n_{ki} R^l{}_{mnj} - \Gamma^n_{kj} R^l{}_{min}$$

を使うと

$$\begin{aligned}
\mathrm{D}\Omega_m{}^l &= \tfrac{1}{2} \left(\frac{\partial R^l{}_{mij}}{\partial u^k} + \Gamma^l_{kn} R^n{}_{mij} - \Gamma^n_{km} R^l{}_{nij} \right) \mathrm{d}u^k \wedge \mathrm{d}u^i \wedge \mathrm{d}u^j \\
&= \tfrac{1}{2} (\nabla_k R^l{}_{mij} + \Gamma^n_{ki} R^l{}_{mnj} + \Gamma^n_{kj} R^l{}_{min}) \mathrm{d}u^k \wedge \mathrm{d}u^i \wedge \mathrm{d}u^j
\end{aligned}$$

に帰着する．2 行目括弧内最後の 2 項でダミー添字 ijk を巡回的に変え，リーマン曲率テンソルの反対称性 $R^l{}_{mij} = -R^l{}_{mji}$ を使うと

$$\tfrac{1}{6} (T^n_{jk} R^l{}_{mni} + T^n_{ki} R^l{}_{mnj} + T^n_{ij} R^l{}_{mnk}) \mathrm{d}u^k \wedge \mathrm{d}u^i \wedge \mathrm{d}u^j$$

になり，接続係数が対称性を持つときこれらは消えるから第 2 式が得られる．カルタンの第 2 構造式を使うと $\Omega_m{}^l$ の外微分は

$$\begin{aligned}
\mathrm{d}\Omega_m{}^l &= \mathrm{d}\omega_k{}^l \wedge \omega_m{}^k - \omega_k{}^l \wedge \mathrm{d}\omega_m{}^k \\
&= (\Omega_k{}^l - \omega_h{}^l \wedge \omega_k{}^h) \wedge \omega_m{}^k - \omega_k{}^l \wedge (\Omega_m{}^k - \omega_h{}^k \wedge \omega_m{}^h) \\
&= \Omega_k{}^l \wedge \omega_m{}^k - \omega_k{}^l \wedge \Omega_m{}^k
\end{aligned}$$

になるから

$$0 = \mathrm{D}\Omega_m{}^l = \mathrm{d}\Omega_m{}^l + \omega_k{}^l \wedge \Omega_m{}^k - \Omega_k{}^l \wedge \omega_m{}^k$$

が成立する． □

8.4 正規直交曲線座標における微分形式

定義 8.30（正規直交基底 1 形式） 3 次元正規直交座標では (5.54) で与えた正規直交基底 1 形式

$$\theta^1 = h_1 \mathrm{d}u^1, \quad \theta^2 = h_2 \mathrm{d}u^2, \quad \theta^3 = h_3 \mathrm{d}u^3$$

によって任意の 1 形式は

$$A = A_1 \mathrm{d}u^1 + A_2 \mathrm{d}u^2 + A_3 \mathrm{d}u^3 = \hat{A}_1 \theta^1 + \hat{A}_2 \theta^2 + \hat{A}_3 \theta^3$$

と表すことができる．ここで (5.53) のように

$$\hat{A}_1 = \frac{A_1}{h_1} = h_1 A^1 = \hat{A}^1, \quad \hat{A}_2 = \frac{A_2}{h_2} = h_2 A^2 = \hat{A}^2, \quad \hat{A}_3 = \frac{A_3}{h_3} = h_3 A^3 = \hat{A}^3$$

を定義した．基底 3 形式は

$$\theta^1 \wedge \theta^2 \wedge \theta^3 = h_1 h_2 h_3 \mathrm{d}u^1 \wedge \mathrm{d}u^2 \wedge \mathrm{d}u^3 = \sqrt{g}\, \mathrm{d}u^1 \wedge \mathrm{d}u^2 \wedge \mathrm{d}u^3$$

になる．

演習 8.31 正規直交基底 1 形式は

$$\left.\begin{aligned}
{}^\star\theta^1 &= \theta^2 \wedge \theta^3, \quad {}^\star\theta^2 = \theta^3 \wedge \theta^1, \quad {}^\star\theta^3 = \theta^1 \wedge \theta^2 \\
{}^\star(\theta^2 \wedge \theta^3) &= \theta^1,\ {}^\star(\theta^3 \wedge \theta^1) = \theta^2,\ {}^\star(\theta^1 \wedge \theta^2) = \theta^3
\end{aligned}\right\} \quad (8.18)$$

を満たす．

証明 命題 8.24 で証明したように，正規直交基底 1 形式の双対は

$$\left.\begin{array}{l}{}^\star\mathrm{d}u^1 = \sqrt{g}g^{11}\mathrm{d}u^2 \wedge \mathrm{d}u^3 = \dfrac{h_2h_3}{h_1}\mathrm{d}u^2 \wedge \mathrm{d}u^3 \\ {}^\star(\mathrm{d}u^2 \wedge \mathrm{d}u^3) = \sqrt{g}g^{22}g^{33}\mathrm{d}u^1 = \dfrac{g_{11}}{\sqrt{g}}\mathrm{d}u^1 = \dfrac{h_1}{h_2h_3}\mathrm{d}u^1\end{array}\right\} \quad (8.19)$$

になる．これらから (8.18) が得られる．球座標に対しては

$${}^\star\mathrm{d}r = \sqrt{g}g^{11}\mathrm{d}\theta \wedge \mathrm{d}\varphi, \quad {}^\star\mathrm{d}\theta = \sqrt{g}g^{22}\mathrm{d}\varphi \wedge \mathrm{d}r, \quad {}^\star\mathrm{d}\varphi = \sqrt{g}g^{33}\mathrm{d}r \wedge \mathrm{d}\theta$$

を計算すれば

$${}^\star\mathrm{d}r = r^2\sin\theta\mathrm{d}\theta \wedge \mathrm{d}\varphi, \quad {}^\star\mathrm{d}\theta = \sin\theta\mathrm{d}\varphi \wedge \mathrm{d}r, \quad {}^\star\mathrm{d}\varphi = \dfrac{1}{\sin\theta}\mathrm{d}r \wedge \mathrm{d}\theta$$

になる． □

問題 8.32 (6.6) で与えた発散密度を導け．

証明 A の双対は

$$\begin{aligned}{}^\star A &= \hat{A}^1\theta^2 \wedge \theta^3 + \hat{A}^2\theta^3 \wedge \theta^1 + \hat{A}^3\theta^1 \wedge \theta^2 \\ &= h_2h_3\hat{A}^1\mathrm{d}u^2 \wedge \mathrm{d}u^3 + h_3h_1\hat{A}^2\mathrm{d}u^3 \wedge \mathrm{d}u^1 + h_1h_2\hat{A}^3\mathrm{d}u^1 \wedge \mathrm{d}u^2\end{aligned}$$

である．その外微分は

$$\begin{aligned}\mathrm{d}{}^\star A &= \left(\dfrac{\partial h_2h_3\hat{A}^1}{\partial u^1} + \dfrac{\partial h_3h_1\hat{A}^2}{\partial u^2} + \dfrac{\partial h_1h_2\hat{A}^3}{\partial u^3}\right)\mathrm{d}u^1 \wedge \mathrm{d}u^2 \wedge \mathrm{d}u^3 \\ &= \tfrac{1}{\sqrt{g}}\left(\dfrac{\partial h_2h_3\hat{A}^1}{\partial u^1} + \dfrac{\partial h_3h_1\hat{A}^2}{\partial u^2} + \dfrac{\partial h_1h_2\hat{A}^3}{\partial u^3}\right)\theta^1 \wedge \theta^2 \wedge \theta^3\end{aligned}$$

になる． □

問題 8.33 (6.7) で与えたスカラー関数に対するラプラス-ベルトラミ演算子を導け．

証明 スカラー関数 f の微分 $\mathrm{d}f$ は

$$\mathrm{d}f = \dfrac{1}{h_1}\dfrac{\partial f}{\partial u^1}\theta^1 + \dfrac{1}{h_2}\dfrac{\partial f}{\partial u^2}\theta^2 + \dfrac{1}{h_3}\dfrac{\partial f}{\partial u^3}\theta^3$$

になる．したがってその双対

$${}^\star\mathrm{d}f = \dfrac{1}{h_1}\dfrac{\partial f}{\partial u^1}\theta^2 \wedge \theta^3 + \dfrac{1}{h_2}\dfrac{\partial f}{\partial u^2}\theta^3 \wedge \theta^1 + \dfrac{1}{h_3}\dfrac{\partial f}{\partial u^3}\theta^1 \wedge \theta^2$$

を $\mathrm{d}u^i$ によって書き直すと

$$^\star \mathrm{d}f = \frac{h_2 h_3}{h_1}\frac{\partial f}{\partial u^1}\mathrm{d}u^2 \wedge \mathrm{d}u^3 + \frac{h_3 h_1}{h_2}\frac{\partial f}{\partial u^2}\mathrm{d}u^3 \wedge \mathrm{d}u^1 + \frac{h_1 h_2}{h_3}\frac{\partial f}{\partial u^3}\mathrm{d}u^1 \wedge \mathrm{d}u^2$$

が得られる．その外微分は

$$\mathrm{d}^\star \mathrm{d}f = \left\{\frac{\partial}{\partial u^1}\left(\frac{h_2 h_3}{h_1}\frac{\partial f}{\partial u^1}\right) + \frac{\partial}{\partial u^2}\left(\frac{h_3 h_1}{h_2}\frac{\partial f}{\partial u^2}\right)\right.$$
$$\left.+ \frac{\partial}{\partial u^3}\left(\frac{h_1 h_2}{h_3}\frac{\partial f}{\partial u^3}\right)\right\}\mathrm{d}u^1 \wedge \mathrm{d}u^2 \wedge \mathrm{d}u^3 = \nabla^2 f \theta^1 \wedge \theta^2 \wedge \theta^3$$

になり，その双対

$$^\star(\mathrm{d}^\star \mathrm{d}f) = \nabla^2 f$$

がラプラス-ベルトラミ演算子を与える． □

問題 8.34 (6.11) で与えた回転密度を求めよ．

証明 1 形式

$$A = h_1 \hat{A}_1 \mathrm{d}u^1 + h_2 \hat{A}_2 \mathrm{d}u^2 + h_3 \hat{A}_3 \mathrm{d}u^3$$

の外微分は

$$\mathrm{d}A = \left(\frac{\partial h_3 \hat{A}_3}{\partial u^2} - \frac{\partial h_2 \hat{A}_2}{\partial u^3}\right)\mathrm{d}u^2 \wedge \mathrm{d}u^3$$
$$+ \left(\frac{\partial h_1 \hat{A}_1}{\partial u^3} - \frac{\partial h_3 \hat{A}_3}{\partial u^1}\right)\mathrm{d}u^3 \wedge \mathrm{d}u^1 + \left(\frac{\partial h_2 \hat{A}_2}{\partial u^1} - \frac{\partial h_1 \hat{A}_1}{\partial u^2}\right)\mathrm{d}u^1 \wedge \mathrm{d}u^2$$

である．その双対は，(8.19) を用いると，

$$^\star \mathrm{d}A = \tfrac{1}{\sqrt{g}}\left(\frac{\partial h_3 \hat{A}_3}{\partial u^2} - \frac{\partial h_2 \hat{A}_2}{\partial u^3}\right)h_1 \theta^1$$
$$+ \tfrac{1}{\sqrt{g}}\left(\frac{\partial h_1 \hat{A}_1}{\partial u^3} - \frac{\partial h_3 \hat{A}_3}{\partial u^1}\right)h_2 \theta^2 + \tfrac{1}{\sqrt{g}}\left(\frac{\partial h_2 \hat{A}_2}{\partial u^1} - \frac{\partial h_1 \hat{A}_1}{\partial u^2}\right)h_3 \theta^3$$

となる．(6.11) で与えた $\boldsymbol{\nabla} \times \mathbf{A}$ に対応して

$$^\star \mathrm{d}A = \frac{1}{h_1 h_2 h_3}\begin{vmatrix} h_1 \theta^1 & \frac{\partial}{\partial u^1} & h_1 \hat{A}_1 \\ h_2 \theta^2 & \frac{\partial}{\partial u^2} & h_2 \hat{A}_2 \\ h_3 \theta^3 & \frac{\partial}{\partial u^3} & h_3 \hat{A}_3 \end{vmatrix}$$

が得られる． □

8.4 正規直交曲線座標における微分形式

曲面上で正規直交基底 ϵ_1, ϵ_2 を設定すれば定義 7.52 のように正規直交基底 1 形式 θ^1, θ^2 を定義できる．正規直交接続 1 形式 $\varpi_m{}^l, \varpi_m{}^3$ は定義 7.53 で与えた．

命題 8.35 (第 1, 第 2 構造式) 第 1, 第 2 構造式は

$$\mathrm{d}\theta^1 = \theta^2 \wedge \varpi_2{}^1, \quad \mathrm{d}\theta^2 = \theta^1 \wedge \varpi_1{}^2, \quad \mathrm{d}\varpi_2{}^1 = K\theta^1 \wedge \theta^2 \tag{8.20}$$

によって与えられる．

証明 ポアンカレー補題によって $\mathrm{d}(\mathrm{d}\mathbf{x}) = 0$ が成り立つから

$$0 = \mathrm{d}(\mathrm{d}\mathbf{x}) = \mathrm{d}(\epsilon_m \theta^m) = \epsilon_l(\mathrm{d}\theta^l - \theta^m \wedge \varpi_m{}^l) - \mathbf{n}\theta^m \wedge \varpi_m{}^3$$

が得られるが，右辺第 3 項は，b_{lm} の対称性により

$$\theta^m \wedge \varpi_m{}^3 = \theta^m \wedge \theta^l b_{lm} = 0$$

になり，第 1 構造式 $\mathrm{d}\theta^l = \theta^m \wedge \varpi_m{}^l$ が得られる．再度ポアンカレー補題を使うと

$$0 = \mathrm{d}(\mathrm{d}\epsilon_m) = \mathrm{d}(\varpi_m{}^l \epsilon_l + \varpi_m{}^3 \mathbf{n})$$
$$= (\mathrm{d}\varpi_m{}^l + \varpi_k{}^l \wedge \varpi_m{}^k + \varpi_3{}^l \wedge \varpi_m{}^3)\epsilon_l + (\mathrm{d}\varpi_m{}^3 + \varpi_l{}^3 \wedge \varpi_m{}^l)\mathbf{n}$$

が成り立たなければならないから

$$\mathrm{d}\varpi_m{}^l = -\varpi_k{}^l \wedge \varpi_m{}^k - \varpi_3{}^l \wedge \varpi_m{}^3, \quad \mathrm{d}\varpi_m{}^3 = -\varpi_l{}^3 \wedge \varpi_m{}^l \tag{8.21}$$

が得られる．第 1 式右辺を計算すると

$$\mathrm{d}\varpi_m{}^l = \varpi_m{}^k \wedge \varpi_k{}^l + \varpi^l{}_3 \wedge \varpi_m{}^3 = \varpi_m{}^k \wedge \varpi_k{}^l + b_h{}^l b_{km} \theta^h \wedge \theta^k$$

である．$\varpi_m{}^l$ は反対称なので，独立な成分は

$$\mathrm{d}\varpi_2{}^1 = \mathrm{d}\varpi_{21} = b_{h1}b_{k2}\theta^h \wedge \theta^k = (b_{11}b_{22} - b_{21}b_{12})\theta^1 \wedge \theta^2$$

だけである．(7.53) から第 2 構造式 $\mathrm{d}\varpi_2{}^1 = K\theta^1 \wedge \theta^2$ になる．一方 (8.21) 第 2 式の左辺，右辺を

$$\mathrm{d}\varpi_m{}^3 = \mathrm{d}(b_{km}\theta^k) = (\mathrm{d}b_{km} - b_{lm}\varpi_k{}^l) \wedge \theta^k$$
$$\varpi_m{}^l \wedge \varpi_l{}^3 = b_{kl}\varpi_m{}^l \wedge \theta^k$$

と書き直すと，

$$(\mathrm{d}b_{km} - \varpi_k{}^l b_{lm} - \varpi_m{}^l b_{kl}) \wedge \theta^k = b_{km,h} \theta^h \wedge \theta^k = 0 \qquad (8.22)$$

が得られる．ここで $b_{km,h}$ は，(6.28) に対応する共変微分演算子によって

$$\mathrm{d}b_{km} - \varpi_k{}^l b_{lm} - \omega_m{}^l b_{kl} = \mathrm{d}u^i \nabla_i b_{km}$$
$$\nabla_i b_{km} = \tfrac{\partial b_{km}}{\partial u^i} - b_{lm}\gamma_{ik}^l - b_{kl}\gamma_{im}^l \equiv \alpha_i^h b_{km,h}$$

のように定義した．(8.22) は対称性

$$b_{km,h} = b_{hm,k}$$

を意味する．h_{ij} に対するコダッツィの公式 (7.38) に対応している． □

8.5 微分形式のマクスウェル方程式

命題 8.36 微分形式におけるマクスウェル方程式は

$$\mathrm{d}F = 0, \qquad \mathrm{d}^\star F = 0 \qquad (8.23)$$

になる．

証明 電場は 3 次元ベクトル，すなわち 1 形式で

$$E = E_1 \mathrm{d}x^1 + E_2 \mathrm{d}x^2 + E_3 \mathrm{d}x^3$$

のように表すことができる．磁場は反対称テンソル，すなわち 2 形式で

$$B = B^1 \mathrm{d}x^2 \wedge \mathrm{d}x^3 + B^2 \mathrm{d}x^3 \wedge \mathrm{d}x^1 + B^3 \mathrm{d}x^1 \wedge \mathrm{d}x^2$$

の形をしている．ミンコフスキー空間で，$\mathrm{d}x^0, \mathrm{d}x^1, \mathrm{d}x^2, \mathrm{d}x^3$ を基底に選べば，場の強さ F は 2 形式で，定義 6.69 に対応して，

$$\begin{aligned}F =\ & E_1 \mathrm{d}x^1 \wedge \mathrm{d}x^0 + E_2 \mathrm{d}x^2 \wedge \mathrm{d}x^0 + E_3 \mathrm{d}x^3 \wedge \mathrm{d}x^0 \\ & + B^1 \mathrm{d}x^2 \wedge \mathrm{d}x^3 + B^2 \mathrm{d}x^3 \wedge \mathrm{d}x^1 + B^3 \mathrm{d}x^1 \wedge \mathrm{d}x^2\end{aligned}$$

8.5 微分形式のマクスウェル方程式

になる．F の外微分は

$$\mathrm{d}F = \Big(\frac{\partial B^1}{\partial x^1} + \frac{\partial B^2}{\partial x^2} + \frac{\partial B^3}{\partial x^3}\Big)\mathrm{d}x^1 \wedge \mathrm{d}x^2 \wedge \mathrm{d}x^3 + \Big(\frac{\partial E_2}{\partial x^1} - \frac{\partial E_1}{\partial x^2} + \frac{\partial B^3}{\partial x^0}\Big)\mathrm{d}x^0 \wedge \mathrm{d}x^1 \wedge \mathrm{d}x^2$$
$$+ \Big(\frac{\partial E_3}{\partial x^2} - \frac{\partial E_2}{\partial x^3} + \frac{\partial B^1}{\partial x^0}\Big)\mathrm{d}x^0 \wedge \mathrm{d}x^2 \wedge \mathrm{d}x^3 + \Big(\frac{\partial E_1}{\partial x^3} - \frac{\partial E_3}{\partial x^1} + \frac{\partial B^2}{\partial x^0}\Big)\mathrm{d}x^0 \wedge \mathrm{d}x^3 \wedge \mathrm{d}x^1$$

になるから，(6.48) を代入すると $\mathrm{d}F = 0$ となり，(8.23) 第 1 式が得られる．また，

$$\begin{aligned}
{}^\star(\mathrm{d}x^1 \wedge \mathrm{d}x^2) &= -\mathrm{d}x^3 \wedge \mathrm{d}x^0, & {}^\star(\mathrm{d}x^3 \wedge \mathrm{d}x^0) &= \mathrm{d}x^1 \wedge \mathrm{d}x^2 \\
{}^\star(\mathrm{d}x^2 \wedge \mathrm{d}x^3) &= -\mathrm{d}x^1 \wedge \mathrm{d}x^0, & {}^\star(\mathrm{d}x^1 \wedge \mathrm{d}x^0) &= \mathrm{d}x^2 \wedge \mathrm{d}x^3 \\
{}^\star(\mathrm{d}x^3 \wedge \mathrm{d}x^1) &= -\mathrm{d}x^2 \wedge \mathrm{d}x^0, & {}^\star(\mathrm{d}x^2 \wedge \mathrm{d}x^0) &= \mathrm{d}x^3 \wedge \mathrm{d}x^1
\end{aligned}$$

が成り立つから F の双対は，定義 6.72 により，

$$\begin{aligned}
{}^\star F = &-B_1 \mathrm{d}x^1 \wedge \mathrm{d}x^0 - B_2 \mathrm{d}x^2 \wedge \mathrm{d}x^0 - B_3 \mathrm{d}x^3 \wedge \mathrm{d}x^0 \\
&+ E^1 \mathrm{d}x^2 \wedge \mathrm{d}x^3 + E^2 \mathrm{d}x^3 \wedge \mathrm{d}x^1 + E^3 \mathrm{d}x^1 \wedge \mathrm{d}x^2
\end{aligned}$$

になる．${}^\star F$ の外微分

$$\mathrm{d}{}^\star F = \Big(\frac{\partial E^1}{\partial x^1} + \frac{\partial E^2}{\partial x^2} + \frac{\partial E^3}{\partial x^3}\Big)\mathrm{d}x^1 \wedge \mathrm{d}x^2 \wedge \mathrm{d}x^3 + \Big(\frac{\partial E^3}{\partial x^0} - \frac{\partial B_2}{\partial x^1} + \frac{\partial B_1}{\partial x^2}\Big)\mathrm{d}x^0 \wedge \mathrm{d}x^1 \wedge \mathrm{d}x^2$$
$$+ \Big(\frac{\partial E^1}{\partial x^0} - \frac{\partial B_3}{\partial x^2} + \frac{\partial B_2}{\partial x^3}\Big)\mathrm{d}x^0 \wedge \mathrm{d}x^2 \wedge \mathrm{d}x^3 + \Big(\frac{\partial E^2}{\partial x^0} - \frac{\partial B_1}{\partial x^3} + \frac{\partial B_3}{\partial x^1}\Big)\mathrm{d}x^0 \wedge \mathrm{d}x^3 \wedge \mathrm{d}x^1$$

において，右辺の括弧内を書き直し，(6.47) を用いると $\mathrm{d}{}^\star F = 0$，すなわち (8.23) 第 2 式が得られる．

電磁ポテンシャル（電位 A_0 とベクトルポテンシャル $\mathbf{A}$）は 1 形式

$$A = -A_0 \mathrm{d}x^0 + A_1 \mathrm{d}x^1 + A_2 \mathrm{d}x^2 + A_3 \mathrm{d}x^3$$

になる．その外微分は

$$\mathrm{d}A = \Big(-\frac{\partial A_0}{\partial x^1} - \frac{\partial A_1}{\partial x^0}\Big)\mathrm{d}x^1 \wedge \mathrm{d}x^0 + \Big(-\frac{\partial A_0}{\partial x^2} - \frac{\partial A_2}{\partial x^0}\Big)\mathrm{d}x^2 \wedge \mathrm{d}x^0 + \Big(-\frac{\partial A_0}{\partial x^3} - \frac{\partial A_3}{\partial x^0}\Big)\mathrm{d}x^3 \wedge \mathrm{d}x^0$$
$$+ \Big(\frac{\partial A_3}{\partial x^2} - \frac{\partial A_2}{\partial x^3}\Big)\mathrm{d}x^2 \wedge \mathrm{d}x^3 + \Big(\frac{\partial A_1}{\partial x^3} - \frac{\partial A_3}{\partial x^1}\Big)\mathrm{d}x^3 \wedge \mathrm{d}x^1 + \Big(\frac{\partial A_2}{\partial x^1} - \frac{\partial A_1}{\partial x^2}\Big)\mathrm{d}x^1 \wedge \mathrm{d}x^2$$

になる．電場と磁場は電磁ポテンシャルによって

$$\mathbf{E} = -\boldsymbol{\nabla} A_0 - \frac{\partial \mathbf{A}}{\partial x^0}, \qquad \mathbf{B} = \boldsymbol{\nabla} \times \mathbf{A}$$

と表すことができるから

$$\mathrm{d}A = F$$

が得られる．これは $\mathrm{d}F = 0$ の結果である．定理 4.25, 4.26 で与えたポアンカレ補題の逆を意味している． □

命題 8.37 曲線座標におけるマクスウェル方程式は

$$\mathrm{D}F = 0, \qquad \mathrm{D}^\star F = 0$$

になる．

証明 場の強さは反対称テンソルなので

$$F = \tfrac{1}{2} F_{jk} \mathrm{d}u^j \wedge \mathrm{d}u^k$$

と書くことができる．その共変外微分は

$$\begin{aligned}\mathrm{D}F &= \tfrac{1}{2} \nabla_i F_{jk} \mathrm{d}u^i \wedge \mathrm{d}u^j \wedge \mathrm{d}u^k \\ &= \tfrac{1}{6}(\nabla_i F_{jk} + \nabla_j F_{ki} + \nabla_k F_{ij}) \mathrm{d}u^i \wedge \mathrm{d}u^j \wedge \mathrm{d}u^k\end{aligned}$$

になるから (6.49) によって $\mathrm{D}F = 0$ が成り立つ．また (6.49) で示したように

$$\nabla_i F_{jk} + \nabla_j F_{ki} + \nabla_k F_{ij} = \frac{\partial F_{jk}}{\partial u^i} + \frac{\partial F_{ki}}{\partial u^j} + \frac{\partial F_{ij}}{\partial u^k} = 0$$

が成り立つから $\mathrm{d}F = 0$ としてもよい．

双対テンソル

$${}^\star F = \tfrac{1}{2} {}^\star F_{lm} \mathrm{d}u^l \wedge \mathrm{d}u^m = \tfrac{\sqrt{-g}}{4} \varepsilon_{lmkj} F^{kj} \mathrm{d}u^l \wedge \mathrm{d}u^m$$

の共変外微分

$$\mathrm{D}^\star F = \tfrac{1}{2} \nabla_i {}^\star F_{lm} \mathrm{d}u^i \wedge \mathrm{d}u^l \wedge \mathrm{d}u^m = \tfrac{\sqrt{-g}}{4} \varepsilon_{lmkj} \nabla_i F^{kj} \mathrm{d}u^i \wedge \mathrm{d}u^l \wedge \mathrm{d}u^m$$

において恒等的に

$$\tfrac{1}{2} \varepsilon_{lmkj} \nabla_i F^{kj} \mathrm{d}u^i \wedge \mathrm{d}u^l \wedge \mathrm{d}u^m = \tfrac{1}{3} \varepsilon_{lmkj} \nabla_i F^{ij} \mathrm{d}u^k \wedge \mathrm{d}u^l \wedge \mathrm{d}u^m$$

が成立するから，曲線座標のマクスウェル方程式，(6.50) 第 1 式 $\nabla_i F^{ij} = 0$ によって

$$\mathrm{D}^\star F = \tfrac{\sqrt{-g}}{6} \varepsilon_{lmkj} \nabla_i F^{ij} \mathrm{d}u^k \wedge \mathrm{d}u^l \wedge \mathrm{d}u^m = 0$$

が得られる． □

8.6 微分形式の自然基底

n 次元曲線座標における微分 1 形式

$$A = A_1 \mathrm{d}u^1 + A_2 \mathrm{d}u^2 + \cdots + A_n \mathrm{d}u^n$$

は基底 $\mathrm{d}u^1, \mathrm{d}u^1, \cdots, \mathrm{d}u^n$ による展開で，展開係数 $A_1, A_2, \cdots, A_n$ は，ベクトル $\mathbf{A}$ の反変基底 $\mathbf{a}^1, \mathbf{a}^1, \cdots, \mathbf{a}^n$ による展開

$$\mathbf{A} = A_1 \mathbf{a}^1 + A_2 \mathbf{a}^2 + \cdots + A_n \mathbf{a}^n$$

の共変成分を表していた．それに対し，ベクトルの反変成分は

$$A^i = g^{ij} A_j$$

を用いて定義し，基底を用いなかった．本節では $\mathrm{d}u^i$ の双対になる基底を導入し，ねじり率テンソル，曲率テンソルについて考察する．

定義 8.38 (線形形式) 1 形式 A の基底 a^i による展開

$$A = A_1 a^1 + A_2 a^2 + \cdots + A_n a^n = A_i a^i$$

とベクトル $\mathbf{A}$ の基底 $\mathbf{a}^i$ による展開

$$\mathbf{A} = A_1 \mathbf{a}^1 + A_2 \mathbf{a}^2 + \cdots + A_n \mathbf{a}^n = A_i \mathbf{a}^i$$

は線形形式

$$\langle A | B \rangle = \mathbf{A} \cdot \mathbf{B} = A_i B^i$$

による写像である．$A = A_i a^i$ と B の内積を取ると

$$\langle A | B \rangle = \langle A_i a^i | B \rangle = A_i \langle a^i | B \rangle$$

になる．そこで写像

$$\langle a^i | B \rangle = \mathbf{a}^i \cdot \mathbf{B} = B^i$$

によって内積は

$$\langle A | B \rangle = A_i B^i$$

になり従来の定義に一致する．

定理 8.39（自然基底と双対基底） n 次元空間において微分形式は

$$a^1 = \mathrm{d}u^1, \ a^2 = \mathrm{d}u^2, \ \cdots, \ a^n = \mathrm{d}u^n, \qquad a^i = \mathrm{d}u^i$$

を基底にしている．それに双対な n 次元接空間における基底は

$$a_1 = \frac{\partial}{\partial u^1}, \ a_2 = \frac{\partial}{\partial u^2}, \ \cdots, \ a_n = \frac{\partial}{\partial u^n}, \qquad a_i = \frac{\partial}{\partial u^i}$$

によって与えられる．a_i が自然基底，a^i が双対基底をなす．

証明 a_i は線形独立であればよい．もしそれらが線形従属なら，すべてが 0 ではない α^i によって

$$\alpha^1 a_1 + \alpha^2 a_2 + \cdots + \alpha^n a_n = \alpha^i a_i = 0$$

が成り立たなければならない．これを u^j に作用させると

$$0 = \alpha^i a_i u^j = \alpha^i \frac{\partial u^j}{\partial u^i} = \alpha^i \delta_i^j = \alpha^j$$

になり矛盾するから a_i は線形独立である． □

命題 8.40 1 形式 $\mathrm{d}f$ と任意のベクトル A の内積は

$$\langle \mathrm{d}f | A \rangle = Af \tag{8.24}$$

によって与えられる．

証明 微分 $\mathrm{d}f$ を双対基底 a^i によって展開し

$$\mathrm{d}f = a^1 f_1 + a^2 f_2 + \cdots + a^n f_n = a^i f_i = \mathrm{d}u^i \frac{\partial f}{\partial u^i}$$

とする．A を自然基底 a_i によって展開し

$$A = A^1 a_1 + A^2 a_2 + \cdots + A^n a_n = A^i a_i = A^i \frac{\partial}{\partial u^i}$$

とし，内積の定義を用いると

$$\langle \mathrm{d}f | A \rangle = f_i A^i = \frac{\partial f}{\partial u^i} A^i = A^i a_i f = Af$$

が得られる． □

8.6 微分形式の自然基底

命題 8.41 (直交性) 自然基底と双対基底は双対の関係にある．すなわち直交性

$$\langle a^j | a_i \rangle = \delta_i^j$$

が成り立つ

証明 (8.24) を使うと

$$\langle \mathrm{d}f | a_i \rangle = a_i f = \frac{\partial f}{\partial u^i}$$

が得られる．f として u^j を適用すると

$$\langle \mathrm{d}u^j | a_i \rangle = \langle a^j | a_i \rangle = \frac{\partial u^j}{\partial u^i} = \delta_i^j$$

となり，直交性が得られる □

例題 8.42 ベクトルの基底による展開 $A = A^i a_i = A_i a^i$ において展開係数は

$$A^i = \langle a^i | A \rangle, \qquad A_i = \langle A | a_i \rangle$$

によって与えられることを直交性により示せ．

証明 第 1 式は

$$\langle a^i | A \rangle = \langle a^i | A^j a_j \rangle = A^j \langle a^i | a_j \rangle = A^j \delta_j^i = A^i$$

によって得られる．同様に，第 2 式は

$$\langle A | a_i \rangle = \langle A_j a^j | a_i \rangle = A_j \langle a^j | a_i \rangle = A_j \delta_i^j = A_i$$

から明らかだ． □

定義 8.43 (計量テンソル) 内積は計量テンソル

$$G(A, B) = \langle A | B \rangle$$

を定義している．

$G(A,B)$ は A, B について線形で

$$G(fA, gB) = \langle fA|gB\rangle = fg G(A,B)$$

を満たす．$A = A^i a_i$, $B = B^j a_j$ とすると

$$G(A,B) = A^i B^j G(a_i, a_j)$$

になる．計量テンソルは

$$g_{ij} = G(a_i, a_j) = \langle a_i | a_j \rangle$$

によって与えられる．すなわち

$$g_{ij} = G\Big(\frac{\partial}{\partial u^i}, \frac{\partial}{\partial u^j}\Big),$$

である．同様にして反変計量テンソルは

$$g^{ij} = G(a^i, a^j) = \langle a^i | a^j \rangle$$

である．直交性は

$$\delta^i_j = G(a^i, a_j) = \langle a^i | a_j \rangle, \quad \delta^j_i = G(a_i, a^j) = \langle a_i | a^j \rangle$$

のように表すことができる．ベクトルの共変，反変成分は

$$A_i = \langle A | a_i \rangle = \langle A^j a_j | a_i \rangle = A^j \langle a_j | a_i \rangle = A^j g_{ji} = g_{ij} A^j$$
$$A^i = \langle a^i | A \rangle = \langle a^i | A_j a^j \rangle = \langle a^i | a^j \rangle A_j = g^{ij} A_j$$

によって結びついている．

定義 8.44 (アフィン接続) 任意のベクトル A, B に対し，次の性質を持つ接続演算子 ∇_A を定義する．f, g を任意の関数として，

$$\nabla_{fA+gB} = f\nabla_A + g\nabla_B \tag{8.25}$$

$$\nabla_A(fB) = (Af)B + f\nabla_A B \tag{8.26}$$

を満たす．∇ をアフィン接続と呼ぶ．

8.6 微分形式の自然基底

命題 8.45 ∇_A は (3.8) で定義した方向微分演算子を拡張した演算子で，座標を導入し，$A = A^i a_i$ とすると

$$\nabla_A = A^i \nabla_i$$

である．

証明 定義式 (8.25) を満たすことは

$$\nabla_{fA+gB} = (fA^i + gB^i)\nabla_i = f\nabla_A + g\nabla_B$$

によって明らかである．定義式 (8.26) は

$$\nabla_A(fB) = (A^i \nabla_i f)B + fA^i \nabla_i B = (Af)B + f\nabla_A B$$

によって満たされている．右辺でスカラー f について成り立つ $\nabla_i f = \frac{\partial f}{\partial u^i} = a_i f$ を用いた． □

命題 8.46 座標を導入すると

$$\nabla_i a_k = \{{}^{\ j}_{ik}\} a_j, \qquad \nabla_i a^k = -\{{}^{\ k}_{ij}\} a^j \tag{8.27}$$

が成り立つ．

証明 線形形式によって，(5.38) を用いて，

$$\langle \nabla_i a_k | a^j \rangle = \frac{\partial \mathbf{a}_k}{\partial u^i} \cdot \mathbf{a}^j = \{{}^{\ j}_{ik}\}$$

の対応がある．したがって第 1 式

$$\nabla_i a_k = \langle \nabla_i a_k | a^j \rangle a_j = \{{}^{\ j}_{ik}\} a^j$$

が得られる．すなわち

$$\nabla_i \frac{\partial}{\partial u^k} = \{{}^{\ j}_{ik}\} \frac{\partial}{\partial u^j}$$

が成り立つ．同様にして，(5.38) を用いて，

$$\langle \nabla_i a^k | a_j \rangle = \frac{\partial \mathbf{a}^k}{\partial u^i} \cdot \mathbf{a}_j = -\{{}^{\ k}_{ij}\}$$

になるから，第 2 式

$$\langle \nabla_i a^k | a_j \rangle a^j = \langle \nabla_i a^k | a_j \rangle a^j = -\{{}^{\,k}_{ij}\} a^j$$

が得られる． □

命題 8.47 共変導関数は

$$\nabla_A B = A^i (\nabla_i B^j) a_j = A^i (\nabla_i B_j) a^j$$

になる．$\nabla_i B^j, \nabla_i B_j$ は (6.24) で与えた

$$\nabla_i B^j = \frac{\partial B^j}{\partial u^i} + \{{}^{\,j}_{ik}\} B^k, \qquad \nabla_i B_j = \frac{\partial B_j}{\partial u^i} - \{{}^{\,k}_{ij}\} B_k$$

である．

証明 $B = B^k a_k$ とすると，(8.26) を用いて

$$\nabla_A B = \nabla_A (B^k a_k) = (A B^k) a_k + B^k \nabla_A a_k$$

になる．$A = A^i a_i$ とすると

$$\nabla_A a_k = \langle \nabla_A a_k | a^j \rangle a_j = A^i \langle \nabla_i a_k | a^j \rangle a_j = A^i \{{}^{\,j}_{ik}\} a_j$$

になり，

$$\nabla_A B = (A^i a_i B^k) a_k + A^i \langle \nabla_i a_k | a^j \rangle B^k a_j = A^i \left(\frac{\partial B^j}{\partial u^i} + \{{}^{\,j}_{ik}\} B^k \right) a_j$$

のように書き直すことができるから

$$\nabla_A B = A^i (\nabla_i B^j) a_j$$

が得られる．同様に，$B = B_k a^k$ とすると，

$$\nabla_A B = (A^i a_i B_k) a^k + A^i \langle \nabla_i a^k | a_j \rangle B_k a^j = A^i \left(\frac{\partial B_j}{\partial u^i} - \{{}^{\,k}_{ij}\} B_k \right) a^j$$

になり

$$\nabla_A B = A^i (\nabla_i B_j) a^j$$

に帰着する． □

8.6 微分形式の自然基底

命題 8.48 (接続 1 形式)　基底の共変導関数は接続 1 形式

$$\omega_k{}^j = \mathrm{d}u^i \{{}^{\ j}_{ik}\} = a^i \{{}^{\ j}_{ik}\}$$

を用いて

$$\nabla_A a_k = \langle \omega_k{}^j | A \rangle a_j, \qquad \nabla_A a^k = -\langle \omega_j{}^k | A \rangle a^j$$

になる.

証明　接続 1 形式の定義によって

$$\langle \omega_k{}^j | a_i \rangle = \langle a^h | a_i \rangle \{{}^{\ j}_{hk}\} = \delta_i^h \{{}^{\ j}_{hk}\} = \{{}^{\ j}_{ik}\}$$

のように書くことができる. (8.27) を用いると

$$\nabla_A a_k = A^i \{{}^{\ j}_{ik}\} a_j = A^i \langle \omega_k{}^j | a_i \rangle a_j = \langle \omega_k{}^j | A \rangle a_j$$
$$\nabla_A a^k = -A^i \{{}^{\ k}_{ij}\} a^j = -A^i \langle \omega_j{}^k | a_i \rangle a^j = -\langle \omega_j{}^k | A \rangle a^j$$

が得られる. とくに $A = a_i$ の場合は

$$\nabla_i a_k = \{{}^{\ j}_{ik}\} a_j = \langle \omega_k{}^j | a_i \rangle a_j, \qquad \nabla_i a^k = -\{{}^{\ k}_{ij}\} a^j = -\langle \omega_j{}^k | a_i \rangle a^j$$

である. □

定義 8.49 (ねじれ率演算子)　ねじれ率演算子を

$$T(A, B) = \nabla_A B - \nabla_B A - [A, B]$$

によって定義する. $[A, B]$ は (3.11) で定義したリー積である.

演習 8.50　ねじれ率演算子の線形性

$$T(fA, gB) = fg T(A, B) \tag{8.28}$$

を示せ.

証明　定義式 (8.25) と (8.26) を使うと

$$T(fA, B) = \nabla_{fA} B - \nabla_B (fA) - [fA, B]$$
$$= f \nabla_A B - (Bf) A - f \nabla_B A - [fA, B]$$
$$= f(\nabla_A B - \nabla_B A - [A, B])$$

が得られる．ここで

$$[fA, B] = fAB - BfA = fAB - (Bf)A - fBA = f[A, B] - (Bf)A \quad (8.29)$$

に注意．上で得られた式で B を gB に置きかえると

$$\begin{aligned}T(fA, gB) &= f(\nabla_A(gB) - \nabla_{gB}A - [A, gB]) \\ &= f(g\nabla_A B + (Ag)B - g\nabla_B A - [A, gB])\end{aligned}$$

になる．(8.29) と同様に

$$[A, gB] = g[A, B] + (Ag)B \quad (8.30)$$

が成り立つので

$$T(fA, gB) = fg(\nabla_A B - \nabla_B A - [A, B]) = fgT(A, B)$$

に帰着する． □

命題 8.51 (8.14) で定義した非対称性を持つ接続係数に対し，

$$T(A, B) = A^i B^k T_{ik}^l a_l$$

が得られる．T_{ik}^l は (8.15) で定義したねじれ率テンソルである．

証明 (8.27) 第 1 式は，非対称性を持つ接続係数で置きかえると，

$$\nabla_i a_k = \Gamma_{ik}^l a_l \quad (8.31)$$

になる．定理 (8.28) によって

$$T(A, B) = A^i B^k T(a_i, a_k) = A^i B^k (\nabla_i a_k - \nabla_k a_i - [a_i, a_k])$$

が得られるから，$[a_i, a_k] = 0$ に注意し，(8.31) を代入すると

$$T(A, B) = A^i B^k (\Gamma_{ik}^l - \Gamma_{ki}^l) a_l = A^i B^k T_{ik}^l a_l$$

に帰着する．すなわち

$$T\Big(\frac{\partial}{\partial u^i}, \frac{\partial}{\partial u^k}\Big) = T_{ik}^l \frac{\partial}{\partial u^l}$$

が成り立つ． □

8.6 微分形式の自然基底

定義 8.52 (リーマン曲率演算子) リーマン曲率演算子を

$$R(A, B) = \nabla_A \nabla_B - \nabla_B \nabla_A - \nabla_{[A,B]}$$

によって定義する.

演習 8.53 リーマン曲率演算子の線形性

$$R(fA, gB) = fg R(A, B) \tag{8.32}$$

が成り立つ.

証明 (8.25) と (8.26) によって

$$R(fA, B) = \nabla_{fA} \nabla_B - \nabla_B \nabla_{fA} - \nabla_{[fA,B]}$$
$$= f \nabla_A \nabla_B - (Bf) \nabla_A - f \nabla_B \nabla_A - \nabla_{[fA,B]}$$

になる. (8.29) と (8.26) を使うと

$$\nabla_{[fA,B]} = \nabla_{f[A,B]-(Bf)A} = f \nabla_{[A,B]} - (Bf) \nabla_A$$

が成り立つから $R(fA, B) = fR(A, B)$ に帰着する. この式で B を gB で置きかえ

$$R(fA, gB) = f(\nabla_A \nabla_{gB} - \nabla_{gB} \nabla_A - \nabla_{[A,gB]})$$
$$= f((Ag) \nabla_B + g \nabla_A \nabla_B - g \nabla_B \nabla_A - \nabla_{[A,gB]})$$

とすると, (8.30) から得られる

$$\nabla_{[A,gB]} = \nabla_{g[A,B]+(Ag)B} = g \nabla_{[A,B]} + (Ag) \nabla_B$$

を代入して

$$R(fA, gB) = fg(\nabla_A \nabla_B - \nabla_B \nabla_A - \nabla_{[A,B]})$$

になる. □

例題 8.54 座標を導入し, $A = A^i a_i, B = B^j a_j, Z = Z^m a_m$ とすると

$$R(A, B)Z = Z^m A^i B^j R^l{}_{mij} a_l \tag{8.33}$$

になる。$R^l{}_{mij}$ は (8.16) で定義したリーマン曲率テンソル

$$R^l{}_{mij} = \frac{\partial}{\partial u^i}\Gamma^l_{jm} - \frac{\partial}{\partial u^j}\Gamma^l_{im} + \Gamma^l_{ik}\Gamma^k_{jm} - \Gamma^l_{jk}\Gamma^k_{im}$$

である。

証明 定理 (8.32) によって

$$R(A,B)Z = Z^m A^i B^j R(a_i, a_j)a_m = Z^m A^i B^j ([\nabla_i, \nabla_j] - \nabla_{[a_i, a_j]})a_m$$

が得られる。$\nabla_{[a_i, a_j]} = 0$ に注意し (8.31) を代入すると

$$R(a_i, a_j)a_m = [\nabla_i, \nabla_j]a_m = (\nabla_i \Gamma^l_{jm} - \nabla_j \Gamma^l_{im})a_l = R^l{}_{mij}a_l$$

に帰着する。すなわち

$$R\Big(\frac{\partial}{\partial u^i}, \frac{\partial}{\partial u^j}\Big)\frac{\partial}{\partial u^m} = R^l{}_{mij}\frac{\partial}{\partial u^l}$$

が得られる。 □

命題 8.55 接続係数が対称の場合

$$R(A,B)Z + R(B,Z)A + R(Z,A)B = 0$$

が成り立つ。

証明 定義に従って

$$R(A,B)Z + R(B,Z)A + R(Z,A)B = \nabla_A \nabla_B Z - \nabla_B \nabla_A Z - \nabla_{[A,B]}Z$$
$$+ \nabla_B \nabla_Z A - \nabla_Z \nabla_B A - \nabla_{[B,Z]}A + \nabla_Z \nabla_A B - \nabla_A \nabla_Z B - \nabla_{[Z,A]}B$$

を計算すればよい。3 項を選べば,

$$\nabla_A \nabla_B Z - \nabla_A \nabla_Z B - \nabla_{[B,Z]}A = \nabla_A(T(B,Z) + [B,Z]) - \nabla_{[B,Z]}A$$
$$= \nabla_A T(B,Z) + T(A, [B,Z]) + [A, [B,Z]]$$

は,接続係数が対称の場合,$T = 0$ で $[A, [B, Z]]$ になる。その他の 6 項も同様にして

$$R(A,B)Z + R(B,Z)A + R(Z,A)B = [A, [B,Z]] + [B, [Z,A]] + [Z, [A,B]]$$

になる．ヤコービ恒等式 (6.45) によって

$$[A,[B,Z]] + [B,[Z,A]] + [Z,[A,B]] = 0$$

が成り立ち題意を得る．(8.33) を使うと

$$R(A,B)Z + R(B,Z)A + R(Z,A)B = Z^m A^i B^j (R^l{}_{mij} + R^l{}_{jmi} + R^l{}_{ijm})a_l$$

になるので，右辺の係数は 0 にならなければならない．それは (6.38) で与えた巡回恒等式になる． □

命題 8.56 テンソル

$$R(Y,Z,A,B) = G(Y,R(A,B)Z) = \langle Y | R(A,B)Z \rangle$$

を定義すると

$$R(a^l, a_m, a_i, a_j) = R^l{}_{mij}, \qquad R(a_l, a_m, a_i, a_j) = R_{lmij}$$

が成り立つ．

証明 $Y = Y_l a^l$ とし，(8.33) を用いると

$$\langle Y | R(A,B)Z \rangle = Y_l Z^m A^i B^j R^h{}_{mij} \langle a^l | a_h \rangle = Y_l Z^m A^i B^j R^l{}_{mij}$$

が得られる．$R(Y,Z,A,B)$ は A,B,Y,Z について線形なので

$$R(Y,Z,A,B) = Y_l Z^m A^i B^j R(a^l, a_m, a_i, a_j)$$

となり，第 1 式を得る．また $Y = Y^l a_l$ とすると

$$\begin{aligned}\langle Y | R(A,B)Z \rangle &= Y^l Z^m A^i B^j R^h{}_{mij} \langle a_l | a_h \rangle \\ &= Y^l Z^m A^i B^j R^h{}_{mij} g_{lh} = Y^l Z^m A^i B^j R_{lmij}\end{aligned}$$

によって第 2 式を得る．すなわち

$$R_{lmij} = R\Big(\frac{\partial}{\partial u^l}, \frac{\partial}{\partial u^m}, \frac{\partial}{\partial u^i}, \frac{\partial}{\partial u^j}\Big)$$

を得る． □

8.7 座標変換

命題 8.57 微分形式は座標の取り方に依存しない．

証明 座標 $u^1, u^2, \cdots, u^n$ から座標 $u'^1, u'^2, \cdots, u'^n$ への変換を考えよう．双対基底は

$$a'^l = \mathrm{d}u'^l = \frac{\partial u'^l}{\partial u^i}\mathrm{d}u^i = \widehat{U}^l_i \mathrm{d}u^i = \widehat{U}^l_i a^i$$

によって，自然基底は

$$a'_l = \frac{\partial}{\partial u'^l} = \frac{\partial u^i}{\partial u'^l}\frac{\partial}{\partial u^i} = U^i_l a_i$$

によって変換し，ベクトル成分は

$$A'_l = A_i \frac{\partial u^i}{\partial u'^l} = A_i U^i_l, \qquad A'^l = A^i \frac{\partial u'^l}{\partial u^i} = A^i \widehat{U}^l_i$$

によって変換するから微分形式は

$$A' = \left\{ \begin{array}{l} A'_l a'^l = A_i \dfrac{\partial u^i}{\partial u'^l}\dfrac{\partial u'^l}{\partial u^j} a^j = A_i \delta^i_j a^j = A_i a^i \\ A'^l a'_l = A^i \dfrac{\partial u'^l}{\partial u^i}\dfrac{\partial u^j}{\partial u'^l} a_j = A^i \delta^i_j a_j = A^i a_i \end{array} \right\} = A$$

により不変である． □

u 座標と u' 座標で次元が異なる場合を考えよう．すなわち，座標 $u^1, u^2, \cdots, u^m$ から座標 $u'^1, u'^2, \cdots, u'^n$ への変換を考える．u' は u の関数として $u'(u)$ として与えられているとする．このときベクトル $A = A^i a_i$ のスカラー $f(u'(u))$ への作用は連鎖法則によって

$$Af(u'(u)) = A^i \frac{\partial f(u'(u))}{\partial u^i} = A^i \frac{\partial u'^l}{\partial u^i}\frac{\partial f(u')}{\partial u'^l}$$

になる．そこで，

$$A'^l = A^i \frac{\partial u'^l}{\partial u^i}, \qquad A' = A'^l \frac{\partial}{\partial u'^l}$$

を定義すると

$$Af(u'(u)) = A'^l \frac{\partial f(u')}{\partial u'^l} = A' f(u')$$

になる．$m = n$ の場合は $A' = A$ だが，一般には次元が異なってもよいので，A' は A とは異なる．

定義 8.58（微分形式の押し出しと引き戻し） A の写像 A' を

$$A' = \phi_* A$$

と記し，**押し出し（プッシュフォーワード）** と呼ぶ．すなわち

$$\langle a'^l | \phi_* A \rangle = (\phi_* A)^l = A'^l = A^i \frac{\partial u'^l}{\partial u^i} \tag{8.34}$$

である．u' 座標系における任意の1形式を $F = F_l du'^l$ とし，その u 座標系への写像 $\phi^* F$ を

$$\langle \phi^* F | A \rangle = \langle F | \phi_* A \rangle$$

によって定義する．写像 $\phi^* F$ を**引き戻し（プルバック）** と言う．引き戻しは任意の k 形式に拡張できる．F を u' 座標系における任意の k 形式とする．命題 8.8 で与えた k 形式を使うと，引き戻しは

$$\langle \phi^* F | A_1 \wedge A_2 \wedge \cdots \wedge A_k \rangle = \langle F | (\phi_* A_1) \wedge (\phi_* A_2) \wedge \cdots \wedge (\phi_* A_k) \rangle \tag{8.35}$$

によって定義する．

演習 8.59 定義によって

$$\langle \phi^* F | A \rangle = (\phi^* F)_i A^i = \langle F | \phi_* A \rangle = F_l A'^l = F_l A^i \frac{\partial u'^l}{\partial u^i}$$

になるから1形式 F の引き戻しは

$$(\phi^* F)_i = \langle \phi^* F | a_i \rangle = \langle F | \phi_* a_i \rangle = F_l \frac{\partial u'^l}{\partial u^i}$$

$$\phi^* F = F_l \frac{\partial u'^l}{\partial u^i} du^i = F_l du'^l \tag{8.36}$$

によって与えられる．

演習 8.60 例題 7.3 のように，単位球面上の座標を $u^1 = \theta$, $u^2 = \varphi$ として，デカルト座標 $u'^1 = x^1, u'^2 = x^2, u'^3 = x^3$ から u^1, u^2 への引き戻しを計算しよう．

$$x^1 = \sin\theta \cos\varphi, \quad x^2 = \sin\theta \sin\varphi, \quad x^3 = \cos\theta$$

の関係がある. (8.36) から微分 $\mathrm{d}u''^l$ の引き戻しは

$$\phi^* \mathrm{d}u''^l = \frac{\partial u''^l}{\partial u^i} \mathrm{d}u^i = \mathrm{d}u''^l \tag{8.37}$$

である. したがって引き戻しは

$$\begin{cases} \phi^* \mathrm{d}x^1 = \dfrac{\partial x^1}{\partial \theta} \mathrm{d}\theta + \dfrac{\partial x^1}{\partial \varphi} \mathrm{d}\varphi = \cos\theta\cos\varphi \mathrm{d}\theta - \sin\theta\sin\varphi \mathrm{d}\varphi = \mathrm{d}x^1 \\ \phi^* \mathrm{d}x^2 = \dfrac{\partial x^2}{\partial \theta} \mathrm{d}\theta + \dfrac{\partial x^2}{\partial \varphi} \mathrm{d}\varphi = \cos\theta\sin\varphi \mathrm{d}\theta + \sin\theta\cos\varphi \mathrm{d}\varphi = \mathrm{d}x^2 \\ \phi^* \mathrm{d}x^3 = \dfrac{\partial x^3}{\partial \theta} \mathrm{d}\theta = -\sin\theta \mathrm{d}\theta = \mathrm{d}x^3 \end{cases}$$

になる. 引き戻しは変数変換にほかならない.

命題 8.61 u' 座標系における任意の k 形式を

$$F = F_{l_1 l_2 \cdots l_k} \mathrm{d}u''^{l_1} \wedge \cdots \wedge \mathrm{d}u''^{l_k}$$

とする. F の引き戻しは

$$\phi^* F = F_{l_1 l_2 \cdots l_k} \frac{\partial u''^{l_1}}{\partial u^{i_1}} \cdots \frac{\partial u''^{l_k}}{\partial u^{i_k}} \mathrm{d}u^{i_1} \wedge \cdots \wedge \mathrm{d}u^{i_k} \tag{8.38}$$

によって与えられる.

証明 微分形式 $\mathrm{d}u''^{l_1} \wedge \cdots \wedge \mathrm{d}u''^{l_k}$ の引き戻しは定義 (8.35) によって

$$\langle \phi^*(a''^{l_1} \wedge \cdots \wedge a''^{l_k}) | A_1 \wedge \cdots \wedge A_k \rangle = \langle a''^{l_1} \wedge \cdots \wedge a''^{l_k} | (\phi_* A_1) \wedge \cdots \wedge (\phi_* A_k) \rangle$$

を計算すればよい. (8.34) によって

$$\phi_* A_1 = A_1^{j_i} \frac{\partial u''^{h_1}}{\partial u^{j_1}} a'_{h_1}, \quad \cdots, \quad \phi_* A_k = A_k^{j_k} \frac{\partial u''^{h_k}}{\partial u^{j_k}} a'_{h_k}$$

になるから

$$(\phi_* A_1) \wedge \cdots \wedge (\phi_* A_k) = A_1^{j_i} \frac{\partial u''^{h_1}}{\partial u^{j_1}} \cdots A_k^{j_k} \frac{\partial u''^{h_k}}{\partial u^{j_k}} a'_{h_1} \wedge \cdots \wedge a'_{h_k}$$

である.

$$\langle a''^{l_1} \wedge \cdots \wedge a''^{l_k} | a'_{h_1} \wedge \cdots \wedge a'_{h_k} \rangle = \mathbf{a}''^{l_1} \times \cdots \times \mathbf{a}''^{l_k} \cdot \mathbf{a}'_{h_1} \times \cdots \times \mathbf{a}'_{h_k} = \delta^{l_1 \cdots l_k}_{h_1 \cdots h_k}$$

によって

$$\langle a'^{l_1} \wedge \cdots \wedge a'^{l_k} | (\phi_* A_1) \wedge \cdots \wedge (\phi_* A_k) \rangle = A_1^{j_1} \frac{\partial u'^{h_1}}{\partial u^{j_1}} \cdots A_k^{j_k} \frac{\partial u'^{h_k}}{\partial u^{j_k}} \delta_{h_1 \cdots h_k}^{l_1 \cdots l_k}$$

が得られる．ここで恒等式

$$\frac{\partial u'^{h_1}}{\partial u^{j_1}} \cdots \frac{\partial u'^{h_k}}{\partial u^{j_k}} \delta_{h_1 \cdots h_k}^{l_1 \cdots l_k} = \frac{\partial u'^{l_1}}{\partial u^{i_1}} \cdots \frac{\partial u'^{l_k}}{\partial u^{i_k}} \delta_{j_1 \cdots j_k}^{i_1 \cdots i_k}$$

を利用すると

$$\langle a'^{l_1} \wedge \cdots \wedge a'^{l_k} | (\phi_* A_1) \wedge \cdots \wedge (\phi_* A_k) \rangle = \frac{\partial u'^{h_1}}{\partial u^{j_1}} \cdots \frac{\partial u'^{h_k}}{\partial u^{j_k}} A_1^{j_1} \cdots A_k^{j_k} \delta_{h_1 \cdots h_k}^{l_1 \cdots l_k}$$
$$= \frac{\partial u'^{l_1}}{\partial u^{i_1}} \cdots \frac{\partial u'^{l_k}}{\partial u^{i_k}} A_1^{j_1} \cdots A_k^{j_k} \langle a'^{i_1} \wedge \cdots \wedge a'^{i_k} | a'_{j_1} \wedge \cdots \wedge a'_{j_k} \rangle$$
$$= \frac{\partial u'^{l_1}}{\partial u^{i_1}} \cdots \frac{\partial u'^{l_k}}{\partial u^{i_k}} \langle a^{i_1} \wedge \cdots \wedge a^{i_k} | A_1 \wedge \cdots \wedge A_k \rangle$$

となり

$$\phi^* (a'^{l_1} \wedge \cdots \wedge a'^{l_k}) = \frac{\partial u'^{l_1}}{\partial u^{i_1}} \cdots \frac{\partial u'^{l_k}}{\partial u^{i_k}} a^{i_1} \wedge \cdots \wedge a^{i_k}$$

が得られる．これにより (8.38) に帰着する．(8.38) は

$$\phi^* F = F_{l_1 l_2 \cdots l_k} \left| \frac{\partial (u'^{l_1} \cdots u'^{l_k})}{\partial (u^1 \cdots u^k)} \right| du^1 \wedge \cdots \wedge du^k$$

と書くこともできる． □

命題 8.62 任意の微分形式 F と G に対して

$$\phi^* (F \wedge G) = (\phi^* F) \wedge (\phi^* G)$$

が成り立つ．

証明 F と G を k 形式，h 形式

$$F = F_{l_1 \cdots l_k}(u') du'^{l_1} \wedge \cdots \wedge du'^{l_k}, \qquad G = G_{m_1 \cdots m_h}(u') du'^{m_1} \wedge \cdots \wedge du'^{m_h}$$

とすると，$\phi^* (du'^{l_1}) = \frac{\partial u'^{l_1}}{\partial u^{i_1}} du^{i_1} = du'^{l_1}$ などに注意して，$\phi^* (F \wedge G)$ は

$$\phi^* (F_{l_1 \cdots l_k}(u') G_{m_1 \cdots m_h}(u') du'^{l_1} \wedge \cdots \wedge du'^{l_k} \wedge du'^{m_1} \wedge \cdots \wedge du'^{m_h})$$
$$= F_{l_1 \cdots l_k}(u'(u)) G_{m_1 \cdots m_h}(u'(u)) du'^{l_1} \wedge \cdots \wedge du'^{l_k} \wedge du'^{m_1} \wedge \cdots \wedge du'^{m_h}$$
$$= (\phi^* F) \wedge (\phi^* G)$$

になる． □

命題 8.63 任意の微分形式 F に対して，d と ϕ^* は交換する，すなわち

$$\phi^*(dF) = d(\phi^* F)$$

が成り立つ．

証明 0 形式 f に対しては

$$\langle \phi^*(df) | a_i \rangle = \langle df | \phi_* a_i \rangle = \frac{\partial u'^l}{\partial u^i} \langle df | a'_l \rangle$$
$$= \frac{\partial u'^l}{\partial u^i} \frac{\partial f}{\partial u'^l} = \frac{\partial}{\partial u^i} f(u'(u)) = \langle d(\phi^* f) | a_i \rangle$$

のように証明できる．1 形式 A に対して $\langle \phi^*(dA) | a_i \wedge a_j \rangle$ は

$$\langle dA | (\phi_* a_i) \wedge (\phi_* a_j) \rangle = \frac{\partial u'^l}{\partial u^i} \frac{\partial u'^m}{\partial u^j} \langle dA | a'_l \wedge a'_m \rangle$$
$$= \frac{\partial u'^l}{\partial u^i} \frac{\partial u'^m}{\partial u^j} \left(\frac{\partial A_m}{\partial u'^l} - \frac{\partial A_l}{\partial u'^m} \right)$$
$$= \frac{\partial}{\partial u^i} \left(A_m \frac{\partial u'^m}{\partial u^j} \right) - \frac{\partial}{\partial u^j} \left(A_l \frac{\partial u'^l}{\partial u^i} \right)$$
$$= \frac{\partial}{\partial u^i} \langle \phi^* A | a_j \rangle - \frac{\partial}{\partial u^j} \langle \phi^* A | a_i \rangle = \langle d(\phi^* A) | a_i \wedge a_j \rangle$$

によって与式を得る．高次の微分形式も数学的帰納法によって証明できる． □

演習 8.64 3 次元空間で，曲面座標 u^1, u^2 からデカルト座標 x^1, x^2, x^3 への座標変換で，デカルト座標における任意の 2 形式（1 形式の双対）

$$F = F^1 dx^2 \wedge dx^3 + F^2 dx^3 \wedge dx^1 + F^3 dx^1 \wedge dx^2$$

の引き戻しは，(8.37) より $\phi^* dx^p = a_i^p du^i$ を使うと，

$$\phi^* F = \{ F^1 (a_1^2 a_2^3 - a_2^2 a_1^3) + F^2 (a_1^3 a_2^1 - a_2^3 a_1^1) + F^3 (a_1^1 a_2^2 - a_2^1 a_1^2) \} du^1 \wedge du^2$$
$$= \mathbf{F} \cdot \mathbf{a}_1 \times \mathbf{a}_2 du^1 \wedge du^2 = \mathbf{F} \cdot \mathbf{n} dS$$

になる．F の引き戻しは，面積要素

$$dS = \|\mathbf{a}_1 \times \mathbf{a}_2\| du^1 \wedge du^2 = \|\mathbf{a}_1 \times \mathbf{a}_2\| du^1 du^2$$

から流れ出る流束にほかならない．

8.8 一般積分定理

定理 8.65（一般積分定理） M を n 次元の領域とし，∂M は M を取り巻く $n-1$ 次元の閉領域であるとする．F を $n-1$ 形式とすると，**一般積分定理**

$$\int_M dF = \int_{\partial M} F \tag{8.39}$$

が成り立つ．一般積分定理は，広く「ストウクスの定理」と呼ばれているが，勾配定理と同等で，回転定理ばかりではなく，発散定理やその他を含む一般定理なので，用語「ストウクスの定理」は誤解を招く．前述のように，回転定理でさえもストウクスの発見ではないのだ．

証明 $n-1$ 形式

$$F = F_{i_1 \cdots i_{n-1}} du^{i_1} \wedge \cdots \wedge du^{i_{n-1}}$$

の外微分は

$$dF = \frac{\partial F_{i_1 \cdots i_{n-1}}}{\partial u^i} du^i \wedge du^{i_1} \wedge \cdots \wedge du^{i_{n-1}} = \frac{\partial F_{i_1 \cdots i_{n-1}}}{\partial u^i} \frac{1}{\sqrt{g}} \varepsilon^{i i_1 \cdots i_{n-1}} dV_{(n)}$$

になるから，勾配定理 (6.17) に $f = \varepsilon^{i i_1 \cdots i_{n-1}} F_{i_1 \cdots i_{n-1}}$ を適用し，

$$\int_M dF = \int_{\partial M} dV_{(n-1)} n_i \varepsilon^{i i_1 \cdots i_{n-1}} \frac{1}{\sqrt{g}} F_{i_1 \cdots i_{n-1}}$$

が得られる．(5.32) を使用し，積分定理 (4.15) の証明と同様にして，

$$n_i \varepsilon^{i i_1 \cdots i_{n-1}} dV_{(n-1)} = \frac{1}{(n-1)!} \varepsilon^{i i_1 \cdots i_{n-1}} \varepsilon_{i j_1 \cdots j_{n-1}} dV_{(n-1)}^{j_1 \cdots j_{n-1}}$$
$$= \frac{1}{(n-1)!} \varepsilon^{i_1 \cdots i_{n-1}} \varepsilon_{j_1 \cdots j_{n-1}} dV_{(n-1)}^{j_1 \cdots j_{n-1}} = dV_{(n-1)}^{i_1 \cdots i_{n-1}}$$

が成り立つから，(8.11) で与えた $dV_{(n-1)}^{i_1 \cdots i_{n-1}} = \sqrt{g} du^{i_1} \wedge \cdots \wedge du^{i_{n-1}}$ によって

$$\int_M dF = \int_{\partial M} du^{i_1} \wedge \cdots \wedge du^{i_{n-1}} F_{i_1 \cdots i_{n-1}} = \int_{\partial M} F$$

が得られる． □

例題 8.66（微積分の基本定理） (4.1) で与えた微積分の基本定理を一般積分定理 (8.39) より導け．

例題 8.67（勾配定理） (6.16) で与えた勾配定理

$$\int dV \frac{1}{\sqrt{g}} \boldsymbol{\nabla} f = \oint dS \frac{1}{\sqrt{g}} \mathbf{n} f$$

を一般定理 (8.39) から導け.

証明 2 形式 $F = du^3 \wedge du^1 f$ を適用すると

$$\int_{\partial M} F = \int du^3 \wedge du^1 f = \oint du^3 du^1 f$$

になる．一方，外微分の積分は

$$\int_M dF = \int du^2 \wedge du^3 \wedge du^1 \frac{\partial f}{\partial u^2} = \int du^1 du^2 du^3 \frac{\partial f}{\partial u^2}$$

である．$n_2 dS = \sqrt{g} du^3 du^1$, $dV = \sqrt{g} du^1 du^2 du^3$ によって与式を得る． □

問題 8.68（回転定理） 一般積分定理から，3 次元で回転定理

$$\int dS \mathbf{n} \cdot \boldsymbol{\nabla} \times \mathbf{A} = \oint d\mathbf{x} \cdot \mathbf{A}$$

が得られる.

証明 F として 1 形式 $A = A_1 du^1 + A_2 du^2 + A_3 du^3$ を採用しよう．M が曲面上の領域で，∂M はその境界をなす閉曲線である．(8.39) の右辺は

$$\int_{\partial M} A = \oint (du^1 A_1 + du^2 A_2 + du^3 A_3) = \oint d\mathbf{x} \cdot \mathbf{A}$$

になる．1 形式 A の外微分は

$$dA = \left(\frac{\partial A^3}{\partial u^2} - \frac{\partial A^2}{\partial u^3}\right) du^2 \wedge du^3 \\ + \left(\frac{\partial A^1}{\partial u^3} - \frac{\partial A^3}{\partial u^1}\right) du^3 \wedge du^1 + \left(\frac{\partial A^2}{\partial u^1} - \frac{\partial A^1}{\partial u^2}\right) du^1 \wedge du^2$$

になるから

$$\boldsymbol{\nabla} \times \mathbf{A} = \frac{1}{\sqrt{g}} \varepsilon_{ijk} \frac{\partial A^j}{\partial u^i} \mathbf{a}_k, \quad \mathbf{n} dS = \frac{\sqrt{g}}{2} \varepsilon_{ijk} du^i \wedge du^j \mathbf{a}^k$$

に注意すると

$$dA = dS \mathbf{n} \cdot \boldsymbol{\nabla} \times \mathbf{A}$$

が得られる. (8.39) の左辺, M 上の積分は
$$\int_M \mathrm{d}A = \int \mathrm{d}S \mathbf{n} \cdot \boldsymbol{\nabla} \times \mathbf{A}$$
になり, 回転定理が得られる. □

例題 8.69 定理 (4.27), すなわち, xy 面上の任意の閉曲線を囲む面積 S が 1 周積分
$$S = \tfrac{1}{2} \oint (x\mathrm{d}y - y\mathrm{d}x)$$
になることを証明せよ.

証明 面積は
$$S = \int \mathrm{d}x \wedge \mathrm{d}y = -\int \mathrm{d}y \wedge \mathrm{d}x$$
で与えられる. すなわち
$$S = \tfrac{1}{2} \int (\mathrm{d}x \wedge \mathrm{d}y - \mathrm{d}y \wedge \mathrm{d}x) = \tfrac{1}{2} \int \mathrm{d}(x\mathrm{d}y - y\mathrm{d}x)$$
になる. $F = x\mathrm{d}y - y\mathrm{d}x$ として積分定理を適用すれば (4.27) と同じ結果が得られる. □

問題 8.70 (発散定理) 一般積分定理から, 3 次元で発散定理
$$\int \mathrm{d}V \boldsymbol{\nabla} \cdot \mathbf{A} = \oint \mathrm{d}S \mathbf{n} \cdot \mathbf{A}$$
が得られる.

証明 F として (8.13) で与えた 1 形式 A の双対 2 形式
$${}^\star A = \sqrt{g}(A^1 \mathrm{d}u^2 \wedge \mathrm{d}u^3 + A^2 \mathrm{d}u^3 \wedge \mathrm{d}u^1 + A^3 \mathrm{d}u^1 \wedge \mathrm{d}u^2)$$
を取る. まず 3 次元空間内の体積領域 M の境界 (閉曲面) $\partial \mathrm{M}$ での積分は, 上とまったく同様にして,
$$\int_{\partial \mathrm{M}} {}^\star A = \int \sqrt{g}(A^1 \mathrm{d}u^2 \wedge \mathrm{d}u^3 + A^2 \mathrm{d}u^3 \wedge \mathrm{d}u^1 + A^3 \mathrm{d}u^1 \wedge \mathrm{d}u^2)$$
$$= \int \mathrm{d}S(n_1 A^1 + n_2 A^2 + n_3 A^3) = \oint \mathrm{d}S \mathbf{n} \cdot \mathbf{A}$$

になる.一方,M 上の積分は

$$\int_M d^\star A = \int du^1 \wedge du^2 \wedge du^3 \frac{\partial \sqrt{g} A^i}{\partial u^i} = \int dV \boldsymbol{\nabla} \cdot \mathbf{A}$$

となり,発散定理が得られた. □

命題 8.71 (n 次元発散定理) 一般積分定理から n 次元における発散定理

$$\int dV_{(n)} \boldsymbol{\nabla} \cdot \mathbf{A} = \oint dV_{(n-1)} \mathbf{n} \cdot \mathbf{A}$$

が得られる.

証明 任意の 1 形式 A の双対は,定義 8.24 によって,

$$^\star A = (-1)^{i-1} \sqrt{g} A^i du^1 \wedge \cdots \wedge du^{i-1} \wedge du^{i+1} \wedge \cdots \wedge du^n$$

である (3 次元では (8.13) になる). $^\star A$ の外微分は,

$$d^\star A = (-1)^{i-1} \frac{\partial \sqrt{g} A^i}{\partial u^l} du^l \wedge du^1 \wedge \cdots \wedge du^{i-1} \wedge du^{i+1} \wedge \cdots \wedge du^n$$

となる. $l = i$ 項のみが生き残って

$$d^\star A = \frac{\partial \sqrt{g} A^i}{\partial u^i} du^1 \wedge \cdots \wedge du^n = \boldsymbol{\nabla} \cdot \mathbf{A} \sqrt{g} du^1 \wedge \cdots \wedge du^n$$

が得られる.一般積分定理 (8.39) 左辺は

$$\int_M d^\star A = \int_M \sqrt{g} du^1 \wedge \cdots \wedge du^n \boldsymbol{\nabla} \cdot \mathbf{A} = \int dV_{(n)} \boldsymbol{\nabla} \cdot \mathbf{A}$$

になる.一方,(8.39) 右辺は,(8.10) で与えた

$$n_i dV_{(n-1)} = (-1)^{i-1} \sqrt{g} du^1 \wedge \cdots \wedge du^{i-1} \wedge du^{i+1} \wedge \cdots \wedge du^n$$

を代入すると,

$$\int_{\partial M} {}^\star A = \oint dV_{(n-1)} n_i A^i = \oint dV_{(n-1)} \mathbf{n} \cdot \mathbf{A}$$

で,一般積分定理は (6.21) で与えた n 次元の発散定理に帰着する. □

索 引

あ▼

アインシュタインテンソル　207
アインシュタインの重力場方程式　215
アインシュタインの総和規約　19
アフィン接続　187, 286
アフィン直交行列　27
アフィン直交ベクトル　29
1形式　257
1次変換　21
一般化関数　36
一般化クロネカーのデルタ記号　46, 56, 66
一般積分定理　299
移動演算子　87
陰関数曲面　90, 230
陰関数定理　90
ヴァインガルテン写像　221
ヴァインガルテンの誘導方程式　220
ウェッジ積　257
渦度　118
n形式　258
エルミート共役　4
エルミート性　5
エルミート積　5
円柱座標　131, 138
オイラーの4平方定理　84
オイラー方程式　228
オイラー-ラグランジュ方程式　197
押し出し　295
オストログラツキイの定理　111

か▼

外積　43
回転　115
回転定理　117
回転密度　99
外微分　266
外部積　257
ガウス曲率　226, 236
ガウス曲率積分定理　244
ガウス写像　222
ガウスの公式　240
ガウスの積分可能条件　241
ガウスの定理　111, 241
ガウスの誘導方程式　236
ガウス方程式　242
ガウス-ボネーの定理　247, 255
カラテオドリの定理　93
カルタンの第1構造式　274
カルタンの第2構造式　274
カルテジャン　3
関数行列式　127
完備　13
擬スカラー　60
基底　125
基底1形式　130
擬テンソル　61
ギブズの記法　101
擬ベクトル　61
基本形式　126
基本テンソル　127

逆基底 124
逆ベクトル 3
球座標 123
鏡映変換 9, 33
夾角 23
共変 30
共変外微分 274
共変曲率テンソル 202
共変成分 5
共変テンソル 19
共変導関数 189
共変微分 190
共変微分演算子 96, 190
共変ベクトル 5, 140
極角 123
極座標 31
極性ベクトル 61
曲線座標 123
曲線定理 104
曲面微分演算子 217
曲率 198
曲率円 199
曲率スカラー 206
曲率線 226
曲率中心 223
曲率2形式 274
曲率半径 199
距離空間 22
距離ベクトル 3, 30
擬リーマン計量 208
空間曲線 197
空間的ベクトル 39
矩形関数 35
グラスマン数 256
グラスマン積 257
グラスマンの記法 60
グラム行列 70
グラム-シュミットの直交化法 9
グリーンの積分定理 114
グリーンの第1恒等式 113
グリーンの第2恒等式 113

グリーンの定理 113
グリーンの補題 111
クリストフェル3指標記号 152
クリストフェルの公式 161
クレローの定理 101
クロス積 55
クロネッカーのデルタ記号 7
形状演算子 221
ケイリー-ハミルトンの定理 57
計量形式 126
計量テンソル 16, 127
計量ベクトル空間 22
経路積分 104
ゲージ場 121
ゲージ変換 121
結合法則 2
ケットベクトル 2
交換子 99
交換法則 2
合成代数 82
構造定数 73
光速度不変の原理 39
交代テンソル 45
恒等変換 21
勾配 95
勾配定理 108
コーシーの応力テンソル 21
コーシー-ブニャコフスキイ-シュヴァルツの不等式 10
コダッツィの積分可能条件 241
コダッツィの公式 240
弧長 125
固有方程式 225
混合積 49
混合テンソル 19

さ▼

座標回転 27
座標曲線 123
座標空間 4
3角不等式 11

索引

3 形式　258
3 重ベクトル積　74
時間的ベクトル　39
軸性ベクトル　61
次元　7
自然基底　14, 98, 124, 125
始点　3
射影　8
射影演算子　8
ジャコビアン　91
シュヴァルツの積分可能条件　101
シュヴァルツの不等式　10
終点　3
従法線ベクトル　198
主曲率　226
主曲率半径　226
縮約　19
受動的変換　29
主方向　226
主法線　199
主法線ベクトル　198
巡回恒等式　202, 293
循環　116
商法則　158
スカラー　1
スカラー 3 重積　49
スカラー積　5
スカラー場　86
スカラーポテンシャル　119
ストウクスの定理　117
正規直交完備系　13
正規直交基底 1 形式　164, 276
正規直交曲線座標　163
正規直交系　7
正系, 負系　32
正弦法則　48
正直交行列　32
正定値性　5
臍点　225
積の微分法則　192
積分分母　92

接空間　124, 284
接触円　199
接線ベクトル　123
接続 1 形式　153, 274
接続係数　187
絶対導関数　191
接平面　147, 199
接ベクトル　123
接ベクトル空間　124
0 形式　258
全曲率　226
線形演算子　21
線形空間　2
線形形式　260
線形写像　21
線形従属　7
線形多様体　2
線形独立　7
線形ベクトル空間　2
線形変換　21
線積分　108
線積分の基本定理　104
線要素　92
線要素ベクトル　92
双対　5, 124
双対回転　212
双対基底　14, 98, 124
双対空間　124
双対写像　63, 67
測地極座標　245
測地曲率ベクトル　237
測地曲率　236, 237
測地線　196
測地ねじれ率　236
測地平行座標　245

た▼

ダイアディクス　14, 19
ダイアド　13
第 1 基本形式　216
第 1 基本形式係数　216

索引

第 1 曲率　198
第 1 種クリストフェル記号　152
第 3 基本形式　222
第 3 基本形式係数　222
体積要素　105
第 2 基本形式　219, 226
第 2 基本形式係数　220
第 2 基本テンソル　220
第 2 曲率　198
第 2 種クリストフェル記号　152
楕円点　233
ダミー添字　19
ダルブー基底　236
ダルブーベクトル　200
単位行列　14
置換記号　44
柱体構成法　120
超関数　36
超曲面　65
直交　6
直交行列　27
直交座標系　3
直交変換　27
テイト-マコーレイの定理　122
ディファレンシャル　88
テイラー級数　87
テイラーの定理　87
デーエンの 8 平方定理　84
テオレマ・エグレギウム　241
デカルト行列　27
デカルト座標系　3
デカルトベクトル　29
デュパン指標曲線　228
デリヴァティヴ　88
デルタ関数　36
テンソル　19
テンソル積　13
転置　27
天頂角　123
導関数　86
動基底　124

動径　123
動座標系　123
動 4 面体　200
特性方程式　225
ドット積　23

な▼

内在導関数　191
内積　5
内積空間　22
ナブラ　86
2 形式　257
ねじれ率　198
ねじれ率演算子　289
ねじれ率テンソル　274
ねじれ率 2 形式　274
能動的変換　22
ノルム　6

は▼

場　86
陪法線ベクトル　198
箱積　50
8 元数　82
発散　111
発散定理　111
発散密度　98, 112
パルスヴァルの定理　15
反可換　47
汎関数　196
反対称性　69
反対称テンソル　45
反転　62
判別式　217
反変　30
反変成分　4
反変テンソル　19
反変微分演算子　97
反変ベクトル　140
ビアンキ恒等式　205
ビアンキの随伴ベクトル　236

非可換 203
光的ベクトル 39
引き戻し 295
微積分の基本定理 103
ピタゴラスの定理 6, 43
左手座標系 32
ビネ-コーシー恒等式 51
微分 88
微分演算子 86
微分係数 86
標準基底 18
ヒルベルト空間 34
フェルミ座標 245
複素共役 4, 5
複素数 81
負直交行列 32
不定積 13
プファフ形式 92
プファフ方程式 92
部分空間 216
ブラベクトル 2
フルヴィッツの定理 83
フレネ-セレー座標系 198
フレネ-セレーの公式 198
分配法則 2, 5, 24, 46, 51, 53
分布 36
閉曲線 104
閉曲面 104
平均曲率 226
閉形式 269
平行移動 186
平行4辺形の法則 4
平坦 201
平面のガウスの定理 111
閉領域 108
ヘヴィサイドのインパルス関数 36
ベクトル 2
ベクトル空間 2
ベクトル3重積 48
ベクトル積 46
ベクトル場 86

ベクトルポテンシャル 120, 281
ベッセルの不等式 12
ペテルソン-マイナルディ-コダッツィ方程式 240, 280
ベルトラミの第2微分演算子 173
ペレスの公式 243
偏導関数 88
偏微分係数 88
変分問題 196
ポアンカレー補題 119, 269
ポアンカレー補題の逆 119, 281
方位角 123
法曲率 223, 236
法曲率半径 223
法曲率ベクトル 237
方向導関数 95
方向微分 95
方向微分演算子 95
方向余弦 23
法線ベクトル 50, 149
保存場 119
ホッジ双対 63, 67
ホッジ星印演算子 262
ボネーの基本定理 241
ボネーの公式 237

ま▼

マクスウェル-アインシュタイン方程式 215
マクスウェルの関係式 101
マクスウェル方程式 210, 280
マクローリン級数 87
マクローリンの定理 87
右手座標系 32
ミンコフスキー計量 39
無限次元 7
ムニエの定理 223
面積分 109
面積要素 105
面積要素ベクトル 149
モッツィ-コーシーの定理 200

モンジュの記号　232
モンジュパッチ　230

や

ヤコービ行列　91
ヤコービ行列式　127
ヤコービ恒等式　49, 206
ヤングの定理　101
ユークリッド空間　22
有向線分　46
有向体積　50
有向面積　44
有向面積要素　106
ユニタリ行列　34
ユニタリ空間　22
ユニタリ変換　34
余因子　64
4次元時空　38
余接空間　124
余接ベクトル空間　124
余ベクトル　124
4脚場　208
4元数　81

ら

ライブニッツの法則　192
ラグランジュ恒等式　85
ラピディティ　41

ラプラース演算子　100
ラプラース-ベルトラミ演算子　173
リー積　99
リーマン曲率演算子　291
リーマン曲率テンソル　200
リーマン計量　126
リーマン接続　187
リーマンの積分定理　114
リッチ恒等式　203
リッチスカラー　206
リッチテンソル　206
リッチの補題　194
リッチ-レヴィ=チヴィタ記号　44, 54
流束　112
零ベクトル　2
捩率　198
レヴィ=チヴィタ接続　187
レヴィ=チヴィタの平行移動　188
連鎖法則　91
ローレンツ変換　41
6元ベクトル　210
ロドリーグの回転公式　58
ロドリーグの公式　227
ロドリーグの定理　228

わ

歪対称性　69
歪テンソル　45

Memorandum

Memorandum

〈著者紹介〉

太田浩一(おおた こういち)
1967年　東京大学理学部物理学科卒業
1972年　東京大学大学院理学系研究科物理学専攻修了，理学博士
1980–2年　MIT 理論物理学センター研究員
1982–3年　アムステルダム自由大学客員教授
1990–1年　エルランゲン大学客員教授
現　在　東京大学名誉教授
著　書　『電磁気学 I, II』(丸善，2000)
　　　　『マクスウェル理論の基礎』(東京大学出版会，2002)
　　　　『マクスウェルの渦 アインシュタインの時計』(東京大学出版会，2005)
　　　　『アインシュタインレクチャーズ@駒場』(共編，東京大学出版会，2007)
　　　　『電磁気学の基礎 I, II』(シュプリンガー・ジャパン，2007，東京大学出版会，2012)
　　　　『哲学者たり，理学者たり』(東京大学出版会，2007)
　　　　『ほかほかのパン』(東京大学出版会，2008)
　　　　『がちょう娘に花束を』(東京大学出版会，2009)
　　　　『それでも人生は美しい』(東京大学出版会，2010)

ナブラのための協奏曲
——ベクトル解析と微分積分
Nabla Concerto, Vector Analysis and Vector Calculus

2015 年 3 月 15 日　初版 1 刷発行

著　者　太田浩一　©2015
発行者　南條光章
発行所　**共立出版株式会社**
　　　　郵便番号 112-0006
　　　　東京都文京区小日向 4 丁目 6 番 19 号
　　　　電話 (03) 3947-2511 (代表)
　　　　振替口座 00110-2-57035 番
　　　　URL http://www.kyoritsu-pub.co.jp/

印　刷　加藤文明社
製　本　ブロケード

検印廃止
NDC 414.7
ISBN 978-4-320-11106-6

一般社団法人
自然科学書協会
会員

Printed in Japan

JCOPY　<(社)出版者著作権管理機構委託出版物>
本書の無断複写は著作権法上での例外を除き禁じられています．複写される場合は，そのつど事前に，(社)出版者著作権管理機構 (電話 03-3513-6969，FAX 03-3513-6979，e-mail: info@jcopy.or.jp) の許諾を得てください．

基本法則から読み解く 物理学最前線

須藤彰三 岡 真 [監修]

本シリーズは大学初年度で学ぶ程度の物理の知識をもとに，基本法則から始めて，物理概念の発展を追いながら最新の研究成果を読み解きます．それぞれのテーマは研究成果が生まれる現場に立ち会って，新しい概念を創りだした最前線の研究者が丁寧に解説します．

❶ スピン流とトポロジカル絶縁体
―量子物性とスピントロニクスの発展―

齊藤英治・村上修一著　スピン流／スピン流の物性現象／スピンホール効果と逆スピンホール効果／ゲージ場とベリー曲率／内因性スピンホール効果／トポロジカル絶縁体／他・・・・・・・・172頁・本体2,000円

❷ マルチフェロイクス
―物質中の電磁気学の新展開―

有馬孝尚著　マルチフェロイクスの面白さ／マクスウェル方程式と電気磁気効果／物質中の磁気双極子／電気磁気効果の熱・統計力学／線形の電気磁気効果／非線形の電気磁気効果他・・・160頁・本体2,000円

❸ クォーク・グルーオン・プラズマの物理
―実験室で再現する宇宙の始まり―

秋葉康之著　宇宙初期の超高温物質を作る／クォークとグルーオン／相対論的運動学と散乱断面積／クォークとグルーオン間の力学／QCD相構造とクォーク・グルーオン・プラズマ／他　196頁・本体2,000円

❹ 大規模構造の宇宙論
―宇宙に生まれた絶妙な多様性―

松原隆彦著　はじめに／一様等方宇宙／密度ゆらぎの進化／密度ゆらぎの統計と観測量／大規模構造と非線形摂動論／統合摂動論の基礎／統合摂動論の応用／おわりに／他・・・・・・・・・・・・194頁・本体2,000円

❺ フラーレン・ナノチューブ・グラフェンの科学
―ナノカーボンの世界―

齋藤理一郎著　ナノカーボンの世界／ナノカーボンの発見／ナノカーボンの形／ナノカーボンの合成／ナノカーボンの応用／ナノカーボンの電子状態／ディラックコーンの性質／他・・・・・178頁・本体2,000円

❻ 惑星形成の物理
―太陽系と系外惑星系の形成論入門―

中本泰史・井田 茂著　系外惑星と惑星分布生成モデル（多様な系外惑星系他）／惑星系の物理の特徴（太陽系の惑星他）／惑星形成プロセス（原始惑星系円盤の熱構造他）／他・・・・2015年3月下旬発売予定

【各巻】A5判 並製本 税別価格 以下続刊

http://www.kyoritsu-pub.co.jp/　共立出版　（価格は変更される場合がございます）